# 쉽게 이해하는

# 열역학

원용선 지음

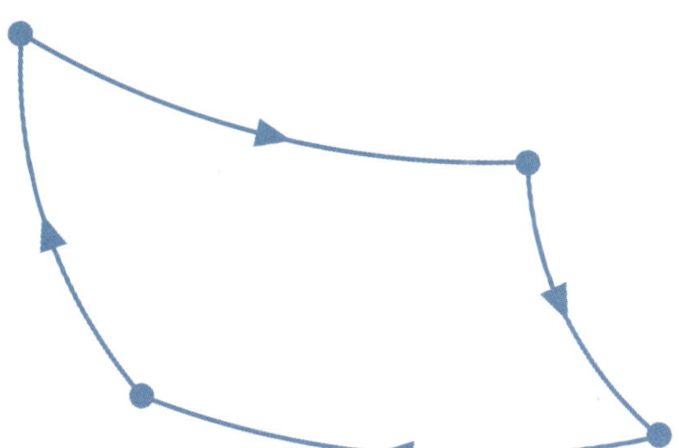

자유아카데미

열역학(thermodynamics)은 물리화학(physical chemistry)의 하위 개념이지만, 많은 학교에서 두 과목은 뚜렷한 구분 없이 수업으로 개설된다. 이에 열역학이 물리화학 내에서 어떤 위치를 차지하는지를 설명하면서 본 교재가 다루게 되는 범위를 설정하고자 한다.

열역학은 실생활(또는 실제 공정)과 직접적으로 연관되는 거시적인 물성을 다룬다. 여기서 거시적 물성이라 함은 $6.02 \times 10^{23}$개의 분자로 이루어진 1몰의 물질이 가지는 값으로, 측정(또는 실험)에 의해서 결정된다. 한편 1몰 내의 각각의 분자들도 자신만의 물성을 가지고 있고 이를 통계적으로 처리하면 역시 거시적인 물성치를 동일하게 구할 수 있다. 간단한 예로, 분자들의 크기를 무시할 수 있고 분자들 사이에 상호작용이 없는 이상 기체를 생각해 보자. 이상 기체 단원자 분자 물질 1몰은 그 내부에 $6.02 \times 10^{23}$개의 기체 분자들이 각자 서로 다른 운동 에너지(또는 속도)를 가지고 병진 운동하고 있으며 온도에 따라 그 운동 에너지 분포가 변한다(이 계에 대해서는 Maxwell-Boltzmann speed distribution이라는 주제로 교재 내에서 다루게 될 것이다). 이 물질 1몰이 가지는 에너지(즉, 내부 에너지)는 기체 분자들의 평균 운동 에너지를 구하고 $6.02 \times 10^{23}$를 곱하여 계산할 수 있다. 더 정확하게 구하고 싶다면, 각 분자의 종류(이원자 분자나 다원자 분자)에 따라 더 많아지는 분자의 운동 모드를 정의하여 각 분자의 운동 에너지를 구해야 하고, 그런 분자들이 $6.02 \times 10^{23}$개 모여 있을 때 구해진 각 분자의 미시적인 물성치를 통계적으로 처리하여 열역학에서 필요로 하는 거시적인 물성치를 도출해 내는 방법도 정립되어 있어야 한다. 아래 그림에 나타나 있듯이 각 분자가 가지는 미시적인 물성은 양자화학(quantum chemistry)에서, 이를 거시적인 물성으로 연결하는 것은 통계역학(statistical mechanics)에서 다루어진다. 다만 이 두 분야는 매우 이론적이어서 학부 수준에서 공부하는 데 높은 허들(huddle)이 존재하는 것 또한 사실이다.

다행히도 양자역학과 통계역학 이전에 이미 많은 실험과학자들이 물질들의 거시적인 물성을 측정해 데이터베이스(database)로 만들어 놓았고, Gibbs라는 천재에 의해 이

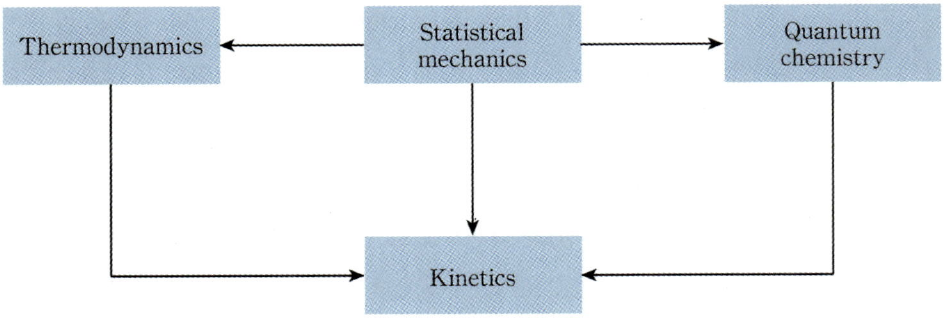


데이터들을 이용하여 우리 주변의 현상을 설명하는 완벽한 논리가 갖춰져 있기 때문에 양자역학과 통계역학을 몰라도 열역학 수업은 가능하다. 이러한 방식의 대표적인 교재로는 J. M. Smith의 『Introduction to Chemical Engineering Thermodynamics』가 있다. 그 외에도 물리화학 교재의 고전인 Peter Atkins의 『Atkins' Physical Chemistry』 역시 열역학 수업의 교재로 종종 도입되는데, 각 분자의 운동과 분자들 간의 물리화학적 상호작용에 대한 미시적인 이해를 통해 열역학에 보다 쉽게 다가갈 수 있기 때문이다. 본 교재에서는 Smith의 방향성을 참고하여 열역학에 관해 기술하지만, 저학년의 화학공학도(또는 화학공학 엔지니어)가 이해할 수 있는 수준에서 미시적인 관점의 설명도 보강할 것이다.

한편 물리화학에는 앞의 그림에서 보듯이 반응 공학의 기초인 속도론(kinetics)도 포함된다. 공학적 관점에서 열역학과 속도론의 차이는 무엇이며 어떻게 연결될까? 열역학은 주어진 조건에서 자연이 어떻게 귀결될 것인가를 다루며, 속도론은 그 귀결되는 과정이 수월할 것인가를 얘기한다. 즉, 열역학적 해석으로 어떤 공정이 애초에 가능한지를 판단하면, 이후 속도론에 대한 이해를 바탕으로 그 공정을 통해 원하는 생성물을 빠르게 만들어 내는 방법을 연구하게 된다. 속도론은 통계역학이나 양자화학과도 밀접하게 연결되어 있으므로, 결국 화학공학도라면 물리화학에서 다루는 모든 과목에 대한 깊은 이해가 필수적이라고 할 수 있다.

본 교재는 두 학기 과정을 상정하여 열역학1과 열역학2로 나누어 기술하였다. 열역학1에서는 내부 에너지와 엔탈피, 엔트로피에 대한 논의를 시작으로 열역학의 법칙들에 대해 공부하며, 이를 종합하는 Gibbs 에너지와 그 응용에 대해 다룬다. 일반적으로 열역학2에서 다루어지는 반응 평형과 총괄성 역시 이상 기체로 제한하여 Gibbs 에너지의 응용으로 열역학1에서 공부하게 될 것이다. 대신 보통 첫 학기에서 배우는 실제 기체에 관한 내용은 열역학2에서 다루게 된다. 그리고 다성분-다상 계의 혼합물에 대한 일반적인 접근과 함께, 반응 평형을 일반적인 혼합물로 확장하는 것을 배울 것이다. 좋은 교재가 되도록 노력하였지만 오류가 있을 수 있다. 이 점은 양해를 바라며 추후 나올 수 있는 수정 사항 등은 자유아카데미 홈페이지(www.freeaca.com) 자료실을 통해 제공할 예정이니 참고하기를 바란다.

기계공학, 화학, 물리학 등 대부분의 학문에는 한자인 '학(學)'이 사용된다. 이 책을 통해 '화학(學)공학(學)열역학(學)'은 어떤 학문이기에 '學'이 3개나 들어가 있는지 알아보는 시간이 되기를 기대한다.

2025년 1월

저자 **원용선**

# 차례

**1부**
**열역학1**

## 6장 상태 함수인 엔탈피의 유용한 활용은?



## 7장 자연의 변화를 설명하기 위해서는 뭔가 다른 것이 필요하다? 열역학 제2 법칙과 엔트로피



## 8장 끝판왕 Gibbs 에너지



## 9장 전자기학의 수학 천재 Maxwell이 열역학에도 공헌을?

**2부**
**열역학2**

1부

# 열역학1

# 1장

# 열역학 제1 법칙은 곧 에너지 보존 법칙이다.

1. 위치 에너지와 운동 에너지
2. *PV* work
3. 기계적 평형과 화학적 평형

## 1 위치 에너지와 운동 에너지

누군가가 열역학 제1 법칙이 무엇이냐고 질문한다면 '에너지 보존 법칙'이라고 대답하는 것이 정답이다. 이미 고등학교 수업을 통해서 에너지 보존 법칙이라는 개념에 대해서는 친숙한 편이므로 바로 그 지점에서 시작해 보자. <그림 1-1>의 진자(pendulum) 운동은 다음과 같이 설명된다. 진자가 왕복 운동을 할 때 제일 위치가 낮아지는 지점에서 운동 에너지는 최대가 되고 위치 에너지는 최소(= 0, 기준)가 되며, 양쪽에 위치가 제일 높아지는 지점에서 운동 에너지는 0이 되고 위치 에너지는 최대가 된다. 같은 방식으로 용수철에 물체가 매달려서 수평으로 진동 운동을 할 때도 용수철이 가장 많이 늘어나거나 가장 많이 수축한 지점에서 용수철의 탄성 에너지는 최대가 되고 운동 에너지는 0이며 진동 운동의 중간지점에서 운동 에너지는 최대이며 탄성 에너지는 최소(= 0, 기준)가 된다. 그런데 최대인 운동 에너지와 최대인 위치 에너지(또는 탄성 에너지)는 같고 그 양은 일정하다. 달리 표현하면 <그림 1-1>의 진자가 높이가 제일 높은 지점과 제일 낮은 지점 사이의 어딘가에 있다면 운동 에너지와 위치 에너지 둘 다 존재하지만 그 합(운동 에너지 + 위치 에너지)은 일정하게 보존되고 앞서 언급한 최대의 운동 에너지나 최대의 위치 에너지와 같다. 이를 식으로 쓰면 식(1-1)과 같다.

$$\Delta E_K + \Delta E_P = 0 \tag{1-1}$$

여기서 명확하게 움직임(또는 운동)으로 보이는 운동 에너지는 영어로 kinetic energy라고 부르며 명확하게 움직임으로 보이지 않는 위치 에너지나 탄성 에너지는 potential energy라고 부른다. 전하 사이에 작용하는 전기적인 힘에 의한 에너지 또한 potential energy 또는 전기적 potential energy라고 부르므로 이 명칭을 잘 기억하자. 그리고 potential energy는 굳이 한글로 번역하지 않고 그대로 영문용어를 사용했는데, 이와 같이 본 교재에서는 한글로 번역했을 때 그 의미가 정확히 전달되지 않는다고 판단되면 그대로 영문용어를 사용할 것이다.

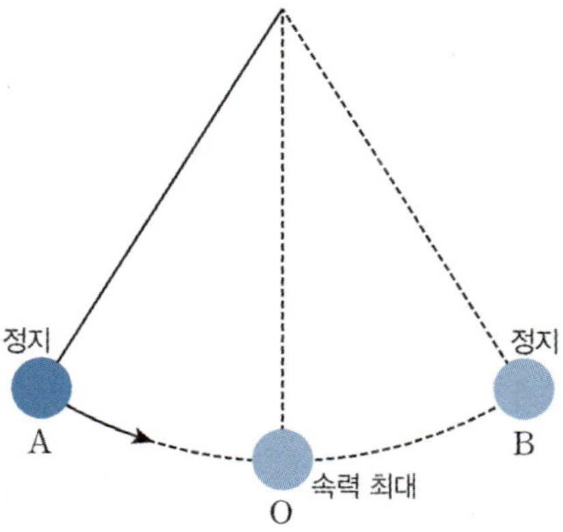


그림 1-1 진자 운동과 에너지 보존

그럼 다음과 같은 경우를 생각해 보자. 언덕 위에서 1,350 kg의 차가 언덕을 따라서 내려오고 있다. 빨간 불을 보고 브레이크를 밟는 시점에서 차의 속도는 28 m/s, 언덕의 높이는 지상에서 30 m 위였으며, 차는 지상에 안전하게 멈춰 섰다. 이때 브레이크를 통해 사라진 마찰열은 운동 에너지의 변화량과 위치 에너지의 변화량의 합만큼이며 계산해 보면 약 926 kJ이다.

$$Q = \frac{1}{2} \times 1350 \times (28^2 - 0^2) + 1350 \times 9.8 \times 30 \cong 926 \ \text{kJ}$$

그렇다면 식 (1-1)은 이렇게 도입된 열(heat)의 개념을 포함시켜 식 (1-2)와 같이 써 줄 수 있다.

$$\Delta E_K + \Delta E_P = Q \tag{1-2}$$

식 (1-2)에 *PV* work라는 개념을 도입하려 한다. 이를 이해하기 위해서는 piston-cylinder apparatus를 알아야 하는데, 간단하게 주사기나 자동차 엔진을 연상하면 된다. 이 piston-cylinder apparatus를 통해서 앞으로 열역학 개념을 확장해 나갈 것이므로 잘 기억하자. 그 전에 piston-cylinder apparatus에서 앞서 언급했던 운동 에너지와 위치 에너지는 얼마만큼 영향을 미치게 될지 생각해 보자. 그런데 열역학에서 논리를 전개하는 데 사용하는 piston-cylinder apparatus는 사실 가상의 장치로 움직임이 발생하는 piston의 무게는 없다고 가정한다(m = 0). 즉, 운동 에너지나 위치 에너지는 전혀 관여되지 않는 것이다. 그리고 실제로 계의 에너지 보존을 얘기할 때는 운동 에너지나 위치 에너지를 포함해야 함에도 불구하고 열역학에서는 무시(negligible)되는 경우가 많다. 반응기에서 반응이 일어나고 고온을 유지하기 위해서 steam jacket을 통해 열이 공급되는 경우를 예로 들어 보자. 반응기 내의 유체(fluid)는 교반기에 의해 어떤 속도를 가지므로 운동 에너지를 가질 것이고 반응기가 매우 크다면 반응기 상단과 하단의 유체 사이에는 위치 에너지 차이가 발생할 것이다. 이 운동 에너지와 위치 에너지를 무시하기 위해서는 크기 정도(order of magnitude)를 비교하는 절차를 거치는 것이 중요하다. 앞서 1,350 kg의 무거운 차가 28 m/s의 속도로 달리는 다소 과장된 경우를 생각해 보았다. 그렇다면 1 kg의 어떤 물체가 100 J의 운동 에너지를 가지려면 어느 정도의 속도를 가져야 할까? 약 14.14 m/s인데, 이 속도도 여전히 꽤 빠른 편이다. 참고로 $H_2 + ½O_2 \leftrightarrow H_2O$의 반응열은 약 −286 kJ/mol이며, 액체인 물을 10°C 데우는 데 필요한 열량은 약 754 J/mol이다. 따라서 order of magnitude를 비교해 보면 반응과 열의 출입이 있는 열역학 계에서 운동 에너지와 위치 에너지는 고려할 만큼 크지 않은 것이 일반적이다. 추후 열린계(open system)의 에너지 보존에서 얘기하겠지만 반응과 열의 출입이 없는 파이프(pipe) 내의 유체 흐름을 계로 고려하면 운동 에너지와 위치 에너지는 무시할 수 없으며 이들을 포함하는 잘 알려진 Bernoulli 식이 유도된다. 어쨌든 화학공학 엔지니어는 어떤 계를 마주했을 때 이를 단순화시키는 능력이 매우 중요하고 이때 order of magnitude라는 개념이 자주 등장할 것이므로 기억하기 바란다.

## 2 *PV* work

다시 piston-cylinder apparatus로 돌아가자. 외부에서 열이 공급되면 piston 내부의 기체는 팽창하고 piston을 위로 밀어 올리는 일이 발생한다. 이를 *PV* work이라 한다. 단위로 접근해 보면 압력은 단위 면적당 작용하는 힘으로 $N/m^2$의 단위를 갖고 부피는 $m^3$의 단위를 갖는다. 따라서 둘을 곱한 $P\underline{V}$는 N·m(=J)인 일의 단위를 갖게 된다. 한편 piston-cylinder apparatus에서 팽창과 압축이 일어나는 것이 흡입-압축-폭발-배기의 4행정기관의 작동을 연상시키기도 한다. 어쨌든 단위 분석에 의하면 *PV* work가 일이라는 것은 틀림없다. 이제 *PV* work을 좀 더 명확하게 정의해 보자.

맞바람이 세게 부는 문을 열고 있다고 생각해 본다. 그 압력을 딛고 문을 여는 일은 매우 힘든 일이다. 이런 종류의 일이 *PV* work이며, 식 (1-3)과 같이 정의한다. 식에 마이너스(-) 부호가 붙은 것은 일종의 약속으로, cylinder 내부를 계(system)라고 할 때, 계가 cylinder 외부(또는 주위, surroundings)에 팽창을 통해 해 주는 일을 (-)라고 약속한다. 압축이 일어난다면 외부가 계에 일을 한 것이며, (+)의 부호를 갖는다. 교재에 따라 팽창의 *PV* work가 (+) 부호를 가지도록 정의되기도 하므로 주의해야 한다. 일관성을 유지하는 것이 중요할 뿐이다. 같은 방식으로 계를 중심으로 외부로 열이 방출된다면 (-) 부호로, 반대로 외부에서 계로 열이 유입된다면 (+) 부호로 표시한다.

$$dW = -p^{ext} d\underline{V} \tag{1-3}$$

이 시점에서 가역(reversible)과 비가역(irreversible)에 대해 이해하고 가는 것이 필요하다. 그러기 위해서 우선 평형(equilibrium) 및 유사한 개념인 정상 상태(steady state)를 구분해서 알아보자. 평형과 정상 상태 중 어느 것이 더 큰 개념일까?

열역학 제0 법칙은 간단하게 열적 평형(thermal equilibrium)을 말한다.

A의 온도와 B의 온도가 같고, B의 온도와 C의 온도가 같으면 A와 C의 온도는 같다.

경험적으로 알고 있듯이 뜨거운 물체와 차가운 물체를 접촉시키면 열이 이동하여 양쪽의 온도가 같아지게 된다. 더운 여름날 방안의 온도를 24°C로 설정하여 에어컨을 돌리는 상황을 생각해 보자. 바깥의 기온은 일기예보에 나온 35°C라고 한다. 에어컨을 끄면 바깥의 열이 내부로 유입되어 내부 온도가 바깥의 기온과 같아질 것이다. 이때 바깥을 thermal reservoir라고 부르는데, 내 방에 비해 너무나도 큰 공간이므로 내 방에서 이 공간으로 열이 방출되거나 이 공간으로부터 내 방으로 유입된다고 하더라도 이 공간의 온도는 일정하다고 가정할 수 있는, 저수지 같은 개념이다. 이후 Joule의 실험을 설명할 때 등장하는 용어로 기억해 두기 바란다. 여하튼 에어컨이 작동된다면 내부의 온도는 24°C로, 바깥의 온도는 35°C로 계속 유지될 것이다. 즉, 시간에 따라서 양쪽의 온도는 변화 없이 그대로 유지된다. 이를 정상 상태라고 부르며 수학적으로는 시간에 대해 미분을 했을 때, 0이 되는 상태를 말한다. 평형과 정상 상태 모두 시간에 따라 변화가 없는 상태라는 면에서는 동일하지만, 평형은 반드시 정상 상태인 반면 에어컨의 경우에서 보듯이 정상 상태가 반드시 평형이지는 않으므로 정상 상태가 평형보다 더 큰 개념이다.

## 3 기계적 평형과 화학적 평형

이제 열역학 제0 법칙을 통해 온도가 같아지는 열적 평형을 알게 되었다. 이와 함께 두 가지의 평형이 더 정의될 수 있는데, 압력이 동일해지는 기계적 평형(mechanical equilibrium)과 chemical potential(또는 Gibbs 에너지)이 같아지는 화학적 평형(chemical equilibrium)이다. 화학적 평형은 Gibbs 에너지 이후에 논의되어야 하므로 *PV* work를 설명하기 위한 기계적 평형에 대해 먼저 알아본다. 예를 들어 주사기를 꾹 누른 다음 손을 떼면 주사기는 어느 시점까지 팽창할 것이다. 즉, 주사기를 누를 때 손가락이 행사한 압력에 의해 주사기가 압축되었다가 압력이 제거되면서 주사기의 내부 압력이 외부의 대기압과 같아지는 기계적 평형에 도달할 때까지 주사기가 팽창한다. 이를 비가역(irreversible) 팽창이라 부르며, 이때의 *PV* work는 식 (1-3)에 의해 계산된다.

<그림 1-2>의 왼쪽과 같이 *PV* domain에서 압력은 1기압으로 일정하고, 여기에 팽창된 부피 변화를 곱한 네모 모양의 면적으로 시각화할 수 있다. 그렇다면 가역(reversible) 팽창은 무엇이 다를까? 가장 그럴듯한 상상은 다음과 같다. <그림 1-2>에 나와 있는 piston-cylinder apparatus를 세로로 세우고 피스톤 위에 모래를 올려놓으면 모래의 질량에 의한 중력($F = mg$)을 피스톤의 단면적으로 나눈 압력에 대기압($P^{ext}$ = 1 atm ≅ $10^5$ Pa)을 더한 값($P^{ext} + mg/A$)과 실린더 내부의 압력이 같아질 때까지 압축이 일어난다. 그리고 핀셋으로 모래알을 하나씩 제거해 가며 단계마다 기계적 평형에 도달하기 위한 시간을 충분히 부여한다. 여기서 실제로는 불가능한 가정이 도입되는데, 피스톤과 실린더 벽면의 마찰(friction)은 전혀 없으며 실린더 내부도 이상 기체로 채워져 있다고 본다. 이 가정과 함께라면 핀셋으로 매우 천천히 모래알을 모두 제거하고 다시 핀셋으로 모래알을 피스톤 위에 하나씩 매우 천천히 올려놓으면 피스톤의 원래 위치로 돌아갈 수 있으며 이런 가상의 과정을 가역 과정이라 부른다.

이러한 가상의 가역 과정을 도입하는 이유는 무엇이며, 현실에서 일어나는 비가역 과정과 무엇이 다를까? 비가역 팽창은 맨 마지막을 제외하고는 과정 중간에 기계적 평형이 성립되지 않지만 가역 팽창은 매 순간 기계적 평형이 이뤄진다. 즉 실린더 내부의 압력과 피스톤 외부의 압력이 동일해 진다($P^{ext} = P$). 상상의 영역이므로 모래알보다 작은 어떤

것을 생각해도 상관없기에 무한소(infinitesimal)만 한 순간마다 기계적 평형이 이뤄진 것으로 보아도 다를 바 없다. 식 (1-3)은 실린더 내부의 이상 기체에 대해 이상 기체 방정식을 도입하여 식 (1-4)와 같이 다시 쓸 수 있으며 infinitesimal이므로 적분할 수 있게 된다. 식 (1-3)에서는 $\underline{V}$(부피, volume)를 사용하였고 식 (1-4)에서는 $V$(몰 부피, molar volume)를 사용하였음에 유의하자. 크기 변수(extensive variable)인 $\underline{V}$와 세기 변수(intensive variable)인 $V$의 사용에 따른 차이로 이에 대해서는 뒤에 설명한다.

$$dW = -p^{ext}dV = -PdV = -RT\frac{dV}{V} \tag{1-4}$$

이를 마찬가지로 시각화해 보면 <그림 1-2>의 오른쪽과 같이 초기 압력에서 마지막 모래알이 모두 제거되는 대기압까지 적분한 면적으로, 비가역 팽창에 비하여 동일한 부피 변화라면 계가 주위에 해주는 $PV$ work이 더 큰 것을 알 수 있다. 앞으로 지속적으로 언급하겠지만 열역학에서는 항상 reference가 도입된다. 가역 과정은 실제 공정의 reference가 되기 매우 적절하다. 나중에 다루겠지만 어떤 계가 열역학적 일을 해 주는 경우(예, 스팀 터빈)에는 가역 과정을 가정하고 계산한 일이 가장 큰 값을 가지고, 반대로 계에 열역학적 일을 해 주어야 하는 경우(예, 압축기)에는 가역 과정일 때가 가장 적은 일이 소비될 것이다. 이렇게 가역 과정을 가정하고 계산된 일과 실제 일을 비교하여 효율(efficiency)이라는 개념을 도입하는데, 터빈의 효율은 $\eta = W_{real}/W_{reversible}$, 압축기의 효율은 $\eta = W_{reversible}/W_{real}$로 정의된다. 효율은 1보다 작은 값이어야 하므로 위 설명과 연계하면 이해하기 쉽다.

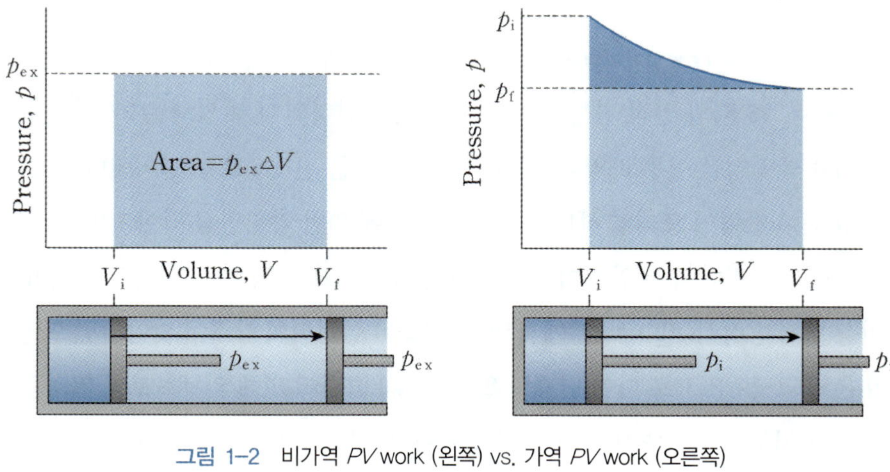


그림 1–2 비가역 $PV$ work (왼쪽) vs. 가역 $PV$ work (오른쪽)

이제 *PV* work까지 고려하여 식 (1-2)를 식 (1-5)와 같이 다시 쓸 수 있다. 식의 왼편은 piston-cylinder apparatus에서는 0이며, 실제 계라고 하더라도 일반적으로 order of magnitude의 측면에서 무시할 수 있으므로 $0 = Q + W$라고 써도 무방하다. 즉, 계에 $Q$를 공급하면 $W$가 생성된다. 이는 열역학(thermodynamics)이 thermo라는 열을 의미하는 단어와 dynamics라는 움직임을 의미하는 단어가 합쳐졌음을 말 그대로 설명하고 있다.

$$\Delta E_K + \Delta E_P = Q + W \text{ 또는 } 0 = Q + W \quad (1\text{-}5)$$

교재의 초반에 개념을 제대로 잡아가는 것이 매우 중요하므로 <그림 1-2>의 가역 팽창 과정을 좀 더 자세히 살펴보자. 앞서 언급했듯이 piston-cylinder apparatus가 세워져 있고, 실린더의 모양이 가로와 세로가 각각 1 m이면서 바닥에서 피스톤까지의 높이는 1 m인 정육면체라고 상상해 보자. 실린더의 단면적은 1 $m^2$이고 부피는 1 $m^3$이다. 무게가 없는 피스톤 위에 모래가 10,000 kg가 올라가 있다면 중력에 의한 힘은 $F = mg \sim 10{,}000 \text{ kg} \times 10 \dfrac{\text{m}}{\text{s}^2} = 10^5$ N(중력 가속도는 편의상 10 $m/s^2$으로 계산)이고 이를 1 $m^2$인 단면적으로 나누면 $10^5$ Pa (= $N/m^2$)로 대략 1기압에 해당한다. 즉, 피스톤에 작용하는 압력은 실린더 외부의 1기압에 모래에 의한 1기압이 더해진 2기압이다.

여기서 닫힌계(closed system), 열린계(open system), 고립계(isolated system)에 대해 간단히 설명하고 넘어가자. <그림 1-2>의 piston-cylinder apparatus는 닫힌계로, 실린더 벽면을 통해서 열의 출입이 가능하지만 물질의 출입은 불가능하다. 한편 현장(field)의 반응기의 경우는 steam jacket을 통해 열의 입출입도 가능하고 반응물이 들어가고 생성물이 배출되는 열린계이며, 열과 물질의 출입이 모두 불가능한 계는 고립계라고 한다.

다시 piston-cylinder apparatus로 돌아가면, 초기 상태에서 실린더의 온도는 주위의 온도(예, 상온 = 298 K)와 열적 평형을 이루고 있고, 실린더의 내부 압력은 2기압으로 외부 압력과 기계적 평형을 이루고 있다. 이제 모래알 하나를 핀셋으로 끄집어낸다고 하자. 비록 작지만 외부 압력이 모래알 하나가 가지는 중력에 의한 압력만큼 작아지며, 곧 약간의 팽창을 통해서 실린더 내부 압력이 낮아지면서 다시 기계적 평형을 이루게 될 것이다. 그런데 이상 기체 방정식($P\underline{V} = nRT$)에서 알 수 있듯이 실린더의 압력이 낮아지면 그만큼 실린더의 온도도 낮아지므로 다음 단계로 열역학 제0 법칙에 의해 외부로부터 열이 유입되어 실린더와 외부의 열 평형이 이루어질 것이다. 외부는 thermal reservoir라고 했으므로 실린더 내로 열을 빼앗기더라도 외부의 온도는 그대로 유지된다. 이와 같이 매 순간 열적 평형과 기계적 평형이 유지되도록 하는 과정이 모래알을 핀셋으로 끄집어낼 때마다 반복되어 최종적으로 실린더 내부 압력이 1기압이 되면 종료되고 그 과정에서 외부에 행사한 가역 *PV* work만큼 열이 외부로부터 유입된다. 나중에 여러 다른 과정들과 함께 정리되겠지만 이 과정을 가역 등온 팽창(isothermal expansion)이라 부른다.

**여기서 잠깐**

Piston-cylinder apparatus에서 실린더 내부를 채우고 있는 이상 기체(ideal gas)에 대해 정리한다. 본 교재에서는 이렇게 열역학의 중요 개념이 등장할 때마다 중간 중간에 정리하면서 진행할 것이다. 이상 기체는 한 마디로 'non-interacting point particle'로써, 분자들의 크기가 무시할 수 있을 정도로 작고 분자들과 분자들 사이의 거리가 서로를 인식하지 못할 정도로 멀리 떨어져서 상호 작용이 일어날 수 없는 상태의 기체를 일컫는다. 상호 작용이 없다는 것을 꼭 기억하자. 이상 기체는 보일(Boyle) 법칙, 샤를(Charles) 법칙, 아보가드로(Avogadro) 법칙을 따르며, 이를 정리한 것이 이상 기체 방정식인 $P\underline{V} = nRT$이다. 물론 나중에 실제 기체가 이상 기체와 어떻게 다른지에 대해 자세하게 다루겠지만, 지금 기억해야 할 것은 이상적인 가역 과정이 실제로 일어나는 비가역 과정에 대해 그랬듯이 이상 기체도 실제 기체의 좋은 reference가 된다는 것이다. 혼합물의 경우도 마찬가지인데, 분압(partial pressure)의 법칙으로 설명되는 이상 기체 혼합물은 실제 기체 혼합물에 대해 좋은 reference가 된다. 교재가 진행되면서 느끼게 되겠지만 이렇게 열역학에서는 reference를 설정하고 여기에서 얼마나 벗어나 있는가를 중심으로 이론적인 전개가 이루어진다. 한편 앞서 언급한 가역 과정에서와 같이 이상 기체를 가정한 열역학 계산은 상대적으로 용이할 것이고, 이 reference를 기준으로 효율이나 어떤 계수를 도입하는 접근방식 또한 반복될 것이다.

한편 식 (1-4)에서 $V$는 단순히 부피가 아니라 몰 부피(molar volume), 즉 부피를 몰수로 나눈 값이다. 이 몰 부피를 사용한다면 이상 기체 방정식은 $PV = RT$가 되므로 식 (1-4)에 $n$이 등장하지 않는 것이다. 열역학에서는 이렇게 세기 변수를 주로 사용하는데, 대표적인 세기 변수에는 온도와 압력이 있으며 부피($\underline{V}$)는 크기 변수이다. 간단하게 온도가 $T$인 한 덩어리의 유체와 같은 온도 $T$인 다른 한 덩어리의 유체를 섞으면 온도는 그대로 $T$이고 이는 압력도 마찬가지이다. 그러나 부피가 $\underline{V}$인 한 덩어리의 유체와 같은 부피를 가지는 다른 한 덩어리의 유체를 섞으면 부피는 $2\underline{V}$가 된다. 이와 같이 질량(mass)에 의존적인(dependent) 변수를 크기 변수라고 한다. 하지만 몰 부피의 경우는 얘기가 달라진다. 주어진 $\underline{V}$를 1 몰의 이상 기체가 차지하고 있다면, 이상 기체 분자 하나가 가진 부피(또는 몰 부피)는 $\underline{V}$를 아보가드로 수($N_A$)로 나눈 값($V = \underline{V}/N_A$)이다. 같은 부피의 같은 1몰의 이상 기체가 있다면 몰 부피는 동일하게 $\underline{V}$를 아보가드로 수($N_A$)로 나눈 값이고 이제 이 두 덩어리의 유체를 섞는다고 하더라도 몰 부피는 $2\underline{V}$를 $2N_A$로 나누기 때문에 변하지 않게 된다. 이렇게 크기 변수를 몰로 나누면 입자 하나당 가지는 평균적인 값을 의미하는, 그리고 질량에 의존적이 지 않은 세기 변수로 만들 수 있다. 앞으로 느끼겠지만 표면적으로 어려워 보이는 열역학의 학문적 전개가 의외로 이렇게 편리한 정의나 접근방법을 기반으로 한다(for convenience).

앞서 piston-cylinder apparatus에서 일어나는 등온 팽창으로 다시 돌아가 보자. 실린더에 열을 공급하면 실린더 내부 이상 기체의 온도가 상승하고 온도가 일정하기 위해서는 기체의 부피가 팽창함으로써 유입된 열만큼의 일을 외부에 해 줄 수 있다. 식 (1-5) 또는 $0 = Q + W$를 보면 $Q = -W$로 계가 외부에 팽창일을 해주면 $W$는 (−) 부호를 가지고 $Q$는 반대로 (+) 부호를 가지게 된다. 외부에서 계로 향하는 에너지는 (+)라고 약속했으므로 가역 등온 팽창에서 계로 열이 유입되는 것과 일관성이 있다. 그런데 $Q$가 $W$로 변환되면서 뭔가 중간에 missing link가 생겼다는 것을 알 수 있다. 바로 실린더 내부의 기체가 순간적으로 에너지를 보관함으로써 $Q$를 $W$로 변환하는 중개인 역할을 한다는 것이다. 이를 기체가 가진 내부 에너지(internal energy)라고 부른다.

내부 에너지 개념을 제안한 Joule의 실험에 대해 알아보자. 이와 관련된 이미지나 영상 자료는 온라인에서 쉽게 얻을 수 있으므로 찾아보기를 권한다. 여기서는 간단하게 비커(beaker)에 수영장에서 떠온 물을 넣고 비커 내에 바람개비와 같은 패들(paddle)을 위치시킨 상태에서 패들을 무거운 추와 줄로 연결했다고 상상해 보자. 추를 떨어뜨리면 위치에너지가 발생하고 줄에 연결된 패들이 물 속에서 회전 운동을 한다. 이 과정을 계속 반복하면 어떻게 될까? 패들이 물에 가한 일로 인해서 물의 온도가 상승하게 되고 비커가 단열(adiabatic)이라면 물은 그렇게 유입된 에너지를 물 내부에 보유하게 될 것이다. 즉, 물의 온도가 상승할 것이고 그것을 유체의 내부 에너지가 증가했다고 설명한다. 유체 내부에 에너지가 저장된 것을 말 그대로 표현하여 내부 에너지로 명명한 것으로 보인다. 이번에는 이 비커의 단열 조건을 제거하고 수영장(thermal reservoir)에 담근다. 비커의 벽면을 통해 열이 수영장으로 빠져나가고 비커 내부 물의 온도는 결국 수영장의 온도와 같아지면서 열적 평형을 이룰 것이다. 여전히 최종 결과는 $Q = -W$이겠지만 그 과정을 스냅사진(snap shot)으로 찍는다면, 계에 유입된 $W$가 유체에 의해 내부 에너지로 저장되었다가 $Q$의 형태로 주위로 빠져나가는 모양새이다. 따라서 에너지 보존을 의미하는 열역학 제1 법칙은 식 (1-6)으로 같이 최종 정리된다. 교재에 따라서는 내부 에너지를 $E$로 표기하기도

하지만 본 교재에서는 $U$로 표시한다. 한편 식 (1-6)에는 $U$가 아닌 $\Delta U$(내부 에너지 변화량)로 표기되어 있는데, 이후에 설명하겠지만 내부 에너지는 오직 변화량만 측정할 수 있기 때문이다.

$$\Delta E_K + \Delta E_P + \Delta U = Q + W \quad \text{또는} \quad \Delta U = Q + W \tag{1-6}$$

앞서 등온 팽창의 경우 $Q = -W$였는데, 식 (1-6)에 의하면 $\Delta U = 0$임을 의미한다. 다음 장에서는 이렇게 정의된 내부 에너지의 정체가 무엇인지를 탐구한다.

### 요약

- 열역학 제1 법칙은 에너지 보존 법칙이다.
- 에너지 보존에서 고려해야 할 에너지 형태에는 거시적인 kinetic energy와 potential energy, Q, W, 그리고 내부 에너지가 있으나 거시적인 kinetic energy와 potential energy는 일반적으로 order of magnitude의 측면에서 다른 형태의 에너지에 비해 무시될 수 있다.
- Joule의 제안에 따라 Q, W, 그리고 내부 에너지가 고려된 열역학 제1 법칙이 다음과 같이 제시된다.

$$\Delta U = Q + W$$

- 열역학에서 고려하는 $W$은 $PV$ work으로 계가 외부의 압력(external pressure)에 대해 부피를 팽창시키면서 해주는 일이 (-)의 부호를 가지도록 정의한다.
- 가역 과정은 열역학의 논리 전개에 가장 기본적인 reference로서, 예를 들어 piston-cylinder apparatus에서 가역 등온 팽창은 infinitesimal하게 실린더 내부의 온도와 압력이 외부의 온도와 압력과 동일해지는 열적 평형과 기계적 평형이 계속 유지되는 것을 가정한다.
- 가역 과정에 의한 $PV$ work는 외부에 일을 해 주는 경우 최대이고, 외부에서 일을 받는 경우라면 최소이다.

### 중요 개념 키워드

- 거시적인 kinetic energy와 potential energy
- 열역학 제0 법칙과 열적 평형
- 기계적 평형
- Thermal reservoir
- 가역 과정과 비가역 과정

- 닫힌계, 열린계, 고립계
- 세기 변수와 크기 변수
- 가역 등온 팽창과 비가역 등온 팽창의 *PV* work
- 이상 기체

## 응용문제

**01** 1656년에 Otto von Guericke라는 사람이 두 개의 금속 반구를 붙인 상태에서 진공펌프를 이용해서 내부에 진공을 형성한 후 양쪽에 말 30마리(양쪽에 각 15마리)로 금속 반구를 떼어내는 시연을 했다고 한다. 같은 금속 반구(diameter = 1 m)를 아래 그림과 같이 한쪽을 천정에 고정하고 아래쪽 줄에 사람이 매달리는 것을 상상해 보자. 완벽한 진공이 형성되었을 때 성인 남성의 체중이 80 kg 정도라고 하면 몇 명까지 매달릴 수 있을까?

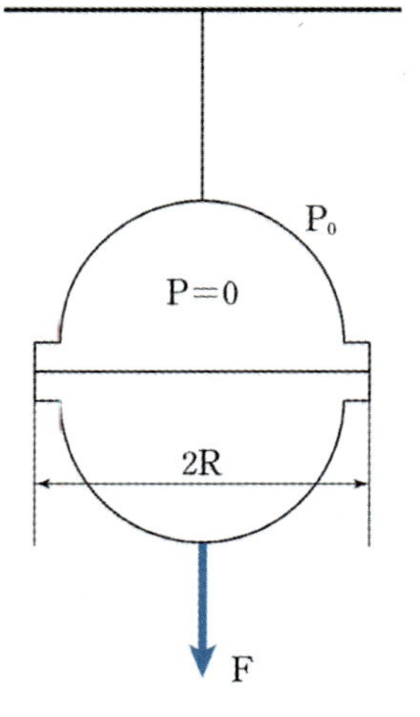

**02** 다음 그림을 보고 물음에 답하시오. 변화는 가역적으로 이루어진다고 가정하고 Y축 값은 눈금이 20이면 $20 \times 10^2 = 2000$ Pa(=N/$m^2$)이다.

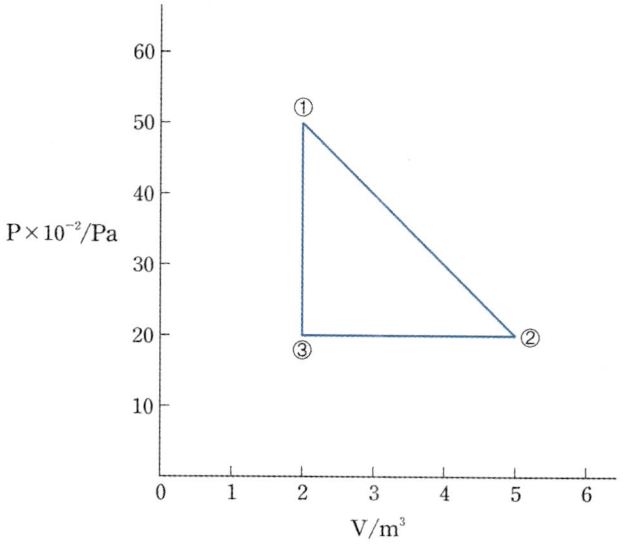


1) 경로12에서의 work는?

2) 경로23에서의 work는?

3) 경로31에서의 work는?

**03** Piston–cylinder apparatus의 실린더 내에 1몰의 기체가 초기 상태에서 $V_i$로 압축된 후 빗장(latch)에 의해 고정되어 있다. 빗장을 풀면 피스톤은 외부 압력인 140 kPa(=N/$m^2$)와 기계적 평형을 이룰 때까지 팽창하고 그 부피 변화는 $V_f - V_i = 0.01$ $m^3$이었다. $PV$ work는 얼마인가?

**04** Piston–cylinder apparatus 내에 이상 기체가 가역 등온 압축을 한다고 한다. 300 K의 온도에서 초기 압력 100 kPa로부터 최종 압력 1000 kPa로 압축되었을 때, $PV$ work를 계산하시오. 기체 상수 R = 8.314 J/mol·K이다.

# 2장

# 내부 에너지의 정체는 무엇인가?

1. 현열과 잠열
2. 기체의 내부 에너지
3. 액체와 고체의 내부 에너지
4. 액체와 기체의 내부 에너지 비교

## 1 현열과 잠열

내부 에너지(internal energy)에 대해 더 자세히 들어가기 전에 열역학에서 얘기하는 열의 종류에 대해서 먼저 살펴볼 것이다. 편의상 *PV* work를 배제시키기 위해서 부피가 변하지 않는(constant volume) 단열(adiabatic) 깡통이 있고 내부에 전기저항이 연결되어 있어 전기를 이용하여 열을 공급할 수 있다고 상상해 보자. 이렇게 열을 공급해 주면 그 열은 깡통 내부의 유체의 온도를 높여주고 내부 에너지를 증가시킬 것이다. 이렇게 깡통 내부 유체의 상(phase)이 변하지 않는 상태에서 유체의 온도를 올리는데 공급된 열을 현열(sensible heat)이라고 한다. 액체 물을 데우는 데 얼마의 열이 필요한가를 생각하면 이해하기 쉽다. 이제 깡통에 계속 열을 공급하면 온도가 상승하다가, 예를 들어 깡통에 들어있던 물이 수증기(vapor)로 상전이(phase transition)될 것이고 이때의 온도는 주어진 압력에서의 끓는점으로 일정하게 유지된다. 온도가 일정하기 때문에 깡통 밖에서 온도계만 쳐다본다면 변화가 없는 듯하나 실제로는 상전이라는 큰 변화가 일어나고 있다. 이때 공급되는 열을 잠열(latent heat)이라고 한다.

한편 깡통 내부에서 반응이 일어날 수도 있다. 발열 반응이라면 미반응된 반응물과 생성물의 온도가 상승할 것이고 흡열 반응이라면 반대로 온도가 감소할 것이다. 이를 반응열(reaction heat)이라 부른다. 1장에서 이미 언급했듯이 $H_2$와 $O_2$로부터 $H_2O$가 생성될 때의 반응열은 −286 kJ/mol이고, 대기압하에서 액체인 물의 온도를 10°C 올리는 데 필요한 현열은 754 J/mol이다. 한편 대기압하에서 액체 물이 수증기로 증발하는 데 필요한 잠열, 즉 증발열(heat of vaporization)이 약 40 kJ/mol이므로 이 세 가지 종류의 열 사이의 order of magnitude를 비교해 보고 기억해두면 좋다. 그럼 왜 이렇게 order of magnitude 차이가 발생하는지를 내부 에너지의 개념과 연관해서 알아보자.

여기서 잠깐

열역학에서 계속 등장하는 개념 중에 상(phase)이 있다. 어떤 물리적 성질(physical property)이 대상으로 하는 전체 질량에 대해 균일(homogeneous)하면 하나의 상이라 부른다. 예를 들어 수증기는 주어진 온도와 압력에서 그에 해당하는 밀도를 가진 하나의 상이이고 액체인 물도 마찬가지이다. 그러면 고체인 얼음도 마찬가지일까?

기체의 경우 단일 성분 기체는 위에서 언급했듯이 하나의 상이고, 기체 혼합물의 경우도 100% 섞이므로 혼합되는 비율에 따른 평균 밀도를 가진 하나의 상이다. 액체의 경우는 단일 성분 액체는 하나의 상이겠지만 액체 혼합물인 경우 물과 기름이라는 서로 섞이지 않는 명확한 예가 있다. 이 때 물이 하나의 상이 되고 기름은 또 다른 하나의 상이 되며 두 상은 각각의 homogeneous한 밀도를 가진다. 고체는 어떨까? 결론부터 얘기하면 단일 성분이라 하더라도 많은 상을 가질 수 있다. 겉으로 보기에는 모두 딱딱한 성상을 가지기 때문에 서로 구분이 되지 않는 하나의 상으로 보일 수 있겠으나 고체 내부에 원자들이 배열되는 방식에 따라 다양한 상을 가질 수 있다. 〈그림 2-1〉은 철(iron) 고체 내부의 철 원자들이 BCC(base-centered cubic) 구조로 배열되어 있다가 온도가 올라가서 FCC(face-centered cubic) 구조로 변하는 것을 보여 주며, 두 구조는 단일 성분이지만 밀도가 서로 다른 두 개의 상이다.

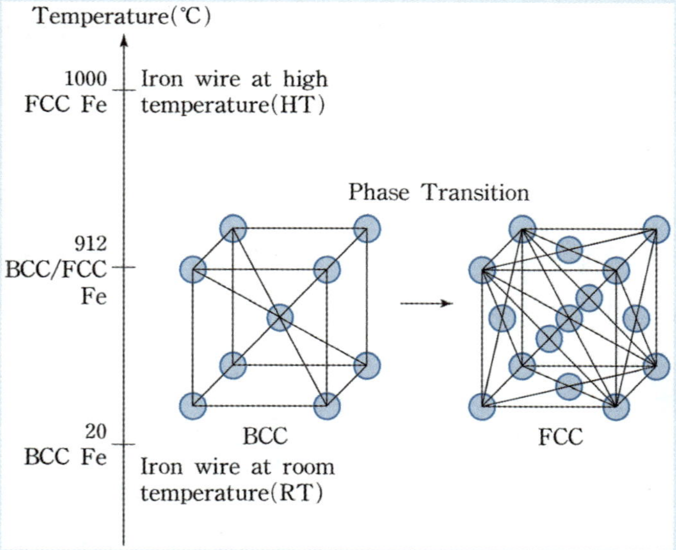


그림 2-1 온도에 따른 철의 상전이(BCC → FCC)

## 2 기체의 내부 에너지

가장 간단한 계로 단열인 깡통 내부에 이상 기체가 있고 현열을 공급해서 이상 기체의 온도가 올라가는 경우에 대해 생각해 보자. 열이 공급되면 이상 기체는 이를 내부 에너지로 보유하게 되는데, 그 방법은 이상 기체를 구성하는 분자들의 운동 에너지일 수밖에 없다. 왜냐하면 이상 기체는 non-interacting point particle로 분자들 사이에 상호 작용을 하지 않기 때문에(또는 상호 작용을 하기에는 너무 멀리 떨어져 있기 때문에) 이후 더 자세히 설명될 미시적인 potential energy(또는 전기적 potential energy)가 고려되지 않는다. 여기서 1장의 진자 운동에서 언급한 거시적인 운동 에너지와 거시적인 potential energy(또는 위치 에너지)는 분자들이 가지는 미시적인 운동 에너지 및 분자 간의 미시적인 potential energy와는 명칭이 같더라도 구분되어야 한다. 후자의 에너지들이 바로 내부 에너지를 구성하는 정체로서 전자의 에너지들처럼 order of magnitude의 측면에서 무시되지 않는다. 다시 돌아가 깡통 내부에 He이나 Ar과 같은 단원자 분자(monoatomic molecule) 이상 기체가 채워져 있다면 상상할 수 있는 분자들의 운동은 병진 운동(translational motion)으로 한정된다. 공간상에 어떤 속도를 가진 분자들이 움직이며 유입된 열을 운동에너지($=\frac{1}{2}mv^2$)로 보유하게 될 것이고, 열의 유입으로 속도가 빨라진 분자들이 온도계의 bulb에 더 빈번히 충돌하게 되어 우리 눈에는 계의 온도가 상승하는 형태로 관찰된다. 이를 유입된 열이 내부 에너지로 변환되었다고 얘기한다.

**여기서 잠깐**

이상 기체는 열역학에서 reference로서 매우 중요한 개념이다. 나중에 다루게 될 실제 기체를 설명하는 상태 방정식(equation of state)과 이상 기체 방정식을 압력에 따라 비교해 보면, rule of thumb으로 대략 10기압 이하에서는 이상 기체 방정식으로 실제 기체를 설명해도 큰 무리가 없다. 즉, 10기압까지는 실제 기체를 이상 기체로 취급해도 무방하다. 이는 역으로 10기압 이상이 되면 기체의 밀도가 커져 기체 분자들이 서로에게 영향을 미치는 범위까지 가까워지게 되고, non-interacting이 성립하지 않으므로 이상 기체라고 볼 수 없게 된다.

한편 현시점에서 온도를 열역학적으로 어떻게 정의해야 할지 고민이 필요하다. 일단은 현열이 유입될 때, 온도는 '그 유체가 보유하고 있는 내부 에너지를 나타내는 척도' 정도가 타당한 정의로 보인다. 다만 유입된 동일한 열에 대해 계의 온도가 빨리 상승하는지 느리게 상승하는지는 그 유체의 에너지를 보유할 수 있는 능력에 따라 판가름되며 이를 열용량(heat capacity)이라고 부른다.

이번에는 깡통에 다원자 분자 이상 기체가 채워져 있다면 어떨까? 생각해보면 이상 기체는 부피가 없는 point particle이니 이 말 자체가 일종의 모순처럼 느껴지기도 한다. 단원자 분자의 경우는 그 크기가 작아서 point particle로 생각할 수도 있지 않을까 싶지만 다원자 분자라면 부피가 없다고 할 수 있을까 의문이다. 아무튼 일단은 여전히 분자의 크기는 매우 작다고 가정하고, 중요한 것은 분자 사이의 상호 작용이 없는 non-interacting이라는 것만 기억하자. 가장 간단한 형태의 다원자 분자인 $N_2$나 $O_2$와 같은 이원자 분자(diatomic molecule)에 대해 생각해 보는 것만으로 충분할 텐데, 먼저 이원자 분자는 무게 중심(center of mass)에 무게가 집중된 하나의 입자로 취급할 수 있으므로 앞서 단원자 분자에서 그랬듯이 병진 운동을 통해 에너지를 보유할 수 있다. 한편 이원자 분자는 두 개의 원자들이 용수철(또는 막대)로 연결된 형상으로 많이 표현된다. 따라서 평균 원자간 거리(interatomic distance)의 중간 지점을 원점으로 하는 회전 운동(rotational motion)이 가능하다. 이를 3차원에 표현한다면 원점을 중심으로 평균 원자간 거리의 1/2을 r로 가진 원자가 공간상에 있고, 원점을 관통하여 정확히 반대편의 r 위치에 다른 원자가 있어 이 둘이 막대로 고정된 아령과 같은 모습을 연상하면 된다. 그 상태에서 원점을 중심으로 자유롭게 회전 운동을 시켰을 때 원자들이 만드는 궤적(trajectory)은 구의 형태가 된다.

마지막으로 위의 병진 운동, 회전 운동과 병행해서 가능한 다른 운동에 대해 얘기한다. 앞서 언급한 두 원자들을 연결한 용수철이 늘어났다가 줄어들었다 하는 진동 운동(vibrational motion)이 그것이다. 평균 원자간 거리를 중심으로 원자간 거리가 커졌다가 작아졌다 하는 운동으로, 이론적으로는 진자 운동(pendulum)과 동일하고 이러한 운동을 총칭하여 조화진동자(harmonic oscillator)라고 부른다. <그림 1-1>의 진자 운동에서 진자의 궤적이 아래쪽으로 볼록한 포물선 모양을 가지는데, <그림 2-2>의 이원자 분자(예, $H_2$, $N_2$, $O_2$)의 원자간 거리에 따른 potential energy curve를 보면 에너지가 가장 낮아지는 평균 원자간 거리를 중심으로 그 부근의 그래프가 비슷하게 아래쪽으로 볼록한 포물선 모양을 갖는다.

위 세 가지 운동의 order of magnitude를 비교해 보자. 아직 양자역학을 제대로 배우지 않았다 하더라도 에너지 준위가 불연속적(discretized)이라는 정도는 알고 있을 것이다. 마찬가지로 분자들의 회전 및 진동 운동도 미시적인 관점에서는 불연속적이라 받아들여 보자. 한편 병진 운동은 불연속인 에너지 준위의 간격이 극도로 작아서 연속적이라 보면 된다. 에너지 준위가 불연속적인 것을 마치 계단을 올라가는 것과 같다고 생각하면, 병진,

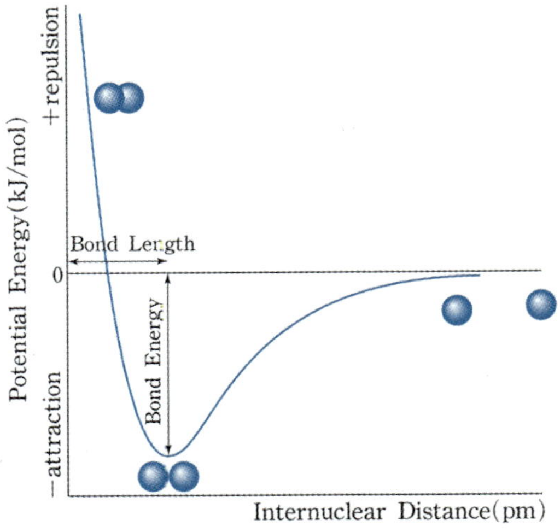


그림 2-2 이원자분자의 potential energy curve

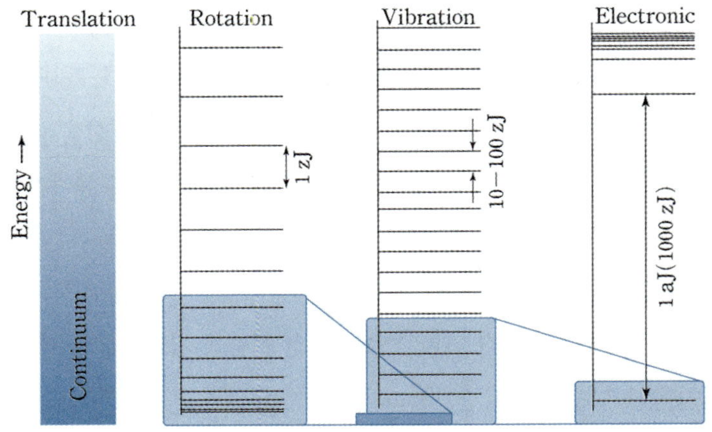


그림 2-3 병진, 회전, 진동 운동의 에너지 준위의 order of magnitude 비교(1 zJ = $10^{-21}$ J)

회전, 진동 운동의 계단 높이는 <그림 2-3>에서 보듯이 크게 차이가 난다. 병진 운동은 계단이 아닌 오르막길이라 보면 되고, 진동 운동의 계단은 회전 운동에 비해서 약 10~100배 높은 것을 알 수 있다. 한편 진동 운동의 계단은 수소 원자의 에너지 준위 계단에 비해 약 1/100~1/10배 작다. 그럼 열이 유입되면 제일 먼저 발현되는 운동은 무엇일까? 계단이 없는 오르막길인 병진 운동이다. 회전 운동의 경우는 계단이 갈수록 커지는 모양새를 가지는데, 자세한 내용은 양자역학에서 배우기로 하고 어쨌든 계단 높이만큼의 열이 주어져야 회전 운동이 일어난다. 진동 운동의 계단은 회전 운동의 그것보다 훨씬 높기 때문에 더 많은 열이 필요한 건 당연할 것이다.

**여기서 잠깐**

Order of magnitude는 엔지니어라면 꼭 익숙해져야 하는 개념이다. 간단하게 1부터 9까지는 같은 order에 있다고 하고, 10부터 90까지를 마찬가지로 같은 order에 있다고 한다. 10의 배수에 의해서 구분되는 크기의 개념으로 같은 order에 있다면 엔지니어는 대략 같은 값으로 간주할 수 있다.

다음은 상온에서 병진, 회전, 그리고 진동 운동이 각각 어느 정도 활성화(activated)되어 있을지 엔지니어의 감각을 동원해 알아보자. 상온(= 298 K)에서 $kT$ = 2.479 kJ/mol인데, 이상 기체는 서로 non-interacting이므로 1 mol의 유체를 이루는 분자 하나에 대한 에너지를 구하려면 $N_A$(=6.02 × $10^{23}$)로 나누면 되고 그 값은 4.11 × $10^{-21}$ J이 된다. 이는 <그림 2-3>의 회전 운동의 계단 높이와 같은 order of magnitude를 가지므로 '상온에서 이원자 분자 기체는 병진과 회전 운동을 할 수 있지만 아직 진동 운동까지는 제대로 활성화되어 있지 않다'라고 얘기한다. 이후에 단원자 분자 이상 기체의 열용량은 $\frac{3}{2}R$이고 이원자 분자 이상 기체의 열용량은 $\frac{5}{2}R$라는 것을 다룰 때 활용될 것이므로 잘 기억해 두기 바란다. 정리하면 상온에서 이원자 분자 기체는 병진과 회전 운동을 하고, 단원자 분자 기체는 병진 운동만 한다.

그렇다면 외부에서 열이 유입되었을 때, 내부 에너지로 열을 더 많이 보유하는 쪽은 어디일까? 이원자 분자 기체이다. 이원자 분자 기체는 회전 운동이라는 운동 에너지 모드(mode)를 하나 더 가지고 있으므로 유입된 열을 분자들의 운동으로 더 많이 보유할 수 있다. 그러나 계의 온도는 반대로 더 늦게 상승할 것이다. 이를 직관적으로 설명해 본다. 기체 분자들이 온도계 bulb에 충돌하는 횟수와 온도계의 눈금 상승은 비례할 것이다. 따라서 단원자 분자 기체의 경우 열이 유입되면 분자들의 속도가 증가하면서 병진 운동으로 에너지를 보유하게 되고, 분자들의 속도가 빨라졌기 때문에 온도계에 충돌하는 분자들의 수도 많아져 이에 맞추어 온도계의 눈금이 상승한다. 한편 이원자 분자 기체의 경우는 유입된 열이 분자의 회전 운동에도 사용되기 때문에 분자들의 병진 운동 속도가 상대적으로 덜 빠르게 증가하고 그만큼 온도계에 충돌하는 분자의 수가 적기 때문에 온도의 상승도 상대적으로 느려진다. 물론 열이 더 유입되면 이원자 분자 기체는 진동 운동까지 활성화되므로 열을 보유할 수 있는 능력이 더 증가한다.

이번에는 다원자 분자 이상 기체들 사이에 어느 쪽이 열을 보유하는 능력이 클지 고민해 보자. 이 경우는 병진 및 회전 운동에 비해 높은 에너지에 의해 활성화되는 분자의 진동 운동에 의해서 유체가 열을 보유할 수 있는 능력이 결정된다. Rule of thumb로 이해하면, 용수철에 매달려 있는 원자들이 가벼울수록, 분자 내의 결합을 의미하는 용수철이 강할수록(예를 들어 단일 결합보다는 이중 결합) 진동 운동의 계단이 높아지고 열을 내부 에너지로 보유할 수 있는 능력이 커질 것이다. 또한 많은 원자가 결합한 분자일수록 진동 운동의 가짓수도 증가할 것이므로 열 보유 능력이 더 우수할 수 있다. 물론 가장 좋은 방법은 실험 데이터를 찾아보는 것이다.

**여기서 잠깐**

〈그림 2-3〉에서 분자의 회전 운동과 진동 운동에 대해서 다루었다. 분자들의 이러한 운동이 실제로 적용되는 예에 대해 알아보자.

먼저 물 분자의 회전 운동은 주기 운동이므로 당연히 특정 주파수를 가진다. 그런데 그 주파수의 영역대가 재미있게도 microwave 영역이다. 바로 전자레인지(microwave oven)가 물의 회전 운동을 이용한 장치이다. 전자레인지에서 물의 회전 운동 주파수에 해당하는 전자파를 발생시키면 음식물 속의 물 분자는 그 주파수의 에너지를 흡수하여 회전 운동을 시작한다. 그렇게 물 분자가 회전하면서 주위의 다른 음식물 분자들과 마찰을 일으키고 그 마찰열로 인해 음식물이 데워진다. 따라서 바싹 마른 음식은 전자레인지에서 데울 수 없다.

한편 진동 운동도 마찬가지로 주기 운동이므로 특정 주파수를 가진다. 이 주파수들은 microwave 보다 에너지가 높은 적외선(IR, infrared) 영역에 있으며 분자마다 진동 운동 주파수는 같을 수가 없다. 용수철에 매달린 원자들의 질량이 같은 경우가 없을뿐더러 결합을 나타내는 용수철의 세기도 분자에 따라 모두 다르기 때문이다. 따라서 분자의 고유한 주파수를 검출해 낼 수 있다면 지문(fingerprint)과 같이 그 분자가 무엇인지를 특정할 수 있다는 것이고, 이를 이용한 분석장비가 적외선 분광기(IR spectrometer)이다. 원리를 간단하게 설명하면 다음과 같다. 일정 주파수 범위를 가지는 IR 빔(beam)을 시료에 쪼여준다. 시료를 구성하는 분자가 가지는 진동 운동의 특정 주파수(normal frequency)를 제외한 나머지 IR 빔은 그대로 통과하고 해당 특정주파수를 가지는 IR 빛은 시료 내 분자들의 진동 운동을 활성화시킨다. 해당 주파수에 해당하는 에너지를 흡수한 것이고 〈그림 2-3〉의 계단을 올라간 것이다. 원자 내의 낮은 에너지 준위에서 높은 에너지 준위로 전자가 들떴다가(excited) 다시 제 자리로 내려오면 빛이 방출된다는 것을 알고 있다. 같은 방식으로 분자가 진동 운동으로 계단을 올라갔다가 다시 제자리로 오면, 흡수했던 동일한 주파수의 IR 빛을 방출하게 된다. 에너지가 흡수되었다가 다시 동일한 주파수로 방출되므로 큰 변화가 없는 것처럼 보이지만 방출 방향이 전방향(isotropic)이라는 점에 주목해야 한다. 이를 산란(scattering)이라고 하며, 한 방향의 파도가 치는 호수에 막대기가 꽂혀 있을 때 파도가 막대기를 지나가면서 막대기 주위로 동심원 모양의 2차 파도가 생성되는 것을 연상하면 쉽다. 따라서 시료를 통과한 후 IR 빔을 검출해 보면 특정 주파수의 빛의 세기가 현저히 감소한 것이 관찰된다. 특정 주파수의 빛은 산란되었고 다른 주파수의 빛들은 모두 입사 때의 세기를 그대로 간직하고 통과했기 때문이다. 이렇게 얻어진 IR spectrum을 토대로 시료가 어떤 분자로 이루어졌는지를 추정할 수 있다.

## 3 액체와 고체의 내부 에너지

이상으로 이상 기체의 내부 에너지가 어떻게 미시적인 운동 에너지와 연결되는지 알아보았다. 이상 기체의 경우는 이상 기체를 구성하는 분자 하나의 미시적인 운동 에너지를 알 수 있다면 거기에 $N_A$를 곱해주어 거시적인 내부 에너지로 환산할 수 있다. 이는 다음 장에서 다룰 것이다. 이렇게 할 수 있는 이유는 계속 반복하지만 이상 기체는 non-interacting으로 각 분자가 서로에게 전혀 영향을 미치지 않기 때문이다. 그렇다면 고압의 실제 기체나 분자들 또는 원자들이 매우 가까이 위치한 액체, 고체의 경우 내부 에너지를 어떻게 설명해야 할까? 앞서 10기압 이하에서 실제 기체는 이상 기체로 취급해도 무리가 없다고 했으므로 10기압 이상의 실제 기체를 예로 설명을 진행하는 것도 방법이겠으나 본 교재에서는 아예 분자들 사이의 거리가 매우 가까운 액체를 대상으로 간단한 수준에서 설명한다. 참고로 화학공학 열역학에서는 고체보다는 기체와 액체를 다루는 경우가 많고 상평형(phase equilibrium)의 경우도 주로 기액 평형(VLE, vapor liquid equilibrium)을 다룬다.

액체는 이미 분자들이 서로에게 영향을 줄 수밖에 없을 정도로 매우 가까이 위치한다. 물론 기체와 마찬가지로 액체를 구성하는 개개의 분자들이 독립적으로 병진, 회전, 그리고 진동 운동을 하지만 이 운동들조차도 주위의 다른 분자들 사이에 형성된 미시적인 potential energy field 내에서 이루어진다. 액체에서 분자 간의 거리에 따라 어떤 전기적인 상호 작용이 있는지 정리해 보자.

| | |
|---|---|
| Charge-charge | $E \sim 1/r$ |
| Charge-dipole | $E \sim 1/r^2$ |
| Dipole-dipole | $E \sim 1/r^3$ |
| Dipole-induced dipole | $E \sim 1/r^6$ |
| Induced dipole-induced dipole | $E \sim 1/r^6$ |
| Hydrogen bonding | |
| Lennard-Jones potential(12-6 potential) | |

모두 전기적인 potential energy이며, 전해질 용액이라면 전하(charge)와 전하 사이에 작용하는 전기적인 힘이 제일 먼저 고려되어야 할 것이다. 하지만 열역학에서는 전해질 용액이 아닌 순수 성분 액체나 액체 혼합물을 주로 다루므로 전하와 관련된 potential energy는 넘어가기로 한다. 전하 사이에 작용하는 전기적 힘보다는 작지만 쌍극자–쌍극자 상호 작용(dipole-dipole interaction)은 물과 같이 극성(polar)인 액체의 경우 액체 분자들 사이에 작용하는 대표적인 상호 작용이다. 잘 알려져 있듯이 물 분자는 마치 영구자석처럼 영구 쌍극자(permanent dipole)를 가지고 있다. 한편 이런 영구 쌍극자를 가진 분자 주위에 중성 분자가 있으면 중성 분자 내의 전자가 영구 쌍극자로 인해 한쪽으로 치우치므로 중성 분자는 유도자석처럼 유발 쌍극자(induced dipole)를 가지게 된다. 또한 중성 분자라고 하더라도 시간에 따라 평균적으로 전자들이 한쪽으로 치우치지 않았을 뿐 어떤 특정한 순간에 전자들이 한쪽으로 치우쳐 유발 쌍극자가 생겨날 수 있고, 그 주위의 중성 분자들은 영구 쌍극자 주위에서와 같이 연쇄적으로 유발 쌍극자를 가지게 된다.

쌍극자–쌍극자 상호 작용과 비슷한 개념으로 전기 음성도가 큰 N, O, F와 H 사이에 전기적으로 인력(attraction)이 생기는 수소 결합에 대해서도 이미 잘 알고 있을 것이다. 유발 쌍극자–유발 쌍극자 상호 작용은 London force, 분산력(dispersive force), van der Waals force 등으로 불리기도 하는데, 분자의 크기가 클수록 보유한 전자들도 많고 전자들이 한쪽으로 치우쳐질 가능성이 커지므로 rule of thumb으로 분자의 크기가 클수록 분자들 사이에 전기적으로 잡아당기는 힘이 커져 끓는점이 높아진다고 말한다. 물론 위에 정리되어 있듯이 쌍극자에 의해 생기는 field가 영향을 미치는 거리를 생각하면 영구 쌍극자를 가지고 있는 액체의 끓는점이 더 높을 것으로 추정할 수 있다. 마지막으로 이런 중성 분자들 사이의 전기적인 상호 작용을 마치 수소 분자 내의 원자간 거리에 따른 potential

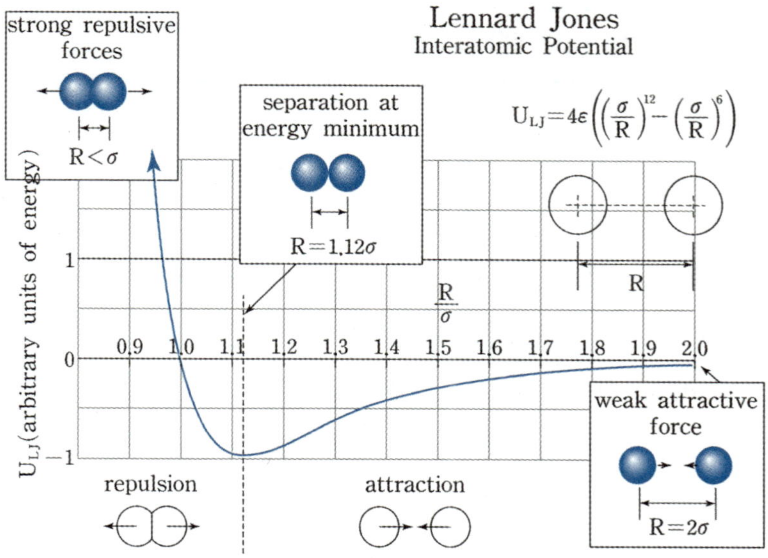


그림 2-4 Lennard-Jones potential

energy curve와 비슷하게 인력은 $1/r^6$에 비례하고 척력(repulsion)은 $1/r^{12}$에 비례하도록 수학적으로 제시된 Lennard-Jones potential이 있다.

<그림 2-4>에서 보듯이 Lennard-Jones potential은 <그림 2-2>와 기본적으로 유사한 그래프 형태를 갖는다. 다만 <그림 2-4>가 분자와 분자 사이의 potential energy를 나타낸다면 <그림 2-2>는 분자 내의 원자와 원자 사이의 potential energy를 나타낸다. 분자들이 서로 떨어져 있는 것보다 전기적인 인력에 의해서 평균 분자간 거리(intermolecular distance)에서 가장 안정한 에너지를 갖고 이보다 가까워지면 척력이 급격히 증가하여 에너지가 높아지는데, 엔지니어는 order of magnitude의 관점으로 기억하는 것이 필요하므로 이러한 intermolecular force(IMF)의 크기를 에너지 단위로 환산해 보면 좋다. 평균 분자간 거리에서 안정화되는 에너지의 크기는 수소 결합이 20~40 kJ/mol로 가장 크고 유발 쌍극자–유발 쌍극자, 즉 분산력이 0.05~2 kJ/mol로 가장 작다. 그리고 쌍극자–쌍극자 상호 작용은 1~5 kJ/mol, 이온–유발 쌍극자 상호작용은 1~3 kJ/mol이다. 참고로 <그림 2-2>의 수소 분자의 경우 평균 원자간 거리는 0.74 Å이고 이때의 안정화되는 에너지의 크기는 432 kJ/mol이다. 그리고 고체의 결합(이온 결합, 금속 결합, 공유 결합)이 50~1000 kJ/mol 수준이므로 비교해서 기억하면 좋다.

## 4 액체와 기체의 내부 에너지 비교

그렇다면 기체와 비교하여 액체의 에너지를 보유하는 능력은 어떨까? 높을까 또는 낮을까? 액체 분자들은 기체 분자들과 마찬가지로 운동 에너지를 가지고 있을 뿐 아니라 분자들 사이에 작용하는 전기적인 potential energy라는 추가적인 에너지 모드가 있다고 생각하면 쉽다. 따라서 액체가 열을 보유하는 능력이 더 우수할 것이고 이후에 다루겠지만 액체의 열용량(heat capacity)이 기체의 열용량보다 크다. 앞서 액체 물이 수증기로 증발하는 데 필요한 잠열이 ~40 kJ/mol의 큰 값을 갖는다고 언급했는데, 이는 수증기가 되기 위해서는 액체 물 분자들 사이의 수소 결합이 극복되어야 함을 의미하고 역으로 물 분자들은 수소 결합에 의한 전기적인 potential energy에 의해 서로 잘 구속되어 있다는 것을 의미한다. 그만큼 액체 상태에서 물은 열을 보유할 수 있는 능력도 크다. 가정용 보일러에 물을 열전달 매개체(medium)로 사용하는 이유도 이 때문이다. 물론 물은 경제적으로 쉽고 싸게 구할 수 있다는 측면도 있다.

유체의 내부 에너지에 대해 정리하면 유체를 이루는 분자들이 가지는 미시적인 운동 에너지와 분자들 간에 작용하는 potential energy의 합이라 할 수 있다. 개개의 분자들은 병진 운동, 회전 운동, 진동 운동의 운동 모드를 통해서 유입된 열을 운동 에너지로 저장할 수 있으며 분자 내 원자들이 결합을 통해 진동 운동을 하듯이 분자들 사이에도 전기적인 potential energy field가 존재해서 상호 작용을 한다. 비록 분산력이 에너지로 환산하면 0.05~2 kJ/mol로 가장 작지만 분자 내의 원자들처럼 지정된 결합을 통한 상호 작용이 아니라 공간상에 존재하는 분자들 사이에 여러 방향으로 동시에 형성되는 상호 작용이기 때문에 실제로는 위 값보다는 더 큰 에너지를 저장할 수 있다. 다만 수소 분자에서처럼 수소 원자를 라디칼(radical)로 서로 떼어놓는 데 432 kJ/mol이라는 큰 에너지가 필요한 것과는 달리 유입된 열이 충분하여 분자들 간에 작용하는 potential energy가 극복된다면 액체에서 기체로의 상전이가 일어나게 된다. 참고로 앞서도 언급되었지만 물의 증발열은 40 kJ/mol 정도로 수소 결합의 결합 에너지인 20~40 kJ/mol와 비슷하다.

## 요약

- 열역학에서 고려되는 열의 종류는 현열, 잠열, 반응열이 있고 그 크기의 order of magnitude는 현열 << 잠열 < 반응열 순이다.
- 어떤 물리적 성질(예, 밀도)이 전체 질량에 대해서 균일하면 이를 상이라 부른다. 기체에서는 상분리(phase separation)를 관찰할 수 없지만 액체에서는 물과 기름이라는 두 개의 상이 분리되는 쉬운 예를 관찰할 수 있다. 고체의 경우는 고체 내 원자들이 배열되는 방법에 따라서 많은 상이 존재할 수 있다.
- 상이 변하지 않는 상태에서 유체를 가열 또는 냉각하는 데 필요한 열을 현열, 유체의 상전이에 투입 또는 상전이로부터 배출되는 열을 잠열이라 한다. 또한 반응을 통해서 계에 열이 공급되거나 계로부터 열이 배출된다면 이를 반응열이라고 한다.
- 내부 에너지는 유체 내의 분자들이 가지는 미시적인 운동 에너지와 potential energy의 합이다.
- 분자들의 운동 모드로는 병진 운동, 회전 운동, 진동 운동이 있고 활성화에 필요한 에너지의 순서는 병진 운동 << 회전 운동 < 진동 운동 순이다.
- 분자의 운동 모드가 많을수록 유입된 열을 유체의 내부 에너지로 더 많이 저장할 수 있다.
- 분자들 사이의 거리가 매우 가까워지면 분자들 사이의 전기적 potential energy가 작용하게 된다. 상호 작용의 에너지 크기가 20~40 kJ/mol인 수소 결합과 0.05~2 kJ/mol인 분산력이 대표적이다.
- 마찬가지로 potential energy도 에너지를 저장할 수 있는 모드이므로 액체가 기체보다 유입된 열을 내부 에너지로 저장할 수 있는 능력이 크다. 다만 유입된 열이 충분하여 분자들 간에 작용하는 전기적인 potential energy를 넘어선다면 상전이가 발생한다.

## 중요 개념 키워드

- 내부 에너지
- 거시적인 kinetic energy와 potential energy
- 현열, 잠열, 반응열
- 미시적인 kinetic energy와 potential energy
- 병진 운동, 회전 운동, 진동 운동
- Permanent dipole, induced dipole
- 수소 결합, 분산력
- 상전이

## 응용문제

**01** Piston-cylinder apparatus의 실린더 내에 순수한 산소와 철 수세미(설거지에 사용되는)가 들어있다. 실린더 내부 압력이 101.325 kPa(대기압)로 유지되고 철 수세미는 산소와 매우 천천히 반응하여 $Fe_2O_3$가 된다. 즉, 녹이 슨다. 한편 녹이 스는 반응은 발열 반응이지만 내부의 온도가 25℃로 유지되도록 계로부터 열을 지속적으로 제거하였다. 철 2 mol이 반응할 때 831.08 kJ의 열이 제거되었다면, 이 계의 $Q$, $W$, $\Delta U$는 각각 얼마일까?

**02** 1몰의 이상 기체가 piston-cylinder apparatus에서 가역적으로 팽창한다. 이때 외부 압력은 초기 10 bar에서 최종 1 bar까지 변하며 실린더 내부 온도는 0℃로 일정하게 유지된다고 한다.

a) 계에서 주위로 전달된 에너지는 얼마인가?
b) 실린더 내부의 유체의 내부 에너지 변화는?
c) 그럼 위 과정에서 계와 주위 사이에는 어떤 현상이 발생했는가?

**03** N개의 원자를 가진 분자의 진동 운동의 개수를 구하시오.

# 3장

# 내부 에너지를 이론적으로 구할 수 있을까?

서론에서 열역학은 실험데이터를 기반으로 한다고 했다. 그래서 대부분의 열역학 교재는 다음 내용으로 내부 에너지를 실험적으로 어떻게 측정하는가를 다루면서 열용량(heat capacity)의 개념을 도입하고 이를 확장하여 우리에게 익숙한 엔탈피(enthalpy)를 정의하게 된다. 그러나 내부 에너지를 이론적으로 구하고자 했던 영국의 Maxwell과 폴란드의 Boltzmann이라는 대학자들의 고전역학(classical mechanics)적 접근방법에 대해 다루는 것이 열역학을 정성적으로 이해하는 데 여전히 매우 유용하고 특히 화학공학 엔지니어로서 끊임없이 만나게 될 Boltzmann 분포(distribution)와 그 의미에 대해서 꼭 알아야 하기에 이번 장을 추가하였다.

Maxwell과 Boltzmann은 단원자 분자 이상 기체로 이루어진 계의 내부 에너지를 이론적으로 계산하고자 하였다. 이전 장들에서 이미 다루었듯이 이상 기체는 non-interacting 이므로 분자 사이의 미시적인 potential energy를 고려할 필요가 없고, 단원자 분자는 병진운동만을 고려하면 되므로 생각할 수 있는 가장 간단한 계이다. 가장 비슷한 예로는 아주 낮은 압력에서의 He 기체가 될 것이다. 이제 논리적으로 차근차근 접근해 보자. 이 계의 내부 에너지는 식 (3-1)과 같이 계를 구성하는 단원자 분자들이 공간 상을 움직이는 운동에너지의 평균값이다. 그리고 모든 분자의 질량이 일정(constant)하므로 분자들이 가지는 속도의 제곱의 평균값을 알면 된다. 기억해야 할 것은 속도의 평균이 아니라 속도의 제곱의 평균값이라는 것이다.

$$U = \overline{\frac{1}{2}mv^2} = \frac{1}{2}m\overline{v^2} \tag{3-1}$$

지금부터는 다소 수학적인 내용으로 어려울 수 있으나 천천히 포기하지 말고 따라오기 바란다.

i) 각 분자가 가지는 속도를 알아야 속도의 제곱도 구할 수 있고 제곱의 평균값도 구할 수 있다. 예를 들어 100 m/s의 속도를 가지는 분자가 20개이고 50 m/s의 속도를 가지는 분자가 10개, 10 m/s의 속도를 가지는 분자가 20개라고 하면 평균 속도는 100 × 0.4 + 50 × 0.2 + 10 × 0.4 = 54 m/s가 된다. 이 식에서 0.4, 0.2, 0.4는 각각 100 m/s, 50 m/s, 10 m/s의 속도를 가지는 분자의 분율(또는 확률)이라 하고 이와 같은 방식으로 공간상에 속도 $v$를 가지는 이상 기체 단원자 분자의 확률 함수(probability function)를 알아야 한다.

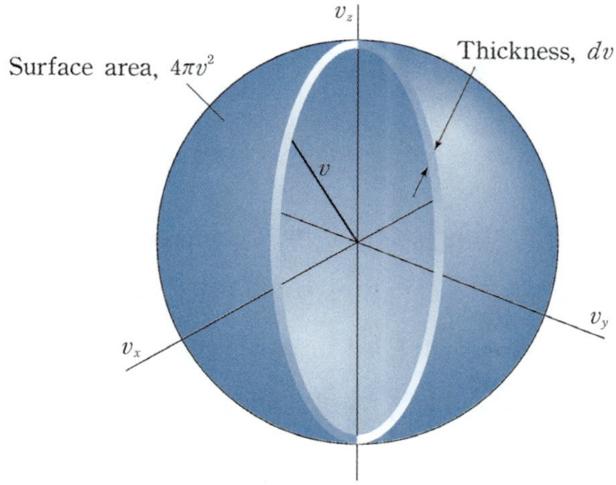


그림 3-1 3차원 속도 공간

ii) 속도에 대한 논의에 앞서, 공간상에 입자들이 산개해 있는 경우를 먼저 생각해 보자. 원점으로부터 반지름 $r$만큼 떨어져 있고 $dr$만큼의 두께를 가진 구 껍질(sphere shell) 내에 입자가 몇 개나 존재할지는 원점으로부터 $r$의 거리에 입자가 존재할 확률 함수와 구 껍질의 부피 $4\pi r^2 dr$을 곱하면 된다.

관점을 <그림 3-1>과 같은 속도 공간으로 옮겨보면 같은 방식으로 속도 공간상에 반지름 $v$와 두께 $dv$를 가지는 구 껍질 내에 속도 $v$를 가지는 입자의 수는 확률 함수와 구 껍질의 부피 $4\pi v^2 dv$를 곱한 값이 된다.

<그림 3-1>의 속도 공간의 좌표계($v_x$, $v_y$, $v_z$)에 표시된 구 껍질을 다시 생각해 보자. 구 껍질이 $dv$로 매우 얇기 때문에 이 구 껍질에 존재하는 입자는 모두 $v$ 라는 속도를 가지며 $v^2$은 식 (3-2)와 같이 쓸 수 있다. 원점으로부터 $r$만큼 떨어진 점의 위치에 대해 $r^2 = x^2 + y^2 + z^2$으로 표시하는 것과 동일한 방식이다. 다음 식 (3-2)의 양변을 미분하면 식 (3-3)을 얻을 수 있다.

$$v^2 = \text{constant} = v_x^2 + v_y^2 + v_z^2 \tag{3-2}$$

$$0 = 2v_x dv_x + 2v_y dv_y + 2v_z dv_z \tag{3-3}$$

iii) 한편 아직 확률 함수에 대해서는 전혀 정의된 것이 없다. 하지만 확률 함수가 $v_x$, $v_y$, $v_z$의 함수임에는 분명할 것이다. 그리고 확률 함수는 $v_x$, $v_y$, $v_z$에 대해 변수 분리(separation of variables)가 가능하도록 식 (3-4)와 같은 형태를 가질 것이다. 예를 들면, $F = xyz$ 또는 $F = x^2y^3z$는 변수 분리가 가능한 형태이고, $F = x(xy+1)z$와 같은 형태는 변수 분리가 불가능한 형태이다.

$$F(v_x, v_y, v_z) = F_1(v_x)F_2(v_y)F_3(v_z) \tag{3-4}$$

확률 함수 $F$는 개수를 의미하는 스칼라양($F$ = constant)이므로 이를 편미분(partial derivative) 형태로 나타내면 식 (3-5)와 같다. 그런데 위 $F_1$, $F_2$, $F_3$가 각각 다른 형태의 함수를 가질 이유는 없어 보인다. 왜냐하면 이 계에서 단원자 분자들은 병진 운동을 통해 모든 방향으로 동일하게(또는 공평하게) 움직일 것이기 때문이다. 따라서 $F_1$, $F_2$, $F_3$가 동일한 함수 형태를 가지도록 $f$로 바꾸어 식 (3-6)과 같이 써 줄 수 있다.

$$\frac{\partial F}{\partial v_x}dv_x + \frac{\partial F}{\partial v_y}dv_y + \frac{\partial F}{\partial v_z}dv_z = 0 \tag{3-5}$$

$$F(v_x, v_y, v_z) = f(v_x)f(v_y)f(v_z) \tag{3-6}$$

그리고 식 (3-6)을 식 (3-5)에 대입하여 전체를 $f(v_x)f(v_y)f(v_z)$로 나누어 주면 식 (3-7)이 된다.

$$\frac{1}{f(v_x)}\frac{\partial f(v_x)}{\partial v_x}dv_x + \frac{1}{f(v_y)}\frac{\partial f(v_y)}{\partial v_y}dv_y + \frac{1}{f(v_z)}\frac{\partial f(v_z)}{\partial v_z}dv_z = 0 \tag{3-7}$$

iv) 이제 식 (3-3)과 식 (3-7)을 비교해 보면 $v_x$에 대해 식 (3-8)이 성립되며 이 미분방정식을 풀어보면 매우 익숙한 Gaussian 분포 형태의 식 (3-9)를 얻을 수 있다. $v_y$와 $v_z$에 대해서도 동일하게 풀리며, 식 (3-3)에 2가 아닌 어떠한 상수가 들어와도 성립하므로 이를 $-\lambda$로 표시하였다. 이렇게 지수(exponential) 형태의 함수가 자연스럽게 도출된다. 앞으로도 Arrhenius 식, 평형 상수(equilibrium constant) 식, van't Hoff 식과 같이 지수(또는 자연로그) 형태의 함수들이 자주 등장할 것이므로 익숙해지면 좋다.

$$\begin{aligned} &\frac{1}{f}\frac{\partial f}{\partial v_x} = -\lambda v_x \\ &\frac{df}{f} = -\lambda v_x dv_x \\ &\ln f = -\frac{1}{2}\lambda v_x^2 + C \end{aligned} \tag{3-8}$$

$$f(v_x) = Ce^{-\frac{1}{2}\lambda v_x^2} \tag{3-9}$$

여기서 $\lambda = \dfrac{1}{\sigma^2}$이고, $C = \dfrac{1}{\sqrt{2\pi\sigma^2}}$이다. $f(v_y)$와 $f(v_z)$에 대해서도 풀이 방법이 동일하므로 확률 함수 $F$는 식 (3-10)과 같다.

$$F(v_x, v_y, v_z) = C^3 e^{-\frac{1v^2}{2\sigma^2}} = C^3 e^{-\frac{\frac{1}{2}(v_x^2 + v_y^2 + v_z^2)}{\sigma^2}} \tag{3-10}$$

식 (3-10)에서 $\sigma^2$을 사용한 이유는 확률 함수가 Gaussian 분포를 갖는다는 것을 보여주기 위함이고, $\sigma^2 = kT/m$일 때 특별히 Boltzmann 분포라고 부른다. 지수 함수 내에 $½mv^2$이라는 에너지 항이 분자에 있고, 분모에는 $kT$라는 온도 항이 있는 매우 익숙한 형태이다. 여기서 $k$는 Boltzmann 상수이다.

v) 먼저 간단하게 $\overline{v_x}, \overline{v_y}, \overline{v_z}$를 구해 보자. 복잡한 적분 계산을 하지 않고도 이 값들이 0이 되는 것을 직관적으로 알 수 있다. 왜냐하면 입자가 공평하게 사방으로 움직이므로 <그림 3-1>의 속도 공간에서 $v_x$가 100 m/s인 입자가 존재할 확률과 −100 m/s인 입자가 존재할 확률은 동일할 것이기 때문이다. 따라서 둘을 더해서 2로 나누는 평균값은 0일 수밖에 없다. 이는 $v$가 벡터(vector)이기 때문이다. 따라서 식 (3-10)의 확률 함수는 벡터로서의 $v$가 아닌 $v$의 크기인 속력(speed)에 대해 다시 구하는 것이 맞다. 예를 들어 $x$축으로 원점에서 1만큼 떨어진 곳에 입자가 존재하고 $x$축으로 −1만큼 떨어진 곳에 또 다른 입자가 존재할 때, (1 − 1)/2 = 0이므로 입자가 존재하지 않는 것이 아니라 원점에서 1만큼 떨어진 곳에 2개의 입자가 존재한다고 얘기해야 한다.

vi) ii)에서 언급했듯이 속도 공간상에 반지름 $v$와 두께 $dv$를 가지는 구 껍질 내에 속력 $v$를 가지는 입자의 수는 $\int F4\pi v^2 dv$이 되고, 속력에 관한 새로운 확률 함수가 식 (3-11)과 같이 정의된다. 이를 Maxwell-Boltzmann 속력 분포(speed distribution)라고 한다.

$$f(v) = 4\pi\left(\frac{m}{2\pi kT}\right)^{3/2} v^2 e^{-\frac{\frac{1}{2}mv^2}{kT}} \tag{3-11}$$

이를 도식화하면 <그림 3-2>와 같고 온도가 올라갈수록 빠른 속도를 가진 입자의

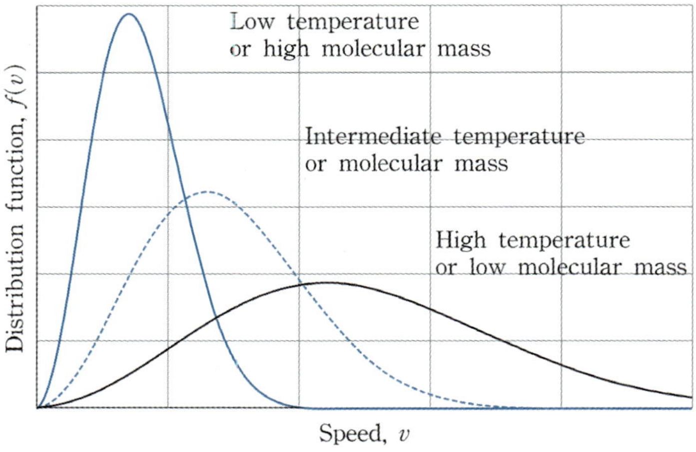


그림 3-2 온도에 따른 Maxwell-Boltzmann 속도 분포

수가 많아지는 것을 알 수 있다. 확률 함수이므로 각 온도에서의 속력 분포 곡선을 적분한 면적은 1로 동일하다.

vii) 식 (3-11)과 <그림 3-2>의 속력 분포를 알게 되었으므로 이제 세 가지 속력에 대해 논의할 수 있다. 엔지니어라면 속력 분포 곡선을 보고 미분을 통해서 극대점에서의 속력을 먼저 구하고 싶을 것이다. 이를 $v_p$(most probable speed)라고 부르는데, 식 (3-11)을 미분해서 0이 되는 $v$ 값이므로 쉽게 구할 수 있다.

$$v_p = \sqrt{\frac{2kT}{m}} \tag{3-12}$$

다음은 속력의 평균, 즉 평균 속력(mean speed)인 $\bar{v}$인데, 식 (3-13)과 같이 쓸 수 있고 i)에서 대수적으로 구했던 방식과 근본적으로는 동일하다.

$$\bar{v} = \int_0^\infty v f(v) dv = 4\pi \left(\frac{m}{2\pi kT}\right)^{3/2} \int_0^\infty v^3 e^{-\frac{\frac{1}{2}mv^2}{kT}} dv \tag{3-13}$$

적분을 위해서 적분표에서 식 (3-14)를 찾았고 식 (3-15)와 같은 평균 속력을 구할 수 있다. 마찬가지로 스스로 구해보자. 참고로 식 (3-14)에서 적분 구간이 $-\infty$에서 $\infty$이 아니라 0에서 $\infty$이면 주어진 값의 ½이 된다.

$$\int_{-\infty}^{\infty} x^3 e^{-ax^2} dx = \frac{1}{a^2} \tag{3-14}$$

$$\bar{v} = \sqrt{\frac{8kT}{\pi m}} \tag{3-15}$$

마지막으로 우리가 관심을 가지는 $v^2$의 평균값에 대해 얘기해 본다. 식 (3-16)과 같이 구하고 식 (3-13)에서는 확률 함수에 $v$를 곱해 적분했다면 대신에 $v^2$을 곱해 적분한 것뿐이다.

$$\overline{v^2} = \int_0^{\infty} v^2 f(v) dv = 4\pi \left(\frac{m}{2\pi kT}\right)^{3/2} \int_0^{\infty} v^4 e^{-\frac{\frac{1}{2}mv^2}{kT}} dv \tag{3-16}$$

마찬가지로 적분표에서 식 (3-17)을 찾았고, 식 (3-16)의 적분에 활용하기 위해 식 (3-17)의 양변을 $a$에 대해 두 번 미분하여 식 (3-18)을 유도하였다.

$$\int_{-\infty}^{\infty} e^{-ax^2} dx = \sqrt{\frac{\pi}{a}} \tag{3-17}$$

$$\int_{-\infty}^{\infty} x^4 e^{-ax^2} dx = \frac{3}{4} \sqrt{\pi}\, a^{-\frac{5}{2}} \tag{3-18}$$

평균 속력을 구할 때와 마찬가지로 적분 구간에 조심하며 직접 유도해 보기 바란다. 답은 식 (3-19)와 같고 이 값에 루트를 취한 것을 $v_{rms}$(root mean square speed)라고 한다.

$$\overline{v^2} = \frac{3kT}{m} \tag{3-19}$$

<그림 3-3>은 이렇게 구해진 most probable speed, mean speed, root mean square speed를 속력 분포에 대해 도식화한 것이다. 앞서 언급했듯이 세 가지 속력을 구해보는 과정은 자기주도형 과제나 숙제로 부여하기에 좋은 주제이다.

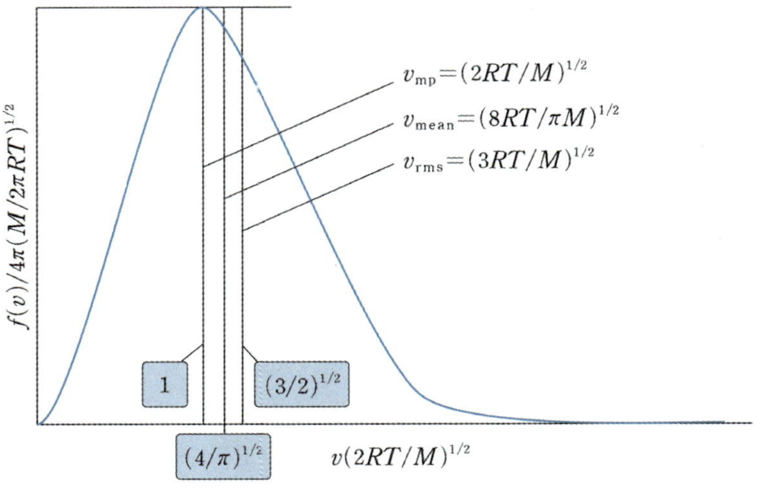


그림 3-3 Most probable speed, mean speed, root mean square speed

지금까지 $v^2$의 평균값을 구하기 위해 수학적으로 지루한 과정을 거쳐 왔다. 어렵게 느껴졌을 수 있지만, 그 유도과정을 이해하지 못하더라도 식 (3-1)과 식 (3-19), 그리고 지금부터 설명하는 내용은 꼭 기억하도록 하자. 이제 식 (3-19)를 식 (3-1)에 대입하면 단원자 분자 이상 기체로 이루어진 계의 내부 에너지(또는 평균 운동 에너지)는 $U = \frac{1}{2}mv^2 = \frac{3}{2}kT$가 된다. 그런데 자세히 살펴보면 $U = \frac{1}{2}kT + \frac{1}{2}kT + \frac{1}{2}kT$로 나눌 수 있고, 병진 운동이 $x$축, $y$축, $z$축의 독립적인 세 개의 모드를 가지므로 서로 연결되는 점이 있을 것 같다. 독립적인 세 개의 모드를 세 개의 자유도(degree of freedom)를 가진다고 표현하므로 자유도마다 ½$kT$의 에너지가 분배된 것과 같아 보이고 이를 고전역학에서는 equi-partition theorem이라 부른다. 한편 단원자 분자 이상 기체 1 mol이 가지는 내부 에너지는 $U = \frac{3}{2}kT \times N_A = \frac{3}{2}RT$가 된다. 그렇다면 이원자 분자 이상 기체가 계를 구성하는 경우는 어떨까? 저압의 $N_2$ 기체가 비슷한 계일 것이다. 상온에서 병진 운동의 자유도 3개($x$, $y$, $z$)에 회전 운동의 자유도($r$은 고정, $\theta$, $\phi$)가 2개 더해져서 이 계의 내부 에너지는 equi-partition theorem에 의해 $U = \frac{5}{2}kT$가 된다. 아마도 일반화학수업에서 단원자 분자 기체의 내부 에너지는 $\frac{3}{2}RT$, 이원자 분자 기체의 내부 에너지는 $\frac{5}{2}RT$라고 암기했을 텐데 바로 이 얘기이다.

**여기서 잠깐**

Boltzmann 상수인 $k$에 아보가드로수인 $N_A$를 곱하면 기체상수 $R$이 된다. 본문의 내용에서 감을 잡았겠지만 $k$는 미시적인 개념이고 $R$은 거시적인 개념이다. 통계열역학은 개별 분자들의 열역학 성질들을 통계적으로 처리하여 1 mol과 같이 많은 수의 분자의 거시적인 집합성질을 이끌어 내는 학문으로, Boltzmann의 공헌이 매우 컸다. 본문에서는 non-interacting인 이상 기체였기 때문에 단순하게 곱셈으로 처리했지만 이 또한 통계열역학의 과정이다.

자유도라는 개념은 열역학뿐 아니라 다양한 학문에서 사용된다. 예를 들어 직교좌표계에서 위치의 자유도는 예상할 수 있듯이 3개이다. 다원자 분자의 진동 운동의 자유도는 응용문제에서 다루었듯이 3N - 6이다. 두 예들에서 공통적으로 자유도란 서로 독립적인 것들의 개수를 얘기한다는 것을 발견할 수 있다. 나중에 상 규칙(phase rule)에서 다루겠지만 열역학에서 사용되는 자유도는 계를 열역학적으로 정의할 수 있는 독립변수의 개수로 온도, 압력, 그리고 조성이 고려된다.

마지막으로 Maxwell-Boltzmann의 이론적 접근의 타당성을 증명하기 위해 이상 기체 방정식을 유도해 보도록 하겠다. 압력이란 단위 면적당 수직으로 작용하는 힘, 즉 $P = F/A$이고 운동량(momentum) = $F$/time이다. 입자들은 벽면에 사방에서 날아와 충돌한다고 하지만 우리가 관심이 있는 것은 벽면에 수직인 속도 성분이고 이 방향을 $v_x$라고 하자. 간단하게 분자들의 평균 number density를 $n$이라 하고 우리가 고려하는 시간을 $\Delta t$라고 하면 벽면에 충돌하는 입자들은 모두 $Av_x\Delta t$라는 3차원 공간에 있어야 한다. 즉, 더 바깥에 있는 입자들은 $\Delta t$ 동안에 벽면까지 도달할 수 없다. 따라서 벽면에 충돌하는 입자의 개수는 $\frac{1}{2}nAv_x\Delta t$이고, 앞에 붙은 ½은 주어진 공간에서 벽면으로 날아오는 입자와 벽면으로부터 멀어지는(압력에 공헌할 수 없는) 입자의 개수가 동일하기 때문에 그렇게 처리한 것이다. 한편 입자가 벽면에 충돌하면서 발생하는 운동량의 변화는 $mv$로 들어갔다가 $-mv$로 나오므로 $2mv$가 된다. 상황이 머릿속으로 잘 상상이 되지 않는다면 구글링을 통해 적절한 이미지를 찾아보기 바란다. 이제 압력을 위에서 언급한 변수들과 식 (3-10)의 확률 함수를 이용하여 식 (3-20)으로 나타내었다. 여기서 $F$는 식 (3-10)의 확률 함수이다.

$$P = \frac{momentum}{A\Delta t} = \iiint \frac{1}{2}nAv_x\Delta t \times \frac{2mv_x}{A\Delta t} \times F dv_x dv_y dv_z$$

$$P = mn\int Cv_x^2 e^{-\frac{\frac{1}{2}mv_x^2}{kT}} dv_x \int Ce^{-\frac{\frac{1}{2}mv_y^2}{kT}} dv_y \int Ce^{-\frac{\frac{1}{2}mv_z^2}{kT}} dv_z \qquad (3\text{-}20)$$

식 (3-20)을 살펴보면 $v_y$와 $v_z$항들은 표준 정규분포로 둘 다 1이 되고, $v_x$쪽은 식의 형태가 식 (3-16)과 같이 $v_x^2$의 평균을 구하는 꼴이다. 그리고 $v_x^2$의 평균은 세 방향의 성분으로 이루어진 $v^2$의 평균의 1/3이므로 식 (3-19)로부터 $kT/m$이다. 이를 식 (3-20)에 대입하면 $P = nkT$를 얻는다. 위 유도에서는 편의상 간단하게 number density를 $n$이라 했지만 정확히는 몰의 개념을 사용하려면 $nN_A/V$(여기서 $n$은 몰수)를 대신 사용하는 것이 맞고 우리가 알고 있는 $PV = nRT$라는 이상 기체 방정식이 유도된다.

## 요약

- 단원자 분자 이상 기체에 대해 계가 가지고 있는 내부 에너지를 Maxwell과 Boltzmann이 이론적으로 구하였다. 이상 기체이므로 분자 간의 potential energy는 고려할 필요가 없고 단원자 분자의 운동은 오직 병진 운동만 가능하다.
- 속도의 크기인 속력에 대한 기체 분자들의 확률 함수를 유도하여 속력의 제곱의 평균값을 구했다. 이로부터 다음과 같은 계의 내부 에너지(또는 평균 운동 에너지)가 구해진다.

$$U=\overline{\frac{1}{2}mv^2}=\frac{1}{2}m\overline{v^2}=\frac{3}{2}kT$$

- 단원자 분자의 병진 운동의 자유도가 3개이므로 자유도 하나에 ½$kT$가 분배된 형태의 equi-partition theorem이 성립함을 알 수 있다. 같은 논리로 이원자 분자 이상 기체의 경우는 3개의 병진 운동 자유도에 2개의 회전 운동 자유도가 추가되므로 $\frac{5}{2}kT$의 내부 에너지를 갖게 된다.
- 자유도는 서로 연관되지 않는 독립적인 변수의 개수로 정의된다.
- 지수함수 내에 분자에는 에너지 항이 분모에는 온도 항이 들어가는 형태를 Boltzmann 분포라고 부르는데, 물리적으로는 어떤 에너지 장벽을 극복하는 입자의 수가 장벽의 높이에 따라 선형적이지 않고 지수적인 관계를 갖는다는 것을 말한다. 응용문제를 통해서 완벽하게 이해하도록 하자. Arrhenius 식도 Boltzmann 분포가 적용된 것이다.

## 중요 개념 키워드

- 단원자 분자, 내부 에너지, 평균 운동 에너지
- Maxwell-Boltzmann 속력 분포
- Most probable speed, mean speed, root mean square speed
- Equi-partition theorem
- 자유도

## 응용문제

**01** 유체의 깊이와 압력 사이에 수력학적 관계식은 $dP = -\rho g dz$ 이다. 여기서 $\rho$는 밀도, $g$는 중력가속도, $z$는 어떤 기준(예 지상)으로부터의 높이이다. 즉, 위치 에너지 식의 변형이다. 이를 이용하여 지표면 위의 고도에 따른 압력의 변화를 나타내는 식을 구하시오.

**02** 온도가 25°C(298 K)로 일정하다고 가정하고 성층권의 10 km와 20 km에 위치하는 공기 분자의 개수가 어떻게 될지 비교해 보시오. 공기 분자의 분자량은 29 g/mol이다.

**03** Si의 띠간격(bandgap energy)은 약 1.1 eV이다. 상온(300 K)에서 400 K까지 온도를 증가시켰을 때 전도대의 전자 수는 대략 몇 배 증가할까? Boltzmann 상수($k$)는 $8.6173303 \times 10^{-5}$ eV/K이다.

**04** 〈그림 2-3〉에서 분자의 회전 운동과 진동 운동의 계단의 높이가 각각 $1 \times 10^{-21}$ J, $100 \times 10^{-21}$ J이라는 것을 다루었다. Boltzmann 분포를 이용하여 각각의 운동(회전 운동과 진동 운동)에 대해서 상온(298 K)에서 n(들뜸)/n(바닥)를 구해 보자. n(들뜸)/n(바닥)는 바닥 상태에 있는 분자의 수 대비 들뜬 상태에 있는 분자의 수로서 분자가 해당 운동에 대해 얼마만큼 활성화되어 있는지를 나타낸다. Boltzmann 상수($k$)는 $1.380649 \times 10^{-23}$ J/K이다. 구해진 값으로부터 어떤 결론을 내릴 수 있을까?

**05** 〈그림 3-2〉의 $x$축을 $v$에서 $E$로 변환함으로써 Maxwell-Boltzmann 속력 분포와 잘 알려진 Arrhenius 식의 연관성을 보이시오.

4장

# 열용량과 내부 에너지, 엔탈피

앞에서 다소 복잡한 수학이 도입되면서 열역학이란 학문이 어렵게 느껴졌을 수 있다. 반복하지만 열역학은 이론적인 학문일까, 아니면 실험적인 학문일까? 정답은 후자에 가깝다. 이전 장에서 Maxwell-Boltzmann의 이론적인 접근에 대해 배웠지만, 그것조차 극도로 간단한 계에 대해서 도출해 낸 결과일 뿐이다. 물론 최근에는 계산화학(computational chemistry)에 기반을 둔 통계 열역학을 이용하여 미시적인 열역학 성질들로부터 우리에게 필요한 거시적인 열역학 성질들을 이론적으로 구하는 것이 가능해지고 있다. 그러나 여전히, 그리고 앞으로도 실험에 의해 얻어진 열역학 성질들이 활용될 것이고, 이론적으로 구해진 거시적 성질들의 신빙성도 결국 실험으로 검증될 것이다.

한편 열역학은 그 정합성에 대해 도전받는 일이 없는데, 열역학 이론에 의해 설명된 결과가 우리가 경험한 현실 세계와 완벽하게 일치하기 때문이다. 어떻게 그럴 수 있을까? 경험한 현실 세계(즉 실험 결과)에 닿도록 열역학 이론이 역으로 공식화(formulation)되었다고 보면 이해될 것이다. 그래서 절대 틀릴 수가 없다. 이전 장에서 내부 에너지를 다루었고 앞으로 엔탈피(enthalpy), 엔트로피(entropy), Gibbs 에너지 등의 주요 개념들을 도입하겠지만 이 모든 것들이 실험적으로 검증된 현실 세계를 체계적으로 설명하기 위한 것이라 이해하면 된다. 그럼 다른 질문이 있을 수 있다. 어차피 실험 결과가 있으면 필요할 때 그 실험 결과를 찾아서 쓰면 될 일이지 왜 수식을 동반한 열역학이란 학문을 만들었을까? 수많은 실험 결과를 일일이 그래프나 테이블로 가지고 다니는 것은 불가능하므로 컴퓨터 소프트웨어가 필요에 따라 실험 결과를 재현(reproduce)하거나 서로 연관된 복잡한 계산을 수행해야 하는데, 이를 위해 실험 결과를 미리 데이터베이스(database)화 해 놓으면 편리하기 때문이다. 지금부터는 Maxwell-Boltzmann 접근처럼 순수하게 이론적으로 접근하는 내용은 없다. 물론 복잡해 보이는 수식이 여전히 도입되겠지만 언급했듯이 컴퓨터 코딩(coding)을 위해 공식화되는 과정이라 생각하자.

그럼 어떤 유체의 내부 에너지 변화를 실험적으로 어떻게 측정하는지 배워본다. 일반적인(general) 접근법이므로 유체가 이상 기체일 필요는 없으며 현시점에서는 식 (1-3), (1-4), (1-6), equi-partition theorem 정도만 알면 이해하는 데 문제가 없다. 부피가 변하지 않는(constant volume) 깡통을 생각해 보자. 부피가 변하지 않으므로 식 (1-3)에 의해 $W = 0$이고 에너지 보존에 의해 식 (1-6)은 $\Delta U = Q$로 간단해진다. 정리하면 일정한 부피에서 계에 열이 공급되면 그 열은 계 내에서 미시적인 운동 에너지와 potential energy의 형태로 유체 분자들에 축적되며 이를 $Q$만큼의 내부 에너지가 증가되었다고 얘기한다. 다시 말해 constant volume 계를 이용하고 유입된 $Q$를 알 수 있다면 유체의 내부 에너지 변화를 측정할 수 있다. 예를 들어 전기 저항에 의해 열이 공급된다면 전기계량기의 눈금을 보면 얼마만큼의 $Q$가 유입되는지를 알 수 있다. 이렇게 유체의 내부 에너지를 측정하는 대표적인 장치로 bomb calorimeter가 있고 bomb calorimeter에 꽂혀 있는 온도계는 유입된 열에 의해 계의 내부 에너지가 증가함을 시각화해 준다. 이전 장에서 상전이가 없는 계에서 온도는 계의 유체가 보유하고 있는 내부 에너지를 나타내는 척도라고 언급했는데 바로 이것이다.

간단한 실험으로 <그림 4-1>과 같은 전형적인(typical) 실험 결과를 얻을 수 있다. 직선이 아닌 온도가 상승할수록 기울기가 더 커지는 곡선의 그래프를 얻는 것에 주목하라. 이는 이상 기체에 대해서 우리가 이전 장에서 배웠던 지식으로 쉽게 설명이 가능하다. 열이 공급되면 분자들의 병진 운동이 제일 먼저 활성화되고, 분자들이 온도계 bulb와 충돌하는 횟수와 온도계의 눈금 상승이 비례하므로 단원자 분자의 경우와 같이 병진 운동만 고려된다면 내부 에너지 변화는 온도에 대해 직선의 형태를 가질 것이다. 그러면 이원자 분자 이상 기체인 경우는 어떻게 될까? 상온에서 병진 운동과 더불어 회전 운동이 활성화되고 온도가 더 높아지면 진동 운동까지 활성화되는데, 병진 운동 이외에 유입된 열을 보유할 수 있는 모드가 추가된 것이므로 같은 온도를 올리기 위해서는, 즉 분자들이 병진 운동으로 온도계 bulb에 충돌하는 횟수를 동일하게 하기 위해서는, 더 많은 열을 넣어주어야 한

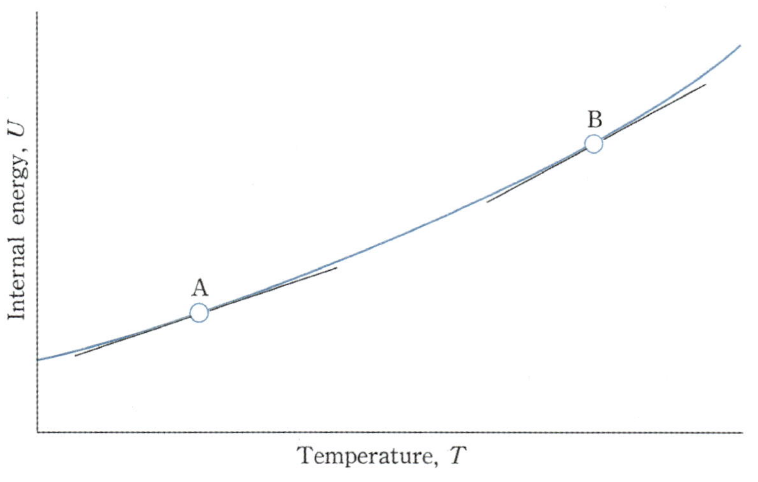


그림 4-1 열용량(heat capacity) $C_V$의 정의

다. 쉽게 생각하면 채워야 할 주머니의 수가 늘어났기 때문에 유입된 열이 나뉘어 배정되어야 하고 온도계의 눈금으로 시각화되는 병진 운동 주머니를 같은 수준으로 채우기 위해서는 더 많은 열의 유입이 필요한 것이다. 그래서 매우 간단한 이원자 분자 이상 기체 계에서도 <그림 4-1>과 같이 온도가 증가할수록 기울기가 증가하는 그래프를 갖는다.

그럼 <그림 4-1>로부터 얻을 수 있는 가장 큰 정보는 무엇일까? 상변화가 없는 어떤 유체의 온도를 올리는 데 어느 정도의 열이 필요한지를 읽어낼 수 있다. 즉, 유체의 온도 변화에 대한 내부 에너지 변화는 매우 유용하게 쓰일 수 있는 값이며 해당 유체의 고유한 열역학 성질이 된다. 이를 유입된 열을 내부 에너지로 보유할 수 있는 능력, 즉 열용량(heat capacity)이라 부르고, constant volume에서 측정하였으므로 $C_V$로 기호화한다. 수식으로는 식 (4-1)과 같고 수학적으로는 <그림 4-1>의 그래프의 기울기를 의미한다. 분자를 구성하는 원자들의 수나 분자량이 유체마다 같을 수 없으므로 병진 운동, 회전 운동, 진동 운동으로 에너지를 보유할 수 있는 능력도 유체마다 다를 것이다. 거기에 액체나 고체상처럼 유체 내 분자들 사이의 다양한 potential energy까지 고려된다면 열용량은 유체의 고유한 성질일 수밖에 없다.

$$C_V = (\frac{\Delta U}{\Delta T})_V = (\frac{dU}{dT})_V \qquad (4\text{-}1)$$

열역학 성질 중에 가장 중요한 성질을 하나 꼽으라면 $C_V$와 이후에 설명할 $C_P$이므로 반드시 기억하길 바란다. $C_V$가 크다는 것은 같은 온도를 올리는데 더 많은 에너지가 필요하다는 것이며 유체가 에너지를 보유(또는 저장)할 수 있는 모드가 많다는 것을 의미한다. 이제 컴퓨터 코딩의 측면에서 생각해 보자. 실험과학자들이 세상에 존재하는 거의 모든 유체에 대해서 <그림 4-1>과 같은 실험 결과 그래프를 구해 놓았다. 그럼 그걸 책으로 묶어서 가지고 다니다가 필요할 때마다 찾아서 그래프를 읽어야 할까? 그것보다는 그래프를 함수로 만들어서 컴퓨터에 코딩해 놓으면 훨씬 편리하고 쓰임새가 많아질 것이다. 우리가 실험 수업에서 얻은 데이터를 가지고 엑셀 소프트웨어에서 추세선을 그리는 것처럼 말이다. <그림 4-1>을 보면 $C_V$에 해당하는 기울기도 온도에 따라서 변하는 값을 가지므로 $C_V$를 식 (4-2)와 같이 온도에 대한 함수 형식으로 만들 수 있다. 이 식을 소프트웨어에 코딩해 놓고 유체의 종류에 따라 $A'$, $B'$, $C'$, $D'$의 값을 데이터베이스에서 불러서 쓰기만 하면 된다. 물론 온도 범위에 따라 같은 유체에 대해서도 $A'$, $B'$, $C'$, $D'$은 바뀔 수 있다.

$$\frac{C_V}{R} = A' + B'T + C'T^2 + D'T^{-2} \tag{4-2}$$

**여기서 잠깐**

식 (1–6)에서 내부 에너지는 내부 에너지 변화($\Delta U$)의 형태로 표시하였고 이는 실험적으로는 변화량만을 측정할 수 있다는 의미이다. 한편 Maxwell–Boltzmann의 접근법에 의하면 단원자 분자 이상 기체의 경우는 $U = \frac{3}{2}RT$이었다(여기서는 변화량이 아닌 $U$로 표시되었다). 절대 0도에서는 모든 것이 얼어붙어(frozen) 어떠한 운동도 가능하지 않으므로 내부 에너지(= 평균 운동 에너지)가 0이 되는 것은 이론적으로 매우 타당하다. 그리고 〈그림 4–1〉은 직선의 그래프를 가지며 기울기는 $C_V = \frac{3}{2}RT$로 일정할 것이다. 하지만 단원자 분자라고 하더라도 실제 기체라면 온도가 증가할수록 분자들의 속도(또는 운동 에너지)가 증가하여 다른 분자들과 서로 만날 가능성이 커진다. 즉, 이상 기체의 조건인 non–interacting이 성립되지 않고 분자 간의 potential energy가 고려되어야 하므로 결국 〈그림 4–1〉과 같은 그래프 형태를 가지게 될 것이다. 어쨌든 이론적인 접근법이기 때문에 변화량이 아닌 $U$로 표시되었다고 이해하자.

한편 equi–partition theorem에 의해 이상 기체의 $C_V$를 구할 수 있다. 단원자 분자인 경우는 $C_V = \frac{3}{2}R$이었다. 그렇다면 상온에서 이원자 분자 이상 기체의 $C_V$는 얼마일까? 병진 운동의 자유도가 3개이고 회전 운동의 자유도가 2개이므로 $U = \frac{5}{2}RT$이고 $C_V = \frac{5}{2}R$이다. 한발 더 나아가 상온이 아닌 진동 운동이 가능한 온도 범위에서 이원자 분자 이상 기체의 $C_V$는 얼마일까? 이원자 분자의 진동 운동은 용수철 운동으로 〈그림 1–1〉과 같은 조화진동자 운동이며, 용수철 운동을 설명하기 위해 운동 에너지와 탄성 에너지의 두 개념이 필요하므로 자유도가 2개이다. 따라서 온도가 높다면 $C_V = \frac{7}{2}R$이 된다. 이는 〈그림 4–1〉에서 온도에 따라 기울기가 점점 커지는 것과도 일맥상통한다. 실제로 문제에서 열용량 데이터가 주어지지 않았다면 He, Ar과 같은 기체의 $C_V$는 $\frac{3}{2}R$로 $H_2$, $N_2$와 같은 기체의 $C_V$는 $\frac{5}{2}R$로 근사해서 풀면 된다.

화학공학 엔지니어는 현장에서 다양한 종류의 반응기를 다루게 된다. Constant volume 계는 회분식 반응기(batch reactor)를 연상시킨다. Autoclave 반응기가 대표적인데, 가장 간단하게는 스팀이 분출되기 전의 전기밥솥을 생각하면 된다. 하지만 회분식 반응기는 한눈에도 연속공정이 불가능하다는 것을 알 수 있다. 그래서 현장의 연속식 반응기(continuous reactor)는 constant volume이 아닌 constant pressure로 운전된다. 즉, 반응 온도와 압력이 모두 일정하도록 제어되는 방식이다. 예를 들어 압력을 일정하게 유지하면서 반응을 개시하기 위하여, 반응기의 온도를 원하는 온도까지 올린다고 해보자. 이때 어느 정도의 열이 필요한지 알기 위해서는 <그림 4-1>과 비슷한 형태의 그래프가 있어야 할 것이다. 앞서 constant volume에서는 bomb calorimeter를 사용한다고 했는데, constant pressure이므로 flow calorimeter를 사용하여 비슷하지만 다른 <그림 4-2>와 같은 실험 결과를 얻게 된다. Flow calorimeter는 piston-cylinder apparatus 내부에 전기 저항이 설치되어 열을 공급하면서 실린더 내부의 온도를 측정하는 것을 상상하면 된다. 초기 실린더의 내부 압력은 피스톤 외부의 어떤 압력(예를 들어 대기압)과 기계적 평형을 이루고 있고 실린더 벽면은 단열(adiabatic)이며 피스톤을 통한 팽창이나 압축과정이 매우 느려 가역에 가깝다고 가정한다. 열이 전기 저항을 통해 천천히 유입되면 실린더 내부의 온도가 조금씩 상승할 것이다. 그러면 실린더 내부 압력도 같이 조금씩 상승할 것이고 기계적 평형이 깨지게 되므로 이를 유지하기 위해(또는 내부 압력이 외부 압력과 동일해지도록) 피스톤이 조금씩 팽창할 것이다. 팽창했으므로 식 (1-4)의 *PV* work를 외부에 한 셈이다. 한편 유입된 열은 식 (1-6)과 같이 실린더 내부 유체 분자들의 내부 에너지로도 저장된다. $C_V$를 설명할 때와 같은 논리로 유입된 열이 *PV* work에도 사용되었으므로 같은 온도를 올리기 위해서는(또는 같은 내부 에너지 변화를 얻기 위해서는) *PV* work까지 고려해서 더 많은 열이 투입되어야 할 것이다. <그림 4-2>에서 알 수 있듯이 어차피 내부 에너지의 증가가 수반되므로 그래프의 모양은 <그림 4-1>과 비슷하지만 <그림 4-1>과 비교하면 더 많은 에너지가 투입되므로 전체적으로 좀 더 높게 그래프가 위치한다. 따라서 기울기도 <그림 4-1>과 비교하여 더 가파를 수밖에 없다. 이 기울기를 constant pressure에서의 열용량인 $C_P$로 표시하며 식 (4-3)으로 정의한다. 한편 constant pressure에서 유입된 열은 내부 에너지 증

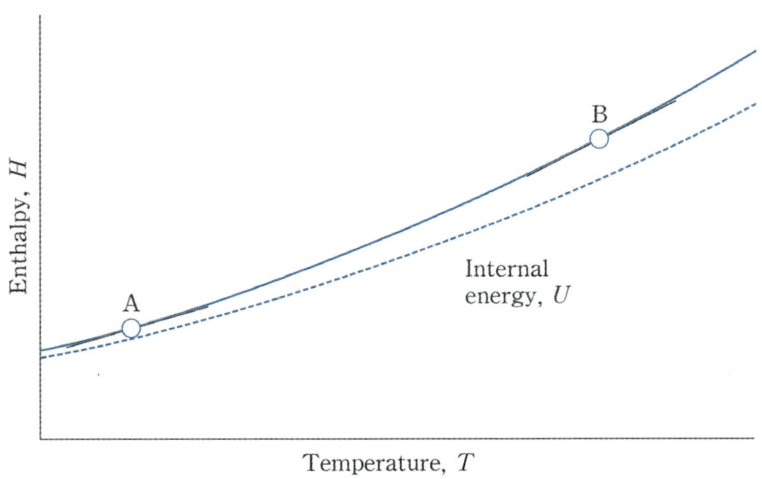


그림 4-2 열용량(heat capacity) $C_P$의 정의

가와 $PV$ work에 동시에 사용되었고 둘을 합친 에너지를 엔탈피라는 새로운 개념으로 정의한다. 엔탈피는 편의상(for convenience) 도입한 개념처럼 보이지만, 앞서 언급했듯이 현장에서는 constant pressure 계를 더 많이 다루기 때문에 내부 에너지보다 더 유용하게 사용된다. 한편 $C_P$도 식 (4-2)와 같이 온도에 따른 함수로 표현되는데, 마찬가지로 실험 결과를 컴퓨터 코딩을 위해 사용하기 위함이며 대부분의 교재나 웹사이트의 자료에서는 $C_V$보다는 주로 $C_P$의 함수 형태가 주어진다. 그만큼 $C_P$의 활용성이 더 높다는 의미이며, 어차피 내부 에너지라는 개념이 포함되었기 때문에 $C_V$와 마찬가지로 $C_P$도 유체의 고유한 열역학 성질이다. 한편 문헌에 $C_V$가 따로 주어지는 경우가 적다는 것은 분명히 $C_P$와 $C_V$ 사이에는 연관성이 있다는 것을 의미한다.

엔탈피의 개념은 이해가 되었으므로 이에 대한 수식을 만들어 본다. 엔탈피는 $H$로 표시하며, $H = U + PV$로 정의한다. 즉, 내부 에너지와 $PV$ work의 합이다. 이제 양변을 미분하면 식 (4-4)가 되고, 식 (1-6)의 미분 형태인 $dU = dQ + dW$와 가역에서의 일인 식 (1-4)를 대입하면 식 (4-5)가 유도된다.

$$C_P = (\frac{\Delta H}{\Delta T})_P = (\frac{dH}{dT})_P \tag{4-3}$$

$$dH = dU + d(PV) = dU + PdV + VdP \tag{4-4}$$

$$dH = dQ - PdV + PdV + VdP = dQ + VdP \tag{4-5}$$

**여기서 잠깐**

Constant pressure에서 엔탈피는 내부 에너지와 $PV$ work를 더한 값이지만 좀 더 일반적으로는 식 (4-5)에서와 같이 $VdP$도 포함되어 있다. 이 항은 물리적으로 등엔트로피(isentropic) 축일(shaft work)을 의미하며 등엔트로피와 축일의 개념은 나중에 다룰 것이다. 여기서는 간단하게 설명하고자 하며 물을 퍼 올리는 펌프를 연상하면 쉽다. 펌프는 전기가 공급되어 펌프 blade에 연결된 축이 회전해서 인입 압력에 비해 유체의 토출 압력이 크도록 만들어주는 장치이다. 펌프가 철로 만들어져 있어 유체의 부피는 일정하지만 압력의 변화가 생기므로 $VdP$가 정의될 수 있고 이만큼의 축일이 가해지는 것이다.

식 (4-5)에서 constant pressure에서 $VdP$ 항은 0이 되므로 $dH = dQ$가 되고, 유입된 열은 모두 엔탈피 증가(내부 에너지 + $PV$ work)에 사용되었다. <그림 4-2>의 실험 결과를 이렇게 수식화한 것이다. 그리고 마찬가지로 상전이가 없는 현열이 공급된 경우이고, $C_P$가 상전이가 있는 구간을 지나면서 어떤 변화가 생길지는 응용문제를 통해서 살펴볼 것이다. 다음은 $C_P$, $C_V$가 이상 기체에 대해서 어떻게 연관되는지 수식으로 구해본다. 식 (4-4)를 온도에 대해서 미분하고 $C_P$, $C_V$의 정의와 이상 기체 방정식을 이용하면 식 (4-6)과 같이 정리된다. 같은 온도를 올리는 데 constant pressure일 때가 constant volume일 때에 비해 더 많은 에너지를 투입해야 하므로 $C_P > C_V$라는 <그림 4-2>의 결과와 일치한다.

$$\frac{dH}{dT} = \frac{dU}{dT} + \frac{d(PV)}{dT} = \frac{dU}{dT} + \frac{d(RT)}{dT} = \frac{dU}{dT} + R$$

$$C_P = C_V + R \tag{4-6}$$

정리하면 내부 에너지 변화를 측정하기 위해서 constant volume이라는 제한 조건을 도입했으며 엔탈피 변화를 측정하기 위해서 constant pressure라는 제한 조건을 도입하였다. 여기서 우리는 두 가지를 꼭 기억해야 한다.

i) 어떤 유체의 온도에 따른 내부 에너지와 엔탈피 변화는 각각 constant volume, constant pressure라는 조건하에서 실험적으로 측정할 수 있다. 그렇다고 반대로 constant volume 조건에서만 내부 에너지가 정의되고(또는 유효하고) constant pressure 조건에서만 엔탈피가 정의되는 것이 아니다. 즉, 내부 에너지와 엔탈피는 조건에 상관없이 정의되는 일반적인 열역학 성질들이지만 실험적 측정을 위해 측정조건을 제어한 것뿐이다. 이에 대해서는 나중에 다시 다룰 것이다.

일단 간단하게 우리가 배운 것에서 예를 찾아보자. Constant pressure에서 <그림 4-2>의 위 그래프처럼 온도에 따른 엔탈피 변화에 대한 실험 결과를 가지고 있을 때 주어진 온도 구간($\Delta T$)에서 내부 에너지 변화는 어떻게 될까? 그런데 이미 constant volume에서도 <그림 4-2>의 아래 그래프처럼 온도에 따른 내부 에너지 변화에 대한 실험 결과를 가지고 있다. 따라서 주어진 $\Delta T$에서 아래 그래프로부터 내부 에너지 변화량을 읽으면 그만이다. 물리적으로 생각해 보면 내부 에너지가 증가했다는 것은 유체를 이루는 분자들의 운동 에너지와 분자들 간의 potential energy로 유체가 에너지를 보유한다는 것을 의미하고 그것이 온도라는 척도로 보이는 것뿐이다. 즉, constant volume이든 constant pressure이든 동일한 $\Delta T$에서 유체의 분자들이 관여되는 내부 에너지 변화량은 동일할 수밖에 없다. 다만 constant pressure에서는 $PV$ work만큼의 에너지를 더 고려해야 하고 내부 에너지에 이만큼을 더 합한 에너지를 편의상 엔탈피라고 칭한 것뿐이다.

그럼 반대로 constant volume에서 엔탈피의 변화는 어떨까? 같은 방식으로 이미 <그림 4-2>의 위 그래프와 같은 온도에 따른 엔탈피 변화에 실험 결과를 가지고 있으므로 주어진 $\Delta T$에서 그 그래프를 그대로 읽으면 된다. 그런데 여기서 혼돈이 올 수도 있다. 엔탈피는 내부 에너지에 $PV$ work를 더해준 것인데, constant volume에서 $PdV = 0$이므로 엔탈피와 내부 에너지는 같게 되는 것일까? 여기서 식 (4-4)의 $VdP$ 항을 잊으면 안 된다. Constant volume이므로 $PdV = 0$이지만 부피가 일정한 상태에서 계에 열이 공급되면 계의 온도가 상승하고 계의 압력도 증가할 것이다. 다시 말해 constant pressure일 때와 달리 $VdP$ 값이 0이 아니다. 정리하면 $\Delta T$가 동일하다면 constant pressure에서 (내부 에너지 + $PdV$)였던 엔탈피가 constant volume에서는 (내부 에너지 + $VdP$)로 정확히 같아진다. 즉 $PdV$에 필요한 열 만큼이 정확히 $VdP$에 사용된 것이다.

이에 대해서는 응용문제에서 한 번 더 다룰 것이며 이해가 어렵다면 실험적으로 구해진 $C_P$, $C_V$ 데이터는 조건에 상관없이 온도 변화에 따른 내부 에너지와 엔탈피 변화를 구하는 데 그대로 사용하면 그만이라는 것만 기억하자.

**여기서 잠깐**

〈그림 4-2〉는 명시되지는 않았지만 어떤 주어진 압력에서 측정된 실험 결과일 것이다. 그렇다면 동일한 실험을 다른 압력에서 진행하였다면 〈그림 4-2〉는 어떤 모양을 가질까? 다시 말해 $C_P$나 $C_V$가 온도에 대한 함수이듯이 압력에 대한 함수일 수도 있지 않을까?

먼저 이상 기체의 경우는 압력에 의존하지 않는다. 압력이 아무리 높아져도 분자들이 서로를 인지할 수 없다는 무적의 가정이 있기 때문이다. 분자들 사이에 작용하는 potential energy도 존재하지 않는다. 그래서 분자들의 운동 에너지만 고려되는 이상 기체의 내부 에너지나 엔탈피는 오직 온도에 대한 함수가 된다. 이 또한 매우 자주 사용되는 가정이므로 꼭 기억해 두기 바란다. 사실 열역학에서 내부 에너지나 엔탈피와 연관된 성질들은 온도에 대한 영향이 크고 압력에 대한 영향은 크지 않다(negligible)고 받아들이면 편하다. 그도 그럴 것이 고체나 액체 상의 유체는 condensed phase 또는 비압축성 유체(incompressible fluid)로 이미 분자들끼리 충분히 가까워져 있으므로 외부 압력에 의해 영향을 크게 받지 않을 것이다. 예를 들어 액체나 고체상의 유체인 경우 $C_P \sim C_V$인데, 압력이 관여되는 $PV$ work가 무시될 수 있기 때문이다. 물론 그럼에도 불구하고 $C_P > C_V$는 정의에 의해서 성립한다. 한편 실제 기체의 경우도 대략 10기압 이하에서는 이상 기체로 취급해도 무방하다고 했으므로 고압을 제외하고는 기체의 열역학 성질들도 압력에 의해 크게 영향을 받지 않는다. 그래서 대부분의 현장에서 $C_P$는 이상 기체의 온도만의 함수를 그대로 사용해도 무리가 없다. 돌려서 얘기하면 공정을 대략적으로(rough) 설계한다면 기체 성분에 대해서는 이상 기체의 성질을 활용하고 나중에 safety factor를 부여하는 것이 엔지니어 스타일일 수 있다. 참고로 order of magnitude를 살펴보면 공기는 $C_P = \sim 30$ J/mol·K로 기체상수 $R =$ 8.314 J/mol·K의 약 4배 정도이다.

ii) 실험적으로 우리가 구하는 값은 $\Delta U$, $\Delta H$와 같은 차이(delta) 값이다. 예를 들어 처음에 상온(25°C)의 물 1 g을 flow calorimeter를 사용하여 50°C까지 데웠다고 하자. 들어간 열은 물의 비열이 1 kcal/kg·°C이므로 25 kcal이고 이는 엔탈피 변화값이다. 일반적으로 열역학에서는 mol과 J 단위를 사용하지만 여기서는 간단하게 우리가 기억하고 있는 물의 비열을 사용해 본 것이다. 어쨌든 25 kcal는 엔탈피 변화값이므로 우리가 편의상 25°C 물의 엔탈피 값을 0 kcal로 reference를 잡는다면 50°C 물의 엔탈피 값은 25 kcal이 된다. 이 flow calorimeter에 계속 열을 투입하면 물의 온도는 계속 올라갈 것이고 어느 일정 온도에서 수증기로 상전이가 진행된 후 다시 수증기의 온도가 계속 올라갈 것이다. 별로 특별한 얘기가 아닌 것 같지만 실험적으로 측정한 값을 refererence를 이용해 배열하면 매우 유용하다는 것을 나중에 표준 생성 엔탈피(standard enthalpy of formation)를 정의하면서 배울 것이다.

한편 constant pressure에서 작동되는 flow calorimeter로 상전이 온도 및 잠열도 실험적으로 측정할 수 있다. 예를 들어 정상 끓는점(normal boiling point)과 그때의 정상 증발열(normal heat of vaporization) 사이에는 식 (4-7)과 같은 Trouton's rule이 알려져 있다. 여기서 정상(normal)은 대기압 조건에서 측정되었다는 것을 의미한다. 상전이가 일어나는 온도에서는 두 개의 상이 공존하는 상평형(phase equilibrium)이 형성되는데 이에 대해서도 나중에 다룬다.

$$\frac{\Delta H_n}{RT_n} \sim 10 \tag{4-7}$$

화공 엔지니어는 그래프를 읽고 해석하는 데 익숙해져야 하므로 유체가 액체에서 기체로 상전이가 일어나는 구간까지 포함해서 온도에 따른 $C_P$의 그래프가 어떤 식으로 그려질까를 대략적으로 살펴보자. 부피와 엔탈피에 대해서도 추가로 다루며 엔트로피와 chemical potential의 경우는 나중에 해당 장에서 다시 설명한다.

먼저 기체의 부피가 액체의 부피보다 크므로 <그림 4-3>의 첫 번째 그래프처럼 상전이 전후로 부피의 차이가 발생한다. 다만 액체의 부피는 온도에 따라서 증가하기는 하지만 그 증가 폭이 기체에 비해 많이 작도록, 즉 기울기가 상대적으로 차이가 나게 작도록 그려지는 것이 더 좋을 것이다.

엔탈피와 $C_P$는 같이 보는 것이 편하다. 앞서 flow calorimeter에서 인입되는 유체의 엔탈피를 0으로 reference를 잡으면 유입된 열이 모두 배출되는 유체의 엔탈피 값이 된다고 하였으므로 온도가 증가할수록 엔탈피는 증가하고 특히 상전이 구간에서 order of magnitude가 큰 잠열이 투입되므로 점프가 이루어졌다. 한편 유체의 엔탈피는 액체 쪽의 기울기가 크고 기체 쪽의 기울기가 작다. 이 기울기가 바로 $C_P$이므로 상전이를 거치면서 $C_P$값이 작아짐을 알 수 있다. 상전이가 일어나는 온도에서는 식 (4-3)에 의해 분모가 0이 되어 $C_P$는 무한대가 된다.

헷갈리지 말아야 할 것은 액체의 $C_P$가 기체의 $C_P$보다 크지만 액체의 엔탈피는 기체의 엔탈피보다 작다는 것이다. 반복하지만 액체의 경우는 분자들이 서로 가까이 있어 분자

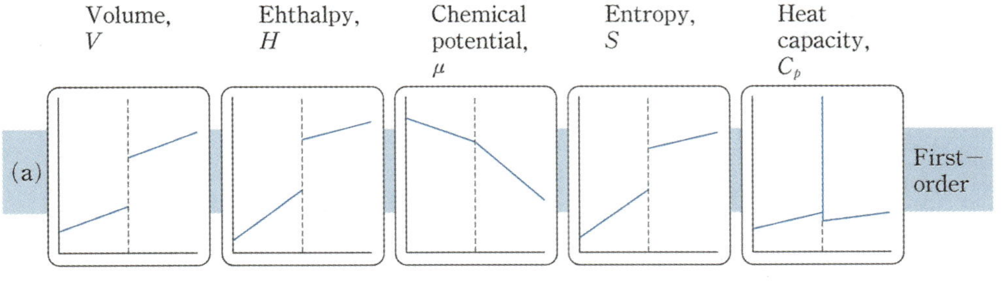


그림 4-3 상전이를 포함한 온도에 따른 열역학 성질들의 변화

들 사이의 전기적인 potential energy로도 유입된 열을 보유할 수 있으므로 열용량이 기체보다 크다.

**요약**

- 내부 에너지를 실험적으로 측정하기 위해서는 constant volume이라는 제한 조건을 부여한다. 계에 유입되는 $Q$는 $W = 0$이므로 모두 계를 구성하는 유체 분자들의 운동 에너지와 분자들 간의 potential energy로 저장되며 계의 온도가 증가하는 것으로 나타난다.
- Constant volume에서 측정되는 온도와 유입되는 열의 관계를 그래프로 그렸을 때, 주어진 온도에서의 기울기(미분값)에 해당하는 열역학 성질을 열용량, $C_V$라고 부른다. 상전이 중에는 온도가 변하지 않으므로 $C_V$가 무한대가 되어 정의되지 않는다. 따라서 $C_V$는 상전이가 없이 현열이 주어지는 경우의 측정된 데이터를 바탕으로 온도에 대한 함수로 수식화된다.
- Constant pressure 계가 더 많기 때문에 constant pressure 조건에서 동일한 실험을 진행하여 다른 열용량, $C_P$를 얻을 수 있다. Constant volume과 비교하여 내부 에너지 변화에 $PV$ work가 추가된 엔탈피라는 에너지 개념이 관여되므로 같은 온도를 올리기 위해서는 더 많은 열이 유입되어야 한다. 즉, $C_P > C_V$이다.
- 이상 기체의 경우 $C_P = C_V + R$의 관계를 가지며, 단원자 분자 이상 기체는 $C_V = \frac{3}{2}R$, 이원자 분자 이상 기체는 $C_V = \frac{5}{2}R$의 값을 가진다. 또한 내부 에너지, 엔탈피, $C_P$, $C_V$ 모두 오직 온도에 관한 함수이다.
- 실제 기체의 경우도 대략 10기압 이하에서는 이상 기체와 비슷하게 거동하므로 내부 에너지, 엔탈피, $C_p$, $C_v$가 오직 온도의 함수라는 동일한 명제가 성립하며, 액체나 고체상의 유체도 이미 충분히 압축된 상태이기 때문에 압력에 의한 영향이 극히 제한적이다.
- 액체의 $C_P$는 분자들 간 작용하는 potential energy로 인해 기체의 $C_P$보다 크다.
- 내부 에너지나 엔탈피 모두 그 변화량만 측정된다. 따라서 reference를 적절하게 설정한다면 유용하게 활용될 수 있다.

### 중요 개념 키워드

- Bomb calorimeter, flow calorimeter
- Constant volume, constant pressure
- 엔탈피, $H = U + PV$
- 열용량, $C_P$, $C_V$
- $dU = C_V dT$, $dH = C_P dT$
- $C_P = C_V + R$

## 응용문제

**01** 500 W hot plate 위의 비커에 물이 정상 끓는점에서 끓고 있다.

a) Hot plate가 20분 켜져 있고 모든 에너지가 물을 데우는 데 사용되었다면 $Q$는 얼마인가?

b) 정상 끓는점에서 물의 증발 잠열이 40,000 J/mol이라면 20분 동안 몇 mol의 물이 증발되었을까?

c) 만약 수증기가 이상 기체처럼 행동한다면 $W$(work)는 얼마인가?

d) $\Delta U$를 구하시오.

**02** −40℃의 액체 $CO_2$는 1005 kPa의 증기압과 $0.9 \times 10^{-3}$ $m^3$/kg의 specific volume을 갖는다. 이 조건에서 saturated liquid로 존재한다고 하고 임의로 이 조건의 해당 유체의 엔탈피를 0으로 정하자. 100%의 saturated liquid라 함은 예를 들어 100℃의 액체상의 물과 같이 상전이가 일어나기 바로 직전의 상태를 연상하면 된다.

이제 이 saturated liquid $CO_2$의 내부 에너지는 $U = H - PV = 0 - 1005 \times 10^3 \times 0.9 \times 10^{-3} = -904.5$ J/kg이 된다. 한편 주어진 온도와 증기압에서 $CO_2$의 증발열은 320.5 kJ/kg이고 상전이에 의해 생성된 saturated vapor $CO_2$의 specific volume이 $0.9 \times 10^{-3}$ $m^3$/kg라면, saturated vapor의 $H$와 $U$를 각각 구하시오.

**03** Constant pressure에서 이상 기체의 온도를 $T1$에서 $T2$까지 올리는데 $Q1$이 사용된 것으로 측정되었다. 한편 constant volume에서 동일한 이상 기체의 온도를 $T1$에서 $T2$까지 올리는데 $Q2$가 사용된 것으로 측정되었다.

1) $Q1$과 $Q2$의 상대적인 크기를 비교하시오.
2) Constant pressure에서 온도가 $T1$에서 $T2$로 변했을 때 내부 에너지 변화는 얼마인지 구하시오.
3) Constant volume에서 온도가 $T1$에서 $T2$로 변했을 때 엔탈피 변화는 얼마인지 구하시오.
4) Constant pressure에서 온도가 $T1$에서 $T2$로 변했을 때 $PV$ work은 얼마인지 식으로 구하시오. 그리고 $PV$ work의 부호로부터 압축과 팽창 중 어떤 현상이 일어났는지 서술하시오.
5) Constant volume에서 부피가 $V1$이라 하고 온도가 $T1$에서 $T2$로 증가했을 때 내부 압력의 변화(증가)는 얼마인지 식으로 구하시오.

**04** 본문에서 언급했듯이 $C_P$는 다음과 같은 온도의 함수로 표현된다. 대부분의 교재의 부록에는 물질에 따라 $A$, $B$, $C$, $D$가 제시된 표를 제공한다.

$$\frac{C_P^{ig}}{R} = A + BT + CT^2 + DT^{-2} \qquad (4\text{-}8)$$

공기(air)에 대해서 찾아 다음과 같은 정보를 얻었다.

$$A = 3.355,\ 10^3 \times B = 0.575,\ C = 0,\ 10^{-5} \times D = -0.016$$

Constant pressure에서 공기의 온도를 300 K에서 700 K로 상승시키는 데 필요한 열량을 구하시오.

**05** 본문에서 flow calorimeter에 대해서 언급하였는데, 물을 사용하여 아래와 같은 실험 데이터를 얻었다고 한다.

유량(flow rate) = 5 mol/s
인입 온도($T_{inlet}$) = 0°C
배출 온도($T_{outlet}$) = 300°C
배출 압력($P_{outlet}$) = 5 bar
전기 저항으로부터 유입된 열 = 12,000 W

이 과정에서 물은 완전히 기화되었다고 했을 때, 300°C, 5 bar에서 배출되는 흐름(stream)의 엔탈피는 얼마인가? 0°C의 액체상 물의 엔탈피를 0으로 reference를 삼아 계산하시오.

**06** 완벽히 단열이 이루어지며 자체의 열용량은 무시할 수 있는 단단한 탱크(tank)가 두 개의 크기가 다른 A, B 구역으로 나누어져 있다고 하자. 그리고 두 구역에 동일한 이상 기체이지만 서로 다른 양의 기체가 채워져 있으며 두 구역의 $T$, $P$, $V$가 각각 알려져 있다. 구역을 구분하고 있던 partition을 제거하였을 때 도달하는 평형 온도와 압력을 구하시오. 이상 기체의 열용량은 $C_V$이며 일정하다고 가정하시오.

# 5장

# 다양한 공정에서의 내부 에너지와 엔탈피 변화

이제 개념적으로 다룬 내부 에너지 변화와 엔탈피 변화를 다양한 공정에서 직접 구해 볼 것이다. 이상 기체가 채워져 있는 piston-cylinder apparatus에서 가능한 대표적인 공정(process)을 소개한다. 이상 기체 방정식에는 *P*, *V*, *T*의 3개 변수가 있으므로 *T*가 일정한 isothermal(등온) 공정, *P*가 일정한 isobaric(등압) 공정, *V*가 일정한 isochoric(등부피) 공정을 생각해 볼 수 있다. 물론 이 3가지 모두 이미 다룬 바 있다. 여기에 열의 출입이 없는 adiabatic(단열)까지 총 4개의 공정에 대해 살펴보자. 이 공정들은 공통적으로 매우 천천히 진행되는 가역 변화라고 가정한다.

## 1 등온 공정

이상 기체이므로 상전이는 없고 현열로서 *Q*가 관여한다. 이미 응용문제를 통해 등온 팽창에 대해 다루었으므로 반복한다고 생각하자. Piston-cylinder apparatus에 *Q*가 유입되면 실린더 내부 이상 기체 분자들의 운동 에너지로 *Q*가 저장된다. 따라서 실린더 내부의 온도가 상승하고 압력도 같이 상승할 것이다. 원래 유지되고 있던 기계적 평형이 깨지게 되고 다시 기계적 평형을 유지하기 위해 피스톤이 팽창하면서 외부에 *W*를 해 준다. 이전 장에서 다루었던 Joule의 실험과 동일한 상황이다. $Q = -W$로 유입된 *Q*가 모두 *W*에 사용되었으므로 $\Delta U = 0$이고 온도는 변하지 않는다. 온도에만 의존하는 함수인 $\Delta H$도 0이 된다.

$$dU = 0 \text{ 그리고 } dH = 0$$

$$dW = -P^{ext}dV = -PdV = -RT\frac{dV}{V} = -dQ \qquad (5\text{-}1)$$

## 2 등부피 공정

$C_V$의 개념을 도입하면서 이미 등부피 공정을 다루었다. Constant volume이므로 $W = 0$이

고 유입된 열이 모두 내부 에너지 증가에 사용되고 내부의 온도도 상승한다. 식 (4-4)에서 $dH = dU + VdP + PdV$인데, constant volume이므로 $PdV = 0$이고 $VdP = RdT$이다. 따라서 $dH = C_V dT + RdT = (C_V + R)dT = C_P dT$가 된다. 이미 언급했듯이 $C_V$, $C_P$를 실험적으로 측정하기 위해서 constant volume, constant pressure라는 제한 조건을 준 것일 뿐 측정된 $C_V$, $C_P$값은 어떤 조건에서든 내부 에너지와 엔탈피 변화를 구하기 위해 자유로운 사용이 가능하다. 이 경우도 constant volume이지만 엔탈피 변화는 고려하는 온도의 변화($\Delta T$)가 같다면 constant pressure에서 측정된 값과 동일하다. 엔탈피는 상태 함수(state function)이기 때문이기도 하다. 상태 함수에 대해서는 추후 다시 다룬다.

$$dW = 0$$
$$dU = dQ = C_v dT \text{ 그리고 } dH = C_P dT \qquad (5\text{-}2)$$

## 3 등압 공정

역시 $C_P$의 개념을 도입하면서 이미 등압 공정을 다루었다. Constant pressure일 때, 유입된 $Q$는 모두 엔탈피 변화에 사용된다. $W$에 대해서는 식 (1-3)을 적용한다. 마찬가지로 내부 에너지 변화는 $C_V$를 그대로 사용하여 구한다.

$$dW = -P^{ext}dV \text{ 또는 } W = -P^{ext}(V_2 - V_1) = -R(T_2 - T_1)$$
$$dH = dQ = C_P dT \text{ 그리고 } dU = C_V dT \qquad (5\text{-}3)$$

**여기서 잠깐**

단원자 분자 이상 기체의 경우 $C_V = \frac{3}{2}R$이고 이원자 분자 이상 기체의 경우는 $C_V = \frac{5}{2}R$이었다. 하지만 실제 유체에 대해서는 식 (4-8)과 같이 온도의 함수로 표현되는데, 위첨자 ig는 ideal gas(이상 기체)를 의미한다. 완벽한 이상 기체 조건에서 $C_P$의 측정은 불가능하겠지만 압력을 점점 낮추어가면서 $C_P$를 측정한 후 extrapolation을 해서 구했을 것으로 추정된다. 그런데 이 값으로 실제 계산들이 이루어지는데, 실제 기체의 $C_P/R = f(T)$를 따로 구해서 사용해야 하는 것이 맞지 않을까 생각할 수 있다. 하지만 고압이 아닌 실제 기체의 경우는 $C_P^{ig}/R$ 데이터를 그대로 사용해도 무방하다. 반복하지만 열역학 성질들의 압력에 의한 영향은 온도와 비교하면 매우 제한적이다.

## 4 단열 공정

단열이므로 $dQ = 0$, $dU = dW$이다. 또한 $dU = C_V dT$이고 이상 기체 방정식을 적용하여 변수 분리를 하면 식 (5-4)가 성립한다. 물론 $dH = C_P dT$도 여전히 성립한다. 다만 초기 온도 조건($T_1$)은 주어질 것이므로 공정이 종결된 후의 온도($T_2$)를 특정해야 내부 에너지 및 엔탈피 변화를 계산할 수 있다. 식 (5-4)에 $C_P = C_V + R$을 적용하고 $C_P/C_V = \gamma$라고 하면 식 (5-5)가 유도되며, 양변을 적분하여 식 (5-6)을 얻을 수 있다.

$$\frac{dT}{T} = -\frac{R}{C_V}\frac{dV}{V} \tag{5-4}$$

$$\frac{dT}{T} = -\frac{C_P - C_V}{C_V}\frac{dV}{V} = -(\gamma - 1)\frac{dV}{V} \tag{5-5}$$

$$ln\frac{T_2}{T_1} = ln(\frac{V_1}{V_2})^{\gamma - 1} \text{ 또는 } \frac{T_2}{T_1} = (\frac{V_1}{V_2})^{\gamma - 1} \tag{5-6}$$

이를 간단하게 정리하면 식 (5-7)이 되고 이상 기체 방정식을 적용하여 같은 방식의 variations을 식 (5-8) 및 (5-9)와 같이 얻을 수 있다. 가장 외우기 쉬운 형태인 식 (5-9)만 기억하고 필요에 따라 식 (5-7)과 식 (5-8)을 유도하면 된다. 식 (5-6)으로부터 식 (5-8)과 식 (5-9)를 유도하는 것은 직접 해보기 바란다.

$$TV^{\gamma - 1} = constant \tag{5-7}$$

$$\frac{T_2}{T_1} = (\frac{P_2}{P_1})^{\frac{\gamma - 1}{\gamma}} \text{ 또는 } TP^{\frac{1-\gamma}{\gamma}} = constant \tag{5-8}$$

$$\frac{P_2}{P_1} = (\frac{V_1}{V_2})^{\gamma} \text{ 또는 } PV^{\gamma} = constant \tag{5-9}$$

이렇게 $P$, $V$, $T$ 사이의 관계식을 얻었으므로 $W$는 $W = C_V \Delta T$에서 시작하여 식 (5-10)과 같이 구할 수 있다.

$$W = C_V \Delta T = \frac{R\Delta T}{\gamma - 1} = \frac{RT_2 - RT_1}{\gamma - 1} = \frac{P_2V_2 - P_1V_1}{\gamma - 1} \tag{5-10}$$

**여기서 잠깐**

Cycle 공정에 들어가기에 앞서 등온 팽창과 단열 팽창의 P-V 곡선이 어떻게 그려지는지 생각해 보자. $T$가 일정할 때 이상 기체 방정식에 의해 $P$와 $V$는 서로 반비례 관계이므로 등온 팽창의 경우는 $V$가 증가하면서 $P$가 감소하는 〈그림 1-2〉와 같이 잘 아는 형태의 그래프가 그려질 것이다. 그렇다면 단열 팽창의 경우는 어떨까? 정답을 먼저 얘기하면 등온 팽창의 $P-V$그래프와 경향은 같지만 기울기가 더 급한(steep) 모양이 된다. 이제 현상을 물리적으로 설명해 본다. 등온 팽창의 경우는 팽창이 일어나면 실린더 내부의 온도가 떨어져야 하지만 외부에서 열이 유입되어 내부 에너지 변화가 없도록 온도가 유지되는 반면 단열 팽창의 경우는 팽창이 일어나 내부의 온도가 떨어지지만 외부에서 열이 유입될 수 없는 상황이다. 즉, 더 급하게 감소하는 형태를 보일 것이다. 그럼 이번엔 이를 수학적으로 증명해 본다.

i) 단열 공정의 경우 식 (5-9)와 같이 $PV^{\gamma}=k$라는 것을 알고 있다($k$는 상수). 이제 $P-V$곡선의 기울기는 $dP/dV$이고 다음과 같이 구한다.

$$\frac{dP}{dV}=k(-\gamma)V^{-\gamma-1}=-\gamma(kV^{\gamma})(V^{-1}) \text{ 또는 } \frac{dP}{dV}=(-\gamma)\frac{P}{V}$$

ii) 등온 공정은 이상 기체 방정식에서 온도가 일정하면 $PV=k$이다($k$는 상수). 마찬가지로 기울기를 구한다.

$$\frac{dP}{dV}=RT(-1)(V^{-2})=-(RTV^{-1})(V^{-1}) \text{ 또는 } \frac{dP}{dV}=-\frac{P}{V}$$

단열 공정과 등온 공정 모두 (-) 부호를 가지므로 $P$와 $V$가 반비례하지만 $\gamma(=C_P/C_V) > 1$이므로 단열 공정의 기울기가 등온 공정보다 더 가파른 것을 알 수 있다.

## 5 상태 함수

열역학은 이미 언급했듯이 편의성(convenience)를 추구한다. 예를 들어 적절한 reference (이상 기체, 가역 변화 등)를 상정하여 여기에서 얼마나 벗어났는가를 평가하는 접근방법이 그것이다. 그 편의성 추구의 또 하나의 대표적인 것이 상태 함수(state function)의 개념이 아닌가 한다. 복잡하게 말로 설명하기보다 간단하게 문제를 풀면서 직접 알아보기로 하자.

1몰의 공기가 piston-cylinder apparatus에서 가역 공정에 의해 1 bar, 300 K에서 10 bar,

300 K으로 압축되고 있다. 그리고 $C_V$ = 21.67 J/mol · K, $C_P$ = 30 J/mol · K의 이상 기체가 채워져 있다. 한편 1 bar, 300 K에서 공기의 몰 부피는 0.025 $m^3$/mol이라 한다. 먼저 온도가 동일하므로 *PV* domain에서 <그림 1-2>의 오른쪽 그림과 같이 반비례 관계인 *P-V* 곡선을 그린다. 초기 조건은 (0.025 $m^3$/mol, 1 bar)인 곡선 위의 한 점1이 된다. 그리고 이상 기체 방정식에 의해 $V_2$ = 0.025/10 = 0.0025 $m^3$/mol이므로 최종 조건의 다른 한 점2는 (0.0025 $m^3$/mol, 10 bar)가 될 것이다. 이제 이 두 점을 잇는 두 개의 경로를 생각해 보자.

i) Constant pressure에서 냉각한 후 constant volume에서 가열(*PV* domain의 점1에서 출발하여 수평으로 왼쪽으로 이동 후 수직으로 상승하여 점2까지 이동)

먼저 constant pressure에서 냉각하면 이상 기체 방정식에 의해 점2에서의 온도는 $T_2$ = 300/10 = 30 K이다.

$$Q = \Delta H = C_p \Delta T = 30 \times (30 - 300) = -8{,}100 \text{ J}$$
$$W = -P\Delta V = 10^5 \times (0.0025 - 0.025) = 2{,}250 \text{ J}$$
$$\Delta U = \Delta H - P\Delta V = -8{,}100 + 2{,}250 = -5{,}850 \text{ J}$$

이제 constant volume에서 가열한다.

$$Q = \Delta U = C_v \Delta T = 21.7 \times (300 - 30) = 5{,}850 \text{ J}$$
$$\Delta H = \Delta U + V\Delta P = 5{,}850 + 0.0025 \times (10 - 1) \times 10^5 = 8{,}100 \text{ J}$$

두 과정을 합하면 $\Delta U = \Delta H = 0$, $Q = -2{,}250$ J, $W = 2{,}250$ J이다.

ii) Constant volume에서 가열한 후 constant pressure에서 냉각(*PV* domain의 점1에서 출발하여 수직으로 이동 후 왼쪽으로 점2까지 이동)

먼저 constant volume에서 가열하면 이상 기체 방정식에 의해 점2에서의 온도는 $T_2$ = 300 × 10 = 3,000 K이다.

$$Q = \Delta U = C_v \Delta T = 21.7 \times (3000 - 300) = 58{,}500 \text{ J}$$
$$W = 0$$
$$\Delta H = \Delta U + V\Delta P = 58500 + 0.025 \times (10 - 1) \times 10^5 = 81{,}000 \text{ J}$$

이제 constant pressure에서 냉각한다.

$$Q = \Delta H = C_p \Delta T = 30 \times (300 - 3000) = -81{,}000 \text{ J}$$
$$W = -P\Delta V = 10^6 \times (0.0025 - 0.025) = 22{,}500 \text{ J}$$
$$\Delta U = \Delta H - P\Delta V = -81000 + 22500 = -58{,}500 \text{ J}$$

두 과정을 합하면 $\Delta U = \Delta H = 0$, $Q = -22{,}500$ J, $W = 22{,}500$ J이다.

i) 와 ii)의 초기 상태 및 최종 상태는 동일하지만 경로는 전혀 다르다. 눈에 띄는 것은 내부 에너지와 엔탈피 변화는 동일하지만 $Q$와 $W$는 경로에 따라 다른 값을 가진다는 것이다. 여기서 $\Delta U$와 $\Delta H$처럼 경로에 무관한 값을 상태 함수라고 부르며, 반면에 $Q$와 $W$는 경로 함수(path function)이다. 한편 $\Delta U$와 $\Delta H$가 오직 온도에 대한 함수이고, 점1과 점2가 동일한 온도에서의 $P$-$V$ 곡선 위에 있으므로 $\Delta U$와 $\Delta H$의 입장에서는 변화가 없는 것과 같다. 대부분의 열역학 성질들(내부 에너지, 엔탈피, 엔트로피, Gibbs 에너지 등)이 상태 함수라는 것을 기억하자.

## 6 상태 함수와 열역학 cycle

상태 함수의 개념과 더불어 앞서 배웠던 4가지 공정이 결합된 cycle 공정을 살펴볼 것이다. 화학공학 열역학에서는 엔트로피를 정의할 때 다루어질 Carnot cycle이 가장 중요하지만 이는 나중에 다루도록 하고, 여기서는 기계공학 열역학에서 중요하게 다루어지는 Diesel cycle과 Otto cycle을 소개한다. 그리고 위 예제와 같이 $\Delta U$, $\Delta H$, $Q$, $W$의 차이에 대해 반복해서 연습해 본다. 참고로 이 교재는 화학공학 열역학에 관한 것이므로 Diesel cycle과 Otto cycle의 작동과 자동차 엔진과의 연관성과 같은 추가적인 내용은 스스로 찾아보기 바란다.

### 1) Diesel cycle

<그림 5-1>의 Diesel cycle은 단열 압축(step 1) → 등압 가열(step 2) → 단열 팽창(step 3) → 등부피 냉각(step 4)을 거쳐 원래의 상태로 돌아오는 공정이다. Piston-cylinder apparatus 내부에 이상 기체가 채워져 있고 $C_V$ = 20.88 J/mol · K, $C_P$ = 29.20 J/mol · K이다. <그림 5-1>에서 주어진 조건은 $T_1$ = 330 K, $P_1$ = 100 kPa, $P_2$ = 1,500 kPa, $T_3$ = 1,500 K이다. 열의 출입이 없는 step 1($Q$ = 0)에서는 압축되므로 외부에서 계로 일이 유입되고 반대로 step 3는 팽창하므로 계에서 외부로 일을 해 준다. Step 2에서는 유체의 온도를 올리기 위해 외부에서 열이 들어감과 동시에 팽창이 이루어지므로 외부로 일도 해 준다. 마지막으로 step 4는 constant volume이므로 $W$ = 0이고 냉각 공정으로 계는 외부로 열을 빼앗긴다.

점2와 점4의 온도를 구하기 위해 주어진 조건을 이용하여 식 (5-8)을 사용한다.

$$\frac{T_2}{T_1} = \left(\frac{P_2}{P_1}\right)^{\frac{\gamma-1}{\gamma}} \rightarrow T_2 = 714 \text{ K}$$

여기서 $V_1$과 $V_3$는 이상 기체 방정식에 의해 간단히 구할 수 있다.

$$V_1 = V_4 = RT_1/P_1 = 2.744 \times 10^{-2} \text{ m}^3/\text{mol}$$

$$V_3 = RT_3/P_3 = 8.314 \times 10^{-3} \text{ m}^3/\text{mol}$$

$$\frac{T_4}{T_3} = \left(\frac{V_3}{V_4}\right)^{\gamma-1} \rightarrow T_4 = 932 \text{ K}$$

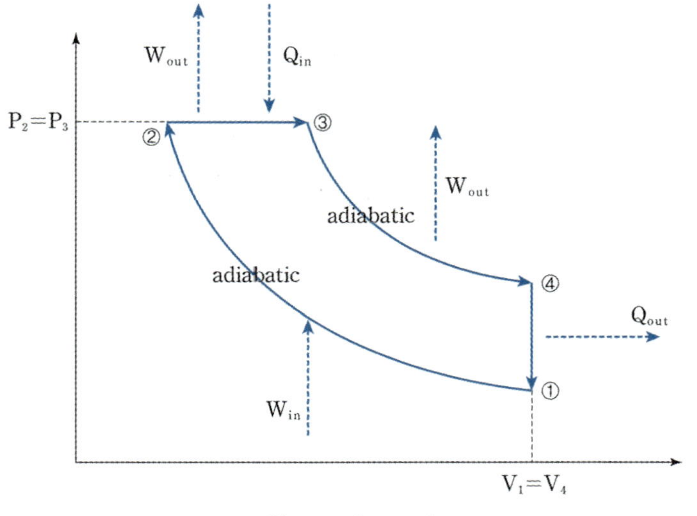


그림 5-1 Otto cycle

각 step에서의 $Q$, $W$, $\Delta U$를 각각 구해보면 다음과 같다. $C_V$, $C_P$ 값들과 각 점에서의 온도를 모두 알고 있으므로 $\Delta U = C_V\Delta T$, $\Delta H = C_P\Delta T$(결과 생략)를 이용하여 스스로 계산해 보기 바란다.

Step 1: $Q = 0$, $W = \Delta U = 8{,}018$ J/mol

Step 2: $W = -6{,}535$, $\Delta U = 16{,}412$, $Q = \Delta H = 22{,}946$ J/mol

Step 3: $Q = 0$, $W = \Delta U = -11{,}851$ J/mol

Step 4: $W = 0$, $Q = \Delta U = -12{,}578$ J/mol

전체 cycle에서 net $Q = 8{,}018 - 6{,}535 - 12{,}578 = -10{,}368$ J/mol, net $W = 22{,}946 - 12{,}578 = 10{,}368$ J/mol이고 $\Delta U = \Delta H = 0$이다. 달리 말하면 $\Delta U$와 $\Delta H$는 상태 함수로 cycle이 진행되어 초기 상태로 돌아온 것이므로 변화가 없는 것과 같아 0이 된다.

## 2) Otto cycle

<그림 5-2>의 Otto cycle은 단열 압축(step 1) → 등부피 가열(step 2) → 단열 팽창(step 3) → 등부피 냉각(step 4)을 거쳐 원래의 상태로 돌아오는 공정이다. Piston-cylinder apparatus 내부에 이상 기체가 채워져 있고 $C_V = 20.88$ J/mol · K, $C_P = 29.20$ J/mol · K이다. <그림 5-2>에서 주어진 조건은 $T_1 = 330$ K, $P_1 = 100$ kPa, $P_2 = 1{,}500$ kPa, $T_3 = 2{,}450$ K이다. 열의 출입이 없는 step 1과 step 3는 각각 압축과 팽창이 일어나므로 각각 외부에서 일을 받고 외부로 일을 해 준다. 반대로 constant volume으로 $W = 0$인 step 2와 step 4는 각각 가열과 냉각공정이므로 각각 열이 계로 유입되고 열을 외부로 빼앗긴다.

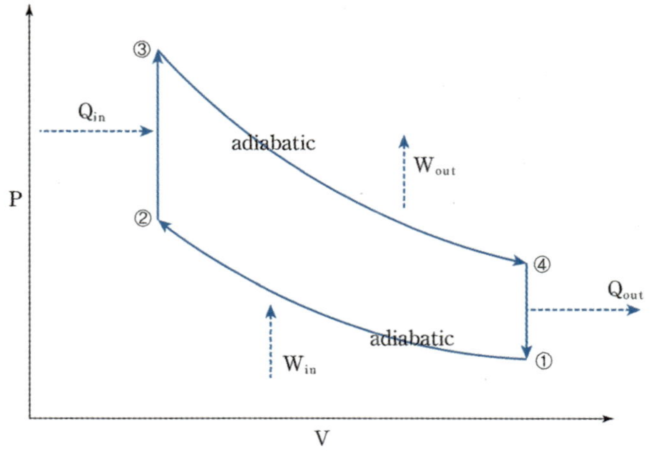


그림 5-2 Otto cycle

점2와 점4의 온도를 구하기 위해 주어진 조건을 이용하여 각각 식 (5-6)과 식 (5-8)을 사용한다.

$$\frac{T_2}{T_1} = \left(\frac{P_2}{P_1}\right)^{\frac{\gamma-1}{\gamma}} \rightarrow T_2 = 714\ \text{K}$$

$$\frac{T_2}{T_1} = \left(\frac{V_1}{V_2}\right)^{\gamma-1},\ \frac{T_4}{T_3} = \left(\frac{V_4}{V_3}\right)^{\gamma-1} \rightarrow V_1 = V_4,\ V_2 = V_3\text{에서 } T_4 = (T_1T_3)/T_2 = 1{,}132\ \text{K}$$

각 step에서의 $Q$, $W$, $\Delta U$를 각각 구해보면 다음과 같다. $C_V$, $C_P$ 값들과 각 점에서의 온도를 모두 알고 있으므로 $\Delta U = C_V\Delta T$, $\Delta H = C_P\Delta T$(결과 생략)를 이용하여 스스로 계산해 보기 바란다.

Step 1: $Q = 0,\ W = \Delta U = 8{,}018$ J/mol

Step 2: $W = 0,\ Q = \Delta U = 36{,}248$ J/mol

Step 3: $Q = 0,\ W = \Delta U = -27{,}520$ J/mol

Step 4: $W = 0,\ Q = \Delta U = -16{,}746$ J/mol

전체 cycle에서 net $Q = 36{,}248 - 16{,}746 = 19{,}502$ J/mol, net $W = 8{,}018 - 27{,}520 = -19{,}502$ J/mol이고 $\Delta U = \Delta H = 0$이다. 마찬가지로 $\Delta U$와 $\Delta H$는 상태 함수로 cycle이 진행되어 초기 상태로 돌아온 것이므로 변화가 없는 것과 같아 0이 된다.

## 7 Cycle의 효율

마지막으로 <그림 5-2>에 주어진 cycle의 효율을 정의해 본다. Cycle 공정을 엔진(engine)이라도 부르는데, 영화에 나오는 석탄 열차를 떠올리면 좋다. 석탄을 통해 열을 공급하고 그 열에 의해 기차가 얼마만큼의 일을 해 주는가가 그 열차의 효율이 될 것이다. 따라서 <그림 5-2>의 Otto 엔진의 효율($\eta$)은 (net $W$의 절대값)/(유입된 열, $Q_{in}$)으로 정의되며, $\eta = 19{,}520/36{,}248 = 0.538$이 된다. 효율에서 (–) 부호는 어울리지 않으므로 net $W$의 절댓값을 사용하였다. 그런데 이 효율은 해당 cycle로 얻을 수 있는 최대 이론 효율로, Otto 엔진의 개발자에게 달성은 불가능하지만 목표로 삼을 수 있는 가장 이상적인 값이 된다. 왜냐하면 <그림 5-2>의 Otto cycle은 이상 기체와 가역 변화라는 실제로는 존재하지 않은 reference를 가정했고 이를 기반으로 효율을 계산했기 때문이다. 여기서 효율이라는 단어 자체가 주는 뉘앙스로 인해 '왜 100%가 아닌 53.8%가 최대가 되는 걸까'하는 의문이 들 수 있겠다. 이에 대한 의문점은 나중에 엔트로피와 Carnot cycle을 설명하면서 해결될 것이다. 어쨌든 현재 시점에서는 다소 어렵게 느껴질 수 있겠지만 실제 엔진은 이상적인 엔진과 어떻게 달라질 것인가에 대해 <그림 5-2>의 Otto 엔진에 실제 효율을 부여해 보고자 한다. <그림 5-2>로 이루어진 실제 Otto 엔진의 각 step에서의 효율이 75%라고 할 때, 엔진의 전체 효율을 다시 계산해 보자. 우선 효율은 $W$와 연관된 개념이므로 step 2와 step 4는 상관없다. 이제 step 2를 생각해 본다. 단열 압축이 일어나는 구간으로 이를 위해서는 외부에서 일을 해주어야 한다. <그림 1-2>를 설명하면서 가역 변화의 경우(또는 이상적인 경우) 계가 일을 해 준다면 최대의 일을 생성하고 계가 일을 받는다면 최소의 일을 받는다고 하였다. 따라서 실제 엔진의 step 2에서는 이상적인 경우보다 더 많은 일을 투입해야 한다.

$$W_{12} = W_{rev}/0.75 = 8{,}018/0.75 = 10{,}691 \text{ J/mol}$$

그리고 열역학 제1 법칙($\Delta U_{12} = Q_{12} + W_{12}$)으로부터 $Q_{12} = 8{,}018 - 10{,}691 = -2{,}673$ J/mol이다. 결국 비가역 변화가 일어나는 실제 엔진에서는 다양한 방식으로 계에서 외부로 2,273 J/mol의 귀중한 열이 손실된다는 것을 의미한다. 왜 화학공장에서 그렇게 파이프마다 탱크마다 단열재를 둘러 열손실을 최소화하려는 지가 조금은 이해될 것이다.

다음 단열 팽창에 일을 생성하는 step 3을 생각해 보면, 가역일 때 최대 일을 생성하므로 실제 엔진에서 생성되는 일은 75% 작을 것이다.

$$W_{34} = W_{rev} \times 0.75 = -27{,}520 \times 0.75 = -20{,}640 \text{ J/mol}$$

$$Q_{34} = \Delta U_{34} - W_{34} = -27{,}520 + 20{,}640 = -6{,}880 \text{ J/mol}$$

여기서도 마찬가지로 6,880 J/mol의 귀중한 열이 외부로 손실됨을 알 수 있다. 다시 전체 효율을 구해보면 아래와 같고, 27.4%로 각 단계에서 가역 변화 대비 75%의 효율이었는데 전체 효율은 53.8% → 27.4%로 크게 감소하였다.

$$W_{cycle}\text{ (net }W) = W_{12} + W_{34} = 10{,}691 - 20{,}640 = -9{,}949\text{ J/mol}$$

$$\eta = \frac{|W_{cycle}|}{|Q_{23}|} = \frac{9949}{36248} = 0.274$$

효율이라는 개념은 반드시 reference를 필요로 하므로 헷갈리지 않으려면 무엇을 reference로 정했는지를 먼저 이해해야 한다. 그리고 열역학 제1 법칙을 떠올려 보면서 이상적인 경우(이상 기체 + 가역 변화)라면 유입된 열을 100% 일로 전환하는 것도 가능하지 않을까라고 생각할 수 있고 위의 Otto 엔진의 예에서와 같이 유입된 열의 반 정도만 일로 전환된다는 것이 쉽게 납득이 가지 않을 수 있다. 반복하지만 이러한 의문의 해결은 엔트로피라는 개념의 도입으로 시작되며, 참고로 유입된 열이 100% 일로 전환되는 엔진을 소위 영구 엔진(perpetual engine)이라 부르지만 이는 사기꾼의 언어일 뿐 자연은 절대 허락하지 않는다는 것을 이후 Carnot 엔진과 더불어 설명할 것이다.

### 요약

- 등온 공정(isothermal process)
  $dU = dH = 0$
  $dW = -P^{ext}dV = -PdV = -RT(dV/V) = -dQ$
- 등부피 공정(isochoric process)
  $dW = 0$
  $dU = dQ = C_VdT,\ dH = C_PdT$
- 등압 공정(isobaric process)
  $dW = -P^{ext}dV = -P^{ext} \times (V_2 - V_1) = -R \times (T_2 - T_1)$
  $dH = dQ = C_PdT,\ dU = C_VdT$
- 단열 공정(adiabatic process)
  $TV^{(\gamma-1)} = constant$
  $TP^{(1-\gamma)/\gamma} = constant$
  $PV^{\gamma} = constant$
  $Q = 0,\ W = dU = C_VdT,\ dH = C_PdT$
- 내부 에너지, 엔탈피와 같은 열역학 성질들은 초기 상태와 최종 상태에만 의존할 뿐 경로에는 무관한 상태 함수이다. 반면 $Q$와 $W$는 경로 함수이다.
- 어떤 cycle(또는 엔진)이 구성되었을 때 초기 상태로 되돌아오므로 $\Delta U = \Delta H = 0$이다.

- 열역학 교재에서 다루는 공정들은 모두 가역 변화를 가정하기 때문에 실제 공정과의 차이를 효율(efficiency)이라는 개념을 도입하여 설명한다. 효율은 반드시 reference가 있으므로 어떤 reference를 선정했는지에 대한 이해가 선행되어야 한다.
- 가역 변화에서 외부에 일을 해 주는 경우 최대의 일을 해 주며, 외부로부터 일을 받는 경우는 최소의 일을 받는다. 따라서 효율은 1보다 작도록, 그리고 (+)의 부호를 갖도록 정의하면 된다.

### 중요 개념 키워드

- 등온 공정, 등압 공정, 등부피 공정, 단열 공정
- Otto cycle, Diesel cycle
- 상태 함수, 경로 함수
- 효율

## 응용문제

**01** 다음 그림은 이상 기체에 대한 두 가지 가역 cycle을 그린 것이다. $T_A$와 $T_B$는 등온 공정($T_A > T_B$)을, 경로(path) 23과 56은 등압 공정을, 경로 31과 64는 등부피 공정을 의미한다. $(W+Q)$가 cycle 123, 456에 대해 같을까? 그렇다면 처음의 제자리로 돌아오는 cycle 1231과 4564의 $\Delta U$는 얼마일까?

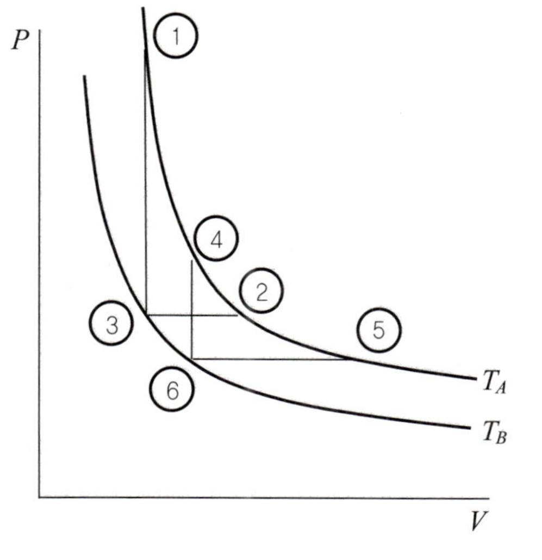

**02** $C_V = 20.88$ J/mol·K, $C_P = 29.20$ J/mol·K인 이상 기체에 대하여 초기 조건 $T_1$ = 450 K, $V_1 = 3 \times 10^{-3}$ m$^3$/kg에서 최종 조건 $V_2 = 5 \times 10^{-3}$ m$^3$/kg로 단열 공정이 진행되었다. $W$, $\Delta U$, $\Delta H$를 각각 구하시오.

**03** 실험으로 구해진 가역 변화의 $P$–$V$ 데이터를 fitting해보니 $(P/\text{Pa}) \times (V/\text{m}^3)^{1.2}$ = 22,320인 관계식을 얻었다고 한다. $W$를 식으로 구하시오.

**04** 여행을 출발하기 전에 자동차의 타이어 압력을 재 보니 270 kPa이었고 3시간가량 고속도로를 달리고 다시 재 보니 300 kPa이었다. 타이어 공기의 내부 에너지 변화는 얼마일까? 공기를 일정한 $C_V = 20.88$ J/mol·K를 가진 이상 기체라고 가정하고, 타이어의 부피도 일정하게 $57 \times 10^{-3}$ m$^3$로 유지된다.

**05** 어떤 기체가 $P(V - b) = RT$라는 상태 방정식(equation of state, EOS)을 따른다. 여기서 $R$은 기체상수이고 $b$는 $0 < b < V$인 또 다른 상수이다. 가역 등온 팽창에 대해 이 기체의 부피가 $V_i$에서 $V_f$로 변할 때 $W$의 식을 유도하고, 이상 기체와 비교하여 동일한 공정에 의해 생성되는 일의 양이 큰지 아니면 작은지 설명하시오.

**06** 다음 그림과 같이 단단한(rigid) 실린더 내부에 움직이는(floating) 피스톤을 가진 계를 생각해 보자. 실린더를 반으로 나누어 왼쪽을 $A$, 오른쪽을 $B$라고 부르며, 양쪽 모두 각각 1 mol의 이상 기체로 채워지고 278 K, 100 kPa의 동일한 초기 조건을 가진다. 이제 $A$ 쪽에 설치된 전기 저항에 의해 A의 온도가 445 K가 될 때까지 천천히 온도가 상승한다. 그 과정에서 피스톤은 $A$에서 $B$ 쪽으로 마찬가지로 천천히 움직일 것이다. 실린더와 피스톤 모두 완벽한 단열재(insulator)로 만들어져 있고 피스톤과 실린더 벽면의 마찰은 없다고 가정한다. 한편 실린더와 피스톤의 열용량도 모두 무시한다. 실린더 내부 이상 기체에 대해 $C_V = 12.56$ J/mol·K, $C_P = 20.88$ J/mol·K일 때, 전기 저항을 통해 $A$에 전달된 열은 얼마일까?

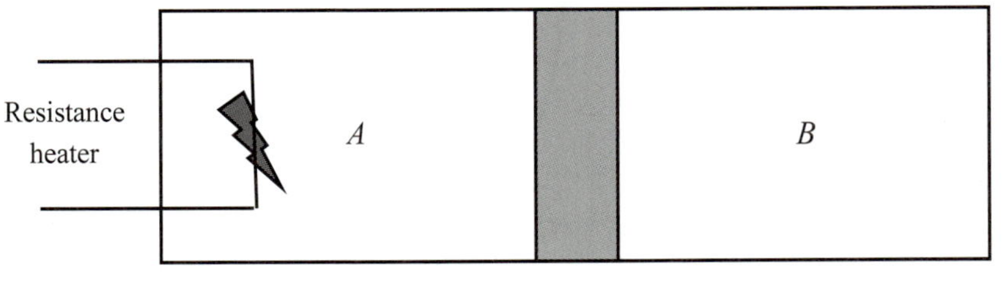

**07** 문제 풀이 연습을 위해서 $PV$ domain에서 다양한 cycle들을 구성할 수 있다. 닫힌계에서 이상 기체, 가역 변화를 가정하여 다음과 같은 cycle 공정을 생각해 보자.

Step 1: 초기 조건 50°C, 1 bar에서 최종 조건 150°C까지 단열 압축이 이루어진다.
Step 2: Constant pressure에서 150°C에서 50°C로 냉각된다.
Step 3: 등온 팽창을 통해 원래 상태로 돌아온다.

각 step과 전체 cycle에서 $W$, $Q$, $\Delta U$, $\Delta H$를 계산하시오. 단, 이상 기체는 단원자 분자이고, $R = 8.314$ J/mol·K이다.

6장

# 상태 함수인 엔탈피의 유용한 활용은?

1. 표준 상태와 표준 생성열
2. 메탄올 합성 예제
3. 화염온도 예제
4. 천연가스 보일러 예제
5. Syn-gas 합성 예제

## 1 표준 상태와 표준 생성열

우리가 실험으로 측정할 수 있는 값은 내부 에너지 변화와 엔탈피 변화, 즉 상대적인 Δ 값이라는 것을 알았다. 그렇기에 reference를 정하면 절댓값으로 전환할 수 있다는 것도 앞장의 응용문제를 통해 다루었다. 그러면 과학자들끼리 뭔가 약속을 하면 어떨까? 고등학교에서 이미 들어본 용어로 표준 상태(standard state)가 있다. 대기압, 25°C(상온)으로 기억할 것이다. 정확히는 압력이 대기압인 조건만이 표준 상태의 조건이고 위 첨자에 °를 사용하여 표시한다. 반면 온도는 아래 첨자(subscript)로 표시한다. 실험과학자들이 처음 시도한 실험 조건이 대기압이었을 것이고 이후 다른 압력 조건으로 확장되었을 것이므로 표준 상태가 대기압이라는 것은 어찌 보면 당연하다. 온도의 경우도 초기 실험들이 주로 상온(= 298 K)에서 이루어졌고 이후 다른 온도로 확장되었을 것이므로 상온 조건이 reference가 되는 것 또한 바람직해 보인다. 다만 이전에 언급했듯이 내부 에너지와 엔탈피 변화는 온도에 의해서 주로 영향을 받고 압력에 의한 영향이 제한적이므로 대기압 조건만을 표준 상태로 정의한 것으로 보인다. 이제 표준 상태를 reference로 얻어진 실험 결과를 어떻게 유용하게 활용할 수 있는지 알아보자.

대기압인 표준 상태의 압력과 상온을 reference로 정했다면 물질의 상태 중에서는 무엇을 reference로 하는 것이 좋을까? 당연히 대기압, 상온의 조건에서 물질의 가장 흔한 상태를 reference로 선택하는 것이 옳을 것이다. 해당 조건에서 수소로 이루어진 가장 흔한 물질은 $H_2(g)$, 탄소로 이루어진 가장 흔한 물질은 고체 흑연(graphite)이고, 철은 이전에 상(phase)을 정의하는 과정에서 언급했던 BCC(base-centered cubic) 구조의 고체상이다. 따라서 대기압, 상온에서 이러한 상태의 물질들의 엔탈피 값을 0으로 정하는 것이 가장 합리적이다. 좀 더 풀어서 설명하기 위해서 반응 (6-1)을 살펴보자.

$$CH_4(g) + 2O_2(g) \leftrightarrow CO_2(g) + 2H_2O(g) \tag{6-1}$$

실험과학자들이 이미 우리에게 필요한 모든 실험 결과를 얻어 놓았다고 맘 편하게 생각한다. 먼저 대기압, 상온 조건의 반응기에서 1몰의 흑연에 2몰의 수소 기체를 넣어주고 적절한 촉매를 사용하여 반응을 유도한다. Constant pressure이므로 $Q = \Delta H$이다. 즉, 계의 엔탈피 변화는 곧 반응열이고 그 측정값은 −74,520 J/mol이라 한다. 앞서 약속했듯이 흑연과 $H_2(g)$의 엔탈피 값이 0이 되도록 reference를 잡아주면, 이 반응열은 곧 $CH_4(g)$의 엔탈피 값으로 부여될 수 있다. 같은 방식으로 흑연과 $O_2(g)$를 대기압, 상온에서 반응시켜 $CO_2(g)$를 얻으면서 측정된 반응열이 −393,509 J/mol인데, 이는 $CO_2(g)$의 엔탈피 값으로 주어진다. $H_2O(g)$의 엔탈피 값은 $H_2(g)$와 $O_2(g)$를 상온, 1기압에서 반응시키면서 측정된 반응열인 −241,818 J/mol이다. 이렇게 각 물질에 대해 부여된 엔탈피 값을 표준 생성 엔탈피(standard enthalpy of formation) 또는 표준 생성열(standard heat of formation)이라 부르고 $\Delta H^{\circ}_{f,,298}$이라 표시한다. 각종 교재의 부록이나 온라인 검색을 통해 여러 물질의 표준 생성 엔탈피를 찾을 수 있다. 이제 반응 (6-1)의 대기압, 상온에서의 반응열은 다음과 같이 쉽게 계산되는데, 산소로 이루어진 가장 흔한 물질인 $O_2(g)$의 엔탈피는 약속에 의해 0이므로 표준 반응 엔탈피, $\Delta H^{\circ}_{rxn,298} = -393{,}509 - 2 \times 241{,}818 + 74{,}520 - 2 \times 0 = -802{,}625$ J/mol이다. 위와 같은 약속이 매우 유용하다는 것을 직관적으로 느낄 수 있을 것이다. 반응 (6-1)에서 생성물이 액체상의 $H_2O(l)$라면 어떨까? 대기압, 상온에서의 물의 증발열도 실험적으로 측정이 가능하고 실험과학자들이 이미 구해 놓았기 때문에 문헌을 찾아서 그만큼의 증발열을 빼 주면 된다. 또는 이미 증발열을 고려한 $H_2O(l)$와 $H_2O(g)$의 표준 생성 엔탈피 값들이 문헌에 주어진다. $H_2O(l)$의 표준 생성 엔탈피는 −285,830 J/mol이므로 $H_2O(g)$의 표준 생성 엔탈피인 −241,818 J/mol와의 차이로부터 증발열은 −241,818−(−285,830)=44,012 J/mol이다. (+) 부호이므로 액상의 물이 수증기로 상전이 되는 데는 44,012 J/mol의 에너지가 투입되어야 한다는 것을 의미한다.

다음은 표준 상태(또는 대기압)이지만 온도는 다른 계에서 반응 (6-1)의 표준 반응열(standard heat of reaction)은 어떻게 구할까? 안타깝게도 문헌에는 온도에 따른 특정 반응의 표준 반응열이 제시되어 있지 않다. 세상에 존재하는 수많은 반응마다 온도에 따른 표준 반응열 데이터를 구축한다는 것은 비효율적인 일이다. 열역학은 분명히 뭔가 편의성(convenience)을 담보하는, 그리고 컴퓨터 코딩에도 쉽게 이식될 수 있는 논리적인 방법을 사용할 것이다. 이미 상태 함수의 개념에 대해 다루었고 열용량이 중요한 열역학 성질이며 온도의 함수로 측정된 결과들이 데이터베이스화되어 있다는 것도 알고 있다. 그러면 $CH_4(g)$의 엔탈피 값을 온도 $T$에서는 어떻게 정의하면 될 지부터 생각해 보자. 298 K에서 $CH_4(g)$의 엔탈피 값은 표준 생성 엔탈피 값인 −74,520 J/mol로 주어져 있다. 이

$CH_4(g)$가 298 K에서 어느 온도 $T$까지 상전이 없이 데워진다면 현열이 투입되었다는 것을 의미하고, constant pressure이므로 $CH_4(g)$의 $C_P°$를 이용하여 온도 $T$에서의 엔탈피 값을 식 (6-2)와 같이 부여할 수 있다. 같은 방식으로 $O_2(g)$, $CO_2(g)$, $H_2O(g)$에 대해 엔탈피 값을 부여하면 식 (6-3), (6-4), (6-5)가 된다.

$$\Delta H^{\circ}_{f,T}(\mathrm{CH_4(g)}) = \Delta H^{\circ}_{f,298}(\mathrm{CH_4(g)}) + \int_{298}^{T} C^{\circ}_{P,CH_4(g)}(T)dT \tag{6-2}$$

$$\Delta H^{\circ}_{f,T}(\mathrm{O_2(g)}) = 0 + \int_{298}^{T} C^{\circ}_{P,O_2(g)}(T)dT \tag{6-3}$$

$$\Delta H^{\circ}_{f,T}(\mathrm{CO_2(g)}) = \Delta H^{\circ}_{f,298}(\mathrm{CO_2(g)}) + \int_{298}^{T} C^{\circ}_{P,CO_2(g)}(T)dT \tag{6-4}$$

$$\Delta H^{\circ}_{f,T}(\mathrm{H_2O(g)}) = \Delta H^{\circ}_{f,298}(\mathrm{H_2O(g)}) + \int_{298}^{T} C^{\circ}_{P,H_2O(g)}(T)dT \tag{6-5}$$

이제 온도 $T$에서의 표준 반응열은 식 (6-6)이 된다. 그런데 식 (6-6)을 보면 반응물이 온도 $T$에서 298 K로 냉각된 후 298 K에서 반응이 일어나고 생성물이 298 K에서 온도 $T$로 가열된 경로를 수식으로 표현한 것과 같다. 즉, 온도 $T$에서 반응물이 반응을 통해 생성물로 가는 직접적인 경로가 아니더라도 시작점과 종착점이 같으면 동일한 결과를 준다. 이미 상태 함수 성질을 배웠으므로 놀라운 일이 아니다. 이를 그림으로 옮겨보면 <그림 6-1>과 같다.

$$\begin{aligned}\Delta H^{\circ}_{rxn,T} = {} & \Delta H^{\circ}_{f,298}(CO_2(g)) + 2\times\Delta H^{\circ}_{f,298}(H_2O(g)) - \Delta H^{\circ}_{f,298}(CH_4(g)) - 2\times 0 \\ & + \int_{298}^{T}[C^{\circ}_{P,CO_2(g)}(T) + 2\times C^{\circ}_{P,H_2O(g)}(T) - C^{\circ}_{P,CH_4(g)}(T) - 2\times C^{\circ}_{P,O_2(g)}]dT\end{aligned} \tag{6-6}$$

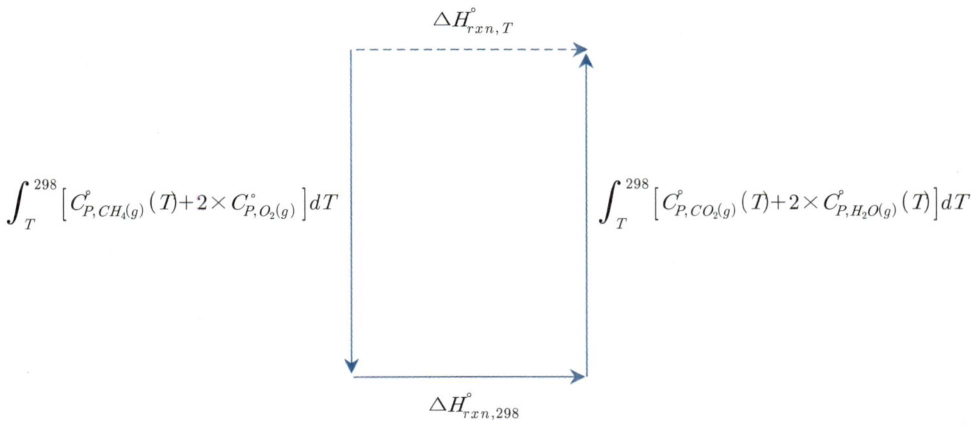


**그림 6-1** 주어진 온도 *T*에서의 표준 반응열

이 장에서 언급할 내용은 이것이 거의 전부이며, 지금부터는 몇 가지 주요한 예제들을 직접 다루면서 필요한 설명을 추가한다.

## 2 메탄올 합성 예제

반응식 (6-7)에 대해 800°C에서의 표준 반응열을 구해보자. 상태 함수의 개념을 이해한다면 경로는 데이터가 존재하는 방향으로 잡으면 된다. 참고로 반응 (6-7)은 synthesis gas로 불리는 CO(g)와 $H_2$(g)로부터 메탄올을 생성하는 반응으로 석유화학공정 등의 강의에서 자세히 배울 것이다. 그리고 후속 문제에서 synthesis gas를 어떻게 만드는지를 다룬다.

$$CO(g) + 2H_2(g) \leftrightarrow CH_3OH(g) \tag{6-7}$$

문헌에서 다음과 같은 데이터를 찾을 수 있다.

표준 생성열: $-200.600$ kJ/mol ($CH_3OH(g)$), $-110.525$ kJ/mol ($CO(g)$)

$C_p^{\circ,ig}/R$(J/mol · K) $= A + BT + CT^2 + DT^{-2}$

| | $A$ | $10^3\,B$ | $10^6\,C$ | $10^{-5}\,D$ |
|---|---|---|---|---|
| $CO(g)$ | 3.376 | 0.557 | – | −0.031 |
| $H_2(g)$ | 3.249 | 0.422 | – | 0.083 |
| $CH_3OH(g)$ | 2.211 | 12.216 | −3.450 | – |

4장의 응용문제를 참고하고, 반응식 (6-7)을 활용하여 직접 계산해 보면 $\Delta H^\circ_{rxn,1073} = -103.566$ kJ/mol이다. 그런데 여기서 주목해야 할 것은 $\Delta H^\circ_{rxn,298} = -90.075$ kJ/mol이라는 것이다. 이미 order of magnitude 비교를 통해 반응열 >> 현열이라는 것을 알고 있는데, 이 예제에서도 온도 변화가 $\Delta T = 800 - 25 = 775$℃로 매우 큼에도 불구하고 현열 효과는 반응열의 10% 정도로 작다.

## 3 화염온도 예제

다음은 adiabatic flame temperature(화염온도)에 관한 문제를 다뤄 본다. 화염온도는 소방에서 중요하게 취급되는 물질의 특성으로 어떤 물질이 자연 발화할 수 있는 온도로 생각하면 된다. 참고로 지금부터 다루는 문제들은 Smith의 'Introduction to Chemical Engineering Thermodynamics' 교재의 예제들을 변형하거나 단순화한 것들이다. 천연가스의 주성분인 $CH_4(g)$가 stoichiometric $O_2(g)$와 반응했을 때, adiabatic flame temperature를 구해보자. 반응식은 반응 (6-1)과 같고 stoichiometric이란 $CH_4(g)$ 1몰에 대해 반응식의 계수에 해당하는 $O_2(g)$ 2몰이 사용되었다는 것을 의미한다. 초기 조건은 대기압, 상온(298 K)이고 문헌을 통해 다음과 같은 데이터를 찾았다.

표준 생성열: −74,520 J/mol ($CH_4$(g)), −393,509 J/mol ($CO_2$(g)), −241,813 J/mol ($H_2O$(g))

$C_p^{o,ig}$: 4.217 × $R$($CH_4$(g)), 3.535 × $R$($O_2$(g)), 4.467 × $R$($CO_2$(g)), 4.038 × $R$($H_2O$(g))

$C_p^{o,ig}$는 이전 예제와 같이 온도의 함수로 주어져야 하나 편의상 문헌에서 찾은 $C_p^{o,ig}$의 온도 함수 중 A만을 고려한다. Calculation basis는 $CH_4$(g) 1몰로 설정한다. Calculation basis라는 용어에 대해서는 화공양론에 관한 교재를 참고하라. 상온에서의 표준 반응열은 앞서 구한 −802,625 J이다. Constant pressure에 단열 조건이므로 $Q = \Delta H$이고 엔탈피가 상태 함수라는 것을 이용하여 다음과 같은 경로를 설정해 본다. 한편 별도의 언급이 없으면 모두 가역 변화라고 생각한다.

i) 298 K에서 반응 (6-1)이 일어난다. 1몰의 $CH_4$(g)가 2몰의 $O_2$(g)와 반응하므로 반응기 내에는 생성된 1몰의 $CO_2$(g)와 2몰의 $H_2O$(g)가 남아있다.

ii) 298 K에서의 반응은 (−) 부호를 갖는 발열 반응이므로 반응기 내에 열이 생성되었고 단열 조건이므로 이 열로 인해 반응기 내 남아있는 생성물이 가열된다.

위 과정을 그림으로 옮겨보면 <그림 6-2>와 같다.

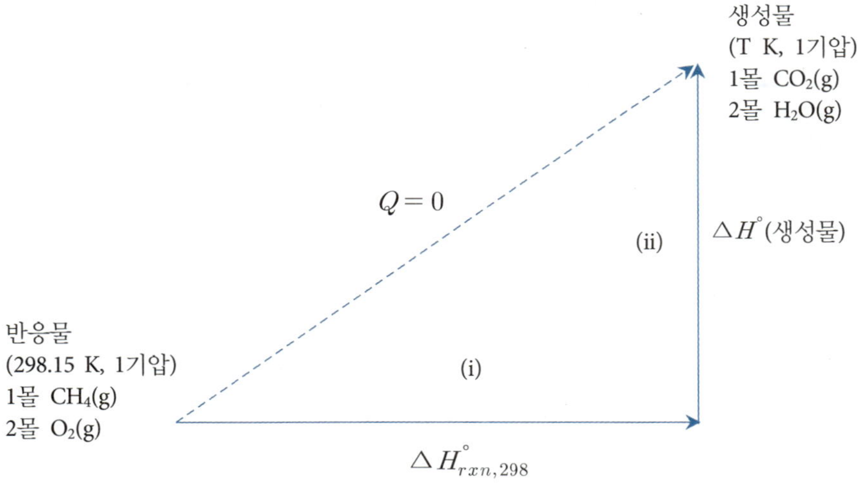


그림 6-2 화염온도

298 K에서의 반응열이 생성물을 가열하는 데 모두 사용되었으므로 식 (6-8)과 같이 간단한 에너지 보존 식을 세울 수 있고 화염온도는 7,995 K로 계산된다.

$$Q = \Delta H^{\circ}_{rxn,298} + \Delta H^{\circ}(\text{생성물}) = 0$$

$$0 = -802{,}628 + 4.467 \times R \times (T - 298) + 2 \times 4.038 \times R \times (T - 298) \qquad (6\text{-}8)$$

화염온도가 비이상적으로 높게 계산되었고 이는 온도의 함수인 $C_p^{\circ,ig}$를 임의대로 사용하면 곤란할 수 있다는 것을 보여준다. 실제 공정에서는 산소가 순수한 $O_2(g)$로 공급되는 경우는 거의 없고 공기(air)로 대체하며, 연소 반응에 딱 맞는 stoichiometry가 아닌 excess air를 사용한다. 예를 들어 20%의 excess air와 반응한다면 298 K 조건에서 2.4몰의 $O_2(g)$가 사용된다는 것이고 1몰의 $CH_4(g)$가 100% 연소되면 미반응 $O_2(g)$ 0.4 몰이 남게 될 것이다. 따라서 생성된 반응열은 이 미반응 $O_2(g)$를 데우는 데도 사용되어야 하므로 식 (6-8)을 사용한다면 오른쪽 항에 $0.4 \times 3.535 \times R \times (T - 298)$를 추가해야 한다. 정확히는 적분 형태로 추가될 것이다. 한편 반응물이 순수한 $O_2(g)$가 아닌 air이므로 초기 조건에는 9.03 mol의 $N_2(g)$도 존재한다. 이는 $N_2 : O_2 = 79 : 21$의 비율로부터 계산되었다. $N_2(g)$는 불활성 기체(inert gas)이므로 반응에 참여하지는 않지만 생성된 반응열은 어쨌든 $N_2(g)$을 데우는 데에도 사용되어야 하므로 식 (6-8)에 $9.03 \times \int C^{\circ}_{P,N_2(g)}\, dT$가 더 추가되어야 한다.

## 4 천연가스 보일러 예제

다음은 천연가스(natural gas, $CH_4(g)$)를 사용하는 보일러(boiler)에 대한 문제이다. 집에서 사용하는 보일러를 연상해도 좋지만 현장에서는 천연가스를 이용하여 heating oil을 데우고 이 heating oil은 열교환기를 통해 높은 온도가 필요한 곳에 열을 공급해 주는 역할을 한다. 천연가스의 주성분인 $CH_4(g)$가 보일러에 상온(298 K)으로 들어가고 stoichiometric $O_2(g)$와 반응하여 유입된 $CH_4(g)$가 완전 연소된다고 한자. 연소 후 가스(flue gas)가 800 K로 보일러 밖으로 나간다면 이 보일러의 효율은 얼마일까? Calculation basis는 1몰의 $CH_4(g)$이고 298 K에서의 표준 반응열은 이미 구해 놓은 −802,625 J이다.

이 문제를 풀기 위해서는 보일러를 먼저 알아야 한다. $CH_4(g)$의 연소에서 발생되는 반응열이 보일러 내에서 열교환을 통해 heating medium인 물을 데워주고 이 온수가 방바닥을 따뜻하게 데워주거나 샤워에 사용된다. 따라서 이 문제의 계는 단열이 아니다. 에너지 보존의 측면에서 살펴보면, 생성된 반응열이 heating medium을 가열하는 데와 생성물이 가열하는 데 양쪽으로 사용된 것이다. 그림으로 보면 <그림 6-2>와 비슷한 상황이나 $Q = \Delta H = 0$이 아닌 heating medium을 가열하는 $Q$가 존재한다.

Flue gas(또는 생성물)가 여전히 뜨거운 상태(800 K)로 배출되는데, 생성물에 투입된 열은 현열이므로 $C_p^{o,ig}$를 사용하여 식 (6-9)와 같이 쉽게 구할 수 있다. 이번에도 제대로 된 $C_p^{o,ig}$를 사용하지 않았으므로 유의하기 바란다.

$$\Delta H^o(\text{생성물}) = 4.467 \times R \times (800 - 298) + 2 \times 4.038 \times R \times (800 - 298) = 52{,}350\ \text{J} \tag{6-9}$$

반응열 802,625 J 중 52,350 J만큼이 생성물을 가열하는 데 사용되었고 나머지는 모두 물을 가열하는 데 사용된 것이다. 즉, 에너지 보존 식을 세워보면 $Q = \Delta H^\circ_{rxn,298} + \Delta H^\circ$ (생성물) $= -802{,}625 + 52{,}350 = -750{,}276$ J이다. 그래서 보일러의 효율은 750,276/802,625 = 93.5%가 된다. 그리고 flue gas의 온도를 낮추면 낮출수록 보일러의 효율은 높아질 수밖에 없다. 거꾸로 타는 보일러라는 말은 높은 온도의 flue gas가 배출되지 않도록 열교환을 통해서 flue gas의 현열을 가능한 최대로 회수한다는 의미이다. 실제 현장에서도 열을 최대로 회수하도록 열교환망을 구성하는 것이 매우 중요하다.

## 5 Syn-gas 합성 예제

마지막으로 syn-gas(synthesis gas)라고 불리우는 $H_2(g)$와 $CO(g)$의 혼합가스를 만드는 반응에 관한 예제를 살펴보자. Syn-gas를 제조하는 방법은 대기압, 고온하에서 $CH_4(g)$를 $H_2O(g)$(스팀, steam)와 catalytic reforming하는 것이며 반응식은 반응 (6-10)과 같다. 그런데 반응 (6-11)과 같은 water-gas-shift 반응이 부반응으로 발생할 수밖에 없다. 이는 원하는 물질인 $CO(g)$가 완전 산화하여 $CO_2(g)$가 되는 반응이므로 반응 (6-10)이 주반응이 되도록 제어하는 것이 중요해진다. 즉, $CH_4(g)$의 연소를 늦춰야 하는 것이다. 참고로 이전 예제를 통해 현장에서 산소 source로 공기를 사용하는 경우를 다루었는데, 또 다른 산소 source로서 $H_2O(g)$(또는 수증기)도 안전상의 이유로 많이 사용된다.

$$CH_4(g) + H_2O(g) \rightarrow CO(g) + 3H_2(g) \tag{6-10}$$

$$CO(g) + H_2O(g) \rightarrow CO_2(g) + H_2(g) \tag{6-11}$$

1몰의 $CH_4(g)$에 대해 3몰의 비로 steam이 반응물로 공급되고 생성물의 온도가 1,300 K라고 하자. 그런데 $CH_4(g)$의 완전연소를 기준으로 생성물을 분석해 보니 10 mol%의 $CO(g)$가 있었다고 한다. 한편 반응물은 600 K으로 preheating(앞서 거꾸로 타는 보일러를 연상하자)되어 유입된다. 이 preheating은 현장에서 자주 사용되는 방법으로, 고온의 배출 흐름(outlet stream)과 인입 흐름(inlet stream)의 열교환을 통해 반응기에 들어가기 전에 인입 흐름을 어느 정도까지 가열해 주는 것이다. 이 반응기에 필요한 $Q$는 얼마일까?

---

- 표준 생성 엔탈피 데이터를 찾아서 구한 반응 (6-10)과 (6-11)의 표준 반응열은 각각 205,813 J와 −41,166 J이다.
- 계산의 편의를 위해 주어진 온도 구간에서 관여된 물질의 $<C_p^{o,ig}>/R$은 아래와 같다.

  $CH_4(g)$: 5.3272 J/mol · K (298.15~600 K)

  $H_2O(g)$: 4.1888 J/mol · K (298.15~600 K)

  $CO(g)$: 3.8131 J/mol · K (298.15~1300 K)

  $H_2(g)$: 3.6076 J/mol · K (298.15~1300 K)

  $CO_2(g)$: (298.15~1300 K) = 5.9935 J/mol · K (298.15~1300 K)

  $H_2O(g)$: (298.15~1300 K) = 4.6599 J/mol · K (298.15~1300 K)

---

여기서 $<C_p^{o,ig}>/R$은 주어진 온도 구간에서 $C_p^{o,ig}$의 평균값으로, 식 (6-12)와 같이 이미 적분이 반영된 값으로 문헌에 제시되기도 한다.

$$< C_P^{\circ,ig} > = \frac{\int_{T_1}^{T_2} C_P^{\circ,ig}(T)dT}{T_2 - T_1} \tag{6-12}$$

이제 계산의 편의를 위해 반응 (6-10)과 (6-11)을 더하여 $CH_4(g)$를 반응물로 하는 세 번째 반응 (6-13)을 찾는다. 반응 (6-13)의 표준 반응열은 반응 (6-10)과 (6-11)의 표준 반응열을 더하면 된다.

$$CH_4(g) + 2H_2O(g) \rightarrow CO_2(g) + 4H_2(g)\ \Delta H^{\circ}_{rxn,298} = 164{,}647\text{ J} \tag{6-13}$$

세 반응 중 두 개는 어느 쪽이든 독립적인(independent) 쌍이 된다. 즉, 세 반응 중 두 개를 선택하면 나머지는 따라오는(dependent) 반응이다. 다만 $CH_4(g)$를 중심으로 계를 해석하는 편이 유리하므로 우리는 반응 (6-10)과 (6-13)을 선택한다. 두 반응 모두 흡열 반응이므로 이 예제에서 얼마만큼의 $Q$가 필요한가라는 질문이 이제 이해될 것이다.

다음은 화공양론에서 많이 접했을 법한 계산을 수행해 보자. 여기서 $x$는 $CH_4(g)$가 반응 (6-10)으로 소진되는 분율을 의미한다. 즉, $CH_4(g)$가 반응 (6-10)에 의해 $x$만큼 소진되면 반응 (6-13)에 의해 $(1 - x)$만큼 소진되어 결과적으로는 100% 소진된다. 따라서 $CO(g)$는 반응 (6-10)의 stoichiometry에 의해 $x$만큼 생성된다. $H_2O(g)$는 원래 3몰이 있었고 반응 (6-10)에 의해 $x$가 소진되고 반응 (6-13)에 의해 $2(1 - x)$만큼 소진되므로 생성물에 최종 남아있는 양은 $3 - x - 2(1 - x)$이 될 것이다. 나머지 $H_2(g)$와 $CO_2(g)$에 대해서는 직접 해보기 바란다.

| | |
|---|---|
| $CO(g)$: $x$ | Moles $CO(g) = 0.6$ |
| $H_2(g)$: $3x + 4(1 - x) = 4 - x$ | Moles $H_2(g) = 3.4$ |
| $CO_2(g)$: $1 - x$ | Moles $CO_2(g) = 0.4$ |
| $H_2O(g)$: $3 - x - 2(1 - x) = 1 + x$ | Moles $H_2O(g) = 1.6$ |

생성물 전체: 6몰

그런데 문제에서 생성물 중에 10 mol%의 $CO(g)$가 있다는 것이 힌트로 주어졌으므로 $x/6 = 0.1$, $x = 0.6$로 $x$를 특정할 수 있다. 따라서 $CH_4(g)$ 1몰 중에 0.6몰이 반응 (6-10)으로, 나머지 0.4몰이 반응 (6-13)으로 소진되었고 두 반응의 298 K에서의 표준 반응열을 더하

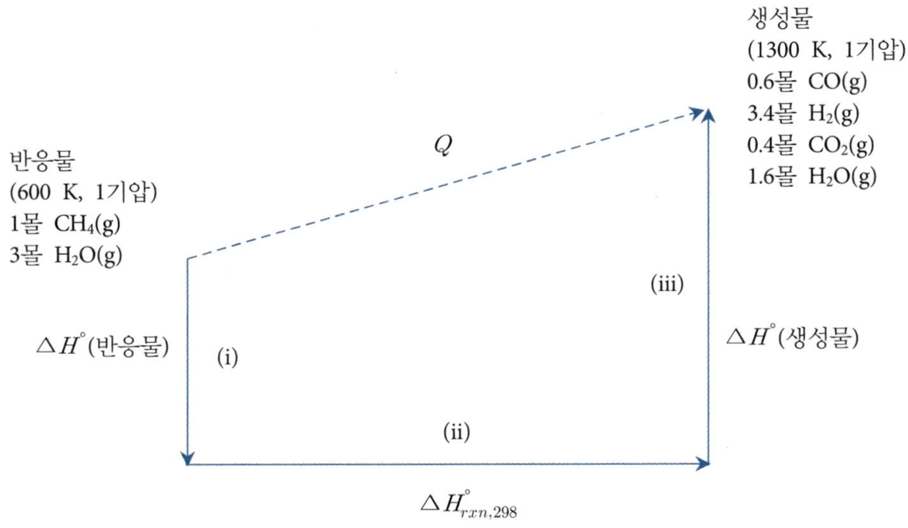


그림 6-3 Syn-gas catalytic reforming

면 $0.6 \times 205{,}813 + 0.4 \times 164{,}647 = 189{,}347$ J이 된다.

이전 예제에서와 마찬가지로 상태 함수의 성질을 이용하여 데이터가 존재하는 방향으로 적절한 경로를 설정해 보자. 이미 우리는 298 K에서의 표준 반응열이 얼마인지 알고 있다. 이를 그림으로 옮겨보면 <그림 6-3>과 같다.

i) 반응물이 600 K에서 298 K로 냉각된다.
ii) 298 K에서 반응이 일어난다.
iii) 생성물이 298 K에서 1300 K로 가열된다.

ii)에 대해서는 이미 구했으므로 i)과 iii)의 현열에 대해 계산하면 다음과 같다. 반응물은 1 : 3의 비율로 들어간다고 문제에 주어졌고 생성물은 양론 계산에서 이미 구했다. 단 $H_2O(g)$에 대해서는 온도 범위에 맞는 $\langle C_p^{o,ig} \rangle / R$을 사용해야 한다.

i) $\Delta H^o$(반응물) $= 8.314 \times (1 \times 5.3272 + 3 \times 4.1888)(298.15 - 600) = -44{,}905$ J
iii) $\Delta H^o$(생성물) $= 8.314 \times (0.6 \times 3.8131 + 3.4 \times 3.6076 + 0.4 \times 5.9935 + 1.6 \times 4.6599)(1300 - 298.15) = 203{,}295$ J

Order of magnitude가 큰 반응열이 (+) 부호를 가지는 흡열 반응이므로 $Q$가 더 투입되어야 한다는 것은 자명하고 이를 포함하는 에너지 보존 식을 쓰면 −44,905(i) + 189,347(ii) +

203,295(iii) − $Q$ = 0이 되어 $Q$ = 347,737 J이다. 물론 다양한 교재에서 이번 장과 관련된 복잡한 문제들을 찾아볼 수 있겠지만 문제를 풀기 전에 어떤 상황인지를 분명하게 인식하는 것이 중요하다는 것을 명심하자.

6장까지 열역학 제1 법칙, 내부 에너지, 엔탈피와 관련된 내용이 마무리되었고 열역학에서 가장 어려운 개념인 제2 법칙으로 들어가기 전에 하나의 화두를 던지고자 한다. 이전에 order of magnitude의 비교로부터 반응열 > 잠열 >> 현열임을 알았으므로 반응열만을 가지고 얘기한다. 반응에는 발열 반응과 흡열 반응이 있는데, 발열 반응은 생성물의 에너지가 반응물의 에너지보다 더 안정하기 때문에 그 차이만큼의 열이 계로부터 발생하고 흡열 반응은 반대로 반응물의 에너지가 생성물의 에너지보다 안정해서 반응이 일어나려면 계에 열을 제공해야 한다. 그런데 언뜻 발열 반응은 에너지가 안정한 방향으로 가고자 한다면 자발적으로 일어날 것 같고 흡열 반응은 반대로 자발적으로 일어나기 힘들어 보인다. 하지만 식물이 엽록체에서 포도당을 합성하는 광합성 반응은 흡열 반응임에도 주위에서 자발적으로 일어나고 있다. 그렇다면 반응이 자발적으로 일어나느냐 아니냐는 에너지가 높고 낮음에 의해서 결정되는 것이 아니란 말인가? 다음 장에서 엔트로피를 정의하면서 이 문제를 파헤쳐 본다.

## 요약

- 표준 상태란 대기압 조건을 의미한다.
- 내부 에너지, 엔탈피는 오직 변화량(Δ)만을 측정할 수 있으므로 적절한 reference를 정한다면 유용하게 사용할 수 있다.
- 대기압, 상온에서 가장 흔하게 볼 수 있는 물질들의 표준 생성 엔탈피를 0으로 설정하면 지금까지의 측정된 실험 결과로부터 모든 물질에 절댓값의 표준 생성 엔탈피를 부여할 수 있다.
- $H_2(g)$, $O_2(g)$, 흑연, BCC 구조의 철 등의 표준 생성 엔탈피는 0이다.
- 한편 현열에 의한 엔탈피 변화는 열용량 실험 결과로부터, 그리고 상전이에 소요되는 잠열 또한 실험 결과가 존재한다. 따라서 모든 물질에 대하여 상온에서 정의되는 표준 생성 엔탈피를 기준으로 어떤 주어진 온도에서의 엔탈피 값도 절댓값으로 정의될 수 있다. 엔탈피는 실제 유체에 대해서도 온도에 크게 영향을 받는 함수이며 압력에 의한 영향은 제한적이므로 대기압을 조건으로 하는 표준 상태의 값들을 사용해도 무리가 없다.

- 어떤 온도에서의 표준 반응열은 엔탈피가 상태 함수라는 것을 이용하여 데이터가 존재하는 적절한 경로를 설정하여 구할 수 있다. 이 과정에서 중요한 데이터는 물질의 표준 생성 엔탈피와 열용량이다.
- 화염온도, 보일러, 반응기와 같은 현장 친화형 예제를 풀어보면서 열역학에서 배운 내용이 어떻게 현실에 적용되는지를 알아보았다.

### 중요 개념 키워드

- 표준 상태
- 표준 생성 엔탈피, 열용량, 표준 반응열
- 상태 함수, 경로 설정
- 화염온도, 보일러, 반응기

## 응용문제

**01** 다음 반응의 25°C에서의 표준 반응열을 구하시오. 필요한 데이터는 문헌에서 직접 찾아보시오.

$$4HCl(g) + O_2(g) \leftrightarrow 2H_2O(g) + 2Cl_2(g)$$

# 7장

# 자연의 변화를 설명하기 위해서는 뭔가 다른 것이 필요하다? 열역학 제2 법칙과 엔트로피

내부 에너지와 엔탈피는 서로 연결된 개념이라는 것을 배웠다. 내부 에너지가 분자들 자체의 운동과 분자들 사이의 상호 작용을 포함하는 개념으로 물리적인 통찰을 주는 반면 현실 세계의 대부분의 실험 조건이 constant pressure이기 때문에 활용의 측면에서는 엔탈피가 내부 에너지보다 더 많이 사용된다. 이와 비슷한 관계가 지금부터 배울 엔트로피(entropy)와 Gibbs 에너지이다. 자연에서 일어나는 변화를 내부 에너지와 엔탈피로는 설명할 수 없기 때문에 물리적인 통찰을 가지는 엔트로피의 개념을 도입하며, 실제 적용에서는 이를 바탕으로 활용성을 극대화한 Gibbs 에너지를 이용한다. 그리고 일단 Gibbs 에너지가 정의되면 그 이후의 열역학은 모두 이를 활용하는 방식이다. 그럼 내부 에너지의 정체를 다룰 때처럼 천천히, 그렇지만 단단하게 엔트로피의 개념을 탐구해 보자.

## 1 자유팽창

폭포가 위에서 아래로 떨어지는 변화가 위치 에너지가 높은 상태에서 낮은 상태로 가고자 하는 자연의 경향에 기인한다고 얘기하는 경우가 종종 있다. 그렇게 이해한다고 해서 아주 엉뚱하다고 할 수는 없지만, 6장 말미에 화두를 던진 바와 같이 에너지는 자연의 변화의 방향과는 관련이 없다. 에너지가 변화와 관련되지 않는다는 것을 보여주는 간단하지만 가장 설득력 있는 예가 <그림 7-1>의 자유팽창(free expansion)이다. 왼쪽 플라스크는 어떤 압력으로 유체가 채워져 있고 오른쪽은 진공이 형성되어 있는 상태에서 중간에 있는 콕(cork)을 제거하면 어떻게 될까? 직관적으로 양쪽의 압력이 같아질 때까지 왼쪽의 유체가 오른쪽으로 이동할 것이다. 즉, 변화가 일어난다. 그럼 에너지의 측면에서는 이 변화에 대해서 어떤 얘기를 할 수 있을까? 우선 식 (1-3)에 의해 $W$를 계산하면 $P^{ext} = 0$이므로 $W = 0$이 된다. 문 바깥의 외부 압력을 극복하면서 부피를 팽창시키면 일을 해 주는 것이라 정의했는데, 문 바깥쪽이 진공인 상태라면 힘을 주지 않아도 문은 그냥 쭉 밀려 나갈 것이다. 일이 필요 없게 되므로 그런 의미에서 'free'로 기억해도 좋다. 여기에 <그림 7-1>의 계를 이상 기체가 채우고 있고 이 계는 열의 출입이 없는 단열($Q = 0$)이라 가정해 보자. 열역학 제1 법칙을 적용하면 $\Delta U = Q + W = 0$이 되고, 자유팽창이라는 명확한 변화에도

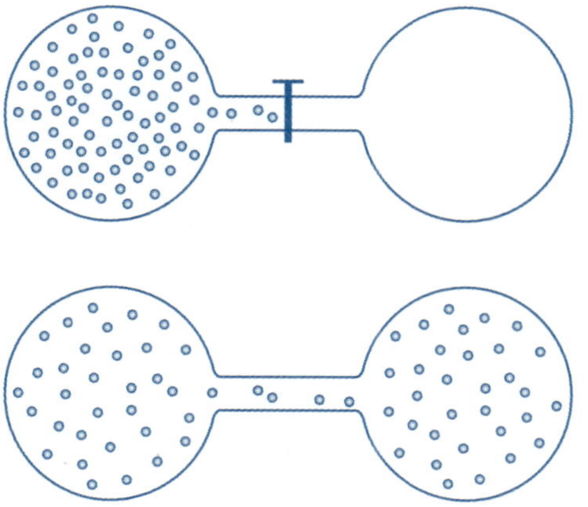

그림 7-1 자유팽창

불구하고 내부 에너지 변화는 없다. 다시 말해 자유팽창 전후의 온도는 변하지 않는다. 물론 부피가 늘어났으므로 두 플라스크의 부피가 동일하다면 압력은 ½로 감소한다. 에너지 변화가 없음에도 불구하고 자유팽창은 발생하므로 변화를 설명하기 위해서는 무언가 새로운 개념의 도입이 필요하다. 그것이 바로 엔트로피이다.

**여기서 잠깐**

이상 기체가 아닌 실제 기체의 자유팽창에서는 Joule-Thomson 효과라고 부르는 재미있는 현상이 일어난다. 이를 설명하려면 편미분 식과 Joule-Thomson coefficient 등의 수학적 접근이 필요하지만 여기서는 물리적으로만 간단히 설명한다.

본문에서 자유팽창 전후에 이상 기체의 온도 변화는 없었다. 그렇다면 실제 기체는 자유팽창 후 온도가 올라갈까? 아니면 떨어질까? 상황에 따라 다르다. 분자들끼리 상호 작용이 있다는 것은 이미 설명했고 Lennard-Jones potential을 통해서 중성 분자(non-polar molecule)들조차도 어떤 평형 거리까지는 인력(attraction)이 작용하다가 그 거리보다 가까워지면 척력(repulsion)이 작용한다는 것도 이미 알고 있다.

i) 실제 기체의 압력이 높지 않아(또는 밀도가 높지 않아) 분자들 사이에 인력이 작용하는 거리에 있다고 하자. 〈그림 7-1〉의 콕이 제거되면 콕 가까이 있는 분자들은 진공 쪽으로 이동한다. 그런데 그 이동하려는 분자들을 더 왼쪽에 있는 분자들이 잡아당기고 있을 것이다. 이제 non-interacting한 이상 기체를 reference로 보면 진공 쪽으로 이동하는 분자들의 속도가 분자들 간의 인력에 의해 상대적으로 작아지게 된다. 분자들의 속도(또는 속력)는 개별 분자의 미시적인 병진 운동 에너지를 의미하고 특히 단원자 분자 기체라면 바로 그 기체의 내부 에너지와 같다. 따라서 equi-partition theorem에서 배운 $U = \frac{3}{2}RT$로부터 속도가 감소하면 운동

에너지(또는 내부 에너지)가 감소하고 온도가 감소한다는 것을 의미한다. 물론 reference인 이상 기체와 비교해서 말이다. 그래서 일반적으로 기체가 단열 팽창을 하면 온도가 감소한다고 얘기한다. 기체가 팽창되는 밸브 근처에 성에가 낀 사진을 본 기억이 다들 있을 것이며, 가스 봄베(bombe)의 밸브를 열었을 때 그 주위를 만져보면 차가워지는 것을 느낄 수 있다. 한편 고압의 천연가스를 팽창시킴으로써 천연가스의 냉각을 유도하는 Linde refrigerator라는 장치(또는 공정)도 좋은 예이다.

ii) 그럼 만약 계의 압력이 매우 고압인 경우는 어떨까? 밀도가 높아진다. 그래서 분자들 사이의 거리가 척력이 생기는 거리까지 가까워져 있다면 〈그림 7-1〉의 콕이 제거되었을 때 분자는 진공 쪽으로 빠르게 튀어 나갈 것이다. 만원 지하철에 문이 열려서 사람이 튕겨 나가는 걸 연상해 보면 될 듯하다. 이 경우는 reference에 비해 이동하는 분자의 속도가 더 빨라질 것이므로 운동 에너지(또는 내부 에너지)가 증가하고 온도도 올라가 뜨거워진다.

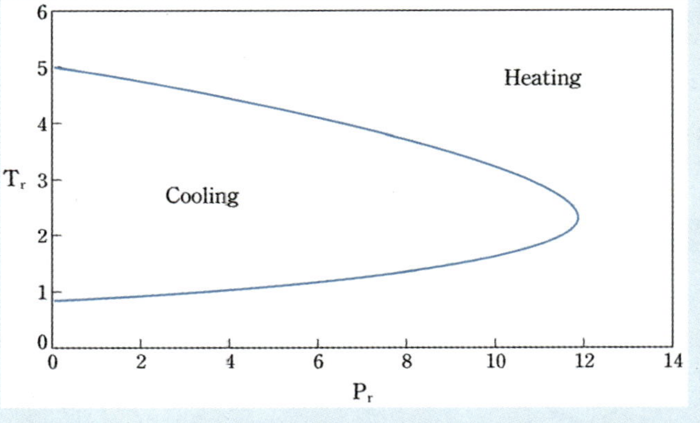


그림 7-2 Temperature inversion curve(Joule-Thomson 효과)

〈그림 7-2〉는 Joule-Thomson 효과로 인해 전형적으로 나타나는 temperature inversion curve를 보여주는데, 위 설명과 같이 동일한 온도에서 압력이 높아질수록 팽창 시 온도가 떨어지는 cooling 영역에서 팽창 시 온도가 올라가는 heating 영역으로 바뀐다는 것을 알 수 있다. 더 자세한 설명은 본 교재의 범위를 벗어나므로 생략한다. 한편 〈그림 7-2〉의 $x$축과 $y$축의 $P_r$과 $T_r$은 환산 압력(reduced pressure)과 환산 온도(reduced temperature)를 의미하며 각각 $P/P_C$와 $T/T_C$로서 압력과 온도를 물질의 임계 압력(critical pressure)과 임계 온도(critical temperature)로 각각 나눈 값이다. 임계 압력과 임계 온도에 대해서는 물질의 임계 상태(critical state)를 다룰 때 같이 살펴볼 것이다.

## 2 열역학 제2 법칙

이제 한 번쯤은 들어 보았을 법한 '우주의 엔트로피는 항상 증가한다'라는 열역학 제2 법칙에 대해 얘기해 보자. 앞서 자연의 변화는 에너지와 관련되지 않으므로 이를 설명하기 위해 엔트로피라는 개념을 도입했다고 했다. 우리 주위에는 과거에도, 지금도, 그리고 미래에도 항상(또는 계속) 변화가 일어나고 있다. 이를 수학적으로 표현할 방법은 무한대라는 개념이 있으므로 엔트로피가 (+)의 방향으로 계속 증가한다고 표현한 것이다. 참고로 (−) 부호는 과학자들이 선호하지 않는다. 그런데 이것만으로는 추상적이어서, 경험을 수학적으로 공식화해야 하는 열역학에서는 분명 부족하다. 이를 위해 등장한 것이 $dS = dQ/T$라는 수식이다. 이 식은 Carnot에 의해 정립되었는데, 가장 이상적인 cycle(또는 엔진)을 상정했을 때, 그 cycle에서 세기 변수로서 $dQ/T$가 보존된다는 것을 발견하였고 이를 엔트로피로 명명하였다. 추후 Carnot cycle에 대해서도 다루겠지만 우선은 관념적으로 접근해 보자. 앞에서 언급한 엔트로피와 관련된 2가지 명제를 일단 받아들이고, 경험이 이를 벗어나지 않으므로 제시된 명제는 참이라 주장하는 방식을 취할 것이다.

i) $S$라고 불리우는 엔트로피는 가역 변화에 대하여 식 (7-1)과 같이 주어진다.

$$dS = \frac{dQ}{T} \tag{7-1}$$

ii) 계와 주위의 엔트로피의 변화를 합친 값, 즉 우주의 엔트로피는 항상 0보다 크다. 그리고 가역 변화인 경우만 0이다.

$$dS_{total} \geq 0 \tag{7-2}$$

잘 알고 있듯이 hot heat reservoir(또는 hot source)와 cold heat reservoir(또는 cold sink)가 서로 접촉하면 뜨거운 쪽(hot side)에서 차가운 쪽(cold side)로 열이 이동한다. 그리고 뜨거운 쪽에서 방출되는 열과 차가운 쪽에서 받는 열은 그 크기가 동일하므로 $Q_H = -Q_C$이다. 한편 이 과정은 가역 변화가 아니다. Reservoir에 대해서는 교재 초반에 정의했으므로 필요하다면 다시 복습하기 바란다. 어쨌든 식 (7-1)에 의해 뜨거운 쪽과 차가운 쪽의 엔트로피 변화는 각각 식 (7-3)과 (7-4)로 주어지고 전체 엔트로피 변화는 식 (7-5)와 같다.

$$\Delta S_H = \frac{Q_H}{T_H} = -\frac{Q_C}{T_H} \tag{7-3}$$

$$\Delta S_C = \frac{Q_C}{T_C} \tag{7-4}$$

$$\Delta S_{total} = \Delta S_H + \Delta S_C = -\frac{Q_C}{T_H} + \frac{Q_C}{T_C} = Q_C\left(\frac{T_H - T_C}{T_H T_C}\right) \tag{7-5}$$

비가역 변화인 주어진 계에서 $T_H > T_C$이므로 전체 엔트로피는 항상 0보다 크고, 이는 식 (7-2)의 명제를 만족한다. 다시 말해 위에서 언급한 명제 i)과 ii)가 우리가 알고 있는 경험에 위배되지 않는다.

## 3 이상적인 엔진과 Carnot 효율

다음은 관념적으로 상상할 수 있는 이상적인 엔진을 <그림 7-2>에 제시하였다. 간단하게는 영화에서 보는 석탄을 열심히 태워 운행하는 기차를 생각하면 된다. <그림 7-3>은 석탄을 통해 엔진에 20이라는 열이 전달되면 그중 5만큼이 스팀의 힘으로 기차를 나아가게 하는 $W$로 쓰이고, 나머지 15는 증기로 하얗게 밖으로 배출되는 상황을 표현한 것이라 봐도 좋다.

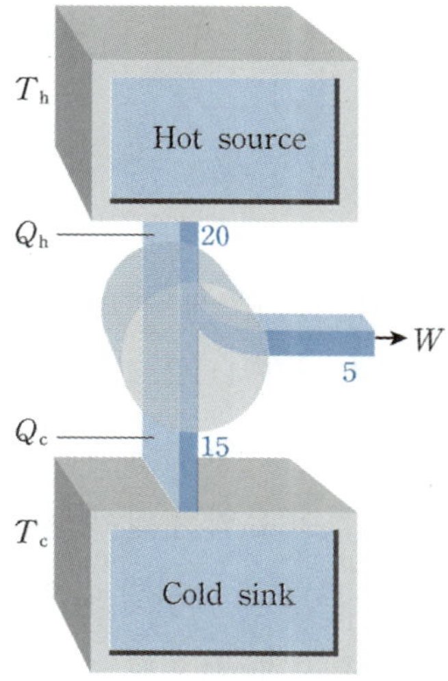


그림 7-3 이상적인 엔진

한편 이상적인 엔진은 엔진 자체가 시스템에 전혀 영향을 주지 않는다는 것을 의미한다. 예를 들어 실제 엔진은 운전되면서 여기저기 부품에 의한 마찰들이 생기지만 이상적인 엔진이므로 이런 것들을 부수적으로 고려해야 할 필요가 없는 것이다. 식 (7-3), (7-4)를 참고하여 전체 엔트로피에 관한 식을 쓰면 식 (7-6)이 되고 여기서 이상적인 엔진이므로 $\Delta S_{engine} = 0$이다.

$$\Delta S_{total} = \Delta S_H + \Delta S_C + \Delta S_{engine} = \frac{Q_H}{T_H} + \frac{Q_C}{T_C} \tag{7-6}$$

한편 엔진에 대해서 열역학 제1 법칙을 식 (7-7)과 같이 쓸 수 있고 이상적인 엔진은 엔진 자체가 시스템에 영향을 주지 않으므로 $\Delta U_{engine} = 0$이 되어 식 (7-8)이 성립한다.

$$\Delta U_{engine} = Q_H + Q_C + W \tag{7-7}$$

$$W = -Q_H - Q_C \tag{7-8}$$

이제 식 (7-6)과 (7-8)을 결합하면 식 (7-9)가 된다.

$$W = Q_C\left(\frac{T_H}{T_C} - 1\right) - T_H \Delta S_{total} \tag{7-9}$$

식 (7-2)에서 가역 변화에서 $\Delta S_{total} = 0$이 되고 가역 변화일 때 엔진이 해 줄 수 있는 일이 최대가 된다고 알고 있으므로 이상적으로 얻을 수 있는 최대 일은 식 (7-10)과 같다.

$$W = Q_C\left(\frac{T_H}{T_C} - 1\right) \quad (7\text{-}10)$$

다시 식 (7-10)을 식 (7-8)과 결합하면 이후에 Carnot cycle의 분석을 통해 얻게 될 결론과 동일한 식 (7-11)이 유도된다. 한편 식 (7-11)을 적분의 형태로 나타내면 식 (7-12)가 되는데, 이는 Carnot cycle과 함께 설명하는 것이 쉽기 때문에 이후로 넘긴다. 마지막으로 엔진의 효율은 Otto cycle에서 다루었듯이 유입된 열이 얼마나 $W$로 전환되는가로 정의되고 이 이상적인 엔진의 효율은 식 (7-13)으로 계산될 수 있다. 이 효율은 이후에 Carnot 효율이라 부른다. 한편 식 (7-13)에서 분자가 $-W$이다. 이는 엔진을 계로 보았을 때 $W$는 계가 외부에 해 주는 일이므로 (-) 부호를 갖게 되는데, 효율은 (+) 부호를 갖도록 정의되어야 하므로 $W$ 앞에 (-) 부호를 붙여 처리한 것이다.

$$\frac{Q_C}{T_C} + \frac{Q_H}{T_H} = 0 \quad (7\text{-}11)$$

$$\oint \frac{dQ}{T} = 0 \quad (7\text{-}12)$$

$$\eta = \frac{-W}{Q_H} = 1 - \frac{T_C}{T_H} \quad (7\text{-}13)$$

다음은 $PV$ domain 위에 cycle을 구성해서 식 (7-13)과 동일한 결과를 얻을 수 있을지 알아보자. 이해하기에는 이 접근방법이 쉬울 것이다. <그림 7-4>는 Carnot가 생각한 가장 이상적인 사이클이다. ABCD를 거치면서 등온 팽창 → 단열 팽창 → 등온 압축 → 단열 압축이 일어나고, 4행정기관의 움직임을 연상해 본다면 piston-cylinder apparatus에서 팽창과 압축이 반복되며 피스톤 끝에 크랭크(crank)가 연결되어 자동차를 굴러가게 하는 실제 엔진과 비슷한 형태를 가지고 있기는 하다. 물론 <그림 7-4>의 모든 과정은 이상 기체를 대상으로 매우 느리게 일어나는 가역 변화이므로 말 그대로 이상적인 cycle일 뿐이다.

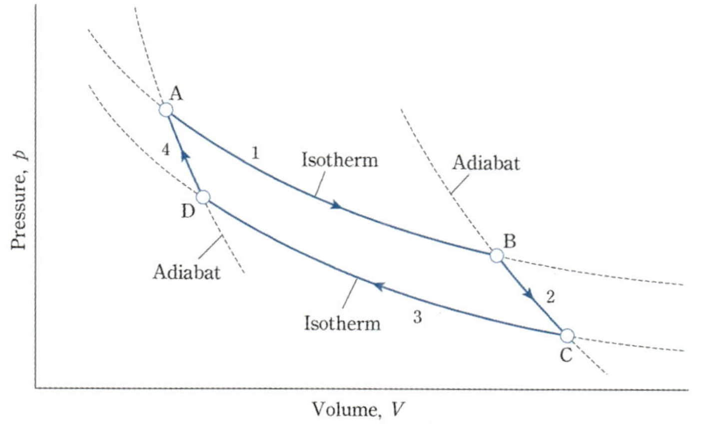

그림 7-4 Carnot cycle

우선 식 (5-1)을 이용해 등온 공정에 대해 식 (7-14)를 써 본다. AB line은 CD line보다 위에 있으므로 높은 온도인 $T_H$에서 팽창이 일어나는데, 팽창이 일어나면 계의 온도가 떨어지고 온도를 일정하게 유지하기 위해 외부에서 $Q_H$의 열이 유입된다. 반면 CD line은 AB line보다 아래에 있으므로 낮은 온도인 $T_C$에서 압축이 일어나는데, 압축이 일어나면 계의 온도가 올라가므로 외부로 $Q_C$의 열을 배출해 준다. 열의 출입은 이 등온 공정에서 이루어진다.

$$Q_H = -RT_H ln\frac{V_B}{V_A} \text{ 그리고 } Q_C = -RT_C ln\frac{V_D}{V_C} \tag{7-14}$$

$$\frac{Q_H}{Q_C} = \frac{T_H}{T_C}\frac{ln(V_B/V_A)}{ln(V_D/V_C)} \tag{7-15}$$

식 (7-15)의 자연로그 항에 해당하는 관계식은 단열 공정으로부터 구한다. 식 (5-4)를 이용하여 BC line과 DA line의 단열 팽창과 단열 압축에 대한 식 (7-16)을 유도하고 이를 정리하면 식 (7-17)과 같다.

$$-\frac{C_V^{ig}}{R}\frac{dT}{T} = \frac{dV}{V}$$

$$\int_{T_C}^{T_H}\frac{C_V^{ig}}{R}\frac{dT}{T} = ln\left(\frac{V_C}{V_B}\right) \text{ 그리고 } \int_{T_H}^{T_C}\frac{C_V^{ig}}{R}\frac{dT}{T} = ln\left(\frac{V_A}{V_D}\right) \tag{7-16}$$

$$ln\frac{V_C}{V_B} = ln\frac{V_D}{V_A} \text{ 또는 } -ln\frac{V_D}{V_C} = ln\frac{V_B}{V_A} \tag{7-17}$$

마지막으로 식 (7-17)을 식 (7-15)에 대입하여 정리하면 앞서 얻었던 식 (7-11)과 동일한 식을 얻게 된다. 식 (7-11)은 식 (7-12)와 같은 적분 형태로 표현되며 Carnot cycle이 한 바퀴 돌았을 때, 이전에 Otto cycle이나 diesel cycle에서 내부 에너지나 엔탈피가 그랬던 것처럼 0이 되는 새로운 열역학 상태 함수가 존재함을 의미한다. 이를 엔트로피라고 하고 명제 (i)에서 $dS = dQ/T$로 정의했던 것이 바로 이것이다. 가역 변화이므로 0이고 비가역 변화에서는 $dS > dQ/T$이다.

## 4 원자력 발전소 예제

열심히 따라왔지만 아직도 엔트로피가 무엇인지, Carnot 효율은 어떻게 사용되는지 감이 잡히지 않을 것이다. 우선 아래 원자력 발전소의 예제를 통해 엔트로피의 개념을 현실로 확장해 보자. 반응기의 온도가 586 K이고 750,000 kW의 전기를 만들어 내는 원자력 발전소를 생각해 보자. 발전소 옆에는 항상 강이나 바다가 있는데, 293 K의 온도를 가진 강이 흐르고 있다. 이를 <그림 7-3>에 대입해 보면 반응기의 온도가 $T_H$이고 강의 온도가 $T_C$이다.

a) 이 발전소가 달성할 수 있는 최대의 효율은 어느 정도이며, 이때 강에 버려지는 열의 양은 얼마일까? 앞서 Carnot 효율이 최대의 효율이라 했으므로 식 (7-13)에 의해 $\eta = 1 - 193/586 = 0.5$이다. 즉, 50%이므로 원자력에 의해 유입된 열 중에 반은 스팀 터빈(turbine)을 돌려서 전기를 생산하는 데 사용되고 나머지 반은 강물로 버려진다는 의미이다. 따라서 버려지는 열은 발전되는 일과 동일하므로 750,000 kW이다.

b) 실제 발전소의 효율은 a)에서 구한 Carnot 효율의 60%라고 한다. 강에 버려지는 열을 다시 계산하라. 그리고 그 열로 인해 강물의 온도가 얼마나 상승할까? 강의 유량은 165 $m^3/s$이고 물의 열용량이 4.18 kJ/kg · K이다. Carnot 효율의 60%이므로 실제 효율은 0.5 × 0.6 = 0.3이다. 즉, 유입된 열의 30%만 전기로 전환된다. 따라서 유입되는 열($Q_H$)은 750,000/0.3 = 2,500,000 kW이고, 이 중 750,000 kW만이 전기로 전환되고 나머지 1,750,000 kW는 강물에 버려지는 열($Q_C$)이 된다. $Q_C = \dot{m} C_P \Delta T$에 따라 계산하면 강

물의 온도는 약 2.54 °C(또는 K) 상승할 것이다. 여기서 $\dot{m}$는 질량 유량(mass flow rate, 단위 kg/s)으로 물의 밀도(= 1.0 g/cm$^3$)를 이용하여 주어진 강의 부피 유량을 질량 유량으로 바꿀 수 있다.

이 예제는 많은 것을 시사해 준다. Carnot 효율은 물리적으로 어떤 의미일까? 일부 사람들은 열역학 제1 법칙으로부터 유입된 열을 모두 일로 전환할 수도 있지 않을까 생각할 수 있고 그래서 나온 것이 잠깐 언급했던 영구엔진(perpetual engine)이었다. 물론 유입된 열보다 더 많은 일은 하는 것은 불가능하므로 열역학 제1 법칙(에너지 보존)을 아래와 같이 간단하게 정리할 수 있다.

### 열역학 제1 법칙: You cannot win!

그런데 위 원자력 발전소 예제를 보면 아무리 이상적인 경우라고 해도 주어진 조건에서 얻을 수 있는 최대 효율(또는 Carnot 효율)은 50%이었다. 유입된 열 중 50%만을 건질 수 있었다는, 즉 본전은 고사하고 손해를 볼 수밖에 없다는 것이다. 그래서 열역학 제2 법칙은 아래와 같이 표현된다.

### 열역학 제2 법칙: You cannot even break!

사실 Carnot 효율이라는 용어 자체에 어폐가 있다. 열역학 제2 법칙에 의하면 자연이 우리에게 절대 허락하지 않는데도 불구하고, 열역학 제1 법칙에 의해 유입된 열을 잘하면 100% 일로 변환할 수 있지 않을까 하는 희망에서 효율의 reference가 100% 에너지 회수로 설정되었기 때문이다. 하지만 앞의 예제는 아무리 이상적인 경우라도 Carnot 효율 이상으로 유입된 열을 일로 변환할 수 없다고 얘기한다. 그래서 예제(b)의 실제 효율이 가장 이상적인 Carnot 효율의 몇 %인가로 정의된 것이다. 반복하지만 효율이라는 용어 자체가 100% 달성을 전제로 하는 경우가 많기 때문에 자칫 Carnot 효율에 대해 오해할 수 있으니 유의하자. 그렇다면 왜 100% 달성(또는 100% 에너지 변환)이 불가능할까? 우리의 몸과 같다고 하면 이해하기 쉬울지 모르겠다. 우리는 음식물을 계속 섭취하여 음식물로부터 영양분을 회수하지만, 한편으로 더 이상 회수될 수 없는 상태의 노폐물을 밖으로 배출한다. 엔진도 마찬가지이다. 열이 유입되지만 한편으로 폐열이 배출되어야만 정의되기 때문이다. 즉, 그게 자연 현상인 것이다. 원자력 발전소 예제의 경우 실제 조건과 상당히 비슷하게 주어졌는데, 유입되는 열이 전기로 변환되는 것보다 더 많은 양의 폐열이 주변 강이나 바다로 배출되는 것을 알 수 있다. 예제에서 강의 수온을 약 2.5 °C 정도 상승시키는데, 별로 크지 않은 수치로 생각할 수 있지만 강에 사는 어류에게는 엄청난 환경변화로 볼 수 있다. 아마도 뉴스를 통해서 이와 같은 열 오염(heat pollution)에 관한 기사를 접한 적이 있을 것이다.

## 5 엔트로피와 에너지 밀도

이번에는 엔트로피의 다른 관점을 살펴보자. 열은 뜨거운 쪽에서 차가운 쪽으로 흐르는데, 이를 에너지 밀도(energy density) 측면에서 바라볼 수 있다. 뜨거운 쪽은 에너지 밀도가 높은 상태이고 차가운 쪽은 상대적으로 에너지 밀도가 낮은 상태이다. 뜨거운 물은 우리가 샤워할 때 유용하게 사용하므로 에너지 밀도가 높은 상태는 우리 입장에서는 유용한 상태이다. 따라서 열역학 제2 법칙은 에너지 밀도가 높은 유용한 상태에서 에너지 밀도가 낮은 덜 유용한 상태로 평형이 이동한다(또는 변화가 일어난다)고 얘기할 수 있다. 한편 Carnot cycle에서 얻어지는 $W$는 유용한 상태의 에너지이다. 그 유용한 $W$를 얻기 위해 그것이 원자력 발전이든 화력발전이든 석탄발전이든 다른 유용한 상태의 $Q$를 넣어 주어야 한다고도 말할 수 있다. 우라늄, 석유, 석탄은 모두 에너지가 집적된 말 그대로 에너지 밀도가 높은 상태이기 때문이다. 그런데 중요한 것은 얻고자 하는 $W$를 얻기 위해 그것보다 더 많은 $Q$를 넣어주어야 하고 그게 자연이 계획한 바라는 것이다. 즉, 에너지의 측면에서는 늘 손해이다. 그래서 만약 에너지가 화폐로 사용된다면 우리에게 필요한 $W$를 얻기 위한 어떠한 행동도 할 이유가 없어질 것이다.

하지만 인간은 화폐라고 하는 약속을 만들었고 어떤 물질의 가치는 그 물질이 가지고 있는 에너지 단위가 아닌 수요와 공급에 의해 결정된다. 예를 들어 발전소를 통해 받아들이는 전기와 그 전기를 통해 만들어지는 다른 상품이 인간에게 매우 유용하면 원료가 되는 우라늄, 기름, 석탄보다 높은 가격으로 거래될 수 있다. 그래서 인간은 기꺼이 광산에서 또는 유전에서 원료들을 캐내는 일을 하게 되는 것이다. 정리해 보면 자연은 우리의 모든 행동이 궁극적으로는 더 많은 에너지를 소비하는 방향이라 말하지만 경제학은 그럼에도 불구하고 우리를 행동하게 하고 사실 그것으로 인해 기술이 발전하여 인류의 복지가 증진되었으니 어찌 보면 역설(irony)처럼 느껴진다.

열역학 제2 법칙에 따르면 결국 인간들의 활동은 에너지 밀도가 높은 물질들을 탐색해서 그 에너지의 일부를 인간에게 유용하도록 이용할 수밖에 없는 구조를 가지고 있다. 그리고 그 에너지 밀도가 높은 물질들이 고갈되면 더 이상 우리에게 유용한 에너지를 만들 수 없다는 것이 일부 환경론자들의 논점이다. 그러나 지구를 계로 한정한다면 태양으로부터 공짜인 에너지가 무한정 들어오기 때문에 이를 이용할 수 있다. 물론 우주 전체의 관점에서 보면 유용한 에너지를 내뿜는 태양도 모두 타서 없어지는 때가 오므로 여전히 열역학 제2 법칙이 유효(또는 우주 전체의 엔트로피는 증가)하지만 그걸 지금부터 걱정할 필요는 없다. 한편 태양광이 제공하는 에너지는 양으로 보면 엄청나지만 우라늄, 석유, 석탄과 비교하여 태양광이 더 높은 에너지 밀도를 가지고 있다고 말하기는 힘들다. 태양광이 높은 에너지 밀도를 가지고 있다면 아마도 지구상에 인간들이 살아남을 수 없었을 것이다. 그래서 산을 깎거나 호수 위에 태양전지 판넬(panel)을 설치하는 등 태양에너지를 회수하기 위해서는 매우 넓은 면적이 필요하다. 생각해 보면 태양에너지가 지구로 유입되어 물을 증발시키고 비가 되어 산꼭대기의 호수가 된다. 이 호수에서 위치 에너지를 이용한 수력발전을 통해 전기를 만들 수 있으므로 오히려 태양전지 판넬보다 더 효율적인 게 아닐까?

또 다른 관점에서 엔트로피 증가는 energy dissipation이라고도 얘기하는데, 쉽게 마찰열을 생각하면 된다. 에너지 밀도가 높다는 얘기는 어떤 물질 또는 유체가 미시적으로 운동 에너지나 potential energy로 에너지를 잘 보유한다는 의미이다. 예를 들어 뜨거운 쪽에 있는 기체 분자는 더 높은 병진 운동 에너지를 가지고 있고 이 에너지가 열의 형태로 전달되어 차가운 쪽 기체 분자의 병진 운동 에너지를 증가시킨다. 그리고 뜨거운 쪽의 기체 분자 하나가 가진 에너지는 여러 개의 차가운 쪽 기체 분자에게 전달될 수 있다. Energy가 dissipation되는 과정이며 이를 수학적으로 뜨거운 쪽의 경우는 하나의 분자이므로 하나의 경우의 수를 가지지만 차가운 쪽은 그 에너지를 전달받아 다양한 경우의 수를 가진 분자의 조합이 가능하다고 표현한다. Boltzmann에 의해 엔트로피에 대한 이러한 미시적이며 통계적인 해석이 이루어졌으며 이후 다루기로 한다. 어쨌든 자연(또는 열역학 제2 법칙)은 에너지를 나누어 가지는 방향으로 변화를 유도한다. 마찰열도 주위 분자들에게 에너지를 나누어 주는 과정이다.

## 6 현열, 잠열, 반응열과 엔트로피

이제 열역학 제2 법칙과 엔트로피에 대해 정성적으로는 이해가 되었을 것이다. 이 해석은 필자의 관점일 뿐이므로 스스로 자기만의 관점을 세워 보길 추천한다. 다양한 해석이 가능해서 그런지 열역학 제2 법칙을 노장사상의 '자연으로 돌아가라'와 연관시키기도 하고 이후 도입될 Gibbs 에너지와 더불어 이공학이 아닌 인문학에서도 엔트로피란 말이 많이 사용된다. 우리는 공학인으로서 '그렇다면 엔트로피도 내부 에너지나 엔탈피처럼 정량적으로 값을 구할 수 있지 않을까'라는 물음으로 돌아오자. 엔트로피는 열의 출입에 의해 정의되는 개념이므로 열의 3가지 종류인 현열, 잠열, 반응열로 나누어 엔트로피와 연관시켜 보자.

i) 온도와 압력이 일정한 상태에서 상전이가 관여되는 잠열에 대한 엔트로피 변화가 계산하기 제일 쉽다. Constant pressure 조건($Q = \Delta H$)이라면 $dS = \frac{dQ}{T} = \frac{dH}{T}$이므로 엔트로피 변화는 식 (7-18)과 같다. 내부 에너지나 엔탈피와 마찬가지로 오직 변화량(Δ)만이 측정될 수 있다. 여기서 αβ는 α상에서 β상으로의 상변화를 의미한다. 1기압 100 °C에서 물이 끓는 것처럼 주어진 압력에서 상전이 온도는 주어지고 잠열은 실험적으로 측정되어 있다. 왜냐하면 물의 증기압(vapor pressure)은 온도의 함수이고 외부 압력과 증기압이 같아질 때, 증발(vaporization)이라는 상전이가 발생하므로 상전이 온도와 압력은 서로 독립적(independent)이지 않다. 나중에 상평형에서 더 자세히 다룰 것이다.

$$\Delta S_{\alpha\beta} = \frac{\Delta H_{\alpha\beta}}{T_{\alpha\beta}} \tag{7-18}$$

ii) 현열이 투입될 경우 엔트로피 변화에 대해 알아보자. Reference인 이상 기체로부터 시작한다. 식 (4-5)에 $dS = \frac{dQ}{T}$와 $dH = C_P dT$를 대입하여 정리하면 식 (7-19)가 된다. 편미분을 이용한 정확한 유도는 나중에 Maxwell 관계에서 자세히 다룰 것이다.

$$dH = dQ + VdP$$
$$C_P dT = TdS + VdP$$
$$dS = \frac{C_P}{T}dT - \frac{V}{T}dP = \frac{C_P}{T}dT - \frac{R}{P}dP = \frac{C_P}{T}dT - Rd\ln P \tag{7-19}$$

식 (7-19)를 이용하여 몇 가지 계산을 해 보자. <그림 7-1>의 이상 기체 자유팽창에서 두 개의 같은 부피를 가진 플라스크가 있고 왼쪽은 어떤 압력으로 기체가 채워졌으며 다른 쪽은 진공이라 했다. 이상 기체의 경우 단열 자유팽창으로 내부 에너지의 변화가 없으므로 온도는 변하지 않는다. 따라서 식 (7-19)는 $dS = -Rd\ln P$로 단순해지고 압력은 1/2로 감소하므로 엔트로피 변화는 $R\ln 2$의 값을 가진다. (+) 부호를 가지므로 열역학 제2 법칙을 잘 따르고 있다. 한편 $R\ln 2$의 값은 이후 엔트로피에 대한 Boltzmann의 미시적인 해석에도 등장하므로 꼭 기억해 두기 바란다.

이번에는 압력이 일정한 이원자 분자 이상 기체를 생각해 보자. 상온에서 이원자 분자 이상 기체의 내부 에너지는 $(5/2)RT$이고, $C_V = (5/2)R$, $C_P = (7/2)R$이라는 것을 알고 있다. 온도가 298 K에서 398 K로 증가했다면 이때 엔트로피 증가는 식 (7-20)과 같이 구해진다.

$$\Delta S = \frac{7}{2}R \times ln\frac{398}{298} \cong 1.01R \qquad (7\text{-}20)$$

한편 다원자 분자 이상 기체의 경우는 $C_P(T)$이므로 엔트로피 변화를 구하기 위해서는 $C_P(T)/T$를 온도에 관해 적분해 주어야 한다. 그런데 이상 기체의 경우 내부 에너지나 엔탈피가 온도만의 함수인 데 반하여, 식 (7-19)를 통해 이상 기체라 하더라도 엔트로피의 변화는 온도와 함께 압력에 영향을 받는 함수라는 것을 꼭 구분하여 기억해야 한다. 압력이 감소하면(또는 부피가 증가하면) 엔트로피는 증가하는데, 자유팽창을 기억하면 쉬울 것이다.

식 (7-19)를 배웠으므로 <그림 7-4>의 Carnot cycle에서 어떤 일이 일어났는지 자세하게 분석해 보자. 물론 이렇게 하지 않아도 교재를 진행하는 데 큰 문제는 없지만 이후 왜 Gibbs 에너지를 도입하는 것이 편리한가를 이해하기 위해서 꼭 필요하므로 잘 따라오기 바란다. 여기서는 <그림 7-4>에서 압축 공정인 C → D, D → A 경로만 설명할 것이며, 팽창 공정에 대해서는 같은 방식의 논리를 직접 전개해 보라. 먼저 등온 압축의 경우(C → D) 식 (7-19)를 이용해 계산하면 $P_2 > P_1$이므로 $\Delta S < 0$이 된다. 엔트로피가 감소했는데 제대로 계산된 게 맞을까? 계의 엔트로피가 감소한 것은 맞다. 하지만 우주 전체의 엔트로피를 보면 그렇지 않으므로 열역학 제2 법칙에 위배되지 않는다. 등온 압축 중에는 열이 계에서 주위로 빠져나가는데, 그 과정이 가역적으로 이루어진다면

이는 변화가 매우 천천히 이루어짐을 말하고 미소(infinitesimal) 변화 때마다 평형에 도달할 시간이 충분히 주어진다고 알고 있다. 즉, 계의 온도와 외부의 온도는 계속 열적 평형을 이루기 때문에 계에서 감소한 엔트로피만큼 외부의 엔트로피가 증가하여 우주 전체의 엔트로피 변화는 식 (7-2)를 이용하면 아래와 같이 0이 된다.

$$dS_{total} = dS_{system} + dS_{surr} = \frac{dQ}{T_{system}} - \frac{dQ}{T_{surr}} = 0 \qquad (7\text{-}21)$$

계에서 미소량의 *dQ*만큼의 열이 외부로 전달되면 외부는 −*dQ*만큼의 열을 받게 된다. 이 과정 중에 계와 외부의 온도는 계속 열적 평형을 유지하고 있으므로 *T*(계) = *T*(외부)이다. 정확히는 외부가 heat reservoir이므로 $T_C$로 일정하고 계의 온도가 $T_C$와 지속적으로 열적 평형을 이루며 가역 변화가 진행된다.

단열 압축의 경우(D → A)는 어떨까? 열의 이동이 없으므로 $dS_{total}$ = 0이라 간단하게 얘기할 수 있다. 엔트로피 증가라는 것은 에너지를 주위에 퍼뜨리는 과정인데 단열은 그 가능성을 원천 차단한 것이기 때문이다. 하지만 이 경우도 계의 엔트로피에 대해 살펴보면 재미있다. 식 (7-19)에 의하면 엔트로피 변화는 온도와 압력의 함수이다. 그리고 단열 압축 과정에서 계의 부피는 감소(또는 압력은 증가)하고 계의 온도는 증가한다. 자유팽창에서 부피가 증가하면 엔트로피가 증가했으므로 반대로 단열 압축 과정에서 부피가 감소하면 엔트로피가 감소할 것이다. 그렇게 감소한 계의 엔트로피 변화는 온도 증가에 따라 증가된 엔트로피 변화와 정확히 같아서 서로 상쇄됨으로써 $dS_{total}$ = 0이 성립한다.

iii) 표준 생성 엔탈피를 정의하면서 적절한 reference를 도입하면 모든 물질에 절대적인 엔탈피 값을 부여할 수 있음을 배웠다. 거기에 열용량이나 잠열에 대한 실험데이터가 있으면 <그림 6-1>과 같이 어떤 온도에서도 표준 반응열을 계산할 수 있었다. 마찬가지로 엔트로피도 적절한 reference를 잡아주면 동일한 접근이 가능하지 않을까? 운 좋게도 엔트로피의 경우는 완벽한 reference가 존재한다. 그리고 이를 열역학 제3 법칙이라 부른다. 절대 0도(0 K)에서 모든 물질은 꽁꽁 얼어붙어 있으므로 이 상태에서 모든 물질의 엔트로피를 0이라 설정할 수 있다. 예를 들어 식 (7-22)는 constant pressure에서 모든 물질의 엔트로피 절댓값을 온도에 따라 어떻게 부여할 것인가를 잘 보여주고 있다. 여기서도 $C_P$ 값은 여전히 중요하게 취급된다. 그래서 교재 초반에 가장 중요한 열역학 성질 중의 하나로 열용량을 꼽았던 것이다.

$$S = 0 + \int_0^{T_f} \frac{(C_P)_S}{T} dT + \frac{\Delta H_f}{T_f} + \int_{T_f}^{T_b} \frac{(C_P)_L}{T} dT + \frac{\Delta H_v}{T_b} + \int_{T_b}^{T} \frac{(C_P)_G}{T} dT \quad (7\text{-}22)$$

식 (7-22)는 절대 0도의 고체에서 시작해서 액체로 상전이가 일어나고 다시 기체로 상전이가 일어나는 경우에 대해 엔트로피를 구하는 방법을 보여주는데, 압력의 조건에 따라 고체에서 바로 기체로 상전이가 되는 경우는 그에 맞도록 식 (7-22)를 수정하면 된다. 참고로 고체에서 액체로의 상전이를 융해(fusion), 액체에서 기체로는 증발(vaporization), 고체에서 기체로는 승화(sublimation)라 한다. 식 (7-22)의 아래 첨자 $f$와 $v$는 각각에 해당하는 상전이를 표시하며, $S$, $L$, $V$는 고체, 액체, 기체를 각각 의미한다. 이제 반응식이 주어진다면 엔탈피에서와 같은 방식으로 반응 엔트로피(entropy change of reaction)를 계산할 수 있다. 대기압 조건이라면 표준 반응 엔트로피가 된다.

앞서도 언급했지만 엔트로피가 어려운 개념이다 보니 열역학 계산이나 현상을 해석하는 데 직접 사용되는 경우는 흔치 않다. 마치 내부 에너지가 원론적인 개념임에도 편의상 엔탈피를 주로 사용하듯이 원론적인 개념인 엔트로피에 대해서도 Gibbs 에너지라는 편리한 대체 개념이 도입되므로 너무 걱정할 필요는 없다.

마지막으로 '무질서도'로 애매하게 번역되어 종종 오해를 유발하는 order-disorder의 개념과 Boltzmann의 엔트로피에 대한 미시적인 해석을 소개하면서 이번 장을 정리한다. <그림 7-1>의 자유팽창으로 다시 돌아가자. 그리고 앞서 양쪽 플라스크의 부피가 같은 상태에서 한쪽에 일정 압력의 이상 기체가 채워지고 다른 한쪽이 진공일 때 가운데 콕을 제거하여 단열 자유팽창이 일어나면 식 (7-19)에 의해 $\Delta S = R\ln 2$임을 계산했다. 같은 결과를 이번에는 전혀 다른 접근법으로 얻어보고자 한다. Boltzmann의 묘비에는 '$S = k\ln\Omega$'이라는 문구가 새겨져 있다고 한다. $S$는 엔트로피이고 $k$는 Boltzmann 상수이며, $\Omega$는 식 (7-23)으로 정의되는 분자와 같은 미세 입자들이 여러 가능한 에너지 상태들로 분산되는 방법의 가지수이다.

$$\Omega = \frac{N!}{(N_1!)(N_2!)(N_3!)\cdots} \quad (7\text{-}23)$$

여기서 $N$은 전체 입자의 수이고 $N_1$은 state1에 들어있는 입자의 수, $N_2$는 state2에 들어있는 입자의 수, ... 등이다. 그럼 자유팽창 전과 후의 $\Omega$을 구해보자. 자유팽창 전에는 한쪽 플라스크에 기체 1몰, 즉 $N_A$만큼의 기체 입자가 있고 다른 한쪽은 진공이므로 0이다. 따라서 (7-23)은 (7-24)와 같이 쓸 수 있다. 한편 자유팽창 후에는 양쪽에 각각 $N_A/2$만큼의 입자가 존재하므로 (7-23)은 (7-25)와 같이 쓸 수 있다.

$$\Omega_1 = \frac{N_A!}{(N_A!)(0!)} = 1 \tag{7-24}$$

$$\Omega_2 = \frac{N_A!}{[(N_A/2)!]^2} \tag{7-25}$$

이제 엔트로피의 변화는 식 (7-26)과 같고, 여기에 X가 클 경우 성립하는 $\ln X! = X\ln X - X$(Stirling's formula)를 이용하여 정리하면 식 (7-27)과 같이 $R$ln2의 결과를 얻는다.

$$S_2 - S_1 = k\,ln\frac{\Omega_2}{\Omega_1} = k\,ln\frac{N_A!}{\left[\left(\frac{N_A}{2}\right)!\right]^2} = k\left[lnN_A! - 2ln\left(\frac{N_A}{2}\right)!\right] \tag{7-26}$$

$$\Delta S = k\left[N_A\,lnN_A - N_A - 2\left(\frac{N_A}{2}ln\frac{N_A}{2} - \frac{N_A}{2}\right)\right] = kN_A\,ln\frac{N_A}{\frac{N_A}{2}} = kN_A\,ln2 = Rln2 \tag{7-27}$$

이를 좀 더 원초적으로 이해해 볼까 한다. 계를 매우 단순화하여 한쪽 플라스크에 (1, 2, 3, 4)라는 4개의 기체 입자가 있다고 하자. 자유팽창 전에는 경우의 수가 1개밖에 없다. 반면 자유팽창이 종료된 후에는 양쪽 플라스크에 두 개씩 입자들이 존재하는데, 그 조합의 수는 (1, 2) – (3, 4), (1, 3) – (2, 4), (1, 4) – (2, 3), (2, 4) – (1, 4), (2, 4) – (1, 3), (3, 4) – (1, 2)의 6가지이다. 식 (7-23)에 의해 구해진 $\Omega$ = 4!/(2!×2!) = (4×3×2×1)/(2×1)/(2×1) = 6과 같다.

어쨌든 Boltzmann은 엔트로피가 증가한다는 것을 위와 같이 경우의 수가 증가하는 것으로 설명했다. 그리고 경우의 수가 증가하는 것을 disordered된다고 언급한 까닭에 엔트로피는 '무질서도'로 불린다. 수학적으로 보면 명확하지만 전통적으로 무질서라는 말이 좋은 의미로 여겨지지 않기 때문에 엔트로피가 증가한다는 것이 가치중립적인 자연법칙인

데도 불구하고 뭔가 좋지(또는 옳지) 않은 것처럼 여기는 우스운 경우도 있다. Boltzmann의 이러한 해석은 앞서 에너지 밀도의 측면에서 엔트로피를 설명한 내용과 맞닿아 있는데, 높은 에너지를 가진 입자가 여러 개의 입자에 에너지를 전달하는 것은 에너지를 가진 입자들의 조합의 수를 증가시키는 자연스러운 현상이라는 것이다.

이제 열역학의 대장격인 Gibbs 에너지로 넘어갈 준비가 된 것 같다. 지금까지는 그다지 어려운 수학은 없었고 오히려 개념적인 부분이 많았다. 이제부터는 Gibbs 에너지의 도입과 함께 컴퓨터 코딩에 적합한 형태의 수식들을 유도해 볼 것이고 상평형과 같은 Gibbs 에너지를 이용한 다양한 적용 예들을 탐구하게 된다. 교재 초반에 언급했듯이 우리가 경험하는 현상에 위배되지 않도록 열역학이란 학문이 공식화되다 보니까 어느 순간 닭이 먼저인지 달걀이 먼저인지 구분이 되지 않는, 즉 실험 결과에 맞도록 열역학이 수립된 건지 아니면 열역학에 맞도록 실험 결과가 도출되는 건지 구분이 되지 않을 것이다. 그게 열역학이라는 학문의 특징이다.

**여기서 잠깐**

〈그림 7-1〉의 자유팽창을 확장해 보자. 〈그림 7-1〉의 한쪽 플라스크에는 A라는 이상 기체를, 다른 쪽 플라스크에는 B라는 이상 기체를 넣어둔 상태에서 가운데 콕을 제거하면 엔트로피 변화는 어떻게 될까? $R\ln2$이다. 이 상황은 직관적으로 보면 한쪽에 A라는 이상 기체가 있고 다른 쪽은 진공인 상태에서 자유팽창하는 경우와 반대로 다른 쪽에 들어있던 B라는 이상 기체가 진공으로 자유팽창하는 경우를 합친 것에 불과하다. 엔트로피 변화는 크기 변수로는 $R\ln2 + R\ln2 = 2R\ln2$이지만, 양쪽에 각각 1몰씩 같은 양이 들어있었다면 총량이 2몰이므로 세기 변수로 바꾸면 $R\ln2$가 된다.

이 계는 양쪽에 압력이 동일하므로 자유팽창의 개념보다는 A와 B가 서로 다른 쪽으로 확산해서 고르게 혼합되는 과정이다. 즉, 확산 과정(또는 혼합 과정)은 엔트로피가 증가하는 과정으로 자연이 계획한 자발적인 과정인 것이다. 기체 분자들은 상호 작용을 할 정도로 분자들끼리 가깝지 않기 때문에 단순하게 엔트로피 증가에 의해 자연스럽게 완전 혼합된다고 얘기하면 된다. 그러나 두 액체가 혼합되는 경우는 엔트로피만으로는 설명하기가 쉽지 않을 수 있다. 예를 들어 서로 섞이지 않는 물과 기름이라 하더라도 자연 법칙은 엔트로피가 증가하는 방향이므로 두 물질이 서로 혼합되라고 명령한다. 그런데 액상이므로 분자들끼리 이미 거리가 매우 가까운 상태에서 서로 좋아하는 분자들끼리와 그렇지 않은 분자들끼리의 미시적인 potential energy에 의해서 서로 섞일 수도 있고 물과 기름처럼 서로 섞이지 않을 수도 있다. 이미 배웠듯이 미시적인 potential energy는 내부 에너지와 연관되어 있고 내부 에너지는 엔탈피에 포함되어 있으므로 엔트로피가 증가하려는 변화에 대해 엔탈피가 제동을 걸면 두 물질이 서로 분리될 수 있는 것이다. 결국 이와 같은 현상을 설명하기 위해서는 엔탈피와 엔트로피가 결합된 새로운 개념이 도입되어야 하고 그것이 바로 Gibbs 에너지이다. 참고로 물과 기름처럼 서로 섞이지 않는 경우에도 혼합 엔트로피 변화(entropy change of mixing)는 (+)의 부호를 갖는다. 이와 관련해서는 나중에 혼합물을 다루면서 설명할 것이다.

## 요약

- 자연계의 변화는 에너지(내부 에너지 또는 엔탈피)와는 상관없다. 자유팽창이 그 예다.
- 실제 기체의 자유팽창에서는 Joule-Thomson 효과가 나타난다.
- 자연계에서 일어나는 변화를 설명하기 위해 '우주 전체의 엔트로피는 항상 증가한다'라는 열역학 제2 법칙이 제시되었다.
- 가역 변화에서 $dS=\frac{dQ}{T}$로 정의된다. $\frac{dQ}{T}$는 등온 팽창 → 단열 팽창 → 등온 압축 → 단열 압축으로 구성되는 Carnot cycle에서 원래의 상태로 돌아오면서 변화하지 않는 새로운 상태 함수로 발견되어 엔트로피로 명명되었다.
- Carnot cycle에서 달성할 수 있는 최대효율인 Carnot 효율은 아래와 같이 정의된다.

$$\eta = 1 - \frac{T_C}{T_H}$$

- You cannot win! 열역학 제1 법칙에 따르면 계에 유입된 열보다 많은 일을 얻을 수는 없다.
- You cannot even break! 열역학 제2 법칙에 따르면 유입된 열로 Carnot 효율 이상의 일을 얻을 수 없다. 즉, 항상 손해를 보는 밑지는 장사다.
- 현열과 잠열에 대해서 엔트로피 변화는 각각 아래와 같은 관계식을 갖는다. 현열에 대한 식에서 알 수 있듯이 엔트로피는 내부 에너지나 엔탈피와 달리 압력에 대한 명백한(explicit) 함수이다.

$$dS = \frac{C_P}{T}dT - RdlnP(\text{현열}),\ \Delta S_{\alpha\beta} = \frac{\Delta H_{\alpha\beta}}{T_{\alpha\beta}}(\text{잠열})$$

- 한편 열역학 제3 법칙인 '모든 물질의 엔트로피는 0 K에서 0으로 동일하다'에 의해 이를 reference로 압력이 일정할 때 모든 물질의 엔트로피를 아래와 같이 절댓값으로 부여할 수 있다.

$$S = 0 + \int_0^{T_f} \frac{(C_P)_S}{T}dT + \frac{\Delta H_f}{T_f} + \int_{T_f}^{T_b} \frac{(C_P)_L}{T}dT + \frac{\Delta H_v}{T_b} + \int_{T_b}^{T} \frac{(C_P)_G}{T}dT$$

- Boltzmann의 미시적인 해석에 따르면 엔트로피 증가는 입자들이 어떤 state에 존재할 수 있는 경우의 수가 증가하는 것이다. 이렇게 경우의 수가 증가하는 것을 disordered, 즉 무질서해진다고 표현한 까닭에 엔트로피를 '무질서도'로 부르게 되었다.
- 두 개의 부피가 같은 플라스크에서 이상 기체에 의해 이루어진 자유팽창에 대해 현열에 대한 엔트로피의 식과 Boltzmann의 미시적 해석이 동일하게 $R\ln 2$라는 값을 도출하였다.
- 엔트로피 개념을 에너지 밀도, 유용한 에너지, energy dissipation 등 다양한 관점에서 설명하였다. 스스로 자신만의 정의를 개발해 보기 바란다.

### 중요 개념 키워드

- 자유팽창
- Joule-Thomson 효과
- 열역학 제2 법칙, 엔트로피
- Carnot cycle, Carnot 효율, 가역 변화
- 열역학 제3 법칙
- Boltzmann의 경우의 수, 무질서도
- 에너지 밀도, energy dissipation

## 응용문제

**01** 어떤 발명가가 각각 온도가 540 K와 300 K인 heat reservoir 사이에서 작동하는 cyclic 엔진을 발명했다고 주장한다. 그리고 이 엔진으로 1000 J의 열이 투입되어 450 J의 일을 얻을 수 있다고 한다. 이 주장이 맞는지 확인하시오.

**02** 〈그림 7-3〉에서 이번에는 엔진이 외부로 일을 해 주는 것이 아니라 외부에서 엔진을 통해 계에 일을 해주는 경우를 생각해 보자. 간단하게 냉장고라고 생각하면 쉽다. 나중에 refrigeration cycle에 대해서 자세하게 다루겠지만 여기서는 단순화한다. 이 엔진은 100 W의 일을 투입하여 cold sink에서 350 W의 열을 빼앗아 냉장고 외부로 배출한다. 냉장고 외부의 온도를 상온(298 K)이라 했을 때, 냉장고 내의 온도는 얼마인가?

**03** 2번 문제의 변형이다. 더운 여름날(306 K)에도 냉장고 내 온도는 238 K로 잘 유지되고 있다. 이때 냉장고에서 제거되는 열이 1,230 J/s라고 할 때, 냉장고에 공급되어야 하는 최소 일은?

**04** 다음 그림은 대기압에서 물이 액체에서 기체로 상전이 될 때의 엔트로피 변화를 나타낸 그래프이다. 이 실험 결과가 제대로 얻어진 결과인지 판단하시오. 그래프에서 표시된 $\Delta S$ 값이 109 J/mol·K일 때, 물의 증발열(heat of vaporization, J/mol)은 얼마인가?

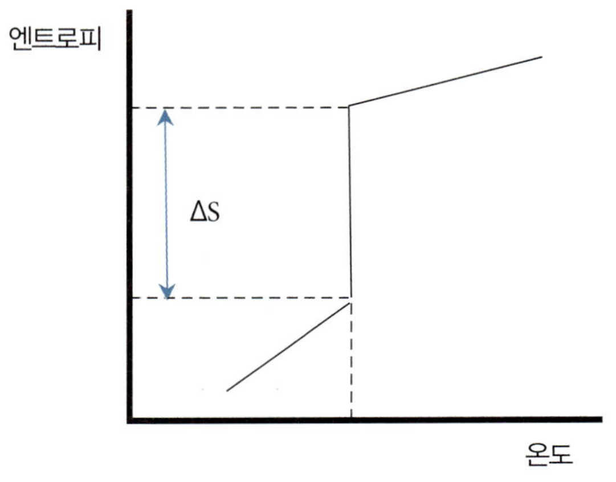


**05** 간단한 혼합(mixing)에 관한 문제이다. 363 K의 뜨거운 물 2 kg과 283 K인 차가운 물 3 kg을 단열 조건에서 혼합한다. 물의 $C_P$ = 4,184 J/mol·K일 때 엔트로피 변화를 계산하시오.

**06** 1000 K의 열원에서 500 K의 주위로 1000 J/mol·s의 열이 이동하고 있다. 다음 질문에 답하시오.

1) 이 계는 평형(equilibrium)인가, 정상 상태(steady state)인가?
2) 이 계의 엔트로피 변화(J/mol·K·s)는?
3) 이 계는 열역학 제2 법칙을 만족하는가? 이 변화는 가역 변화인가?
4) 이 계에서 일어나는 엔트로디 변화를 Boltzmann의 미시적인 해석으로 설명하시오.

**07** 대기압하에 있던 300 K 온도인 이원자 분자 이상 기체 1몰과 200 K 온도인 단원자 분자 이상 기체 1몰을 혼합하였다. 혼합물의 온도는 얼마인가? 이 과정에서 발생하는 엔트로피 변화는? 단 $R$ = 8.314 J/mcl·K이다.

**08** Piston–cylinder apparatus에 400 K의 이상 기체가 채워져 있고 100 kPa에서 1000 kPa로 등온 압축된다고 한다. 다음 각 경우에서 전체의 엔트로피 변화를 계산하시오.

a) 외부는 heat reservoir로 400 K의 온도로 유지되며 위 공정이 매우 천천히 일어나서 매순간 기계적 평형이 이루어진다.

b) 외부의 온도가 300 K이고 나머지는 (a)와 동일하다.

**09** 2 kg의 구리 덩어리를 200 °C의 화로(furnace)에서 꺼내서 상온의 대기에서 식히기 시작했다. 이 과정의 엔트로피 변화를 계산하시오. 구리의 $C_P$ = 0.38 kJ/kg·K이다.

**10** 이상 기체가 340 K, 500 kPa에서 단열 팽창하여 부피가 2배가 된다고 한다. 최종 상태의 온도, 외부에 해 준 일, 이 과정에서의 엔트로피 변화를 a) 가역 팽창일 때와 b) 자유팽창일 때에 대하여 계산하시오. 단, $C_v$ = 25.12이고 $C_p$ = 33.44 J/mol·K이다.

**11** 이상 기체가 piston–cylinder apparatus에서 초기 200 kPa에서 최종 100 kPa로 등온 팽창한다. 이 장치의 외부는 100 kPa의 대기압으로 일정하게 유지되고 온도도 heat reservoir로서 300 K로 일정하다. 한편 팽창 과정에 피스톤에 마찰력이 작용해서 피스톤이 가속되지 않고 매우 천천히 움직이게 한다. 피스톤에 작용하는 마찰력은 매 순간 양쪽의 힘의 균형이 유지되도록 작동한다고 한다. 그리고 피스톤과 실린더는 좋은 전도체이다. 이 과정에서의 전체 엔트로피 변화를 계산하시오.

**12** 자연의 변화가 향하는 곳을 엔트로피의 정의로부터 알아보고자 한다. 실린더의 양쪽 끝이 모두 막혀 있고, 중간에 마찰이 없이(frictionless) 움직일 수 있는 피스톤이 실린더를 정확하게 반으로 나누고 있는 변형된 piston–cylinder apparatus가 있다. 실린더는 완벽한 단열재로 실린더 내부를 외부와 완전히 격리시킨다. 한편 피스톤은 좋은 전도체로 양쪽 격실(compartment)의 열교환이 가능하다. 평형에서 $P_1$과 $P_2$, 그리고 $T_1$과 $T_2$의 관계를 쓰시오. 가역 변화에서는 $dS_{total} = 0$이라는 정의로부터 열역학 제1, 제2 법칙을 사용하여 수식을 유도해 보면 관계를 구할 수 있다. 여기서 아래 첨자 1과 2는 양쪽 격실을 각각 나타낸다.

**13** 식 (7–19)를 보면 엔트로피가 $T$와 $P$의 함수로 주어져 있다. 이상 기체 방정식은 $f(P, V, T) = 0$의 형태로 3가지 변수 중에 2가지를 알면 나머지 하나는 주어진다. 다시 말해 $P$, $V$, $T$ 중에 2가지 변수만이 독립적(independent)이다. 그렇다면 엔트로피를 $T$와 $P$의 함수뿐 아니라 $T$와 $V$의 함수 또는 $P$와 $V$의 함수로도 나타낼 수 있다. 이를 유도해 보시오.

**14** 매우 순수한 물은 대기압에서 0 ℃보다 훨씬 낮은 온도에서도 안정할 수 있다. 이를 'metastable' 상태라고 한다. 예를 들어 −5 ℃까지 냉각된 metastable 상태의 물이 있다고 하자. 여기에 무게를 무시할 수 있는 매우 작은 얼음 씨앗(seed)을 넣어 주면 얼음 씨앗을 중심으로 얼음이 얼기 시작한다. 즉, 'metastable' 상태의 물이 'stable' 상태의 물과 얼음으로 바뀌는 것이다. 이 현상이 단열 조건, 대기압하에서 일어난다고 할 때 a) 얼만큼의 물이 얼음으로 전환되겠는가? b) 이 계의 엔트로피 변화는? 단, 0 ℃의 물의 융해열(heat of fusion)은 333.4 kJ/kg이고 0 ℃에서 −5 ℃ 사이의 액체 물의 $C_P$는 4.22 kJ/kg·K이다.

# 8장

# 끝판왕 Gibbs 에너지

1. Gibbs 에너지의 개요와 효용
2. Gibbs 에너지와 열역학 제2 법칙
3. Haber-Bosch 반응에서 Gibbs 에너지 변화
4. 화학적 평형과 상규칙

## 1 Gibbs 에너지의 개요와 효용

약간은 허무할지 모르지만, 지금까지 배운 내용들은 모두 Gibbs 에너지로 통합된다. 이전의 현실과 연관되었던 응용문제들의 경우를 제외하고, 상평형과 같은 대부분의 중요한 열역학의 적용 예들은 모두 Gibbs 에너지를 이용하여 설명된다. 아인슈타인도 Gibbs의 논문을 읽으면서 경의를 표했다고 한다. 이 장부터는 그의 이름을 딴 Gibbs 에너지에 대해 알아보자. 앞서도 언급했지만, 물리적으로 중요한 의미를 갖는 내부 에너지에 대해 활용하기 편한 엔탈피가 도입되었던 것처럼 물리적으로 또 다른 중요한 의미를 갖는 엔트로피에 대해 활용하기 편한 Gibbs 에너지가 도입되었다고 봐도 좋을 것이다. 그래서 Gibbs 에너지가 왜 사용하기 편리한가에 대해 먼저 얘기해 본다. 이전 응용문제에서도 다룬 적이 있지만 열역학 제1 법칙과 엔트로피의 정의(또는 열역학 제2 법칙)인 $dS = dQ/T$를 결합하여 식 (8-1)과 같이 다시 쓸 수 있다. 한편 식 (4-5)의 엔탈피 정의에 마찬가지로 $dS = dQ/T$를 결합하면 식 (8-2)가 된다.

$$dU = dQ - PdV = TdS - PdV \tag{8-1}$$

$$dH = dQ + VdP = TdS + VdP \tag{8-2}$$

다음으로 $A = U - TS$, $G = H - TS$라고 정의하자. 여기서 $A$는 Helmholtz 에너지이고 $G$는 Gibbs 에너지이다. 왜 이렇게 정의되는지는 이후에 얘기하기로 하고, 화학공학 열역학에서는 Helmholtz 에너지는 거의 사용되지 않는 개념이지만 이론의 전체적인 정합성을 위해서 언급한다. 다시 말해 Helmholtz 에너지는 몰라도 된다. 식 (8-1), (8-2)에서 얻어진 $dU$와 $dH$를 이용하여 $dA$와 $dG$를 정리할 수 있는데, 각각 식 (8-3), (8-4)와 같다. 식 (8-1)~(8-4)는 나중에 다룰 Maxwell 관계의 출발점이므로 잘 기억하기 바란다.

$$dA = dU - d(TS) = TdS - PdV - TdS - SdT = -PdV - SdT \tag{8-3}$$

$$dG = dH - d(TS) = TdS + VdP - TdS - SdT = VdP - SdT \tag{8-4}$$

식 (8-1)~(8-4)에서 첫눈에 들어오는 것은 무엇인가? 각 열역학 성질들이 명백(explicit)하게 어떤 변수들에 대한 함수인지일 것이다. 함수 표현으로 정리하면 각 성질들은 $U(S,$

$V$), $H(S, P)$, $A(V, T)$, $G(P, T)$와 같다. 즉 Gibbs 에너지는 $P$와 $T$의 함수로, 실제 공정의 일반적인 제어 변수가 온도와 압력인 것을 감안하면 충분히 유용할 것으로 생각된다. 물론 이전 장의 응용문제에서 $T$와 $P$의 함수였던 엔트로피를 $T$와 $V$의 함수로, 또는 $P$와 $V$의 함수로 변환했듯이 모든 열역학 성질들은 원하는 변수들의 함수로 변환할 수 있다. 이는 나중에 Maxwell 관계를 다루면서 설명한다. 여기서 말하는 것은 명백한가이다.

$G/RT$로 표시되는 실험데이터를 가지고 있다고 생각해 보자. Gibbs 에너지도 에너지이므로 $G/RT$의 형태는 에너지를 온도로 나눈 매우 익숙한 형태이다. 다시 말해 Arrhenius 식에서도 Boltzmann 분포에서도 본 형태이다. 그냥 단순하게 $G$라고 쓰지 않고 $G/RT$의 형태를 사용하는 것이 얼마나 유용한지는 아래 식들을 통해 알 수 있다. 식 (8-5)는 $G/RT$를 미분한 식으로 $(UV)' = UV' + U'V$의 형태일 뿐이다. 여기에 식 (8-4)를 대입하면 식 (8-6)이 되고, $G = H - TS$라고 했으므로 식 (8-7)이 유도된다.

$$d\left(\frac{G}{RT}\right)= \frac{1}{RT}dG- \frac{G}{RT^2}dT \tag{8-5}$$

$$d\left(\frac{G}{RT}\right)= \frac{1}{RT}(VdP- SdT)- \frac{G}{RT^2}dT= \frac{V}{RT}dP- \frac{(G+ TS)}{RT^2}dT \tag{8-6}$$

$$d\left(\frac{G}{RT}\right)= \frac{V}{RT}dP- \frac{H}{RT^2}dT \tag{8-7}$$

편미분의 정의에 의해서 식 (8-8)이 성립하고, 열역학 성질들의 정의를 활용하면 식 (8-9)를 얻는다. 참고로 편미분에 대해서는 바로 뒤에 간단하게 다루겠지만 Maxwell 관계에서도 편미분에 대한 이해가 필수적이므로 각자의 노력을 추가하기 바란다.

$$\frac{V}{RT}=\left[\frac{\partial\left(\frac{G}{RT}\right)}{\partial P}\right]_T \text{ 그리고 } \frac{H}{RT}=- T\left[\frac{\partial\left(\frac{G}{RT}\right)}{\partial T}\right]_P \tag{8-8}$$

$$\frac{S}{R}= \frac{H}{RT}- \frac{G}{RT} \text{ 그리고 } \frac{U}{RT}= \frac{H}{RT}- \frac{PV}{RT} \tag{8-9}$$

식 (8-8)은 $G/RT$가 온도와 압력의 함수로 표현되어 있을 때, 온도를 고정하고 $G/RT$를 압력에 대해 미분하면 $V$를, 압력을 고정하고 $G/RT$를 온도에 대해 미분하면 엔탈피를 구할 수 있다는 것을 보여준다. $G$가 온도와 압력의 함수이므로 $G/RT$도 당연히 온도와 압력의 함수이다. 이어서 식 (8-9)처럼 이미 알고 있는 $G/RT$와 식 (8-8)로부터 구한 $V$, $H$로부터 내부 에너지와 엔트로피도 계산할 수 있다. 정리하면 실험 결과를 *G/RT*(또는 *G*)의 형태로 정리해 놓을 수 있다면 다른 열역학 성질들도 그로부터 추출해낼 수 있다는 것이다. 이를 컴퓨터 코딩의 입장에서 보면 각 열역학 성질마다 데이터베이스를 만들 필요 없이 Gibbs 에너지 데이터베이스만 구축하고 다른 성질들은 필요할 때 추출하면 되므로 매우 효율적이다. 실제 Gibbs 에너지가 어떤 식으로 데이터베이스화되는지를 식 (8-10)~(8-13)에 보여주고 있다. 편의를 위해서 압력이 일정하다고 가정하였다.

$$C_P = a + bT + cT^2 + dT^{-2} \tag{8-10}$$

$$H = e + aT + \left(\frac{b}{2}\right)T^2 + \left(\frac{c}{3}\right)T^3 - d/T \qquad H = \int C_P dT \tag{8-11}$$

$$S = f + a\ln T + bT + \left(\frac{c}{2}\right)T^2 - \left(\frac{d}{2}\right)T^{-2} \qquad S = \int \frac{C_P}{T} dT \tag{8-12}$$

$$G = H - TS = \int C_P dT - T\int \frac{C_P}{T} dT$$

$$G = e + (a-f)T - aT\ln T - \left(\frac{b}{2}\right)T^2 - \left(\frac{1}{6}\right)T^3 - \left(\frac{d}{2}\right)\left(\frac{1}{T}\right) \tag{8-13}$$

다음은 CALPHAD 그룹의 *ThermoCalc.*라는 열역학 소프트웨어에 들어있는 어떤 물질의 온도에 대한 Gibbs 에너지 함수를 편집 없이 그대로 붙여넣기 해 보았다. 보면 식 (8-13)과 같이 *T*, *T*ln*T*, $T^2$, $T^3$, 1/*T* 항들을 확인할 수 있다. 또한 함수가 온도 구간에 따라 달라진다는 것도 알 수 있는데, 굵은 글씨로 표시된 바와 같이 온도 구간은 298~900 K, 900~3300 K, 3300~6000 K으로 나누어져 있다. 여기에 압력 항을 넣는다면 식 (8-12)에 −*Rd*ln*P*가 고려되는 것이므로 −*R*ln(*P*/*P*°)만 삽입될 뿐이다. 여기서 *P*°는 reference인 대기압이다.

FUNCTION F9909T **2.98150E+02**+207795.424−51.0754434*T−22.57272*T*LN(T)
−.010820365*T**2+1.44646017E−06*T**3−58835*T**(−1); **9.00000E+02** Y
+200391.792+35.2485395*T−35.33274*T*LN(T)−9.770055E−04*T**2
+1.39379133E−08*T**3+753018*T**(−1); **3.30000E+03** Y
+136294.995+193.262216*T−53.4818*T*LN(T)+4.739497E−04*T**2
+4.27761333E−08*T**3+37182575*T**(−1); **6.00000E+03** N !

아직 Gibbs 에너지가 무엇인지는 모르지만 개념의 도입 자체가 컴퓨터 코딩에 적합하게 설계된 듯한 느낌을 받을 것이다. 한편 열역학 제3 법칙에서 모든 물질의 엔트로피는 절대 0도를 reference한다고 했다. 하지만 *ThermoCalc.*와 같은 열역학 소프트웨어에서는 그들만의 reference를 사용한다. 예를 들어 표준 생성 엔탈피를 정의할 때 0의 값으로 정의되었던 $O_2(g)$, 흑연, BCC 구조의 철 등과 같은 물질들의 표준 생성 Gibbs 에너지(standard Gibbs energy of formation)도 마찬가지로 0으로 한다. 만약 절대 0도의 $S = 0$으로부터 엔트로피가 정의되었다면 앞의 물질들의 표준 생성 Gibbs 에너지가 0이 될 수는 없었을 것이다. 하지만 이제는 우리가 받아들일 수 있듯이 소프트웨어 내에서 일관성만 담보된다면 reference는 전혀 문제가 되지 않는다.

**여기서 잠깐**

증기(스팀)를 이용한 기차나 발전소, 터빈(turbine) 등에 사용되는 물은 열역학에서 가장 많이 다루어지는 물질 중 하나일 것이다. 따라서 스팀 테이블(steam table)이라 불리는, 온도와 압력에 따라 액체상의 물과 수증기의 $U$, $H$, $S$, $G$값들을 정리한 데이터베이스가 있다. 열역학 교재들의 부록에 수록되어 있거나 최근에는 스마트폰의 무료 앱으로도 쉽게 만나볼 수 있다. 한편 스팀 테이블의 값들도 변화량(Δ)을 측정한 실험을 통해서 얻어졌으므로 주어진 값들에 대한 reference가 있을 것이다. 스팀 테이블의 reference는 물의 삼중점(triple point)이고, 온도와 압력 조건은 각각 273.16 K, 0.006 기압이다. 스마트폰에 앱을 다운로드하여 삼중점의 조건을 넣은 후 어떤 값들이 제시되는지 직접 시도해 보기 바란다.

어쨌든 스팀 테이블에 제시된 값들과 *ThermoCalc.* 데이터베이스의 $G$ 함수로부터 계산되는 값들은 reference가 다르므로 절댓값에서 서로 다를 수밖에 없다. 반드시 주의해야 하는 부분이다. 다만 변화량(Δ)은 동일할 것이다. 예를 들면 주어진 온도와 그 온도의 증기압에서 평형인 액체 물의 Gibbs energy와 수증기의 Gibbs energy 차이는 steam table이나 *ThermoCalc.* 소프트웨어나 동일하다.

**여기서 잠깐**

앞으로 나오는 내용에는 편미분(partial derivative)이 많이 등장하기 때문에 그 방법을 간단히라도 알아 두는 것이 필요하다. 어떤 점에서의 기울기를 알고 있다면 아래의 직선 방정식을 쓸 수 있다.

$$(y-y_0)=\frac{dy}{dx}(x-x_0)$$

그럼 $z(x, y)$에 대해, 즉 2개의 변수를 가지고 있을 때, 이 함수가 $x$와 $y$에 따라 어떻게 변할지를 수학적으로 표현해 보자. 장기판(또는 체스판)을 생각해 보면 좋다. 졸(卒)은 대각선으로 움직일 수가 없다. 대각선으로 가려면 가로로 한번 세로로 한번 움직여야 한다. 마찬가지로 함수 $z(x, y)$의 움직임을 표현하기 위해서 $x$로의 움직임과 $y$로의 움직임을 분리해서 보자. $x$로의 움직임을 고려하려면 $y$는 고정시켜 놓고 보아야 할 것이고 $y$로의 움직임을 고려하려면 $x$를 고정시켜 놓고 보아야 한다. 물론 이렇게 $x$, $y$로 분리해서 고려한다고 해도 장기판에서는 여전히 대각선으로의 움직임을 표현할 수는 없다. 다시 말해 대각선이 여전히 $x$로 한 칸 움직이고 다시 $y$로 한 칸 움직이는 것보다 거리가 짧다. 그렇다면 장기단의 눈금 간격이 매우 작아져 infinitesimal해진다면? 이제는 $x$, $y$로 분리하여 이를 합한 움직임이나 대각선으로의 움직임이 같다.

바로 편미분을 활용한 열역학 예제로 들어가 보자. 예전 실험과학자들이 가장 관심이 있던 실험이 무엇일까? 어떤 물질의 $P$, $V$, $T$ 사이의 관계, 또는 $f(P, V, T) = 0$일 것이다. 온도를 올리면 얼마나 부피가 늘어날까? 압력을 높이면 얼마나 부피가 줄어들까? 그리고 그 측정결과 또한 해당 물질의 고유한 성질(또는 값)이 될 것이다. 한편 이상 기체 방정식과 같이 두 개의 독립 변수에 대해 나머지는 종속 변수이므로 $V(P, T)$를 앞서 배운 편미분을 이용하여 표현하면 식 (8-14)가 된다.

$$dV=\left(\frac{\partial V}{\partial T}\right)_p dT+\left(\frac{\partial V}{\partial P}\right)_T dP \tag{8-14}$$

$dT$ 앞의 항(term)은 압력을 고정시킨 상태에서 온도를 변화시키면서 부피를 측정한 값이고, $dP$ 앞의 항은 온도를 고정시킨 상태에서 압력을 변화시키면서 부피를 측정한 값이다. 이 값들을 각각 volume expansivity, isothermal compressibility라고 정의하며 식 (8-15), (8-16)과 같다. 그리고 이 정의를 식 (8-14)에 대입하면 식 (8-17)과 같이 단순화할 수 있다. 식 (8-16)에 (−) 부호가 붙은 이유는 압력을 가하면 부피는 줄어들기 때문에 isothermal compressibility의 값 자체를 (+) 부호를 가지도록 만들기 위해서이다. 과학에서는 (−) 부호를 지양하는 경향이 있다. 식 (8-15)와 (8-16)에 사용된 '≡'는 무언가를 정의할 때 사용하는 기호이다.

$$\beta \equiv \frac{1}{V}\left(\frac{\partial V}{\partial T}\right)_p \tag{8-15}$$

$$\kappa \equiv -\frac{1}{V}\left(\frac{\partial V}{\partial P}\right)_T \tag{8-16}$$

$$\frac{dV}{V}=\beta dT- \kappa dP \tag{8-17}$$

여기서 $\beta$와 $\kappa$는 물질마다 다른 값을 가지는 물질의 고유 성질로 실험으로 구해지는 값이다. 나중에 Maxwell 관계에 다시 등장하니 꼭 기억해 두기 바란다. 한편 이상 기체의 경우는 $\beta = 1/T$, $\kappa = 1/P$인데, 이상 기체 방정식을 대입해서 직접 구해보자. 액체나 고체는 압력이나 온도에 대해 부피 변화가 크지 않은 condensed phase이므로 매우 작은 $\beta$와 $\kappa$값을 가질 것이다. 참고로 교재에 따라서는 $\beta$ 대신에 $\alpha$라고 쓰기도 한다.

## 2 Gibbs 에너지와 열역학 제2 법칙

이제 Gibbs 에너지가 무엇인지에 대해 알아보자. 앞서 엔트로피를 활용하기 좋은 버전으로 만든 것이 Gibbs 에너지라고 얘기했으므로 거기서 시작한다. 식 (8-18)은 Clausus 부등식이다. 이미 가역 변화인 경우 $dS = \frac{dQ}{T}$라는 것은 알고 있고 비가역 변화인 경우 $dS > \frac{dQ}{T}$임을 이전 응용문제들을 통해 확인했다. 가역 변화의 $dS = \frac{dQ}{T}$에서 단열이면 $dQ = 0$이므로 $dS = 0$이 되고 이를 등엔트로피(isentropic) 공정이라 부른다. 등엔트로피 공정은 나중에 터빈(turbine)이나 압축기(compressor)를 다룰 때 등장하므로 기억해 두면 좋다. 온도와 압력이 일정하다는 조건을 적용하면, $dQ = dH$이므로 식 (8-18)은 식 (8-19)와 같다.

$$dS \geq \frac{dQ}{T} \tag{8-18}$$

$$TdS - dQ \geq 0,\ \ TdS - dH \geq 0,\ \ d(H - TS) \leq 0$$

$$dG \leq 0 \tag{8-19}$$

식 (8-19)는 자발적(spontaneous) 변화의 기준을 의미하는데, 열역학 제2 법칙에서 우주의 엔트로피는 증가하는 방향으로 자연의 변화가 일어난다는 얘기와 동일하다. 즉, 계 전체의 Gibbs 에너지가 작아지는 쪽으로 변화가 진행되다가 Gibbs 에너지의 변화가 없어지면, 즉 평형이 이루어지면 변화가 멈춘다는 의미이다. 수학적으로 보면 아래로 볼록한 포물선의 극소점을 향한다고 보면 된다. 그릇 속의 쇠구슬을 연상해도 좋다. 예를 들어 반응기라면 반응물이 정반응으로 생성물을 만들면서 전체 계의 Gibbs 에너지는 작아지다가 쇠구슬이 그릇의 맨 밑바닥을 지나쳐 간 다음에는 반대 반향으로 다시 내려오듯이 극소점을 지나면 이번에는 생성물이 다시 반응물로 돌아오는 역반응이 발생할 것이다. 이렇게 정반응과 역반응이 같아지는 지점이 극소점이고 그릇의 맨 아래가 된다. 이를 반응 평형(reaction equilibria)이라고 부르며 추후에 다룬다. 반응 평형은 미시적으로 보면 정반응도 일어나고 역반응도 일어나지만 정반응의 속도와 역반응의 속도가 같아지는 동적 평형(dynamic equilibrium)이다. 물론 거시적으로는 아무런 변화가 없다. 어쨌든 수학적으로 극소점을 찾아가는 알고리즘은 Newton-Raphson 방법으로 함수의 해를 구하는 것과

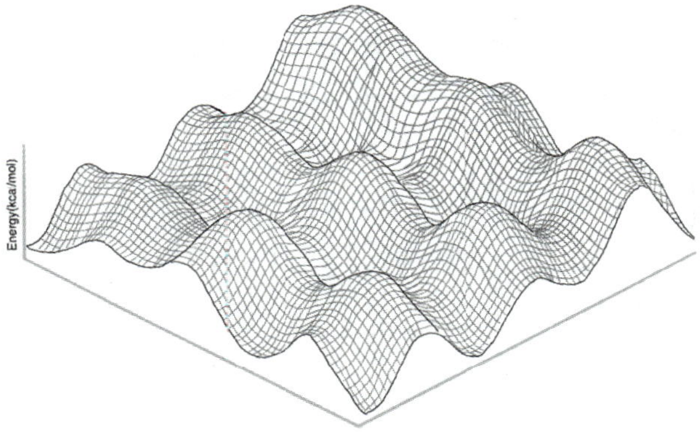

그림 8-1 다차원 자유도 공간의 Gibbs 에너지

동일하며 컴퓨터에게는 그렇게 어려운 계산이 아니다. *ThermoCalc.*와 같은 열역학 소프트웨어가 반응 평형 관련 계산을 한다면 이런 그리 어렵지 않은 계산이 수행되는 것이다. 물론 <그림 8-1>과 같이 다차원의 공간의 energy 표면에 여러 개의 극소점(local minima)이 존재하는 계산이므로 손으로 할 수는 없지만 언급했듯이 이 또한 컴퓨터에게는 쉬운 일이다. 그래서 열역학 소프트웨어의 심장은 계산 알고리즘이 아니라 $C_P$, 잠열 등의 실험 결과를 Gibbs 에너지로 통합시킨 데이터베이스이고 이 데이터베이스의 정확성에 의해 소프트웨어의 가치가 결정된다.

여기서 약간의 잡담을 곁들여 Gibbs 에너지의 물리적 의미에 대해 다른 측면에서 생각해 보자. $\Delta G = \Delta H - T\Delta S$에서 자발적인 변화는 $\Delta G$가 작아지는 방향으로 진행될 것이다. 그러기 위해서는 $\Delta H$는 작고, 앞에 (-) 부호가 있으므로 $\Delta S$는 커져야 한다. 그런데 일반적인 우리의 인식은 에너지가 작아지면 뭔가 안정화되는 것이라 생각하고, 안정화되면 무질서도도 작아진다고 느낀다. 반대로 에너지가 높아지면 뭔가 불안정하고 무질서도도 높아진다고 생각한다. 다시 말해 $\Delta G$를 작게 만들기 위해서는 $\Delta H$와 $\Delta S$ 사이에 일종의 최적화가 이루어져야 할 것 같다. 이런 관점에서 Gibbs 에너지야말로 공학에 딱 어울리는 개념이다. 사서삼경의 '중용'이 이런 의미가 아닐까? 중용이 뭔가의 중간이 아니라 에너지가 적당히 낮으면서도 엔트로피도 적당히 높은, 그래서 Gibbs 에너지가 최소가 되는 그런 상태를 얘기하는 것이 아닌가 싶다. 인간 사회도 너무 방종하여 엔트로피가 너무 높아져도 좋지 않고 너무 통제되어 에너지가 너무 낮아져도 좋지 않다고 얘기한다면 Gibbs 에너지를 얘기하는 것은 아닐까?

한편 $\Delta G = \Delta H - T\Delta S$의 $\Delta S$ 앞에 온도가 붙어 있는 것에 주목하라. 예를 들어 $\Delta H$가 양수

라고 할 때, 온도가 올라가면 $T\Delta S$ 항이 커져서 $\Delta G$가 (−) 부호를 가질 수 있다. 이전 장에서 언급했던 물과 기름의 경우 분자들 사이의 미시적인 potential energy로 인해, 즉 물 분자들과 기름 분자들이 끼리끼리 친해서, 열역학 제2 법칙이 서로 섞이라(다시 말해 엔트로피 증가)는 명령을 해도 잘 작동이 되지 않았었다. 하지만 온도가 상승하면 언제나 (+) 부호를 가진 $T\Delta S$ 항이 커지고 $\Delta G$는 (−) 부호를 가지게 되어 물과 기름도 섞일 수 있다. 부모님이 설거지할 때 뜨거운 물을 사용하는 이유가 온도를 높여 기름이 물에 녹아서 잘 씻겨나가도록 하는 이유라면 이해하기가 쉬울 것이다. 이에 대해서는 나중에 다성분(multi-component)계의 액액 평형(liquid-liquid equilibrium, LLE)에서 다룬다.

## 3 Haber-Bosch 반응에서 Gibbs 에너지 변화

아마 Gibbs 에너지가 왜 도입되었는지에 대해서 아직도 완전히 이해되지 않았을 것이다. 이에 실제 예를 가지고 다시 한번 설명한다. Haber-Bosch법이라 잘 알려져 있는 암모니아 생성 반응이 $N_2(g) + 3H_2(g) \leftrightarrow 2NH_3(g)$의 반응식으로 1기압, 298 K에서 일어난다고 하자. 문헌을 통해 찾은 각 물질의 표준 생성 엔트로피 값으로부터 이 반응의 표준 반응 엔트로피가 $\Delta S = -198$ J/K(2 몰의 $NH_3(g)$ 생성 기준)로 계산되었다. (−) 부호를 가지므로 엔트로피가 감소하였다. 사실 반응식에서 분자의 개수가 줄어드는 것(반응물 4몰 → 생성물 2몰)을 확인할 수 있으므로 엔트로피가 감소하는 반응임을 충분히 유추할 수 있다. 그렇다면 이 반응은 자발적이지 않은 반응일까? 주의할 것은 이 계산 값은 계의 엔트로피 변화일 뿐이라는 것이다. 외부의 엔트로피 변화는 해당 반응의 반응열을 받아서 발생하게 될 것이고 그 값은 $\Delta S_{surr} = \Delta Q_{surr}/T = -\Delta Q_{system}/T = -\Delta H^\circ_{rxn,298}/T$이다. 마찬가지로 문헌에서 찾은 각 물질의 표준 생성 엔탈피로부터 위 반응의 표준 반응 엔탈피를 계산할 수 있고 그 값은 −91.8 kJ(2몰의 $NH_3(g)$ 생성 기준)이었다. 발열 반응으로 그만큼의 열이 외부로 배출될 것이므로 외부의 엔트로피 변화는 91,800 J/298K = 308 J/K으로 계산되고 앞서 계산된 계의 엔트로피 감소와 합하면 $\Delta S_{total} = 110\ \text{J/K} > 0$이 되어 열역학 제2 법칙이 위배되지는 않는 자발적인 반응이라 판단할 수 있다. 이 과정을 식으로 써 보면 식 (8-20)과 (8-21)이 된다. 엔트로피에 대해 Gibbs 에너지가 편리한 이유를 찾았는가? 식 (8-20)에서 전체 엔트로피 변화를 구하기 위해서는 계의 엔트로피 변화뿐 아니라 외부의 엔트로피 변화도 고려해야 했다. 이전 장의 응용문제에서 전체 엔트로피를 계산할 때 계와 외부의 엔트로피를 따로 구해서 합했던 과정을 기억할 것이다. 반면 식 (8-21)과 같이 Gibbs 에너지를 사용하면 외부를 고려할 필요가 없이 계만 고려하면 된다는 엄청난 편리함이 생긴다.

$$\Delta S_{total} = \Delta S_{system} + \Delta S_{surr} = \Delta S_{system} - \frac{\Delta H_{system}}{T} \tag{8-20}$$

$$T\Delta S_{total} = T\Delta S_{system} - \Delta H_{system} = -\Delta G_{system} \tag{8-21}$$

다음의 4가지 경우를 생각해 보면 Gibbs 에너지에 대해 좀 더 명확한 개념을 가지게 될 것이다. Haber-Bosch법은 이 중 (iv)에 해당하므로 낮은 온도에서 유리한 반응이다. 하지만 실제로는 높은 온도에서 반응을 진행시키는데, 반응 속도를 확보(Arrhenius 식 참조)하기 위함이다. 물론 나중에 다루게 될 르샤틀리에(Le Châtelier)의 원리에 따라 계의 압력을 높여줌으로써 정반응으로의 평형 이동을 유도할 수도 있다. 그래서 산업적으로 암모니아는 철 촉매하에서 500 °C, 500~1,000기압(고온, 고압)의 조업 조건에서 생산된다.

i) $\Delta H < 0, \Delta S > 0$: $\Delta G < 0$이므로 모든 온도에서 자발적이다.
ii) $\Delta H > 0, \Delta S < 0$: $\Delta G > 0$이므로 모든 온도에서 비자발적이고, 반대로 역반응은 자발적이다.
iii) $\Delta H > 0, \Delta S > 0$: 높은 온도에서 $\Delta G < 0$가 되어 자발적이 된다.
iv) $\Delta H < 0, \Delta S < 0$: 낮은 온도에서 $\Delta G < 0$가 되어 자발적이 된다.

한편 자발적인 변화에 대해 식 (8-19)의 $dG < 0$와 $\Delta G < 0$이 헷갈릴 수 있다. $dG$는 기울기를 나타내는 것이므로 (−) 부호의 기울기란 전체 Gibbs 에너지가 감소하는 방향이라는 것을 의미하고 그 감소하는 방향에서의 두 점의 깁스 에너지 차이인 $\Delta G$는 당연히 0보다 작은 음수 값을 가질 것이다. 결국 같은 얘기이다. 또한 식 (8-21)로부터 자연의 변화에 대한 조건이 $\Delta G < 0$이고 부호가 중요하다는 것은 알았다. 그렇다면 $|-T\Delta S_{total}|$로 주어지는 Gibbs 에너지의 크기는 어떤 의미일까? 여기에 Gibbs 에너지를 사용하는 또 하나의 중요한 이유가 숨어있다. 다름이 아니라 $\Delta G$를 알면 그 계에서 얻을 수 있는 최대의 일을 계산할 수 있는 것이다. 이는 매우 실용적인 의미를 가지며 나중에 열린 계를 해석하면서 자세하게 설명하기로 한다.

## 4 화학적 평형과 상규칙

마지막으로 다소 이른 감이 없지 않지만 chemical potential을 도입하여 교재 초반에 언급했던 세 가지 평형 중 마지막 번째인 화학적 평형(chemical equilibrium)을 정의해 보고, 단일 성분의 상평형으로 넘어 가기 전에 미리 알아 두어야 할 상규칙(phase rule)에 대해 얘기해 보자. 지금까지는 단일 성분-단일상(single component-single phase)인 계(주로 기체)에 대해 열역학 성질들을 정의하고 그들의 물리적인 의미와 그 값들을 어떻게 구할 것인가에 대해서 학습했다. 그렇게 Gibbs 에너지까지 왔으므로 이제는 여러 개의 상과 여러 개의 성분이 동시에 존재할 때의 화학적 평형을 해석할 준비가 되었다. 단일 성분-다상(multi phase)인 계에 대해 먼저 다룰 것이고 다음 앞서 언급한 반응 평형과 관계되는 다성분(multi component)-단일상 계로 확장한다. 그리고 화공 엔지니어가 가장 많이 접하게 되는 기액 평형(vapor liquid equilibrium, VLE), 액액 평형(liquid liquid equilibrium, LLE) 등의 다성분-다상 계로 마무리된다. 이미 Gibbs 에너지가 온도와 압력의 함수라는 것은 알고 있다. 그런데 여러 개의 성분을 가진 혼합물(mixture)이라면 계 전체의 Gibbs 에너지는 어떤 성분이 어떤 비율로 섞여 있는가에 따라 달라질 수밖에 없을 것이다. 즉, 변수가 온도와 압력, 조성(또는 각 성분의 몰수)으로 확장된다. 따라서 식 (8-14)에서 했던 방법을 차용하여 식 (8-22)와 같이 계 전체의 Gibbs 에너지를 다차원으로 수식화할 수 있다.

$$dG=\left(\frac{\partial G}{\partial T}\right)_{P,n_1,n_2,\cdots}dT+\left(\frac{\partial G}{\partial P}\right)_{T,n_1,n_2,\cdots}dP+\left(\frac{\partial G}{\partial n_1}\right)_{P,T,n_2,n_3,\cdots}dn_1+\left(\frac{\partial G}{\partial n_2}\right)_{P,T,n_1,n_3,\cdots}dn_2+\cdots$$

$$dG=-SdT+VdP+\mu_1 dn_1+\mu_2 dn_2+\cdots \qquad (8\text{-}22)$$

식 (8-22)는 순수 성분에서의 $dG$의 정의 위에 혼합물이기 때문에 여러 항이 더 추가된 형태이다. 여기서 $\mu_1$의 의미는 식 (8-14)에서 연습했듯이 다른 모든 변수(온도, 압력, 성분1을 제외한 나머지 성분의 몰수)를 고정시켜 놓은 상태에서 성분1의 양을 변화시켰을 때, 전체 Gibbs 에너지가 변화하는 방향이다. 예를 들어 $\mu_1$이 어떤 양수 값을 가졌다면 성분1을 증가시켰을 때 전체 Gibbs 에너지가 증가한다는 것을 의미한다. 반면 성분2의 $\mu_2$가 음수 값을 가진다면 성분2가 증가되었을 때 전체 Gibbs 에너지는 감소한다. 그럼 성분1과 2

가 같이 섞여 있는 계에서는 어떤 자발적인 변화가 일어날까? 전체 Gibbs 에너지가 줄어드는 방향이어야 하므로 성분1은 감소하고 성분2는 증가하는 어떤 반응이 일어날 것이다. 그런데 주의할 것은 $\mu_1$, $\mu_2$는 온도, 압력, 그리고 혼합물이 조성에 관한 함수이므로 조성에 따라 그 부호가 바뀔 수 있다. 다시 한번 위 상황에 대입하여 설명하면 성분1이 계속 줄어들고 성분2가 계속 늘어나면 조성이 바뀌게 된다. 그리고 성분1이 어느 조성이 되었을 때 $\mu_1$은 음수 값으로, $\mu_2$는 양수 값으로 바뀔 수 있다. 이제 상황이 역전되었다. 즉, 반대 방향의 반응(또는 역반응)이 전체 Gibbs 에너지를 감소시키는 방향이다. 전체 Gibbs 에너지가 최소가 되는 지점은 성분1이 성분2가 되는 정반응과 성분2가 성분1이 되는 역반응이 서로 속도가 같아져 반응 평형을 이룰 때이다. 물론 이 예에서는 편의상 2개의 성분에 대해서 이루어지는 반응을 설명하다 보니, 질량 보존을 고려하면 이성질체 반응 정도가 고작이겠지만 chemical potential이 무엇인지를 이해하기에는 충분하다고 생각한다.

그럼 이번에는 다성분에 대해 $\alpha$와 $\beta$상이 평형을 이루는 경우를 생각해 보자. 쉬운 이해를 위해 2개의 상만을 고려했을 뿐 상의 개수가 더 늘어나도 상관없다. 이미 열적 평형($dT = 0$)과 기계적 평형($dP = 0$)은 이루어져 있다고 본다. 따라서 식 (8-22)를 $\alpha$상과 $\beta$상에 대해 각각 써 보면 식 (8-23), (8-24)와 같다.

$$dG^{\alpha} = \mu_1^{\alpha} dn_1^{\alpha} + \mu_2^{\alpha} dn_2^{\alpha} + \cdots \tag{8-23}$$

$$dG^{\beta} = \mu_1^{\beta} dn_1^{\beta} + \mu_2^{\beta} dn_2^{\beta} + \cdots \tag{8-24}$$

$\alpha$상과 $\beta$상이 평형을 이루고 있다면 식 (8-25)와 같이 전체 Gibbs 에너지의 변화는 0이다.

$$dG = dG^{\alpha} + dG^{\beta} = 0 \tag{8-25}$$

식 (8-23), (8-24)를 대입하여 식 (8-25)를 식 (8-26)과 같이 다시 써 보자.

$$\mu_1^{\alpha} dn_1^{\alpha} + \mu_2^{\alpha} dn_2^{\alpha} + \cdots = -\mu_1^{\beta} dn_1^{\beta} - \mu_2^{\beta} dn_2^{\beta} + \cdots \tag{8-26}$$

동적 평형에서 각 성분이 $\alpha$상에서 $\beta$상으로 이동하는 질량과 $\beta$상에서 $\alpha$상으로 이동하는 질량이 동일하므로, $dn_1^{\alpha} = -dn_1^{\beta}$, $dn_2^{\alpha} = -dn_2^{\beta}$이 성립하고 이를 대입하면 식 (8-27)과 같이 정리된다.

$$\left(\mu_1^\alpha - \mu_1^\beta\right)dn_1^\alpha + \left(\mu_2^\alpha - \mu_2^\beta\right)dn_2^\alpha + \cdots = 0 \tag{8-27}$$

동적 평형에서 미시적인 물질의 이동은 0이 아니므로($dn \neq 0$) 식 (8-27)이 성립되기 위해서는 $\mu_1^\alpha = \mu_1^\beta$, $\mu_2^\alpha = \mu_2^\beta$가 된다. 즉, 화학적 평형 또는 상평형(phase equilibrium)이 성립하는 조건은 한 성분에 대해 여러 상의 chemical potential이 모두 동일하다는 것이다. 물론 $dG = 0$에서 시작되었다는 것을 잊지 말자.

이제 상규칙을 유도한다. 상규칙은 아래의 세 가지 평형 조건을 만족시키는 관계식이다.

$$\text{열적 평형: } T^\alpha = T^\beta$$
$$\text{기계적 평형: } P^\alpha = P^\beta$$
$$\text{화학적 평형: } \mu^\alpha = \mu^\beta$$

다성분-다상 계의 총 변수는 식 (8-28)과 같이 주어지고, 각 상에서 각 성분의 몰수와 온도, 압력의 합이다. 여기서 $c$는 성분의 개수이며 $\pi$(그리스 문자로 $p$에 해당)는 상의 개수이다. 이제 총 변수에서 알고 있는 독립 방정식의 개수를 빼 주면 독립적인 변수의 개수(또는 자유도)가 도출된다. 자유도는 독립 변수의 개수라는 것은 이미 다루었다.

$$\text{전체 변수의 개수} = c \times \pi + 2\ (T \,\&\, P) \tag{8-28}$$

먼저 식 (8-29)와 같이 상마다 모든 성분의 몰 분율을 더하면 1이 되고 이 방정식은 상의 개수만큼인 $\pi$개이다.

$$x_1^\alpha + x_2^\alpha + x_3^\alpha + \cdots + x_c^\alpha = 1 \tag{8-29}$$

한편 식 (8-27)을 통해 더 많은 상에 대해 확장한 아래의 관계식을 얻을 수 있다.

$$\begin{aligned} \mu_1^\alpha &= \mu_1^\beta = \mu_1^\gamma = \cdots \\ \mu_2^\alpha &= \mu_2^\beta = \mu_2^\gamma = \cdots \\ &\cdots \\ \mu_c^\alpha &= \mu_c^\beta = \mu_c^\gamma = \cdots \end{aligned} \tag{8-30}$$

각 성분에 대해 식 (8-30)에서 예를 들어 $\alpha, \beta, \gamma$의 3개의 상이 있다면 열역학 제0 법칙에서처럼 3개 중에 2개의 chemical potential이 같으면 나머지는 자동으로 같아지므로 식 (8-30)에서 각 성분에 대해 얻을 수 있는 독립 방정식의 개수는 ($\pi$- 1)이 된다. 그런데 성분의 개수가 c이므로 독립 방정식의 총 개수는 $c \times (\pi - 1)$이다. 따라서 자유도는 총 변수의 개수에서 독립 방정식의 개수를 뺀 식 (8-31)이 되고 이를 상규칙이라 부른다. 교재에 따라서는 $c$ 대신에 $N$을, $\pi$ 대신에 $p$를 사용하기도 한다. 자유도의 활용은 응용문제에서 다룬다.

$$F = (\pi \times c + 2) - \pi - c \times (\pi - 1) = 2 - \pi + c \tag{8-31}$$

### 요약

- 내부 에너지의 편리한 버전이 엔탈피라면, 엔트로피의 편리한 버전이 Gibbs 에너지이다. 엔트로피와 달리 Gibbs 에너지는 계만 고려하면 된다.
- $dG = -SdT + VdP$, Gibbs 에너지는 명백(explicit)하게 온도와 압력의 함수이다.
- $G/RT$(또는 $G$)를 온도와 압력의 함수로 데이터베이스화한다면, 내부 에너지, 엔트로피, 엔탈피, 몰부피와 같은 다른 열역학 성질들을 추출할 수 있다. 즉, Gibbs 에너지가 열역학 소프트웨어의 데이터베이스로서 가장 적절한 열역학 성질이다.
- $dG \le 0$는 자연의 자발적인 변화의 방향을 나타내는 조건으로, 자연은 전체 Gibbs 에너지가 감소하는 방향으로 자발적인 변화가 진행되며 $dG = 0$이 되면 화학적 평형에 도달한다.
- 다성분에서 각 성분의 몰수 변화가 전체 Gibbs 에너지에 어떤 영향을 미치는가를 chemical potential로 정의한다. 그리고 다성분-다상 계의 화학적 평형 상태에서 각 성분에 대해 해당 성분이 존재하는 모든 상의 chemical potential은 동일하다.
- 3가지 평형(열적 평형, 기계적 평형, 화학적 평형) 조건을 만족하는 상규칙을 유도할 수 있으며, $F = 2 - \pi + c$로 정의된다.
- 또 다른 기초 물성에 대해 다루었는데, 순수 물질에 대해 압력이 일정할 때 온도에 따라 물질의 부피가 어떻게 변하는가를 측정한 $\beta$(또는 $\alpha$)와 온도가 일정할 때 압력에 따라 물질의 부피가 어떻게 변하는가를 측정한 $\kappa$값이다. 모두 물질에 따라 고유한 값을 가진다.
- 이제부터 계의 해석은 대부분 Gibbs 에너지를 바탕으로 이루어진다. 따라서 지금까지 배운 내용 중 열역학 성질들의 정의와 열역학 학문의 논리 수립(build-up) 과정을 복습을 통해 명확히 하자.

### 중요 개념 키워드

- 엔트로피, Gibbs 에너지
- $dG = -SdT + VdP$
- Clausius 부등식
- Chemical potential
- 열적 평형, 기계적 평형, 화학적 평형
- 상규칙, 자유도
- Volume expansivity, isothermal compressibility

## 응용문제

Gibbs 에너지를 직접 활용하는 문제는 이후 실제 응용과 연결하여 다루고, 이번 장에서는 상규칙과 volume expansivity, isothermal compressibility에 대해서 간단하게 풀어본다.

**01** 단일 성분으로 이뤄지는 계의 경우 가질 수 있는 최대 상의 개수는 몇 개인가?

**02** 단일 성분의 기상과 액상이 평형을 이루고 있을 때 자유도는? 그리고 2개의 서로 반응하지 않는 성분들(non-reacting chemical species)이 마찬가지로 기액평형을 이루고 있을 때 자유도는?

**03** 다음 계의 자유도는?

a) 액상의 물이 수증기와 질소로 이루어진 기상과 평형을 이룰 때,

b) 물과 알코올의 혼합 수용액이 기상과 평형을 이룰 때,

**04** 30 °C, 1 bar의 액체 아세톤에 대해서 $\beta = 1.5 \times 10^{-3}\ °C^{-1}$, $\kappa = 50 \times 10^{-6}\ bar^{-1}$, $V = 1.0\ cm^3/g$의 물성치가 주어져 있다.

a) 30 °C, 1 bar에서 $(\partial P/\partial T)_V$는?

b) Constant volume 조건에서 30 °C, 1 bar에서 온도를 40 °C로 상승시켰을 때, 압력은 얼마나 증가할까?

c) 30 °C, 1 bar에서 0 °C, 10 bar로 조건이 변했을 때 부피 변화는?

**05** 액체상의 물에 대해 다음과 같은 실험 데이터가 주어져 있다고 한다. 교재에 따라서 $\beta$를 $\alpha$로 표기하기도 하므로 여기서는 $\alpha$로 표시해 보았다. 헷갈리지 않길 바란다.

| T(K) | $P \times 10^{-5}$ (Pa) | $\alpha \times 10^{6}$ K | $\kappa \times 10^{12}$ Pa |
|---|---|---|---|
| 293 | 1 | 208 | 458 |
| 293 | 1000 | – | 348 |
| 303 | 1 | 304 | 446 |
| 303 | 1000 | – | 338 |

초기조건이 293 K, 100 kPa이고 최종조건이 303 K, 100 MPa라면 부피는 몇% 감소했을까?

**06** 정원 호스(garden hose)가 밸브가 채워져서 물이 꽉 채워진 상태로 뜨거운 태양 아래 방치되고 있다. 초기에 물의 온도와 압력은 각각 10 ℃와 6 bar였다. 시간이 흐른 후에 물의 온도가 40 ℃까지 증가하였고 호스 내부의 압력과 온도의 영향으로 탄성이 있는 호스의 직경이 0.40% 증가하였다. 호스 내부의 최종압력은 얼마일까? 다음 데이터를 활용하시오. 그리고 호스 내부의 물의 부피는 $D^2/4 \times \pi \times L$로 계산한다.

$$\alpha = 250 \times 10^{-6}\ K^{-1},\ \kappa = 45 \times 10^{-6}\ p_a^{-1}$$

**07** 반응이 일어나는 계에 대한 다음의 4개의 그래프에 대해 아래의 표를 완성하시오.

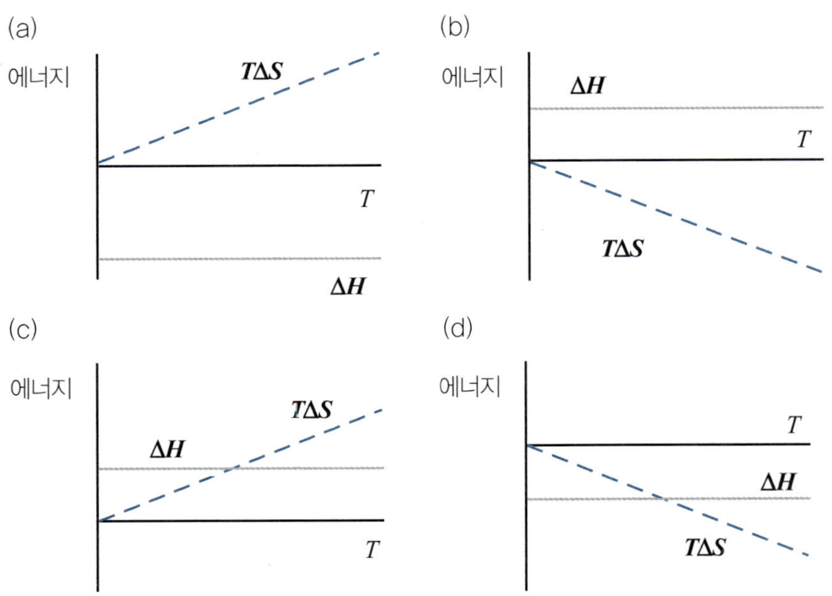

|  | $\Delta H$<br>(둘 중에 체크) | $\Delta S$<br>(둘 중에 체크) | $\Delta G$를 이용해 자발성을 가지는 범위 평가 |
|---|---|---|---|
| (a) | (흡열 or 발열) | (양수 or 음수) |  |
| (b) | (흡열 or 발열) | (양수 or 음수) |  |
| (c) | (흡열 or 발열) | (양수 or 음수) |  |
| (d) | (흡열 or 발열) | (양수 or 음수) |  |

9장

# 전자기학의 수학 천재 Maxwell이 열역학에도 공헌을?

8장에서 배운 Gibbs 에너지를 이용하여 다양한 실제 현상들을 해석하기에 앞서, 유체의 열역학 성질들이 어떻게 일반적으로 구해지는지를 전자기학의 수학 천재 Maxwell이 유도해 놓은 관계식으로부터 알아보고자 한다. 일반적이므로 당연히 이상 기체에 대해서도 성립되어야 한다. 마치 Einstein의 일반 상대성이론이 특수 상대성이론보다 더 넓은 개념인 것처럼 말이다. 앞서 Maxwell-Boltzmann 속력 분포를 통해서 언급되었던 Maxwell은, Faraday의 전자기학 실험 결과를 4개의 정합성 있는 전자기학 4법칙으로 완성한 학자이며, 빛이 전자기파라는 것을 가정하여 빛의 속도를 계산하기도 했다. 특히 수학적인 능력이 매우 탁월한 인물로 그에 맞게 이번 장에서는 열역학 내용 중에서도 가장 복잡한 수학을 다룰 것이다. 그렇지만 수학에 집착할 필요는 없다. 주어진 수식으로부터 물리적인 현상을 이해할 단초를 얻는 것이 중요하다.

## 1 Maxwell 관계의 유도

이전 장에서 배웠던 $U$, $H$, $A$, $G$의 정의와 식 (8-1)~(8-4)를 다시 살펴 보자.

$$U = Q + W \qquad dU = TdS - PdV \tag{8-1}$$

$$H = U + PV \qquad dH = dU + PdV + VdP = TdS + VdP \tag{8-2}$$

$$A = U - TS \qquad dA = dU - TdS - SdT = -SdT - PdV \tag{8-3}$$

$$G = H - TS \qquad dG = dH - TdS - SdT = -SdT + VdP \tag{8-4}$$

식 (8-1)~(8-4)의 $dU$, $dH$, $dA$, $dG$는 식 (9-1)~(9-4)와 같은 편미분 관계식으로도 나타낼 수 있다.

$$dU = \left(\frac{\partial U}{\partial S}\right)_V dS + \left(\frac{\partial U}{\partial V}\right)_S dV \tag{9-1}$$

$$dH = \left(\frac{\partial H}{\partial S}\right)_P dS + \left(\frac{\partial H}{\partial P}\right)_S dP \tag{9-2}$$

$$dA = \left(\frac{\partial A}{\partial T}\right)_V dT + \left(\frac{\partial A}{\partial V}\right)_T dV \tag{9-3}$$

$$dG = \left(\frac{\partial G}{\partial T}\right)_P dT + \left(\frac{\partial G}{\partial P}\right)_T dP \tag{9-4}$$

식 (8-1)~(8-4)와 식 (9-1)~(9-4)는 같으므로 식 (9-5)~(9-8)이 성립한다.

$$\left(\frac{\partial U}{\partial S}\right)_V = T, \quad \left(\frac{\partial U}{\partial V}\right)_S = -P \tag{9-5}$$

$$\left(\frac{\partial H}{\partial S}\right)_P = T, \quad \left(\frac{\partial H}{\partial P}\right)_S = V \tag{9-6}$$

$$\left(\frac{\partial A}{\partial T}\right)_V = -S, \quad \left(\frac{\partial A}{\partial V}\right)_T = -P \tag{9-7}$$

$$\left(\frac{\partial G}{\partial T}\right)_P = -S, \quad \left(\frac{\partial G}{\partial P}\right)_T = V \tag{9-8}$$

이제 식 (9-5)~(9-8)에 약간의 조작을 가해 보자. 예를 들어 식 (9-5)에서는 앞의 관계식을 $V$에 대해 편미분을 취하고 뒤의 관계식은 $S$에 대해 편미분을 취한다.

$$\left(\frac{\partial}{\partial V}\left(\frac{\partial U}{\partial S}\right)_V\right)_S = \left(\frac{\partial T}{\partial V}\right)_S, \quad \left(\frac{\partial}{\partial S}\left(\frac{\partial U}{\partial V}\right)_S\right)_V = -\left(\frac{\partial P}{\partial S}\right)_V \tag{9-9}$$

$$\left(\frac{\partial}{\partial P}\left(\frac{\partial H}{\partial S}\right)_P\right)_S = \left(\frac{\partial T}{\partial P}\right)_S, \quad \left(\frac{\partial}{\partial S}\left(\frac{\partial H}{\partial P}\right)_S\right)_P = -\left(\frac{\partial V}{\partial S}\right)_P \tag{9-10}$$

$$\left(\frac{\partial}{\partial V}\left(\frac{\partial A}{\partial T}\right)_V\right)_T = -\left(\frac{\partial S}{\partial V}\right)_T, \quad \left(\frac{\partial}{\partial T}\left(\frac{\partial A}{\partial V}\right)_T\right)_V = -\left(\frac{\partial P}{\partial T}\right)_V \tag{9-11}$$

$$\left(\frac{\partial}{\partial P}\left(\frac{\partial G}{\partial T}\right)_P\right)_T = -\left(\frac{\partial S}{\partial P}\right)_T, \quad \left(\frac{\partial}{\partial T}\left(\frac{\partial G}{\partial P}\right)_T\right)_P = \left(\frac{\partial V}{\partial T}\right)_P \tag{9-12}$$

식 (9-9)를 보면 앞의 관계식의 좌변과 뒤의 관계식의 좌변이 미분의 순서만 다를 뿐이지 $U$를 $V$와 $S$에 대해서 두 번 미분한 형태로 같다. 식 (9-10)~(9-12)도 마찬가지이므로 식 (9-13)~(9-16)이 성립하고 이를 Maxwell 관계라고 부른다.

$$\left(\frac{\partial T}{\partial V}\right)_S = -\left(\frac{\partial P}{\partial S}\right)_V \tag{9-13}$$

$$\left(\frac{\partial T}{\partial P}\right)_S = \left(\frac{\partial V}{\partial S}\right)_P \tag{9-14}$$

$$\left(\frac{\partial S}{\partial V}\right)_T = \left(\frac{\partial P}{\partial T}\right)_V \tag{9-15}$$

$$\left(\frac{\partial S}{\partial P}\right)_T = -\left(\frac{\partial V}{\partial T}\right)_P \tag{9-16}$$

재미있는 예를 통해 이렇게 구한 Maxwell 관계의 쓰임새를 알아보자. Maxwell 관계를 이용해 $U(V, T)$, $S(V, T)$, $H(P, T)$, $S(P, T)$의 일반식을 구해보려고 한다. 식 (7-19), 식 (8-1), 식 (8-2)에는 $U$, $H$, $S$가 명백하게 $U(S, V)$, $H(S, P)$, $S(P, T)$로 표시되어 있는데, 7장의 응용문제 13에서 $S(P, T)$를 $S(V, T)$, $S(P, V)$로 변환해 보았듯이 $U$, $H$, $S$를 원하는 변수들의 함수로 변환해 보는 것이다. $U(V, T)$, $S(V, T)$, $H(P, T)$, $S(P, T)$를 구해야 하므로 식 (9-17)~(9-20)과 같은 편미분 관계식을 쓴다.

$$dU = \left(\frac{\partial U}{\partial T}\right)_V dT + \left(\frac{\partial U}{\partial V}\right)_T dV \tag{9-17}$$

$$dS = \left(\frac{\partial S}{\partial T}\right)_V dT + \left(\frac{\partial S}{\partial V}\right)_T dV \tag{9-18}$$

$$dH = \left(\frac{\partial H}{\partial T}\right)_P dT + \left(\frac{\partial H}{\partial P}\right)_T dP \tag{9-19}$$

$$dS = \left(\frac{\partial S}{\partial T}\right)_P dT + \left(\frac{\partial S}{\partial P}\right)_T dP \tag{9-20}$$

i) 식 (9-17)에 주목하자. $C_V$의 정의로부터 $C_V = \left(\frac{\partial U}{\partial T}\right)_V$을, 식 (8-1)을 정리하면 $\left(\frac{\partial U}{\partial V}\right)_T = T\left(\frac{\partial S}{\partial V}\right)_T - P$임을 알고 있다. 따라서 식 (9-17)을 식 (9-21)과 같이 다시 써 준다.

$$dU = C_V dT + \left[T\left(\frac{\partial S}{\partial V}\right)_T - P\right] dV \tag{9-21}$$

Maxwell 관계 중 식 (9-15)를 식 (9-21)에 대입하면 식 (9-22)를 얻을 수 있다. $\beta$, $\kappa$의 정의에 대해서는 이미 다루었으므로 복습하기 바라고 이전 장의 응용문제에서 구했던 $(\partial P/\partial T)_V = \beta/\kappa$를 이용한다.

$$dU = C_V dT + \left[T\left(\frac{\partial P}{\partial T}\right)_V - P\right] dV = C_V dT + \left[T\frac{\beta}{\kappa} - P\right] dV \tag{9-22}$$

식 (9-22)는 일반적인 식이므로 이상 기체에 대해서도 성립해야 한다. 이상 기체일 때, $\beta = 1/T$, $\kappa = 1/P$라고 하였으므로 이를 식 (9-22)에 대입하면 $dU = C_V dT$가 되어 이미 다루었던 이상 기체의 내부 에너지 식과 같다.

ii) 식 (9-18)에 주목하자. $V$가 일정할 때 식 (8-1)은 $\frac{C_V}{T} = \left(\frac{\partial S}{\partial T}\right)_V$로 단순화할 수 있다. 따라서 식 (9-18)은 식 (9-23)과 같이 쓸 수 있고, Maxwell 관계 중 식 (9-15)를 이용하면 식 (9-24)를 얻게 된다.

$$dS = \frac{C_V}{T}dT + \left(\frac{\partial S}{\partial V}\right)_T dV \tag{9-23}$$

$$dS = \frac{C_V}{T}dT + \left(\frac{\partial P}{\partial T}\right)_V dV = \frac{C_V}{T}dT + \frac{\beta}{\kappa}dV \tag{9-24}$$

iii) 식 (9-19)에 주목하자. $C_P$의 정의로부터 $C_P = \left(\frac{\partial H}{\partial T}\right)_P$을, 식 (8-2)를 정리하면 $\left(\frac{\partial H}{\partial P}\right) = T\left(\frac{\partial S}{\partial P}\right)_T + V$ 임을 알고 있다. 따라서 식 (9-19)를 식 (9-25)와 같이 다시 써 준다. 위 (i)에서와 같은 방식으로 식 (9-16)을 이용하여 정리하면 식 (9-26)이 된다.

$$dH = C_P dT + \left[T\left(\frac{\partial S}{\partial P}\right)_T + V\right]dP \tag{9-25}$$

$$dH = C_P dT + \left[-T\left(\frac{\partial V}{\partial T}\right)_T + V\right]dP = C_P dT + V(1 - T\beta)dP \tag{9-26}$$

마찬가지로 이상 기체일 때, $\beta = 1/T$이므로 식 (9-22)에 대입하면 $dH = C_P dT$가 되어 이미 알고 있는 이상 기체의 엔탈피 식과 같다.

iv) 식 (9-20)에 주목하자. $P$가 일정할 때 식 (8-1)은 $\frac{C_P}{T} = \left(\frac{\partial S}{\partial T}\right)_P$로 단순화할 수 있다. 따라서 식 (9-20)은 식 (9-27)과 같이 쓸 수 있고, 식 (9-16)을 이용하면 식 (9-28)을 얻게 된다.

$$dS = \frac{C_P}{T}dT + \left(\frac{\partial S}{\partial P}\right)_T dP \tag{9-27}$$

$$dS = \frac{C_P}{T}dT - \left(\frac{\partial V}{\partial T}\right)_T dV = \frac{C_P}{T}dT - \beta VdP \tag{9-28}$$

이상 기체일 때 $\beta = 1/T$이므로 이를 대입해 보면 식 (7-19)와 동일하다.

이렇게 편미분 관계식과 Maxwell 관계를 이용하면 원하는 변수에 대해서 어떤 열역학 성질의 관계식도 구할 수 있다. 식 (8-1)과 (8-2)에 따르면 $U(S, V)$이고 $H(S, P)$였는데, 식 (9-22)와 (9-26)에 의해 $U(V, T)$, $H(P, T)$로 변환되었다. 물론 $U(P, T)$로도 가능하지만 $U(V, T)$로 유도한 이유는 $C_P - C_V$ 관계식을 유도하고 싶었기 때문이다. 식 (9-24)와 식 (9-28)은 동일한 $dS$ 관계식이므로 같다고 놓을 수 있다. 이를 정리하면 식 (9-29)와 같다.

$$\frac{C_P}{T}dT - \beta VdP - \frac{C_V}{T}dT - \frac{\beta}{\kappa}dV = 0$$

$$(C_P - C_V)dT = T\beta VdP + \frac{\beta}{\kappa}TdV \tag{9-29}$$

Constant volume이라 가정하고 $(\partial P/\partial T)_V = \beta/\kappa$를 이용하면 식 (9-29)는 식 (9-30)과 같이 간단해진다.

$$C_P - C_V = T\beta V\left(\frac{\partial P}{\partial T}\right)_V = \frac{\beta^2}{\kappa}VT \tag{9-30}$$

8장의 응용문제를 통해 액체나 고체상의 경우 온도나 압력을 가해도 부피가 크게 변하지 않기 때문에 $\beta$, $\kappa$값들이 매우 작다는 것을 알고 있다. 식 (9-30)을 보면 우변에 분자에 $\beta$의 제곱이 있고 분모에는 $\kappa$가 있는데, 분자가 (작은 값 × 작은 값)이므로 액체나 고체상에 대하여 식 (9-30)은 $C_P \sim C_V$가 될 것이다. 물론 그렇다 하더라도 정의에 의해 언제나 $C_P > C_V$이다.

## 2 그래프적 해석

한편 편미분 관계식을 통해 재미있는 그래프적 해석이 가능하다. <그림 4-3>의 다른 열역학 성질들의 온도에 따른 영향은 이미 설명이 되었지만 chemical potential의 경우는 아직 하지 않았는데, 지금이 바로 그 순간이다. Chemical potential은 여러 개의 성분이 같이 존재할 때(또는 혼합물일 때) 해당 성분의 양이 첨가되거나 제거되면 전체 Gibbs 에너지가 어떻게 변할 것인가를 의미한다. 따라서 단일 성분일 때는 chemical potential이 전체 Gibbs 에너지와 같다. 이제 식 (9-8)을 보면 온도에 따른 Gibbs 에너지의 기울기가 $-S$이다. $S$는 (+) 부호를 가지므로 온도에 따른 Gibbs 에너지 변화는 (−) 부호의 기울기를 가질 것이다. 한편 기상으로 갈수록 식 (7-22)의 열역학 제3 법칙에 의해 엔트로피는 증가하므로 반대로 <그림 9-1>의 온도에 따른 Gibbs 에너지는 기상으로 갈수록 더 급격(steep)하게 감소한다. 그리고 식 (8-27)과 같이 상평형에서 두 상의 Gibbs 에너지는 같아진다. 즉, <그림 9-1>에서 그래프가 서로 만나는 지점의 온도가 상평형(또는 상전이) 온도가 된다. 고체상의 그래프와 액체상의 그래프가 만나는 온도는 녹는점(melting point)이고 액체상과 기체상의 그래프가 만나는 온도는 끓는점(boiling point)이다. 그런데 <그림 9-1>에서 액체의 Gibbs 에너지 그래프가 점선과 같이 아래로 내려오면 어떻게 될까? 고체상과 액체상이 만나는 녹는점(또는 어는점)은 왼쪽으로, 액체상과 기체상이 만나는 점은 오른쪽으로 이동하게 된다. 이 현상이 액체에 고체 용질이 녹아 있을 때 발생하는 끓는점 오름, 어

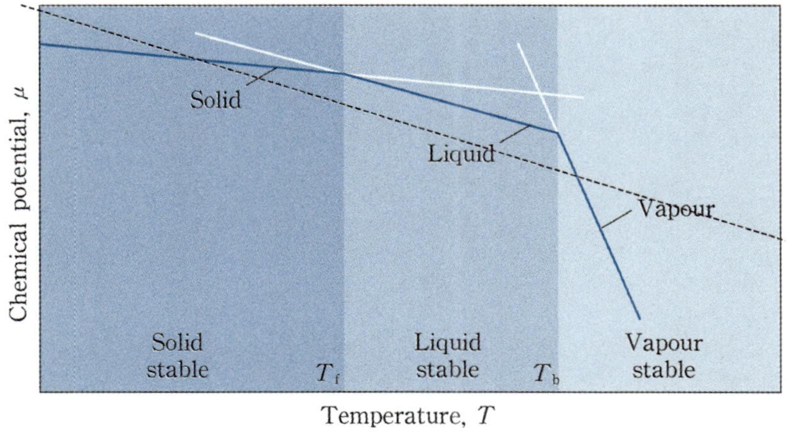


그림 9-1 단일 성분의 온도에 따른 chemical potential(또는 전체 Gibbs 에너지)의 변화

는점(freezing point) 내림이다. 용질이 녹아 있는 만큼 용매인 액체 성분의 Gibbs 에너지가 전체적으로 낮아진다. 나중에 총괄성(colligative property)에서 더 자세히 다루겠지만 복잡한 수식보다 그래프로 이처럼 간단하게 설명할 수 있다는 것이 매력적이다.

### 요약

- 편미분과 Maxwell 관계를 이용하면 어떠한 열역학 성질도 원하는 변수의 함수로 나타낼 수 있다. 응용문제를 통해 그러한 열역학 관계식이 어떤 물리적 의미를 갖는지 알아본다.
- 이를 위해서는 $C_V$, $C_P$, $\beta$, $\kappa$와 같은 이전에 정의했던 물질의 고유 성질에 대한 데이터가 필요하며 기체의 경우는 나중에 배울 실제 기체의 상태 방정식(equation of state, EOS)이 활용될 수 있다.
- 한편 열역학 성질의 2가지 변수에 대한 관계식은 일반적인 식이므로 이상 기체에서 정의된 모든 열역학 정의들을 포함한다.
- 액체상과 고체상의 경우 $C_P \sim C_V$ ($C_P > C_V$)라는 것을 유도할 수 있었다.
- 단일 성분의 온도에 따른 chemical potential(또는 전체 Gibbs 에너지)의 변화를 편미분 관계식을 이용하면 그래프로 쉽게 그릴 수 있었고 단일 성분의 대표적인 총괄성인 어는점 내림과 끓는점 오름 또한 그래프로 쉽게 설명할 수 있었다.

### 중요 개념 키워드

- Maxwell 관계
- $C_P$, $C_V$, $\beta$, $\kappa$
- 어는점 내림, 끓는점 오름

## 응용문제

**01** 초기 상태(0.1013 MPa, 373 K)와 최종 상태(101.3 MPa, 273 K)가 주어질 때, 수은(mercury)의 엔탈피 변화는? 단, 아래와 같이 데이터가 주어진다.

| $T/K$ | $P\times10^{-5}$/Pa | $V\times10^{6}/(m^3/mol)$ | $\beta\times10^{6}/(1/K)$ | $C_P/(J/mol\cdot K)$ |
|---|---|---|---|---|
| 273 | 1.013 | 14.72 | 181 | 28.01 |
| 273 | 1013 | 14.67 | 174 | 28.01 |
| 373 | 1.013 | – | – | 27.51 |

**02** 금속 구리가 300 K에 있을 때 아래의 데이터가 주어진다. $C_V$를 구하시오.

$$C_P = 24.5\ \text{J/mol}\cdot\text{K}$$
$$\beta = 50.4\times10^{-6}\ \text{K}^{-1}$$
$$\kappa = 7.78\times10^{-12}\ \text{Pa}^{-1}$$
$$V = 7.06\ \text{cm}^3/\text{mol}$$

**03** 고체나 액체인 경우 $\left(\frac{\partial U}{\partial T}\right)_p = C_v$, $\left(\frac{\partial U}{\partial P}\right)_T = 0$임을 보이시오. 여기에 $\left(\frac{\partial U}{\partial V}\right)_T = T\left(\frac{\partial P}{\partial T}\right)_V - P$의 관계식을 이용하시오.

**04** 1기압, 298 K의 액체상 물에 대해서 다음과 같은 데이터가 주어진다.

$$\beta = 256\times10^{-6}\ \text{K}^{-1}$$
$$\left(\frac{\partial \beta}{\partial T}\right)_P = 9.6\times10^{-6}\ K^{-2}$$
$$V = 1.003\ \text{L/kg} = 1.003\times10^{-3}\ \text{m}^3/\text{kg}$$
$$C_P = 4180\ \text{J/kg}\cdot\text{K}$$

압력을 1기압 올렸을 때 물의 $C_p$ 값은 늘어나겠는가, 줄어들겠는가? 얼마나 변하는지(%) 계산하시오. 액체상의 물은 비압축성 유체이기 때문에 $C_P$ 값이 압력에 크게 영향을 받지 않을 것이라는 것을 이미 알고 있지만 실제로 한번 구해보는 문제이다. 압력을 올렸을 때 변화이므로 다른 변수인 온도는 일정하게 가정하여 해당 값을 구하는 것이고, 편의상 시작하는 식 (9-31)을 준다.

$$\left(\frac{\partial C_P}{\partial P}\right)_T = -T\left(\frac{\partial^2 V}{\partial T^2}\right)_P \quad (9-31)$$

$\beta$의 정의가 식에 들어갈 수 있도록 시도한 후 문제에서 주어진 데이터가 적용될 수 있도록 식을 적절히 변환시키는 것이 필요하다. 그 과정에서 $\beta$의 정의가 한번 더 사용될 것이다. 참고로 $\left(\frac{\partial C_P}{\partial P}\right)_T$의 단위는 J/kg·K·Pa이다.

10장

# Gibbs 에너지의 첫 번째 응용: 단일 성분의 상평형

# 1 삼중점과 Clausius 식

이 장에서는 Gibbs energy를 적용하는 간단한 예인 단일 성분-다상 계에 대해 다룬다. 이미 알고 있거나 들어 보았을 법한 내용들을 Gibbs 에너지의 개념을 이용하여 정합성 있게 정리해 볼 것이다. <그림 10-1>은 전형적인 단일 성분의 상평형도이다. 삼중점(triple point)을 중심으로 융해(고체 → 액체), 증발(액체 → 기체), 승화(고체 → 기체)의 세 갈래 상전이(phase transition) 곡선이 존재한다. 삼중점에서는 $F = 2 - 3$(상의 개수) + 1(성분의 개수) = 0으로 정의할 변수가 없으므로 성분이 무엇이냐에 따라 온도와 압력이 주어지며, 이 온도와 압력은 물질마다 달라지는 고유 성질이다. 따라서 좋은 reference일 수 있고, 스팀 테이블이 물이 삼중점을 기준으로 한다는 것도 이미 다루었다. 한편 위의 세 상전이 곡선에서는 2개의 상이 평형을 이루고 있으므로 $F = 2 - 2 + 1 = 1$로 하나의 변수만 있으면 계를 설명할 수 있다. 이미 알고 있듯이 증기압 곡선이 바로 증발 상전이 곡선이며 증기압이 온도에 관한 함수이므로 온도가 주어지면 압력이 주어지거나 반대로 압력이 주어지면 온도가 주어지는, 즉 변수가 하나이다. 참고로 곡선을 제외한 나머지 공간에서는 $F = 2 - 1 + 1 = 2$이므로 온도와 압력이 둘 다 주어져야 상태가 정의된다. 9장에서 열역학 성질을 2개의 다른 변수의 함수로 유도했는데, 단일 성분–단일상인 조건에서였다. <그림 10-1>은 당연히 실험에 의해서 얻어진 결과이다. 지금까지 해 왔듯이 이 실험 결과를 컴퓨터 코딩

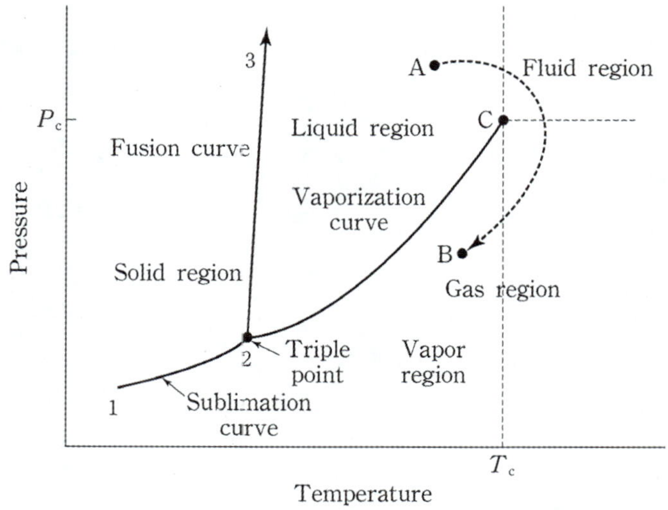


그림 10-1 단일 성분의 상평형도

에 적합하도록 열역학적으로 공식화해 보자. 모든 물질의 상평형도를 필요할 때 찾아보려고 책으로 묶어 다닐 수는 없으니 말이다.

물질이 정해지면 주어지는 삼중점을 중심으로 3가지 상전이 곡선을 표현하는 적절한 식을 찾아보자. 화학적 평형 조건은 식 (8-27)과 같은데, 단일 성분(또는 순수 성분)의 경우 chemical potential은 전체 Gibbs 에너지이다. 따라서 식 (8-28)은 $G^{\alpha} = G^{\beta}$이고 $dG^{\alpha} = dG^{\beta}$도 성립한다. 열적 평형($T^{\alpha} = T^{\beta} = T$), 기계적 평형($P^{\alpha} = P^{\beta} = P$)이 성립하는 가운데 식 (8-4)를 이용하여 $\alpha$상과 $\beta$상에 대해 $dG^{\alpha} = dG^{\beta}$가 만족하도록 정리하면 식 (10-1)이 되고 이를 Clausius 식이라 부른다.

$$-S^{\alpha}dT + V^{\alpha}dP = -S^{\beta}dT + V^{\beta}dP$$

$$\frac{dP}{dT} = \frac{S^{\alpha} - S^{\beta}}{V^{\alpha} - V^{\beta}} = \frac{\Delta S^{\alpha\beta}}{\Delta V^{\alpha\beta}} \tag{10-1}$$

식 (10-1)의 좌변은 온도에 대한 압력의 변화, 즉 <그림 10-1>의 3가지 상전이 곡선의 기울기를 의미한다. 식 (10-1)의 우변은 일반적으로 고체 → 액체 → 기체로 변하면서 엔트로피와 부피가 모두 증가하기 때문에 (+) 부호를 갖게 되므로 <그림 10-1>처럼 3가지 곡선 모두 증가하는 형태를 보인다. 한편 융해(fusion)의 경우는 고체 → 액체 상전이이므로 부피 변화가 크기 않아 식 (10-1)의 우변 분모가 작아지므로 <그림 10-1>의 융해 곡선의 기울기가 다른 상전이 곡선과 비교하여 매우 급한(steep) 모양새를 띠게 된다. 그런데 융해 곡선의 기울기는 (−) 부호를 가질 수 있다. 우리가 익히 알고 있듯이 액체상의 물은 얼음이 되면서 부피가 감소하는 것이 아니라 증가한다. 따라서 식 (10-1)에서 부피 변화가 (−) 부호를 갖게 되고 물의 융해 곡선은 다른 물질들과 달리 반대쪽으로 기울어지게 된다. 참고로 기체, 액체, 고체를 통계학적으로 구분하는 방법은 어떤 reference가 되는 분자를 정하고 시간에 따라 그 분자로부터 일정 거리 내에 다른 분자들의 수가 어떻게 변하는지에 따른다. 고체는 명확한 결정 구조를 가지고 있기 때문에 그 수가 거의 변하지 않지만 액체의 경우만 하더라도 분자들이 운동 에너지를 가지고 움직이므로 일정 거리 내의 다른 분자들의 수에 변화(fluctuation)가 있을 수밖에 없다. 기체는 더 말할 나위가 없다.

## 2 Clausius-Clapeyron 식과 Antoine 식

식 (10-1)을 변형해보자. 우선 잠열(또는 상전이)에 대한 엔트로피 변화는 상전이 엔탈피를 온도로 나눈 값과 같으므로 식 (10-1)을 식 (10-2)로 쓸 수 있다. 융해의 경우는 상전이 엔탈피, 고체와 액체의 부피를 모두 용이하게 측정할 수 있으므로 식 (10-2)도 꽤 쓸모가 있다. 한편 증발(vaporization)과 승화(sublimation) 곡선에 대해서는 3가지 가정을 도입하여 식 (10-3)까지 변형시킬 수 있다. 첫째, 기체의 부피가 상대적으로 많이 커서 액체나 고체의 부피는 무시할 수 있고, 둘째, 기체는 고압이 아닌 경우 이상 기체와 같이 행동하고, 셋째, 증발열(heat of vaporization)이나 승화열(heat of sublimation)이 주어진 온도 구간에서 크게 변하지 않는다고 가정하자. 이렇게 유도된 식 (10-3)을 Clausius-Clapeyron 식이라 부른다.

$$\frac{dP}{dT} = \frac{\Delta H^{\alpha\beta}}{T\Delta V^{\alpha\beta}} \tag{10-2}$$

$$= \frac{\Delta H^{\alpha\beta}}{TV} = \frac{P\Delta H^{\alpha\beta}}{RT^2}$$

$$\frac{dP}{P} = \frac{\Delta H^{\alpha\beta}}{RT^2}dT \text{ 또는 } dlnP = -\frac{\Delta H^{\alpha\beta}}{R}d\left(\frac{1}{T}\right) \tag{10-3}$$

이제 컴퓨터 코딩의 측면에서 이 식들이 어떻게 활용될 수 있을까 생각해 보자. 알려진 많은 물질의 삼중점은 어딘가 테이블(또는 데이터베이스)에 정리되어 있을 것이다. 해당 물질의 각 상전이에 필요한 엔탈피와 융해의 경우 액체와 기체의 부피가 측정되어 데이터베이스화되어 있다면, 적어도 삼중점 근처에서는 <그림 10-1>을 정확히 reproduce해 낼 수 있다. 여기서 주의해야 할 것은 삼중점에서 벗어날수록 식을 유도할 때 사용했던 가정들이 성립되지 않는 조건이므로 실험적으로 얻은 상평형도와 재구성된 상평형도 사이의 차이가 발생할 것이다.

그런데 화학공학 열역학에서 가장 많이 다루어지는 것이 기액 평형이기 때문에 특히 증발 곡선(또는 증기압)은 정확해야만 한다. 그래서 실험 데이터를 엑셀의 추세선과 같이 data fitting(또는 regression)한 Antoine 식이 실제로는 주로 사용되며, 식 (10-3)의 Clausius-

Clapeyron 식과 비슷하게 ln$P$ vs. $1/T$ 형태를 띤다. 여기서 Antoine 상수 A, B, C는 실제 실험 데이터와 잘 맞도록 구해진 fitting parameters이다. 다른 열역학 교재의 부록이나 인터넷 검색 등을 통해 각 물질의 Antoine 상수들을 찾을 수 있다.

$$lnP^{vap} = A - \frac{B}{T + C} \tag{10-4}$$

이제 중요한 것은 식 (10-3)과 식 (10-4) 중에 어떤 것을 사용할 것인가이다. 당연히 더 잘 맞는 Antoine 식이 올바른 선택이다. 물론 식 (10-3)이 합리적인 논리 위에서 유도되었기 때문에 교육적인 측면에서는 중요하겠지만 유도 과정에서 실제와 거리가 있는 가정들이 포함되었다는 것을 기억해야 한다. 이처럼 열역학에서는 학문적 또는 물리적인 접근을 바탕으로 한 식 (10-3)과 같은 식과, 식 (10-4) 혹은 이전의 $C_p^{ig}(T)$처럼 실험 데이터를 fitting한 식이 둘 다 제시된다. 계산을 위해서는 당연히 후자를 사용하겠지만 열역학에 대한 전반적인 이해를 위해서 전자와 같은 식도 소개되는 것이다. 나중에 다룰 Virial 식과 van der Waals 식도 비슷한 예이다.

## 3 임계점

마지막으로 <그림 10-1>에는 물질의 고유 성질이 될 수 있는(또는 reference로 삼을 수 있는) 점(point)이 하나 더 있다. 바로 임계점(critical point)이다. 초임계(supercritical) 상태의 $CO_2$를 만드는 실험 과정 동영상은 다양한 웹사이트에서 찾아볼 수 있으니 참조 바란다. <그림 10-1>에서 임계점의 위치를 살펴보면 기액평형 상태에서 온도를 계속 높여주다 보면 다다르는 것을 알 수 있다. 물론 증기압 곡선을 따라가므로 온도의 상승과 함께 압력도 같이 상승한다. 기체와 액체가 평형을 이루는 계면(interface)에서의 기액 평형은 기체가 액체로 응축되는 양과 액체가 기체로 증발되는 양이 서로 같은 동적 평형(dynamic equilibrium) 상태이다. 온도가 올라가면서 에너지를 가진 액체 분자들이 분자들 사이에 작용하는 potential energy를 탈피하여 기상으로 올라가려고 할 것이고 반대로 기계적 평형($P = P^{vap}$) 상태에서 증기압만큼 높은 압력으로 눌러 주면 기체 분자가 액체로 응축될 것이다. 즉, 임계점에서는 온도가 높아서 증발이 많이 일어나고 동시에 압력도 높아서 응축도 같이 많아진다는 의미인데 이를 어떻게 설명하면 좋을까?

이렇게 생각해 보자. 계면을 경계로 아래쪽에는 밀도가 높은 액체상이 존재하고 하나의 상이므로 상 내부의 밀도는 균일(homogeneous)할 것이다. 마찬가지로 위쪽에는 균일하게 밀도가 낮은 기체상이 존재한다. 이제 우리가 손가락으로 공간상의 어느 점을 지정한다면 그 지점의 밀도는 액체나 기체의 밀도 중에 하나일 것이다. 하지만 임계점을 넘어서게 되면(또는 초임계 상태로 돌입하면) 어느 지점의 측정된 밀도 값이 균일하지 않고 액체의 그것과 기체의 그것 사이에서 심하게 변동(fluctuation)이 생긴다. 말 그대로 액체도 아닌 기체도 아닌 상태이고, 이는 액체가 기체가 되거나 기체가 액체가 되는데 어려움이 없어진다는 의미이다. 물론 그 조건에서의 밀도는 시간에 따른 평균 밀도로 정의된다. 한편 Clausius-Clapeyron 식을 유도할 때 증발열이 주어진 온도 범위에서 일정하다고 하였으나 실제로 증발열은 온도가 증가함에 따라 계속 감소하다가 임계점에서 0이 된다. 상전이에 문턱(barrier)이 없기 때문이다. 참고로 천연가스 액화공정에서 이 같이 온도(또는 압력)에 따라 잠열이 변하는 성질이 이용된다.

한편 임계점도 삼중점처럼 어떤 물질의 고유 성질이므로 당연히 열역학 데이터베이스에 들어갈 가치가 있다. 나중에 van der Waals EOS나 대응상태의 원리(corresponding state theorem)에서 중요하게 다뤄질 것이므로 잘 기억하자. 그리고 화학공학 엔지니어로서 초임계 유체의 유용성에 대해 알 필요가 있으므로 간단하게 언급한다. 액체가 기체에 비해서 공학적인 관점에서 우수한 점은 무엇일까? 밀도가 크다는 것이다. 반응을 생각해 보면 밀도가 클수록 반응에 참여하는 분자들의 수가 많다는 것이므로 유리할 수밖에 없다. 그러면 반대로 기체가 액체에 비해서 유리한 점은 무엇일까? 물질 전달의 측면에서 보면 반응물이 반응이 일어나는 장소까지 액체보다는 훨씬 빠르게 이동할 것이다. 물론 반응 장소로부터 생성물이 빠져나오는 것도 마찬가지일 것이다. 따라서 초임계 유체는 이러한 액체와 기체의 장점을 모두 활용할 수 있다는 것이 특징이다. 즉, 물질 전달도 우수하고 반응 속도도 빠르다. 과거 서강대학교에서 초임계 유체 추출 공정을 이용하여 지방 성분을 현격하게 줄인 라면을 출시하여 화제가 되기도 하였다.

## 요약

- 단일 성분의 상평형도의 일반적인 형태에 대해 알아보았다. 자유도가 0인 삼중점은 그 물질의 고유 성질이며 이는 임계점도 마찬가지이다.
- 삼중점에서 세 갈래로 구분되어 나오는 융해, 증발, 승화 곡선은 단일 성분의 2상평형을 나타내며 자유도가 1이므로 온도가 주어지면 압력이 결정되거나 압력이 주어지면 온도가 결정된다.
- 평형을 이루는 두 상의 chemical potential이 같다는 조건은 각 상의 전체 Gibbs 에너지가 같다는 조건으로 연결되어 Clausius 식이 유도된다.
- 물의 경우 융해 곡선의 기울기가 (−)의 부호를 가질 수 있는데, 얼음이 액상의 물보다 부피가 크기 때문이다.
- 증발, 승화 곡선의 경우 i) 기체의 부피가 액체나 고체의 부피를 무시할 정도로 크고, ii) 기체는 높지 않은 압력에서 이상 기체처럼 행동하고, iii) 증발열과 승화열이 주어진 온도 범위에서 (또는 삼중점 근처에서) 온도와 상관없이 일정하다는 가정을 도입하면 Clausius-Clapeyron 식으로 근사할 수 있다.
- 한편 화학공학에서는 기액 평형이 매우 중요하므로 증기압에 대해 Antoine 식을 주로 사용하는데, 형태는 Clausius-Clapeyron 식과 비슷한 $\ln P$ vs. $1/T$이지만 실제 실험 데이터를 fitting(또는 regression)한 식이라서 더 정확하다.
- 임계점을 넘어선 유체는 기체도 아닌 액체도 아닌 상태로 어느 한 지점의 밀도가 액체와 기체의 밀도 사이에서 심하게 변동한다. 따라서 임계점에서 증발열은 상전이에 대한 장벽이 없으므로 0이 된다.
- 단일 성분의 자유도는 $F = 2 - \pi + 1 = 3 - \pi$이므로 0(삼중점), 1(상전이 곡선), 2 중의 하나이며 정의될 수 있는 변수는 온도와 압력이다. 혼합물인 경우는 조성도 포함되겠지만 단일 성분이므로 해당이 없다.

## 중요 개념 키워드

- 자유도
- 삼중점, 임계점
- 융해, 증발, 승화
- Clausius 식, Clausius-Clapeyron 식
- Antoine 식
- 초임계 상태, 초임계 유체

## 응용문제

**01** 아래의 데이터로부터 Freon-11의 32.78 °C에서의 증발열($\Delta H_v$)을 구하시오.

| $T$/°C | $P^{sat}$/Pa | $V_g$/(m³/kg) | $V_l$/(m³/kg) |
|---|---|---|---|
| 32.22 | 135048 | 0.1304 | 0.0007 |
| 32.78 | 137551 | 0.1282 | 0.0007 |
| 33.33 | 140089 | 0.1260 | 0.0007 |

**02** 아래의 데이터로부터 삼중점 근처에서의 벤젠의 증발열을 구하시오.

융해열: $\Delta H_{fus} = 9.91$ kJ/mol

삼중점: $T_T = 278.61$ K $\quad P_T = 48.10$ Pa

$T = 270.55$ K $\quad P^{sat} = 26.67$ Pa

**03** 어떤 압력에서 물에 대해 시간에 따라 일정한 열을 가하면서 해당 물질의 온도가 어떻게 변화하는지 대략 측정한 그래프이다. 다음 물음에 답하시오.

a) A와 B 상태에서 각각의 자유도는?

b) 다음 명제가 옳은지 답하시오.

'온도 C는 물의 삼중점의 온도보다 높다.'

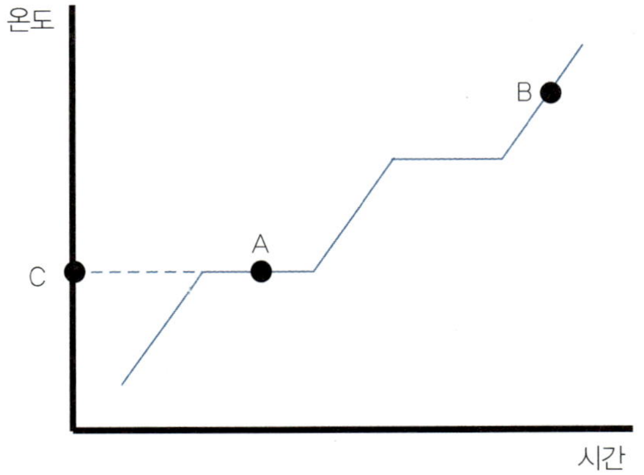


c) 또 다른 조건에서 측정한 그래프가 아래와 같다면 위 그래프와 비교하여 측정 조건이 어떻게 달라진 것인가?

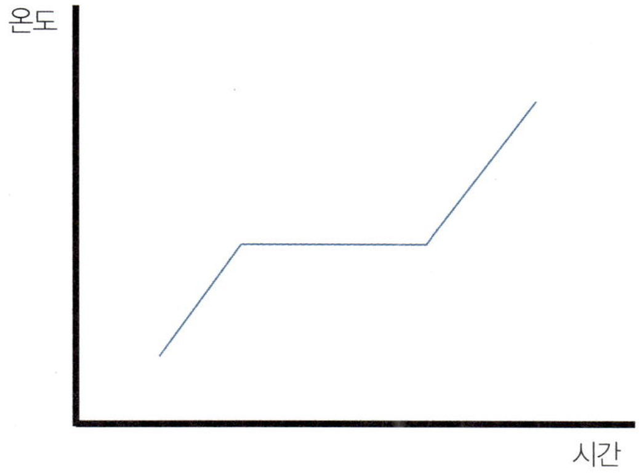


**04** 물이 아닌 일반적인 물질에 대해서 〈그림 9-1〉과 다르게 chemical potential(또는 전체 Gibbs energy)을 압력에 대해 그려본다. 상평형도에서 화살표와 같이 압력을 증가시킬 때 이에 해당하는 적절한 그래프를 그리시오.

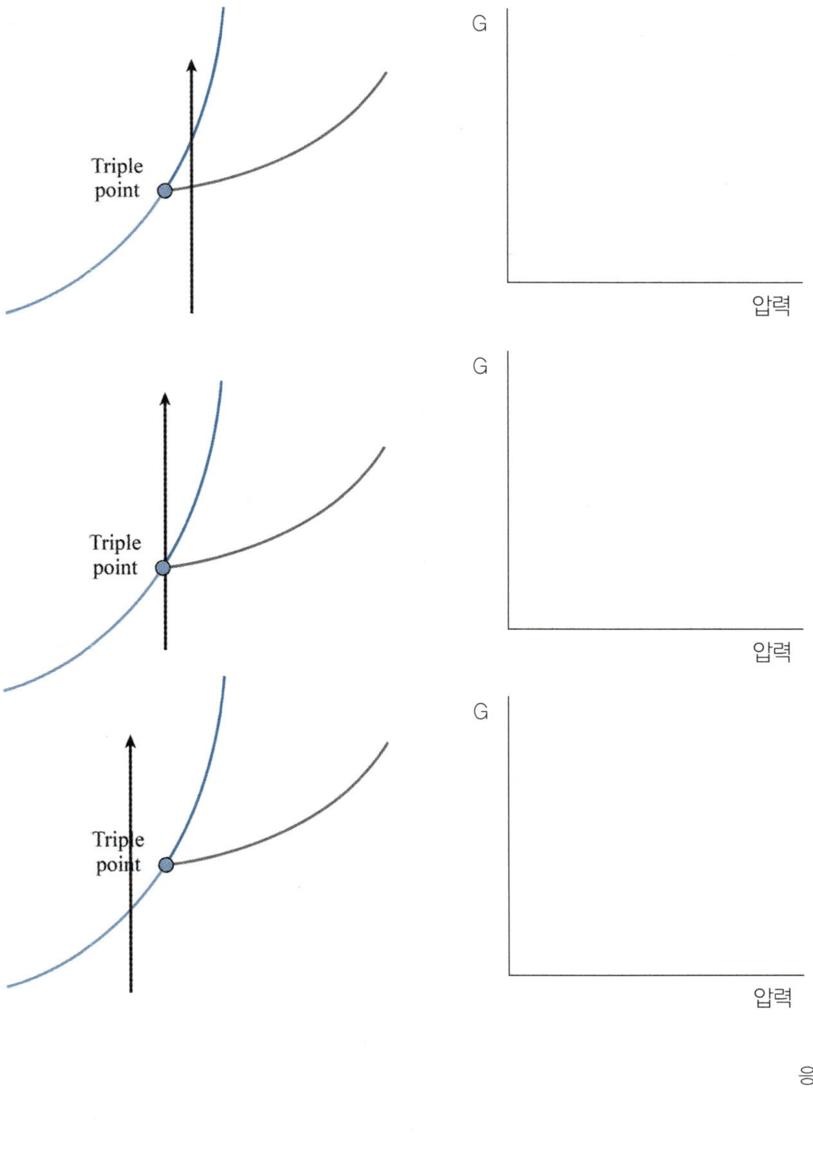

**05** 어떤 액체의 증기압이 아래와 같은 Antoine 식의 형태로 주어져 있다. 여기서 A와 B는 Antoine 상수이다. $\Delta H_V$를 식으로 나타내시오.

$$lnP^{sat} = A - \frac{B}{T}$$

**06** 피겨스케이팅 선수가 빙판 위에서 연기를 하고 있다. 빙상 경기장의 온도는 0도 이하이다. 딱딱한 스케이트 날과 딱딱한 얼음이 부딪히는데도 무리 없이 연기를 할 수 있는 이유를 설명하시오.

# 11장

# Gibbs 에너지의 두 번째 응용: 열린계

## 1 축일과 Bernoulli 식

Gibbs 에너지의 유용성은 계와 외부를 같이 고려할 필요 없이 계만 고려하면 된다는 데 있으며, Gibbs 에너지의 방향성에 대해서는 $dG \le 0$임을 배웠다. 즉, 계의 전체 Gibbs 에너지가 낮아지는 방향으로 자연의 자발적인 변화가 진행되고 $dG = 0$이 되면 평형이 이루어져 아무런 변화가 일어나지 않는다. 그렇다면 Gibbs 에너지의 크기는 어떤 물리적인 의미를 가질까? 이는 지금까지 다루어 왔던 닫힌계(closed system)보다도 현실에서 만나게 되는 대부분의 계인 열린계(open system)에서 설명하는 것이 용이하여 의도적으로 뒤로 미루었다. 참고로 닫힌계에서는 $Q$의 이동은 가능하지만 질량(mass)의 이동이 없고 열린계에서는 둘 다 가능하다. 한편 열린계에서는 $PV$ work를 제외한 다른 종류의 일도 고려되는 경우가 많다. <그림 11-1>은 고려할 수 있는 모든 에너지를 포함하는, 그리고 인입 흐름(input)과 배출 흐름(output)이 모두 존재하는 어떤 열린계의 control volume에 대한 에너지 수지를 도식화한 것이다. 이를 수식으로 옮기면 식 (11-1)~(11-3)과 같다.

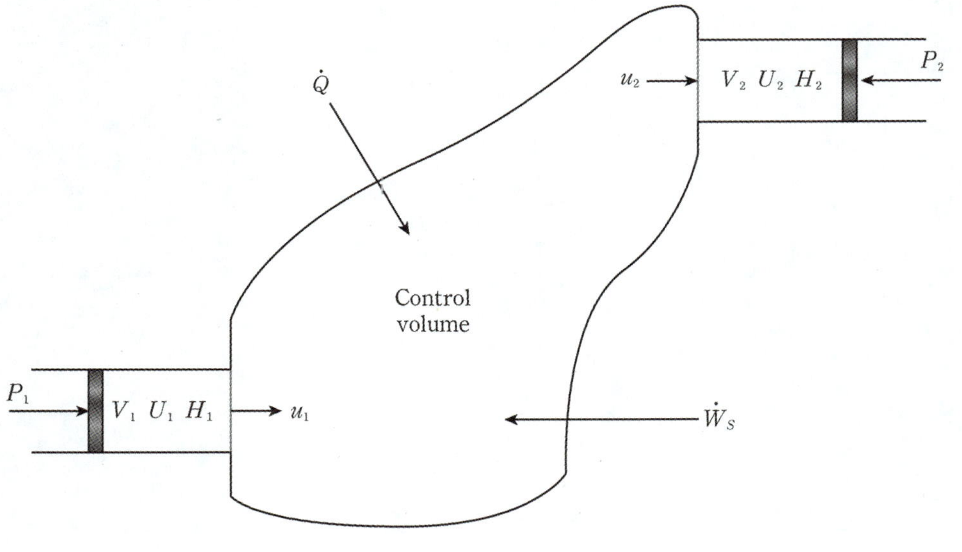


그림 11-1 열린계에서의 에너지 수지

$$\frac{d(mU)_{CV}}{dt} = -\Delta\left[\left(U+\frac{1}{2}u^2+zg\right)\dot{m}\right]_{fs} + \dot{Q} - \Delta\left[(PV)\dot{m}\right]_{fs} + \dot{W}_s \quad (11\text{-}1)$$

$$\frac{d(mU)_{CV}}{dt} = -\Delta\left[\left(H+\frac{1}{2}u^2+zg\right)\dot{m}\right]_{fs} + \dot{Q} + \dot{W}_s \quad (11\text{-}2)$$

$$\frac{d(mU)_{CV}}{dt} + \Delta\left[\left(H+\frac{1}{2}u^2+zg\right)\dot{m}\right]_{fs} = \dot{Q} + \dot{W}_s \quad (11\text{-}3)$$

우선 식 (11-1)의 좌변은 인입 흐름과 배출 흐름의 양이 같지 않을 때 control volume 내에 축적되는 에너지(energy accumulation)이다. 내부 에너지는 유체가 가지는 미시적인 운동 에너지와 potential energy를 의미하고, 열역학 제1 법칙에서는 order of magnitude의 측면에서 무시했던 거시적인 운동 에너지($\frac{1}{2}u^2$)와 위치 에너지($zg$)도 고려했다. 물론 계에 들어오거나 나가는 $Q$와 $PV$ work은 당연히 포함된다. 참고로 기호의 위쪽에 dot 표시가 되어 있는 것은 시간에 따른 양(양/시간)을 의미한다. 그런데 낯선 항이 하나 추가되었다. 축일(shaft work)이라 불리우는 $\dot{W}_S$는 $PV$ work를 제외한 모든 다른 종류의 일을 말한다. 축(shaft)이라는 용어로 표현된 이유는 이후에 다루겠지만 터빈과 압축기와 같은 장치들이 모두 어떤 축에 연결되어 전자의 경우는 터빈 blade가 돌아가면서 전기를 생산하고 후자의 경우는 반대로 전기가 공급되어 모터가 돌아가는 현상학적인 이유에 기인한다. 여기서 발생하는 전기나 들어가는 전기나 모두 $\dot{W}_s$이다. 참고로 아래첨자 $CV$는 control volume을, $fs$는 flowing stream을 의미한다.

식 (11-2)는 내부 에너지를 $PV$ work과 합쳐서 엔탈피로 바꾸어 준 것뿐이고 식 (11-3)도 식 (11-2)를 다시 써 준 것이다. 이제 적절한 가정을 부여해 보자. i) 열역학 제1 법칙에서 했듯이 거시적인 운동 에너지와 위치 에너지는 그 크기가 작아서 무시할 수 있고, ii) 정상 상태(steady state)라면 energy accumulation 항도 사라질 것이다. iii) 가역 변화라면 $Q = T\Delta S$이므로 식 (11-4)와 같은 재미있는 결과가 도출된다. 즉, 열린계에서 Gibbs 에너지 변화는 곧 그 계에서 얻을 수 있는 최대의 $\dot{W}_s$, 또는 계에 일을 해 주어야 하는 상황이라면 최소의 $\dot{W}_s$와 같아진다. 이는 교재 초반에 가역 공정일 때 계가 일을 해 주면 최대이고 일을 받으면 최소라고 했던 맥락과 닿아 있다. 어쨌든 Gibbs 에너지를 사용하는 것이 얼마나 유용한지를 다시 한번 확인할 수 있다.

$$\Delta\left[H\dot{m}\right]_{fs} - T\Delta\left[S\dot{m}\right]_{fs} = \Delta\left[G\dot{m}\right]_{fs} = \dot{W}_s \tag{11-4}$$

한편 식 (11-3)에서 i) 단열이고, ii) 정상 상태이며, iii) 계에 투입되거나 계로부터 배출되는 $\dot{W}_S$가 없고, iv) 반응이 없어 유체가 출입을 거치면서 내부 에너지 변화(또는 온도 변화)도 크지 않다고 가정하면 어떻게 될까? 실제 현장에 이런 계가 있을까? 바로 파이프를 통한 유체의 흐름이 그것인데, 유체가 펌프에서 바로 나온 후부터 어느 높이까지 이송되는 범위로 계를 설정한다. 여기서 몰 부피, 즉 $V$(m$^3$/mol)는 역수로 하면 밀도($\rho$)이므로 식 (11-5)를 쓸 수 있다.

$$\Delta\left[\left(\frac{P}{\rho} + \frac{1}{2}u^2 + zg\right)\dot{m}\right]_{fs} = 0 \tag{11-5}$$

이 관계를 Bernoulli(베르누이) 식이라고 한다. 만약 계를 펌프까지 포함해서 잡는다면 식 (11-6)처럼 써 줄 수도 있는데, 유체역학에서 배웠던 것을 떠올려 보라.

$$\Delta\left[\left(\frac{P}{\rho} + \frac{1}{2}u^2 + zg\right)\dot{m}\right]_{fs} = \dot{W}_s \tag{11-6}$$

## 2 터빈과 압축기

온도의 단위에는 섭씨(°C), 화씨(°F), 절대 온도(K), Rankine(°R) 온도가 있다. Rankine 온도는 거의 사용되지 않기 때문에 꼭 알아야 할 필요는 없지만 Rankine cycle에 대해서는 알아 둘 필요가 있다. 우리는 가장 이상적이라는 Carnot cycle을 알고 있지만 말 그대로 이상적이라서 현실에서는 구현할 수가 없다. 따라서 Rankine cycle은 실제 공정에서 구성 가능한 최고의 cycle이라 보면 된다. Rankine cycle에 들어가기 전에 터빈과 압축기에 대해서 간단한 계산을 통해 감을 잡아보자. 웹사이트 등의 문헌에서 두 장치의 내부 사진을 꼭 찾아 보기 바란다. 그러면 왜 터빈과 압축기가 PFD(process flow diagram)에 <그림 11-2>의 모양으로 표현되는지 알게 될 것이다. 예를 들어 터빈의 경우 blade를 검색해 보면 후단으로 갈수록 blade가 점점 커지는 것을 볼 수 있는데, 이는 기체가 팽창한 만큼 부피가 커

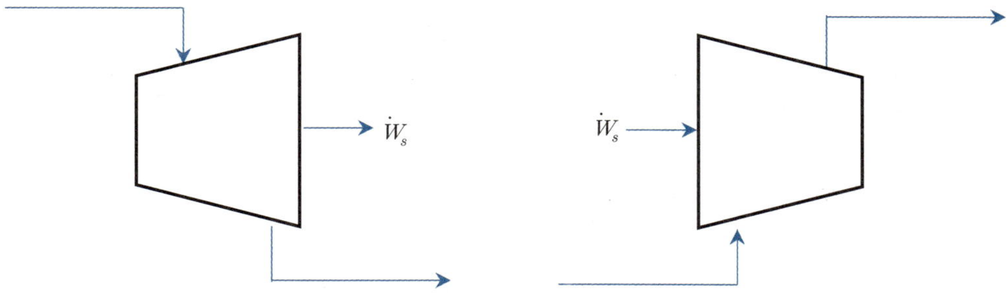


그림 11-2 터빈(좌)과 압축기(우)

지는 것을 고려한 것이다. 그래서 터빈을 expander라고 부르기도 한다.

이전에 등엔트로피 공정(isentropic process)에 대해 언급한 적이 있는데, 간단하게 가역이면서 단열인 공정(reversible adiabatic process)이라 정의할 수 있다. 이 조건에서 식 (11-4)는 식 (11-7)과 같이 간단해진다. 터빈과 압축기에 대해 다음 2개의 예제를 통해서 식 (11-7)이 어떻게 적용되는지 알아본다.[1] 터빈과 압축기에 대해서는 이 2개의 예제면 충분할 것이다.

$$\Delta \left[ H\dot{m} \right]_{fs} = \dot{W}_s \tag{11-7}$$

56,400 kW (56,400 kJ/s)의 용량을 가진 스팀 터빈이 있다. 초기 조건은 8,600 kPa, 500 °C이고 터빈의 blade에 에너지를 전달하고 터빈 하단의 응축기(condenser)로 빠져나갈 때 압력은 10 kPa이었다. 이 터빈의 효율이 0.75일 때, 배출되는 스팀의 상태를 정의해 보자.

열역학 교재는 대부분 부록에 스팀 테이블을 수록하지만, 요즘은 모바일 앱으로도 나와 있으니 필요한 데이터를 그렇게 찾아보는 것도 좋겠다. 초기 조건(8,600 kPa, 500 °C)(inlet)에서 엔탈피와 엔트로피 값은 다음과 같이 주어진다. 참고로 아래 첨자 1은 입구(초기 조건)를, 2는 출구(최종 조건)를 나타낸다.

$$H_1 = 3{,}391.6 \text{ kJ/kg},\ S_1 = 6.6858 \text{ kJ/kg} \cdot \text{K}$$

주의할 것은 이 값을 교재에서 제공하는 스팀 테이블에서 찾아야 한다면 superheated 스팀의 데이터 쪽에서 찾아야 한다는 것이다. 즉, 평형 상태로 스팀이 인입되는 것이 아니다.

1) J. M. Smith et al, *Introduction to Chemical Engineering Thermodynamics*, $8^{th}$ ed., McGraw Hill, 2017

간단하게 뜨거운 기체 상태의 스팀(건식 사우나)으로 생각해도 좋다.

우선 터빈이 가장 이상적으로 작동하는 등엔트로피 공정일 때를 생각해 볼 텐데, 최종 조건의 엔트로피가 초기 조건의 $S_1$과 같아야 할 것이다. 그리고 그 값은 최종 조건인 10 kPa에서는 평형 상태(saturated steam, 습식 사우나)의 액체상의 물과 수증기가 혼합된 배출 흐름의 엔트로피일 것이다. 정리하면 뜨거운 superheated 스팀(100% 기체)이 들어와서 터빈의 blade에 에너지를 전달하여 $\dot{W}_S$(전기)를 생산하고 액체상의 물과 수증기로 이루어진 평형 상태의 스팀으로 배출된다. 참고로 터빈 후단에 설치된 응축기는 배출되는 스팀의 수증기를 응축시켜 줌으로써 일종의 진공을 형성시켜 인입 스팀이 자연스럽게 팽창되면서 터빈의 blade를 거쳐 배출되도록 해 준다. 다만 이 예제에서 응축기는 계에 포함되지 않는다.

마찬가지로 최종 조건에서의 엔탈피와 엔트로피 값을 찾아보면 다음과 같다.

$$H_2^{\mathrm{L}} = 191.8\ \mathrm{kJ/kg},\ S_2^{\mathrm{L}} = 0.6493\ \mathrm{kJ/kg \cdot K}$$

$$H_2^{\mathrm{V}} = 2{,}584.8\ \mathrm{kJ/kg},\ S_2^{\mathrm{V}} = 8.1511\ \mathrm{kJ/kg \cdot K}$$

한편 최종 조건의 포화 스팀(saturated steam)은 액체상의 물과 수증기가 섞여 있으므로 식 (11-8), (11-9)가 성립한다.

$$H_2 = x^{\mathrm{L}} \times \mathrm{H}_2^{\mathrm{L}} + x^{\mathrm{V}} \times \mathrm{H}_2^{\mathrm{V}} = (1 - x^{\mathrm{V}}) \times H_2^{\mathrm{L}} + x^{\mathrm{V}} \times H_2^{\mathrm{V}} = H_2^{\mathrm{L}} + (H_2^{\mathrm{V}} - H_2^{\mathrm{L}}) \times x^{\mathrm{V}} \quad (11\text{-}8)$$

$$S_2 = x^{\mathrm{L}} \times S_2^{\mathrm{L}} + x^{\mathrm{V}} \times S_2^{\mathrm{V}} = (1 - x^{\mathrm{V}}) \times S_2^{\mathrm{L}} + x^{\mathrm{V}} \times S_2^{\mathrm{V}} = S_2^{\mathrm{L}} + (S_2^{\mathrm{V}} - S_2^{\mathrm{L}}) \times x^{\mathrm{V}} \quad (11\text{-}9)$$

여기서 $x^L$, $x^V$는 포화 스팀의 액체상의 물과 수증기의 비율이다. 식 (11-9)에 $S_2 = S_1 =$ 6.6858 kJ/kg · K를 넣어주면 $x^V = 0.8047$이 된다. 즉, 배출 흐름은 약 80%의 수증기와 20%의 액체상의 물이 섞여 있는 포화 스팀이라는 의미이다. 이렇게 구한 $x^V$를 식 (11-8)에 대입하면 $H_2$를 구할 수 있고 $\Delta H = H_2 - H_1 = W_S = -1{,}274.2$ kJ/kg이다. 즉, 이상적이라면 이만큼의 전기를 생산할 수 있다. 그런데 예제에서 터빈의 효율이 0.75라고 하였다. 따라서 실제로는 −1,274.2 kJ/kg의 75%인 −955.6 kJ/kg의 $W_S$를 얻게 되는 것이다. 이제 과정을 역으로 진행하여 이 값을 식 (11-8)의 $H_2$에 대입하면 $x^V = 0.9378$이 되고 예제에서 주어진 용량이 −56,000 kJ/s이므로 이를 −955.6 kJ/kg으로 나누면 처리량은 59.02 kg/s일 것이다.

이 예제를 보면서 이런 의문이 들 수 있다. 잠열이 order of magnitude가 훨씬 크니까 수증기가 액체상의 물로 응축되도록, 즉 $x^V$가 더 작아지도록 만들어 주는 것이 유리하지 않을까? 예제에서 이상적인 경우조차도 $x^V = 0.8047$로 수증기의 분율이 꽤 높았다. 실제 터빈도 superheated 스팀(기체)이 들어와서 평형 상태의 수증기(기체)가 되는 범위에서 운전한다. 쉽게 얘기하면 건식 사우나에서 습식 사우나로는 가지 않는 것이다. 분명히 무슨 이유가 있을 것이고 이 부분이 Rankine cycle을 이해하는 데 매우 중요하니 꼭 기억하기 바란다. 여하튼 계속 반복되지만 최대의 $\dot{W}_s$라는 말은 효율에 대한 가장 적절한 reference이다.

이번에는 헬륨(helium) 기체가 단열 압축기에서 초기 조건 0.1 MPa과 293 K, 최종 조건 0.5 MPa로 압축되는 경우를 생각한다. 압축기의 효율이 0.75일 때 배출되는 헬륨의 최종 온도는 얼마인지 알아보자. 해당 조건에서 헬륨은 불활성이며 단원자 분자인 기체이다. 그리고 기체에 대한 가장 좋은 reference인 이상 기체로 가정한다. 한편 equi-partition theorem에 의해 단원자 분자 기체의 물성은 $C_V = \dfrac{2}{3}R,\ C_P = \dfrac{5}{2}R,\ \gamma = C_P/C_V = 1.67$이다.

먼저 단열 공정이므로 식 (5-8)에 의해 $T_2 = 556.1$ K로 계산된다. 한편 압축기에서는 계에 일이 투입되는 것이므로 식 (11-4)에 의해 최소의 $\dot{W}_s$가 사용될 것이다. 따라서 효율은 식 (11-9)와 같이 정의된다. 터빈에서와 마찬가지로 가장 이상적인 등엔트로피 과정을 reference로 한다.

$$\text{Efficiency} = \dot{W}_S(\text{isentropic}) \,/\, \dot{W}_S(\text{actual}) = (\Delta H)_S \,/\, \Delta H = (\Delta T)_S \,/\, \Delta T \qquad (11\text{-}9)$$

식 (11-9)에 의해 계산하면 $\Delta T = (\Delta T)_S / \text{efficiency} = 263.1 / 0.75 = 350.8$ K이므로 $T_2 = 293 + 350.8 = 643.8$ K이 된다.

참고로 대부분의 석유화학 공정은 산화공정을 기반으로 하고 있기 때문에 산소가 필요한데, 공기를 압축해서 사용하는 것이 일반적이다. 매우 높은 압력의 반응기에 공기를 밀어 넣기 위해서도, 또한 압력이 높을수록 밀도가 커지므로 반응물로서 산소의 농도를 높이기 위해서도 압축기는 석유화학에서 매우 중요한 공정이 된다. 한편 산화 반응의 생성물이 물이므로 압축 공기에 수분이 들어가는 것은 반응 평형(르샤틀리에 원리)의 측면에서 바람직하지 않다. 그래서 공기를 다단(multi-stage)으로 압축하면서도 중간에 열교환기로 온도를 낮추어 공기 중 수분을 응축시켜 제거한다. <그림 10-1>에서 보듯이 압력이 높고 온도가 낮으면 수증기가 액상의 물로 응축될 가능성이 높아진다. 그리고 압축기의 압력과 비교해서 상대적으로 낮은 압력에서 액체를 이송하는 장치가 펌프(pump)이며, 그보다 아주 낮은 압력으로 기체를 이송하는 장치가 송풍기(blower)이다.

## 3 Rankine cycle

터빈과 압축기는 Rankine cycle을 구성하는 데 꼭 필요한 장치이므로 먼저 다뤘다. 터빈과 압축기가 실제 cycle에서 어떻게 사용되는지 알아보자. <그림 11-3>은 스팀을 이용하여 전기를 생산하는 화력 발전(steam power plant)의 간단한 공정도이다. 먼저 이전 응용문제에서 다루었던 보일러 장치를 통해 열이 공급되어 superheated 스팀이 생성된다. 그리고 방금 다룬 터빈을 통해 $\dot{W}_s$(전기)가 생성되고 응축기를 통해 스팀은 모두 액체상의 물로 상전이 된다. 전기는 스팀이 팽창하면서 터빈 blade가 돌아가고 축에 연결된 자석이 코일 내에서 회전하면서 유도 전류를 만들어 내는 것으로 간단하게 생각하자. 마지막으로 응축수를 펌프를 이용하여 다시 보일러로 이송함으로써 전체 cycle이 완성된다. 이 cycle에서도 결국 팽창과 압축이 반복되는 것이므로 상응하는 Carnot cycle을 정의할 수 있으며 <그림 11-4>에 이를 나타내었다.

<그림 7-4>의 *PV* domain에 그려져 있는 Carnot cycle과는 사뭇 다른 형태이다. 왜냐하

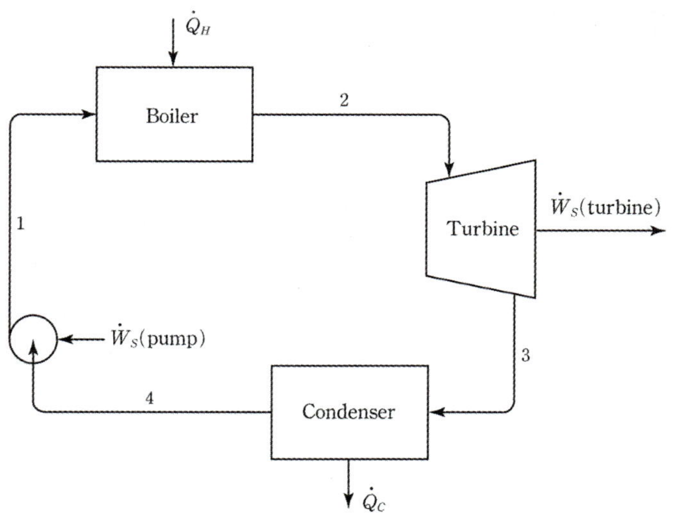


그림 11-3 Steam power plant

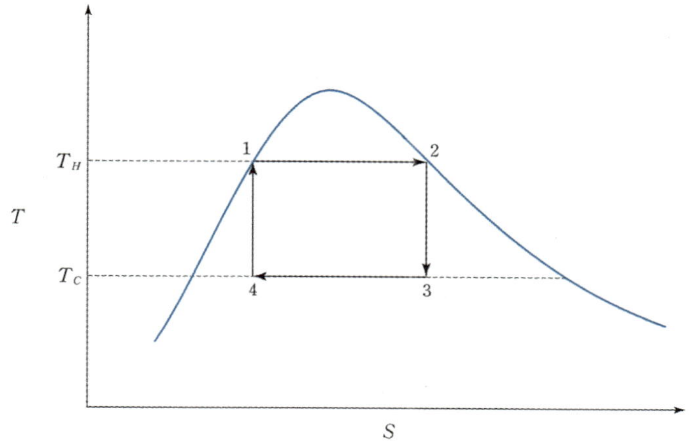


그림 11-4 TS diagram에서의 Carnot cycle

면 *TS* domain에 그렸기 때문이다. Carnot cycle이 등온 팽창(온도 일정) → 단열 팽창(엔트로피 일정) → 등온 압축(온도 일정) → 단열 압축(엔트로피 일정)이므로 <그림 11-4>의 *TS* domain에서는 네모의 형태로 그려지게 된다. 보일러에서 물을 끓이면(1 → 2) 평형 온도인 $T_H$에서 액체상의 물(saturated liquid)이 모두 수증기(saturated vapor)로 변한다. 그리고 터빈에서 잠열을 포함한 에너지를 잃으면서 다른 평형 온도인 $T_C$의 스팀이 되는데(2 → 3), 이 과정에서 액체상의 물의 분율은 상당히 높아지는 것으로 보인다. 응축기를 거치면서 유체에서 열을 더 빼앗아 액체 물의 분율이 더 커진다(3 → 4). 마지막으로 펌프가 가압을 해주어 온도가 다시 $T_H$로 올라가고 남아 있던 수증기도 가압에 의해 완전히 응축되어 보일러로 들어가기 전의 평형 상태 액체상의 물이 된다(4 → 1). 참고로 *TS* diagram은 *PV* domain에서 van der Waals EOS를 먼저 다루고 설명하면 쉬운데, 자세한 것은 나중에 van der Waals EOS에서 다루기로 한다. 간단하게 설명하면 기체와 액체가 상평형을 이루는 경우는 기체 단일상의 단순한 그림과 달리 <그림 11-4>처럼 종 모양의 그래프를 가지게 된다. 종의 극대점이 이미 배웠던 임계점이고 임계점을 중심으로 종 모양의 왼쪽은 *S*가 작은 영역이므로 액체, 오른쪽은 *S*가 큰 영역이므로 기체이다. 종의 내부는 액체와 기체가 동시에 존재하는 평형 상태를 의미한다. 예를 들어 점3은 종의 오른쪽(기체)에 가까우므로 평형 상태의 기체가 액체보다 많을 것이고 점4는 왼쪽(액체)에 가까우므로 평형 상태의 액체가 기체보다 많은 상태이다. 한편 다른 문헌에서는 *TS* diagram의 종의 왼쪽에서 증가하는 모양의 등압선이 종을 만나면 수평으로 이동한 후 다시 증가하는 모양의 등압선이 그려져 있는 것을 찾을 수 있다. 평형 상태가 아니라면 당연히 온도가 증가할수록 엔트로피도 증가하므로 증가하는 모양의 등압선을 가진다.

이제 결론으로 가 보자. <그림 11-4>의 Carnot cycle은 실제 공정에서는 적용이 불가능하여 대신에 <그림 11-5>의 Rankine cycle을 사용한다. 잘 보면 <그림 11-4>의 네모 면적에 비해서 <그림 11-5>는 면적이 더 넓어졌으므로 Carnot cycle보다는 당연히 효율이 떨어질 것이다. 뭐가 다른지 자세히 살펴본다. 보일러에서 물을 끓일 때, 등압선을 따라서 온도가 더 높아지도록 가열한다(1 → 2). $T_H$에서 평형 상태의 액체상의 물(saturated liquid)이 끓어서 평형 상태의 수증기(saturated vapor)가 된 후 열을 더 투입하면 증가하는 형태의 등압선을 따라 점2의 superheated 스팀이 되는 것이다. 그리고 터빈을 거치면서 $\dot{W}_S$로 에너지가 변환되고 유체의 온도는 $T_C$로 낮아진다(2 → 3). 그런데 이 과정에서 일부 응축이 발생하지만 <그림 11-4>와 비교해 보면 점3이 오른쪽(기체)으로 더 많이 치우쳐져 평형 상태의 기체(수증기)가 액체(액체상의 물)보다 많은 상태라는 것을 알 수 있다. 한편 그 다음 단계에서도 <그림 11-4>와 달리 수증기를 완전히 액체상의 물로 응축시켰다(3 → 4). 그리고 펌프가 $T_C$에서 평형 상태인 액체상의 물을 종의 왼쪽인 평형 상태가 아닌 액상의 물로 가압하였다(4 → 1). 참고로 점1과 2를 연결하는 그래프는 하나의 등압선에 해당하고 점3과 4는 또 다른 등압선 위에 있다. 물론 온도가 높은 위쪽 등압선의 압력이 더 높다.

그러나 굳이 효율을 포기하면서 저렇게 cycle을 구성한 이유에 대한 답이 아직 제시되지 않았다. 놀랍게도 그 이유는 열역학이 아니라 유체역학적에 가깝다. 터빈에서 수증기가 팽창한다고 하였고 만약 그 수증기 내에 응축이 발생해서 물방울이 생기면 그건 마치

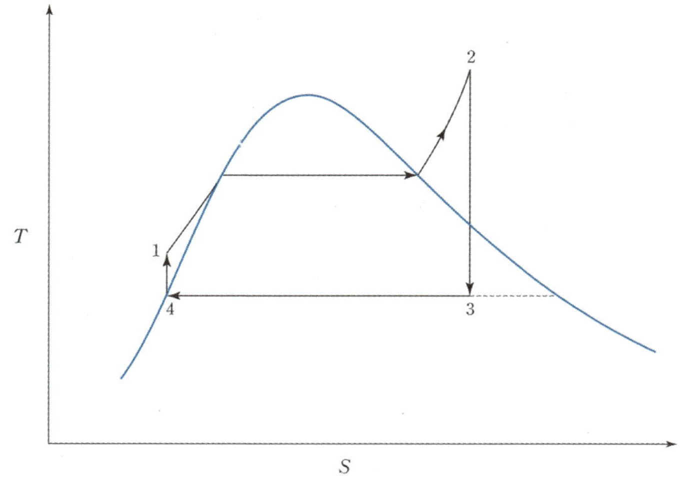


그림 11-5 TS diagram에서의 Rankine cycle

sand-blasting과 같은 효과를 발생시킨다. 즉, 침식(erosion)이 발생해서 blade가 손상되는 것이다. 그래서 가능한 액체상의 물방울이 없는 조건에서 운전하는 것이 바람직하다. 펌프의 경우도 마찬가지이다. 펌프는 가압을 시켜주는 장치는 맞지만 입구에서 유체를 빨아들이면서 유체의 압력이 잠시 하강했다가 펌프 블레이드의 회전에 의해 최종 토출압력으로 가압된다. 예를 들어 평형 상태의 액체상의 물(saturated liquid)을 펌핑(pumping)한다고 하자. 언급했듯이 펌프 입구 쪽에서 순간적으로 유체의 압력이 하강할 것이다. 그렇게 감소한 압력이 그 온도에서의 증기압보다 낮아지면 말 그대로 끓는다. 수증기가 발생하는 것이다. 그런데 수증기는 부피가 커서 넓은 공간을 차지하고 있다가 펌프 블레이드에 의해 다시 가압이 시작되면 바로 응축될 것이다. 이는 마치 진공 중에 물방울이 생겨난 것과 같다. 이 물방울들 또한 높은 운동 에너지를 가지므로 모래알의 침식을 이용하는 sand-blasting 효과가 나타난다. 펌프에 블레이드 파손 등의 고장(failure)이 발생하고, 이런 현상을 cavitation이라 한다. 물론 현장에서 펌프는 항상 2대를 운영하여 작동하던 펌프가 멈추면(또는 trip되면) 보조(spare) 펌프로 전환(switch)하면 그만이다. 그러나 터빈은 엄청나게 큰 설비라서 펌프처럼 2개를 운영할 수 없다. 참고로 펌프의 cavitation을 근본적으로 방지하기 위해서는 펌프 전단에 열교환기를 설치해서 유체의 온도를 낮추어주면 유체의 증기압도 같이 낮아지므로 펌프에 유입될 때 유체의 압력이 떨어지더라도 cavitation이 발생하지 않는다.

다음은 압축기가 중요한 역할을 하는 냉동(refrigeration) cycle의 공정도와 *TS* diagram을 <그림 11-6>에 나타내었다. 우선 이 cycle은 물을 매개체로는 절대 불가능할 것이라는 것을 알 수 있다. 냉동의 원리는 간단하게 냉장고 내처럼 낮은 온도에서도 기화할 수 있는 냉매를 사용하여 그만큼의 잠열을 빼앗아 가는 것이다. <그림 11-6>을 보면 냉장고 내의 낮은 온도이지만 냉매가 기화되어 열을 더 빼앗아 간다(1 → 2). 그리고는 압축기에서 높은 압력으로 압축되면서 온도도 같이 상승한다(2 → 3). 이 압축된 고온의 냉매를 응축기(condenser)에서 액체로 응축시키는데(3 → 4), 이때 열이 외부로 방출되어 냉장고의 뒤가 다른 곳보다 후끈한 것을 경험적으로 알 것이다. 마지막으로 고압의 액체를 갑자기 구경이 넓어지는 throttle valve를 지나게 하면 압력이 낮아지면서 일부 증발하게 된다(4 → 1). 아직 증발하지 않은 액체 용매가 다시 냉장고 내에서 기화되며 열을 빼앗는 과정으로 돌아간다. 여기서도 압축기 인입 전에 100% 기체로 만들어 주는 것이 좋다. 고속으로 회전

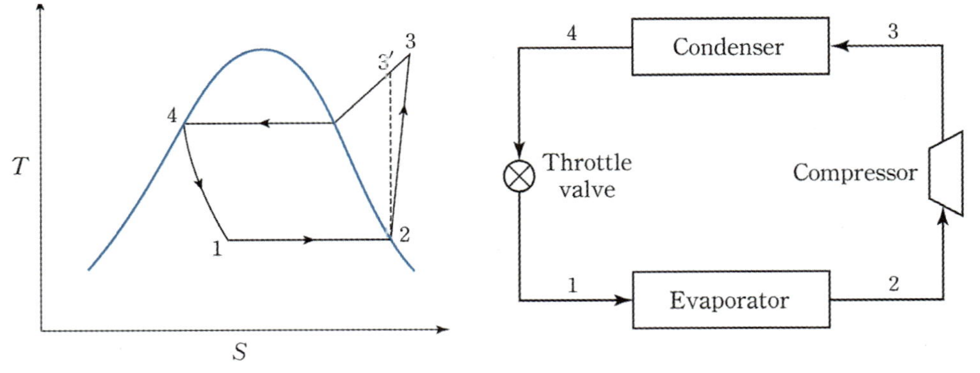


그림 11-6 Refrigeration cycle

하는 압축기의 blade에 운동량을 가진 액체가 유입되는 것은 바람직하지 않기 때문이다. Throttle valve의 경우는 구경이 점진적으로 넓어지도록 되어 있는 파이프로 내부에 터빈의 blade와 같은 어떤 부속도 없기 때문에 팽창과 함께 응축이 일어나더라도 터빈에서처럼 침식이 발생하지 않는다. 참고로 겨울에 낮은 온도의 실외에서 열을 빼앗아 실내로 열을 공급해 주도록 <그림 11-6>의 냉동 cycle이 사용되는 장치를 heat pump라고 한다.

### 요약

- 열린계에서 에너지 수지를 세우면 $\Delta[H\dot{m}]_{fs} - T\Delta[S\dot{m}]_{fs} = \Delta[G\dot{m}]_{fs} = \dot{W}_s$를 얻을 수 있다. 계가 일을 해 주는 경우면 최대의 축일($\dot{W}_S$)이, 계가 일을 받는 경우라면 최소의 축일이 Gibbs 에너지의 변화와 같게 된다.
- 최대 또는 최소의 축일은 실제 공정의 효율을 정의하는데 유용한 reference이다.
- 축일은 *PV* work를 제외한 나머지 종류의 일을 말하며, 계에서 얻는 전기 또는 계에 제공하는 전기가 대표적이다.
- 터빈과 압축기를 해석할 때 가장 이상적인 등엔트로피(가역 & 단열) 공정에서의 $\dot{W}_s$를 먼저 계산하고 터빈처럼 계가 일을 해 주면 $\dot{W}_s$가 효율을 정의할 때 분자로, 압축기처럼 계에 일을 해 주면 $\dot{W}_s$가 효율의 분모로 간다.
- 터빈과 압축기가 적용된 화력발전 cycle과 냉동 cycle을 다루었다. 이론적으로 Carnot cycle이 정의될 수 있지만, 실제에서는 유체의 이송에서 발생하는 침식이나 cavitation 등의 문제를 방지하기 위해 Rankine cycle을 구성한다.

### 중요 개념 키워드

- 열린계, 에너지 수지
- $\Delta[H\dot{m}]_{fs} - T\Delta[S\dot{m}]_{fs} = \Delta[G\dot{m}]_{fs} = \dot{W}_s$, 축일
- 베르누이 식
- 터빈, 압축기
- 등엔트로피 공정
- 화력 발전 cycle, 냉동 cycle
- Rankine cycle
- 침식, cavitation

## 응용문제

**01** 다음과 같이 작동하는 PEMFC(proton-exchange membrane fuel cell)를 생각해 보자. 알짜 반응(net reaction)은 아래와 같이 물이 만들어지는 반응이다. 25 ˚C과 1 atm에서 이 PEMFC가 얻을 수 있는 최대 에너지는 얼마인가? 반응에 관련된 물질들의 표준 생성 Gibbs 에너지는 웹사이트 등에서 직접 검색해 보시오.

$$H_2(g) + \frac{1}{2}O_2(g) \leftrightarrow H_2O(g)$$

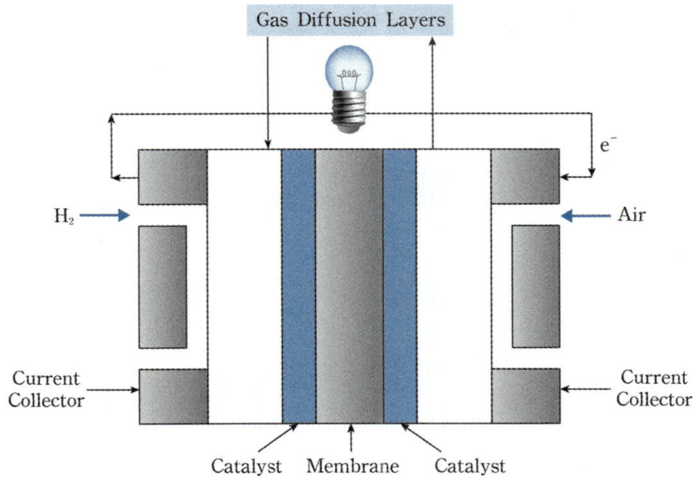

**02** 대기 중의 공기가 건물의 냉방을 위해 38 °C(건물 외부의 온도 = 311.15 K)에서 15 °C(건물 내부의 온도 = 288.15 K)로 지속적으로 냉각된다고 한다. 처리되는 공기의 양은 상온(298 K), 대기압(1기압 = 1 × $10^5$ Pa = 1 × $10^5$ N/$m^2$)에서 측정했을 때 0.5 $m^3$/s이다. 이 계에 투입되는 최소의 일의 양 또는 최소의 냉방기 용량(*W* 또는 J/s)은 얼마인지 계산하시오. 공기의 $C_P$는 29.2 J/mol·K이다.

**03** 메테인(methane)이 초기 조건 0.69 MPa, 26.7 °C에서 3.45 MPa로 압축기를 통해 압축된다. 압축기는 단열로 유지되고 있으며 등엔트로피 압축과 비교하여 80%의 효율을 가진다고 한다. 이 과정에서 필요한 압축기의 용량(kW = kJ/s)을 구하시오. 압축기로 처리되는 양은 0.1013 MPa, 15 °C에서 30,000 $m^3$/h이다.

0.69 MPa과 26.7 °C에서: ㅓ = 946.7 kJ/kg, S = 6.071 KJ/kg·K
3.45 MPa에서:

| T/°C | H/(KJ/kg) | S/(KJ/kg·K) |
|---|---|---|
| 38 | 949.6 | 5.264 |
| 150 | 1236.7 | 6.041 |
| 155 | 1250.3 | 6.075 |
| 160 | 1263.9 | 6.108 |
| 165 | 1277.5 | 6.139 |
| 170 | 1291.1 | 6.169 |
| 175 | 1304.8 | 6.199 |
| 180 | 1318.4 | 6.227 |
| 185 | 1332.0 | 6.253 |

**04** 스팀 테이블을 활용하는 문제를 풀어보자. 핸드폰의 앱을 이용하면 편할 것이다.

a) 부피가 3.5 $m^3$인 드럼(drum)이 1 bar, 210 °C 스팀을 보유하고 있다. 이 드럼에 있는 스팀의 질량은?

b) 20 bar에서 15%의 수증기를 가진 wet steam이 단열된 드럼에 들어 있다. 이 드럼의 온도는?

c) b)의 드럼에 들어있는 스팀의 전체 질량이 525 kg이라면 필요한 드럼의 부피는?

**05** Piston-cylinder apparatus에 들어 있는 5 kg의 스팀이 초기 1.4 bar, 150 °C에서 등온 압축되어 최종 어떤 saturated vapor(100% 평형 수증기)가 된다고 한다. 이 과정의 *Q*와 *W*를 계산하시오.

**06** 어떤 탱크(tank)에 10 bar에서 평형을 이루는 액체상의 물과 수증기가 전체 질량 1 kg 들어 있다. 그런데 수위를 살펴보니 액체상의 물이 탱크의 정중앙에 있는 것이 관찰되었다. 이 탱크에 있는 스팀의 엔탈피는?

**07** 스팀이 250 °C, 50 kPa에서 250 °C, 100 kPa로 등온 압축된다. 이때의 $\Delta S$를 스팀 테이블에서 데이터를 찾아서 구하시오. 한편 스팀을 이상 기체로 가정하여 $\Delta S$를 구한 후에 두 값을 비교해 보고 적절한 결론을 도출하시오.

**08** 압력밥솥(sealed pressure cooker)에 5 bar, 200 °C의 스팀이 들어있다. 이 스팀이 평형 상태의 수증기(saturated vapor)가 될 때까지 밥솥이 식는다.

a) 최종 온도는 얼마인가?
b) 식는 과정에서 얼마만큼의 열이 제거되는가?
c) 밥솥 내의 스팀이 완전히 응축되어 평형 상태의 액체상의 물(saturated liquid)이 되려면 추가로 얼마만큼의 열이 더 제거되어야 하는가?

**09** 이번에는 스팀이 아닌 물질에 대해 연습해 보자. 10 bar, 50 °C 조건의 1몰의 액체 헥세인(hexane)이 250 °C, 10 bar 조건의 2 mol의 기체 헥산과 혼합된다. 한편 이 과정은 닫힌계에서 constant pressure, 단열 조건에서 진행된다고 한다. 최종 평형 상태에서 기상과 액상의 비율은? 주어진 데이터는 아래와 같다.

$T^{sat}$ (10 bar에서) = 165.7 °C

$H^{L,sat}$ (10 bar에서) = 22.645 kJ/mol

$H^{V,sat}$ (10 bar에서) = 43.320 kJ/mol

$C_P^L$ = 263.64 J/mol·K

$C_P^V$ = 226.34 J/mol·K

12장

# Gibbs 에너지의 세 번째 응용: 반응 평형

1. Reaction coordinate
2. 르샤틀리에 원리
3. 열역학 소프트웨어 알고리즘

열역학 과목은 두 학기로 나누어서 수업하는 것이 보통이며, 일반적으로 11장까지의 내용을 첫 학기(열역학1)에 다룬다. 즉, 단일 성분-단일상 계와 단일 성분-다상 계를 먼저 다루고, 그다음 학기(열역학2)에 다성분-단일상 계와 다성분-다상 계를 다루는 것이다. 그러나 이 교재에서는 반응 평형(reaction equilibrium)과 총괄성(colligative property)을 Gibbs 에너지의 응용으로 간주하여 앞부분에 수록하고자 한다. 대신에 쉽게 이해할 수 있는 이상 기체 혼합물에 대한 반응 평형만을 다루고, 이를 일반적인 혼합물로 확장하는 것은 열역학2의 끝부분에 진행할 것이다. 그리고 대부분의 교재에서 열역학1의 범위로 다루어지는 실제 기체를 열역학2로 이동하면 범위에 있어 열역학1과 열역학2의 대략적인 균형이 맞추어진다.

## 1 Reaction coordinate

이번 장에서는 르샤틀리에 원리(Le Châtelier principle)를 지금까지 배운 수학적인 정의와 관계식으로부터 정합성 있게 유도할 것이다. 편의상 기상 반응을 가정하여 다성분-단일상 계를 다루고자 한다. 반응물들은 모두 이상 기체라고 가정한다. 이후에 언급하겠지만 기상 반응 평형조차도 손으로 계산할 수 있는 단계를 넘어가므로 전체적으로 계산 자체보다는 반응물 및 생성물이 반응 평형을 이룬다는 것이 어떤 의미인지, 계산은 어떤 방식으로 이루어지는지를 중점적으로 살펴보면 좋다.

잠시 앞에서 다루었던 내용을 복습하면, chemical potential을 혼합물 중 해당 성분이 첨가 또는 제거될 때, 계 전체의 Gibbs 에너지가 변화하는 방향이라 정의했다. 예를 들어 혼합물 중 A의 chemical potential은 주어진 조성에서 (+)의 부호를 갖고 B와 C는 (-)의 부호를 갖는다고 하자. 자발적인 반응(또는 변화)의 조건은 $dG < 0$, 즉 전체 계의 Gibbs 에너지가 줄어드는 방향이므로 A는 없어지고 B와 C가 많아져야 할 것이다. 다시 말해 A가 분해되어 B와 C가 생성되는 반응이 일어나는 것이다. 그런데 chemical potential은 온도, 압력 이외에 혼합물에 대한 열역학 성질이므로 조성에 관한 함수이다. 반응 온도와 압력은 일정하게 유지하는 것이 가능하지만 반응이 진행됨에 따라 혼합물의 조성은 지속적으로 변

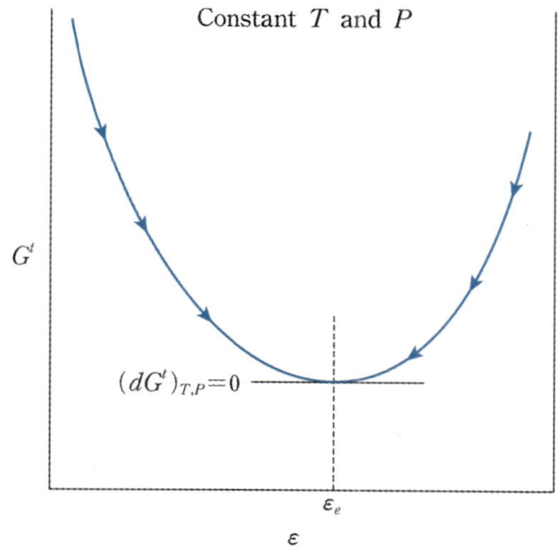


그림 12-1 Reaction coordinate(또는 conversion)에 따른 계 전체의 Gibbs 에너지 변화

할 것이다. 만약 위 반응이 계속 진행되어 A가 모두 없어진다면 그건 비가역반응인 경우이다. 하지만 가역 반응이라면 A가 없어지면서 B와 C가 계속 생성되다가 어느 지점을 지나면서 chemical potential이 조성의 함수이므로 A의 chemical potential이 (−) 부호로 바뀌고 B와 C의 chemical potential은 (+) 부호로 바뀔 수 있다. 그렇게 되면 이번에는 B와 C가 없어지고 A가 생성되는 역반응으로 계 전체의 Gibbs 에너지가 줄어들게 된다. 이렇게 어떤 지점에서는 정반응과 역반응의 속도가 같아지는 동적 평형이 형성되고 이를 반응 평형(reaction equilibrium)이라고 부른다. 그림으로 그리면 <그림 12-1>과 같다. 여기서 $x$축은 reaction coordinate, 또는 익숙한 용어로 전화율(conversion)이라고 불러도 좋다. Conversion을 번역하면 전환율이 더 적절해 보이지만 반응공학에서는 전통적으로 전화율이라는 용어를 써 왔다.

그럼 reaction coordinate에 대해서 좀 더 알아보자. 다음과 같은 반응에서 반응 계수(stoichiometric number)는 아래와 같이 쓸 수 있다.

$$CH_4 + H_2O \leftrightarrow CO + 3H_2$$
$$\nu CH_4 = -1,\ \nu H_2O = -1,\ \nu CO = 1,\ \nu H_2 = 3$$

반응이 진행됨에 따라 물질들은 반응 계수의 비에 따라 없어지거나 생성될 것이다. 예를 들어 반응에 의해 0.5몰의 $CH_4$가 사라지면 0.5몰의 $H_2O$도 사라지고 반면 0.5몰의 CO와

1.5몰의 $H_2$가 생성된다. 이 관계를 식으로 쓰면 식 (12-1), (12-2)와 같다. 여기서 $\varepsilon$가 반응의 진행 정도(progress)를 나타내며 reaction coordinate라고 부른다.

$$\frac{dn_1}{\nu_1} = \frac{dn_2}{\nu_2} = \frac{dn_3}{\nu_3} = \cdots \equiv d\epsilon \tag{12-1}$$

$$dn_i = \nu_i d\epsilon \tag{12-2}$$

식 (12-2)를 식 (8-22)에 대입하고 평형 조건 $dG = 0$에서 반응 온도와 압력이 주어진다면 식 (12-3)을 얻을 수 있다.

$$dG = -SdT + VdP + \mu_1 dn_1 + \mu_2 dn_2 + \cdots = -SdT + VdP + \sum_i \nu_i \mu_i d\epsilon$$

$$(dG^t)_{T,P} = 0 = \sum_i \nu_i \mu_i \tag{12-3}$$

이제 반응 평형에 관한 식 (12-3)을 하나 얻었다. 그런데 식 (12-3)을 이용하려면 혼합물에서의 각 물질의 chemical potential이 어떻게 정의되는지 알아야만 한다. 여기서는 가장 간단한 정의를 내리도록 하고 더 자세한 내용은 나중에 열역학2 범위에서 다룰 것이다.

단일 성분 이상 기체에 대하여 온도가 주어진다면(즉, constant temperature) 식 (12-4)를 쉽게 쓸 수 있어야 한다.

$$dG_i^{ig} = V_i^{ig} dP = -\frac{RT}{P} dP = RTdlnP \tag{12-4}$$

식 (12-4)를 적분하면 간단하게 식 (12-5)처럼 쓸 수 있다. 온도가 주어졌으므로 온도에 대한 어떤 함수, $F_i(T)$는 주어진 온도에서 상수일 것이다.

$$G_i^{ig} = F_i(T) + RTlnP \tag{12-5}$$

다음 이상 기체 혼합물 내에서 어떤 물질의 chemical potential은 단일 성분의 식 (12-5)를 차용해서 식 (12-6)과 같이 쓸 수 있다. 다만 식 (12-5)와 다른 부분은 혼합물이므로 압력 대신에 혼합물 내에서 해당 물질의 유효 압력인 분압, $y_iP$를 써 준 것뿐이다. 이상 기체 혼합물 내에서 각 물질은 다른 물질들이 존재하는 것 자체를 모르고 있을 것이기 때문이다.

$$\mu_i^{ig} = F_i(T) + RTln y_i P = F_i(T) + RTln p_i \quad (12\text{-}6)$$

식 (12-6)에서 식 (12-5)를 빼 주고 대기압($P^o$)을 reference로 잡아주면 식 (12-7)이 얻어진다. 이는 이상 기체 혼합물 내의 어떤 성분의 chemical potential을 정의하는 식이다.

$$\mu_i^{ig} = G_i^{o,ig} + RTln\frac{p_i}{P^o} \quad (12\text{-}7)$$

복잡한 유도처럼 보이지만 결국 알고 있는 값들을 이용해 혼합물에서 chemical potential을 정의하려는 노력일 뿐이다. 식 (12-7)을 보면 혼합물에서 어떤 성분의 chemical potential은 그 성분이 단일 성분(또는 순수 성분)일 때의 Gibbs 에너지에, 주어진 온도에서 혼합 때문에 발생하는 보정 부분이 더해진 형태이다.

## 2 르샤틀리에 원리

이제 앞서 구했던 평형 관계식 식 (12-3)을 쓸 준비가 되었다. 반응 aA + bB ↔ cC + dD에 대해 어떤 결과를 얻게 될지 살펴보자. 식 (12-3)을 주어진 반응식에 대해 쓰면 식 (12-8)이 된다. 그다음 식 (12-7)을 식 (12-8)에 대입해서 정리한다. 식 (12-9), (12-10)을 거쳐 최종적으로 식 (12-11)을 얻을 수 있다.

$$0 = c\mu_C + d\mu_D - a\mu_A - b\mu_B \quad (12\text{-}8)$$

$$0 = cG_c^{o,ig} + cRTln\left(\frac{p_C}{P^o}\right) + dG_D^{o,ig} + dRTln\left(\frac{p_D}{P^o}\right) - aG_A^{o,ig} - aRTln\left(\frac{p_A}{P^o}\right) - bG_B^{o,ig} - bRTln\left(\frac{p_B}{P^o}\right) \quad (12\text{-}9)$$

$$0 = cG_C^{o,ig} + dG_D^{o,ig} - aG_A^{o,ig} - bG_B^{o,ig} + RTln\frac{\left(\frac{p_C}{P^o}\right)^c\left(\frac{p_D}{P^o}\right)^d}{\left(\frac{p_A}{P^o}\right)^a\left(\frac{p_B}{P^o}\right)^b} = \Delta G_{rxn}^{o,ig} + RTlnK \quad (12\text{-}10)$$

$$\exp\left(-\frac{\Delta G_{rxn}^{o,ig}}{RT}\right) = K = \frac{\left(\frac{p_C}{P^o}\right)^c\left(\frac{p_D}{P^o}\right)^d}{\left(\frac{p_A}{P^o}\right)^a\left(\frac{p_B}{P^o}\right)^b} = \frac{y_C^c y_D^d}{y_A^a y_B^b}\left(\frac{P}{P^o}\right)^{c+d-a-b} \quad (12\text{-}11)$$

여기서 $K$는 평형 상수(equilibrium constant)이다. 하지만 식 (12-11)의 맨 오른쪽 수식 모양 중 $(P/P^{o})^{c+d-a-b}$ 형태는 조금 낯설 것이다. 식 (12-7)에서 자연대수 괄호 내에는 단위가 없어야 하기 때문에 이런 형태가 도출된다. 식 (12-11)의 좌변을 보면 각 물질의 표준 생성 Gibbs 에너지로부터 계산되는 표준 반응 Gibbs 에너지를 $RT$로 나눈 형태를 가지므로 온도에 대한 함수임을 알 수 있다.

i) 첫 번째 르샤틀리에 원리는 반응물이나 생성물의 첨가에 따른 평형 이동에 관한 것이다. 식 (12-11)에서 좌변은 이미 언급했듯이 온도의 함수이다. 따라서 반응 온도가 주어지면 변하지 않는 상수 값을 갖는다. 그래서 평형 상수라 불린다. 이제 식 (12-11)의 우변을 보자. 반응 압력도 주어졌으므로 $(P/P^{o})^{c+d-a-b}$도 상수이다. 이제 몰분율로 구성된 항이 남는데 반응물의 몰분율은 분모에, 생성물의 몰분율은 분자에 각각 위치한다. 그럼 반응물 A를 첨가하면 어떻게 될까? 분모가 커졌다. 한편 평형 상수는 말 그대로 바뀌는 값이 아니다. 따라서 분모를 줄이고 분자가 커지는 방향(정반응)으로 평형이 이동해야 평형 상수 값을 찾아갈 수 있다.

ii) i)에서 조성에 의한 영향을 보았으므로 압력에 의한 영향으로 넘어가 본다. $(P/P^{o})^{c+d-a-b}$ 항이 중요해질 거라는 것을 직관적으로 알 수 있다. 반응물과 생성물의 각각의 계수의 합이 같다면, $c + d - a - b = 0$이므로 이 항은 1이 되어 압력에 의한 영향은 없게 된다. 한편 $(c + d) > (a + b)$이면 압력 $P$는 반응물의 몰분율과 함께 분자에 위치한 꼴이다. 압력이 높아지면 어떻게 될까? i)에서 했던 방식을 그대로 따라가 보자. 분자가 증가할 것이다. 그런데 평형 상수 값을 찾아가야 하므로 옆에 있는 몰분율 항에서 분자를 줄이고 분모를 늘이는 방향(역반응)으로 평형이 이동할 것이다. 압력이 높아지면 기체의 몰수가 줄어드는 방향으로 반응 평형이 이동한다는 두 번째 르샤틀리에 원리이다.

iii) 마지막으로 온도에 의한 영향이다. 온도에 따라 평형이 어떻게 변화하는지를 알려면 평형 상수를 온도에 대해서 미분하면 된다. 따라서 식 (12-11)을 온도에 대해 미분하면 식 (12-12)가 된다.

$$\frac{d(lnK)}{dT} = \frac{d}{dT}\left(-\frac{\Delta G^{o,ig}_{rxn}}{RT}\right) \tag{12-12}$$

그런데 식 (8-7)로부터 식 (12-13)이 성립하고 편미분의 정의에 따라 식 (12-12)를 활용하면 식 (12-14)를 얻는다. 이를 van't Hoff 법칙이라고 하며, 초기 조건과 최종 조건에 대해 풀어 쓰면 식 (12-15)가 된다. 참고로 8장과 9장에서 배운 일반식들은 편리하게도 형태만 일관적이면 자유자재로 사용할 수 있다. 식 (12-13)도 식 (8-7)의 모든 항에 °와 Δ를 붙였을 뿐이다.

$$d\left(\frac{\Delta G°}{RT}\right)=\frac{\Delta V}{RT}dP-\frac{\Delta H°}{RT^2}dT \tag{12-13}$$

$$\frac{dlnK}{dT}=\frac{\Delta H°}{RT^2} \tag{12-14}$$

$$ln\frac{K_2}{K_1}=-\frac{\Delta H°_{rxn}}{R}\left(\frac{1}{T_2}-\frac{1}{T_1}\right) \tag{12-15}$$

한편 식 (12-14)를 보면 발열 반응일 때 우변은 (−) 부호를 가지게 되어 좌변에서 온도가 올라갈수록 ln *K*(또는 *K*)의 값은 감소해야 한다. 즉, 식 (12-11)의 몰분율 항에서 분자가 줄고 분모가 늘어난다는 의미이므로 역반응이 일어난다. 고등학교 과정에서 계에 주어진 열을 제거하는 방향으로 평형이 이동한다고 배웠을 것이다. 응용문제를 통해 이해도를 높이기를 바란다.

## 3 열역학 소프트웨어 알고리즘

마지막으로 *ThermoCalc*.와 같은 열역학 소프트웨어에서 어떤 식으로 반응 평형 계산이 이루어지는지 알고리즘을 파악해 보자. 평형 계산은 반응 설계의 기본이므로 알고리즘 정도는 알고 있는 것이 좋다. 다음과 같은 초기 조성을 가진 기체 혼합물이 있다고 하자.

| | |
|---|---|
| $H_2$(g) | 0.05 mol |
| $O_2$(g) | 0.05 mol |
| $H_2O$(g) | 0.15 mol |

| | |
|---|---|
| $CO(g)$ | 0.25 mol |
| $CO_2(g)$ | 0.40 mol |
| $CH_4(g)$ | 0.10 mol |

이 혼합물이 600 °C, 1 bar에서 반응 평형을 이룰 때 평형 조성을 구하려고 한다. 여기서 초기 조성, 온도, 압력은 소프트웨어에 입력하는 값이다.

구해야 하는 변수는 각 물질의 몰수가 되고 총 6개이다. 따라서 6개의 독립적인 식이 있으면 연립해서 컴퓨터가 풀어줄 것이다. 제일 먼저 눈에 보이는 것은 원소의 물질 수지이다. 원소가 3개이므로 아래 3개의 물질 수지가 성립한다. 우변은 초기 조건이고 좌변은 최종 조건이다.

$$\text{H 원소: } n_{H2} + n_{H2O} + n_{CH4} = 0.02 \times 2 + 0.15 \times 2 + 0.1 \times 4$$

$$\text{O 원소: } n_{O2} + n_{H2O} + n_{CO} + n_{CO2} = 0.05 \times 2 + 0.15 + 0.25 + 0.4 \times 2$$

$$\text{C 원소: } n_{CO} + n_{CO2} + n_{CH4} = 0.25 + 0.40 + 0.1$$

이제 3개의 식을 더 찾아야 하는데 다음과 같은 행렬 연산(matrix operation)을 소프트웨어가 자동으로 수행하므로 걱정할 필요는 없다. 원래 열역학 소프트웨어는 데이터베이스로부터 C, O, H로 이루어진 모든 물질을 소환한다. 그렇게 되면 물질의 수도 많아지고 따라서 변수가 많아진다. 물론 컴퓨터는 개의치 않지만 여기서는 소프트웨어의 데이터베이스에 C, O, H로 이루어진 물질이 예제에서 주어진 6개만 있다고 생각한다. 우선 이 행렬의 rank가 6 − 3 = 3이므로 3개의 독립적인 식이 나올 거라는 것을 미리 알 수 있다. 행렬 연산은 아래를 참조하고 이를 Etalon 행렬 연산이라 부른다.

| | $H_2(g)$ | $O_2(g)$ | $H_2O(g)$ | $CO(g)$ | $CO_2(g)$ | $CH_4(g)$ |
|---|---|---|---|---|---|---|
| H | 2 | 0 | 2 | 0 | 0 | 4 |
| O | 0 | 2 | 1 | 1 | 2 | 0 |
| C | 0 | 0 | 0 | 1 | 1 | 1 |

H 및 O 행에 각각 ½ 곱하기

| | $H_2(g)$ | $O_2(g)$ | $H_2O(g)$ | $CO(g)$ | $CO_2(g)$ | $CH_4(g)$ |
|---|---|---|---|---|---|---|
| H | 1 | 0 | 1 | 0 | 0 | 2 |
| O | 0 | 1 | 1/2 | 1/2 | 1 | 0 |
| C | 0 | 0 | 0 | 1 | 1 | 1 |

CO와 $H_2O$ 바꾸기

| | $H_2(g)$ | $O_2(g)$ | $CO(g)$ | $H_2O(g)$ | $CO_2(g)$ | $CH_4(g)$ |
|---|---|---|---|---|---|---|
| H | 1 | 0 | 0 | 1 | 0 | 2 |
| O | 0 | 1 | 1/2 | 1/2 | 1 | 0 |
| C | 0 | 0 | 1 | 0 | 1 | 1 |

O행에서 ½ × C행 한 후 O행에 쓰기

| | $H_2(g)$ | $O_2(g)$ | $CO(g)$ | $H_2O(g)$ | $CO_2(g)$ | $CH_4(g)$ |
|---|---|---|---|---|---|---|
| H | 1 | 0 | 0 | 1 | 0 | 2 |
| O | 0 | 1 | 0 | 1/2 | 1/2 | -1/2 |
| C | 0 | 0 | 1 | 0 | 1 | 1 |

뒤의 3열에 마이너스를 붙여서 아래와 같이 배치한 후 밑에 I 행렬 쓰기

| | | | |
|---|---|---|---|
| -1 | 0 | -2 | $H_2(g)$ |
| -1/2 | -1/2 | 1/2 | $O_2(g)$ |
| 0 | -1 | -1 | $CO(g)$ |
| 1 | 0 | 0 | $H_2O(g)$ |
| 0 | 1 | 0 | $CO_2(g)$ |
| 0 | 0 | 1 | $CH_4(g)$ |

여기서 1열, 2열, 3열은 각각 독립적인 반응의 반응 계수를 나타낸다. 따라서 아래의 3가지 독립적인 반응식을 쓸 수 있다.

$$H_2(g) + \frac{1}{2}O_2(g) \leftrightarrow H_2O(g)$$

$$\frac{1}{2}O_2(g) + CO(g) \leftrightarrow CO_2(g)$$

$$2H_2(g) + CO(g) \leftrightarrow CH_4(g) + \frac{1}{2}O_2(g)$$

3개의 물질 수지식에 3개의 평형 관계식까지 총 6개의 식을 찾았다. 이제 이를 연립하여 해를 구하는 것은 컴퓨터가 할 일이다.

이 장에서는 다성분-단일상 계를 다루긴 했지만 기체 혼합물에 국한되었다. 그것도 이상 기체 혼합물을 대상으로 하였다. 하지만 반응 평형, 평형 계산에 대한 개념을 잡기에는 무리가 없었으며 르샤틀리에의 원리로 대변되는 평형 이동도 무난하게 분석하였다. 열역학2에서는 다성분-다상 계의 실제 혼합물에 대해 다룬 후에 다시 반응 평형에 대해 일반적인 설명이 이루어질 것이다.

### 요약

- 다성분 계의 반응 평형은 계 전체의 Gibbs 에너지가 감소하는 방향으로 자발적인 변화(또는 반응)가 진행되다가 $dG=0$인 지점에서 정반응과 역반응의 속도가 같은 동적 평형을 이룬다.
- 이상 기체 혼합물에서 각 성분의 chemical potential은 어렵지 않게 정의할 수 있었으며 reaction coordinate에 대해 평형 조건 $dG=0$을 적용하면 $-\frac{\Delta G_{rxn}^{o,ig}}{RT}=lnK$라는 잘 알려진 평형 관계식을 얻을 수 있었다. 중요한 것은 좌변이 온도의 함수로 반응 온도가 주어지면 변하지 않고 일정한 값을 가진다는 것이다.
- 평형 상수 자체는 몰분율과 압력 항으로 구성되어 있다.
- 르샤틀리에의 원리는 외부에서 계에 변화가 들어왔을 때 변하지 않는 평형 상수 값으로 복귀하기 위해 평형 이동이 발생한다는 것이다.
- 열역학 소프트웨어에 의한 평형 계산은 반응 온도, 반응 압력, 초기 조성을 입력해 주고 물질수지와 행렬 연산에 의해 탐색되는 독립적인 반응의 평형 관계식을 연립하여 최종 조성을 구해주는 방식이다.

### 중요 개념 키워드

- Reaction coordinate, 전화율
- 반응 평형, 동적 평형
- 이상 기체 혼합물, chemical potential
- 르샤틀리에(Le Châtelier)의 원리
- 행렬 연산(matrix operation)

## 응용문제

**01** 다음의 실험 데이터를 통해 대기압, 300~500 K 온도 구간에서 어떤 반응의 반응 엔탈피를 구하시오.

| $T$(K) | $K$ |
|---|---|
| 300 | 5000 |
| 500 | 1 |

**02** n−hexane에 대해 다음 데이터를 가지고 있다. n−hexane의 증발열을 구하시오.

| T (℃) | $P^{sat}$ (kPa) |
|---|---|
| 30 | 25 |
| 60 | 76 |

**03** 촉매하에서 메탄올이 450 K에서 syn−gas(synthesis gas)로 분해된다.

$$CH_3OH(g) \leftrightarrow CO(g) + 2H_2(g)$$

주어진 데이터: $CH_3OH(g)$

$\Delta H^\circ_f(298\text{ K}) = -200.7$ kJ/mol, $\Delta G^\circ_f(298\text{ K}) = -162.0$ kJ/mol

$CO(g)$

$\Delta H^\circ_f(298\text{ K}) = -110.5$ kJ/mol, $\Delta G^\circ_f(298\text{ K}) = -137.2$ kJ/mol

a) 450 K에서의 평형 상수를 계산하시오.

b) 450 K에서 순수한 메탄올이 반응물로 들어간다. 95%의 메탄올이 분해되는 데 필요한 반응 압력은?

c) 만약 반응기에 불활성 기체를 투입한다면 반응의 전화율은 증가하겠는가, 아니면 감소하겠는가?

**04** 반응 (A)와 반응 (B)에 대해 아래와 같이 온도에 따른 평형 상수 실험 결과를 얻었다. 반응 (A)와 (B)의 반응 엔탈피를 구하고 두 반응이 모두 가역 1차 반응으로 각각 P ↔ Q, R ↔ S라고 할 때, 반응의 온도를 증가시킬수록 더 많이 생성되는 성분은 P, Q, R, S 중 어느 성분인가? 단, 반응 엔탈피는 주어진 온도 조건에서 일정하다고 가정한다.

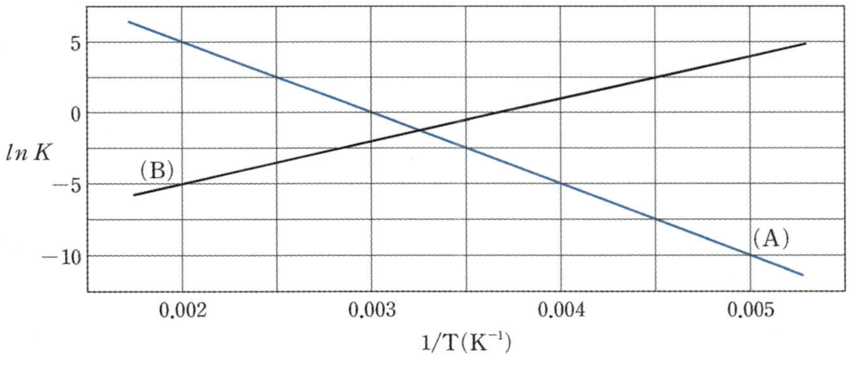

**05** 최근 수소를 생산하려는 연구들이 많이 진행되고 있다. 그중 하나로 메테인($CH_4$)을 분해하여 수소를 생산하면서 CNT(carbon nanotube)를 부산물로 얻는 연구를 생각해 보자. 반응식은 간단하게 아래와 같다. CNT의 열역학 데이터베이스가 없어서 대신 흑연(graphite)을 사용하였다.

$$CH_4(g) \leftrightarrow C(graphite) + 2H_2(g)$$

주어진 데이터베이스를 이용하여 대기압하에서 정반응의 $\Delta G°$ 값을 구했고 온도에 대해 그래프를 그려보니 다음과 같았다. 우선 ~817 K 이상이 되어야 자발적으로 $CH_4$의 분해 반응이 진행될 수 있음을 알 수 있다. 그렇다면 온도를 1000 K로 고정하고 대기압에서 메테인이 수소로 전환되는 전화율을 계산해 보자. 메테인 1몰을 기준으로 해서 $x$만큼 메테인이 분해된다고 가정하여 물질 수지를 세워 보는 것으로 시작하자. 전화율을 향상시키기 위해서는 압력을 올리는 것이 좋겠는가, 아니면 내리는 것이 좋겠는가?

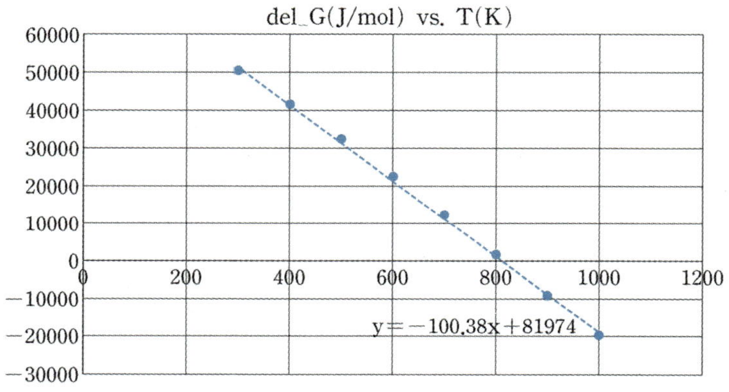


**06** 촉매하에서 Habor-Bosch 법에 의해 암모니아 기체가 700 K에서 합성된다. 암모니아 기체의 표준 생성 엔탈피는 −46.11 kJ/mol이고 표준 생성 Gibbs 에너지는 −16.4 kJ/mol이다. 다음 물음에 답하시오. 편의상 암모니아 1몰에 대한 반응식을 써서 계산을 진행한다. 즉, $\frac{1}{2}N_2(g) + \frac{3}{2}H_2(g) \leftrightarrow NH_3(g)$를 사용한다.

a) 700 K에서의 평형 상수를 계산하시오.
b) 700 K에서 순수한 질소와 수소가 반응 계수에 맞추어 반응물로 인입된다. 80%의 수율(yield)로 암모니아 기체로 전환되기 위해 반응 압력은 어떻게 정해야 하겠는가?
c) 같은 계산을 400 K에서 수행하고, 얻은 결과로부터 어떤 해석을 제시할 수 있겠는가?
d) 한편 Habor-Bosch 법은 철 촉매하에서 높은 온도(400~500 °C)와 압력(200~300 대기압)으로 진행된다. c)의 결과와 연결하여 이런 높은 온도 조건이 필요한 현실적인(practical) 이유를 제시하시오.

# 13장

# Gibbs 에너지의 네 번째 응용: 총괄성

1. 증기압 강하
2. 어는점 내림 및 끓는점 오름
3. 삼투압
4. 액체 물방울(droplet) 속의 증기압

총괄성(colligative property)은 많이 쓰는 개념은 아니라서 열역학 수업의 범위에 넣지 않는 경우도 있지만, Gibbs 에너지를 적용하기에는 매우 좋은 예이다. 여기서는 증기압 강하(vapor pressure lowering), 어는점 내림(freezing point depression) 및 끓는점 오름(boiling point elevation), 삼투압(osmotic pressure)의 3가지 총괄성에 대해 다룰 것이다. 그리고 총괄성은 아니지만 작은 액체 방울 내의 증기압이 방울의 크기에 따라 어떻게 변하는지를 분석해 본다.

총괄성은 액체에 용질이 첨가되었을 때, 첨가된 용질의 양에 비례해서 변하는 성질을 의미한다.

## 1 증기압 강하

8장의 응용문제에서 잠깐 언급했던 Raoult 법칙을 식 (13-1)과 같이 써 본다. 그리고 식을 적절히 전개하면 식 (13-2)를 얻을 수 있다. 여기서 $A$는 액체(또는 용매)이고 $B$는 녹아 들어간 용질이다. 식 (13-2)로부터 액체의 증기압 강하는 들어간 용질의 양에 비례함을 알 수 있다. 그만큼 용질이 첨가되면 증기압이 낮아지므로 잘 끓지 않는다는 것이다. 이후 끓는점 오름과도 연관된다. 증기압이 높으면 잘 끓는지 아니면 낮으면 잘 끓는지 헷갈리는 경우가 있을 것이다. 그럴 때는 기액 평형의 계면에서 동적 평형이 이루어진다는 것을 기억하면 좋다. 외부 압력은 기체를 응축시켜 액체로 만드는 아래로 향하는 힘이고, 증기압은 액체가 기체로 증발하려는 반대 방향의 힘이라고 생각하면 쉽다. 증기압이 높다는 것은 액체가 기체로 증발하려는 힘이 더 강하다는 것이므로 증발이 더 잘 될 것이다.

$$y_A P = x_A P_A^{sat} \tag{13-1}$$

$$p_A = x_A P_A^{sat} = (1 - x_B) P_A^{sat}$$

$$p_A - P_A^{sat} = - x_B P_A^{sat}$$

$$P_A^{sat} - p_A = x_B P_A^{sat} \tag{13-2}$$

## 2 어는점 내림 및 끓는점 오름

이미 <그림 9-1>을 통해서 어는점 내림과 끓는점 오름을 그래프를 이용하여 해석해 보았다. 이번에는 수학적으로 접근해 볼 것이다. 먼저 식 (12-7)을 대기압 조건에 대해 써 보면 식 (13-3)과 같다. 편의상 $P°$와 ° 표시는 생략할 것이다. 그리고 액체 혼합물 내에서 어떤 성분의 chemical potential은 식 (13-3)과 비슷하게 식 (13-4)와 같이 쓸 수 있다. 이에 대한 자세한 내용은 열역학2의 VLE 부분에서 다룬다.

$$\mu_A^{ig} = G_A^{ig} + RTlny_A \tag{13-3}$$

$$\mu_A^{id} = G_A^{id} + RTlnx_A \tag{13-4}$$

참고로 기상을 이상 기체 혼합물로 가정했듯이 액상을 이상 용액(ideal solution)으로 가정한다. 액상이기 때문에 이상 기체처럼 분자들이 서로 멀리 떨어져 영향을 미치지 않는 상태는 불가능하지만 그 영향력이 어떤 장(field)을 형성하고 용액 전체에 대해 매우 균일(uniform)하다고 가정된 상태이다. 여기서는 끓는점 오름에 대해서만 유도하므로 어는점 내림에 대해서는 직접 유도해 보거나 찾아보기 바란다. 끓는점 오름을 가장 잘 경험할 수 있는 경우는 라면을 끓일 때이다. 스프를 먼저 넣고 끓이면 물이 잘 안 끓는다. 라면 스프가 식 (13-3)과 (13-4)에서 감춰진 $B$ 성분이고 $A$를 물이라고 생각하면 되겠다. 능히 예상할 수 있듯이 라면 스프 분자들이 기상에 존재할 수는 없으므로 $y_A = 1$이 된다. 이제 평형을 이룬다면 수증기와 액체상의 물의 chemical potential이 서로 같아야 하므로 식 (13-4)와 식 (13-3)을 같다고 놓는다. 정리하면 식 (13-5)와 (13-6)을 얻을 수 있다. $A$ 성분의 이상 용액과 이상 기체 혼합물에서의 Gibbs 에너지 차이는 주어진 온도와 압력에서의 상전이 Gibbs 에너지 변화와 같다.

$$G_A^{ig} - G_A^{id} = RTlnx_A \tag{13-5}$$

$$lnx_A = \frac{G_A^{ig} - G_A^{id}}{RT} = \frac{\Delta G_A(vaporization)}{RT} \tag{13-6}$$

식 (13-6)을 변형해 보자. 식 (8-8)을 응용해서 적용하면 식 (13-7)을 얻을 수 있다. 현재

대기압으로 constant pressure 조건임을 잊지 말자.

$$\frac{dlnx_A}{dT}=\left[\frac{\partial\,(\Delta\,G_A/RT)}{\partial\;T}\right]_P=-\frac{\Delta\,H_A(vaporization)}{RT^2} \tag{13-7}$$

식 (13-7)을 적분하면 식 (13-8)이 된다. 여기서 $x_A$의 적분 구간은 순수한 물일 때와 라면 스프가 들어갔을 때이므로 ln 1부터 ln $x_A$이고, 온도의 적분 구간은 순수한 물의 정상 끓는점($T^*$)에서 끓는점 오름이 생기는 어떤 온도 $T$까지이다.

$$lnx_A=\ln(1-x_B)=\frac{\Delta\,H_A}{R}\left(\frac{1}{T}-\frac{1}{T^*}\right) \tag{13-8}$$

식 (13-8)이 van't Hoff 식이나 Clausius-Clapeyron 식과 유사하다는 것을 알 수 있다. 화학공학 엔지니어로서 가장 큰 자질은 상사성(analogy)을 찾아내는 것이므로 항상 비슷한 것들을 찾으려고 주목하는 습관이 중요하다. 여기에 Taylor expansion의 관계식을 사용한다. 용질이 많이 들어가지 않으므로 $x$가 매우 작을 때, ln $(1-x)\sim -x$이다. 이제 식 (13-8)을 정리하면 식 (13-9)를 얻는다.

$$ln(1-x)=-x-\frac{1}{2}x^2+\cdots$$

$$-x_B=\frac{\Delta\,H_A}{R}\frac{T^*-T}{TT^*} \tag{13-9}$$

끓는점 오름이 정상 끓는점에서 크게 벗어나지 않는다고 가정하면 식 (13-9)의 분모를 $T^{*2}$으로 써도 괜찮으므로 최종 식 (13-10)을 얻게 되고, 끓는점 오름($\Delta T_b=T-T^*$)은 용질의 양에 비례한다는 결론을 얻게 된다.

$$x_B=\frac{\Delta\,H_A}{R}\frac{T-T^*}{T^*\,T^*}=\frac{\Delta\,H_A}{R}\frac{T-T^*}{T^{*2}}=constant\times\Delta\,T_b \tag{13-10}$$

## 3 삼투압

한쪽에 깨끗한 물, 다른 쪽에 소금물이 있고 소금물 쪽 이온들이 통과할 수 없는 막(membrane)으로 나누어져 있다면 깨끗한 물이 막을 통해 소금물 쪽으로 이동함으로써 소금물을 농도를 낮추려 할 것이다. 소금물 쪽을 같은 깨끗한 물처럼 만들고자 하는 것이다. 어쨌든 물이 압력을 가지고 이동하므로 압력이 발생하고 이를 삼투압이라 부른다. 이제 평형의 관점에서 관계식을 유도해 보자. 한편 삼투압이 정상적인 방향인데 오히려 소금물 쪽에 있는 물을 깨끗한 물 쪽으로 강제로(또는 압력으로) 밀어낼 수도 있다. 이를 역삼투(reverse osmosis)라 부르고, 최근의 담수화(desalination)의 기본 공정으로 자리잡았다.

깨끗한 쪽과 소금물 쪽의 chemical potential을 식 (13-4)를 참고해 식 (13-11)과 식 (13-12)처럼 쓸 수 있다. 깨끗한 쪽에서는 $x_A = 1$이다.

$$\text{깨끗한 쪽: } \mu_A^{id} = G_A^{id} + RT\ln x_A = G_A^{id} \tag{13-11}$$

$$\text{소금물 쪽: } \mu_A^{id} = G_A^{id} + RT\ln x_A \tag{13-12}$$

반복적으로 언급하였듯이 평형을 이루는 조건은 양쪽의 chemical potential이 같아지는 것이다. 다만 소금물 쪽은 $\Pi$만큼의 삼투압을 더 받는다. 이를 식으로 표현하면 식 (13-13)과 같다. 식 (13-13)을 다시 정리하면 식 (13-14)와 같고, constant temperature에서 $dG = VdP$이므로 이를 이용하여 적분하면 식 (13-15)를 얻는다. 액체의 부피는 압력에 따라 크게 변하지 않으므로 적분 밖으로 나올 수 있고, 식 (13-8)을 얻을 때 사용했던 동일한 Taylor expansion도 적용한다.

$$G_A^{id}(P) = G_A^{id}(P+\Pi) + RT\ln x_A \tag{13-13}$$

$$-RT\ln x_A = G_A^{id}(P+\Pi) - G_A^{id}(P) = VdP \tag{13-14}$$

$$-RT\ln x_A = RTx_B = \int_P^{P+\Pi} VdP = \Pi V \tag{13-15}$$

식 (13-15)를 $x_B = n_B/n$를 이용하여 다시 정리하면, $\Pi \underline{V} = n_B RT$라는 이상 기체 방정식

과 매우 비슷한 또 다른 van't Hoff 식을 얻을 수 있다. $V$는 몰부피이고 $\underline{V}$는 부피로 구분하였다. 마찬가지로 식 (13-15)를 통해 삼투압은 용질의 양에 비례함을 알 수 있다.

## 4 액체 물방울(droplet) 속의 증기압

먼저 액체 방울의 표면을 생각해 보면 식 (13-16)과 같은 미분 관계식을 쓸 수 있다. 우변은 액체 방울 표면을 얇은 수박 껍질처럼 취급했을 때의 부피에 해당하고, 좌변은 액체의 물성값과 수박껍데기에 들어있는 액체 물질의 몰수로 계산한 부피이다. 식 (13-17)은 이후에 활용하기 위해 $dr$에 관해서 정리한 것이다. 여기서 $M$과 $\rho$는 각각 분자량(g/mol)과 밀도(kg/m$^3$)이다.

$$\frac{Mdn}{\rho} = 4\pi r^2 dr \tag{13-16}$$

$$dr = \frac{M}{4\pi r^2 \rho} dn \tag{13-17}$$

다음 표면 장력(surface tension)의 개념을 도입한다. 수박껍데기에 대해 Gibbs 에너지와 표면 장력의 관계를 식으로 표현하면 식 (13-18)이다. 여기서 $\underline{G}$가 크기 변수임에 주의하자. $\gamma$로 표시되는 표면 장력의 단위는 N/m이다. 따라서 식 (13-18)의 우변은 N · m으로 에너지 단위가 된다. 다음 식 (13-17)의 $dr$을 식 (13-18)에 대입하여 식 (13-19)로 정리한다. 식 (13-18)의 유도에서 $dr^2$ 항은 작은 것의 제곱이므로 무시되었다.

$$d\underline{G} = \gamma dA = \gamma\left[4\pi(r+dr)^2 - 4\pi r^2\right] = 8\pi\gamma r dr \tag{13-18}$$

$$d\underline{G} = 8\pi\gamma r \frac{M}{4\pi r^2 \rho} dn = \frac{2\gamma M}{\rho r} dn \tag{13-19}$$

한편 Gibbs 에너지의 편미분 관계식으로부터 온도가 일정하면 $dG = VdP = RTd\ln P$임을 알고 있다. 이를 식 (13-19)와 연결하기 위해서 Gibbs 에너지를 크기 변수로 표현하고 reference로 대기압을 취하여 $dG = RTd\ln P$의 우변을 적분하면 식 (13-20)을 얻는다.

$$\frac{dG}{dn} = RTdlnP = RTln\frac{P}{P^{\circ}} \tag{13-20}$$

식 (13-19)와 식 (13-20)은 같으므로 식 (13-21)과 같은 최종 관계를 얻게 된다.

$$RTln\frac{P}{P^{\circ}} = \frac{2\gamma M}{\rho r} \text{ 또는 } ln\frac{P}{P^{\circ}} = \frac{2\gamma M}{\rho rRT} \tag{13-21}$$

식 (13-21)의 의미를 알기 위해 물에 대해서 간단한 계산을 해 보자.

| $r$ (nm) | $P/P^{\circ}$ |
|---|---|
| $10^3$ | 1.001 |
| $10^2$ | 1.011 |
| 10 | 1.111 |
| 1 | 2.88 |

물방울의 크기가 작아질수록 물방울 내 증기압이 급격히 증가하는 것을 알 수 있다. 즉, 물방울이 작을수록 그 물방울은 더 빨리 기화된다. 빨래를 끝낸 뒤 건조대에 널 때 탁탁 털면 빨래 섬유 내의 물방울을 에너지를 가해 작게 쪼갬으로써 더 빨리 마르게 할 수 있다. 오래된 생활의 지혜에 과학적 원리가 숨어 있는 셈이다.

한편 이번에는 구름이 낀 하늘에 비가 오는 것을 생각해 보자. 빗방울이 생기기 위해서는 공기 중에 수증기 입자가 결합하여 응결핵을 생성하고 그 핵에 더 많은 수증기 입자가 달라붙어서 큰 빗방울로 커진다. 그런데 앞의 결과에서는 물방울 입자가 작을수록 물방울 내부에 증기압이 높아서 기화가 잘 된다고 했다. 당연하지만 물이 표면 장력이 크다고 해도 아주 작을 경우 표면의 형상을 유지하지 못하고 표면이 깨질 것이다. 어쨌든 처음 빗방울 핵이 만들어지면 바로 증발해서 핵이 사라진다. 그리고 이런 과정이 계속 진행될 것이다. 이런 상태를 이전에 언급했던 'metastable' 상태라고 부른다. 특히 하늘이 아주 맑아 먼지가 없는 대기라면 더욱 그러할 것이다. 또한 이러한 핵생성을 homogeneous nucleation이라고 부른다. 그와 반대되는 개념으로 공기 중의 먼지를 매개체로 수증기 입자들이 먼지에 붙어서 큰 빗방울로 성장할 수 있는데, 이를 heterogeneous nucleation라고 한다. 당연히 후자가 훨씬 쉽다. 그래서 인공 강우에서는 수증기 입자와 친해 heterogeneous nucleation을 유도할 수 있는 물질을 공기 중에 뿌려준다. 상사성에 의해 조금 더 확장하면

homogeneous catalysis와 heterogeneous catalysis도 비슷한 설명이 가능하다. 전자는 액상 반응물에 액상 촉매가 투입되는 경우이고 후자는 고체 촉매 표면에서 액상 반응물들이 반응하는 경우인데, 더 설명하지 않아도 어디가 더 효율적인지는 바로 알 수 있을 것이다.

그만큼 표면이라는 존재는 화학공학에서 매우 중요하다. 표면 자체가 촉매라고 봐도 되기 때문이다. 어떤 물질을 반으로 쪼개면 그 쪼개어진 표면의 분자는 어딘가와 결합되어 있다가 결합이 끊어진 상태이므로 바로 반응에 참여하고자 할 것이다. 그래서 표면이 빠르게 산화되는 것이다. 참고로 식 (13-21)은 총괄성과는 관련이 없으므로 헷갈리지 않길 바란다.

### 요약

- 총괄성은 액체에 용질이 녹아 있을 때 용질의 양에 비례하여 변화되는 열역학 성질을 총칭한다. 대표적으로 증기압 내림, 끓는점 오름 및 어는점 내림, 삼투압이 있다.
- 총괄성의 유도는 모두 $dG = 0$인 화학적 평형 조건으로부터 이루어진다.
- 용질이 용매에 녹는다는 것이 용질과 용매가 서로 친하다는 것을 의미하고 그렇기 때문에 용질 분자가 용매의 증발도 방해하고 용매가 결정 구조를 가지고 고체로 전이되는 과정도 방해한다.
- 삼투압을 나타내는 식을 van't Hoff 식이라 부르며, 이상 기체 방정식과 매우 유사하다.
- 액체 방울의 크기가 작아질수록 방울 내 액체의 증기압이 상승한다. 따라서 하늘에서 빗방울의 핵이 만들어지는 것 자체가 쉽지 않은 과정이다.
- 증기압과 외부 압력이 평형을 이루면 액체에서 기체로의, 그리고 기체에서 액체로의 상전이가 발생한다. 증기압은 액체가 기체로 전이되기 위한 압력으로 보면 되므로 증기압이 상승한다는 것은 액체가 더 끓기 쉬워지는 것으로 해석하면 된다.

### 중요 개념 키워드

- 총괄성
- 증기압 내림
- 끓는점 오름, 어는점 내림
- 삼투압, 역삼투, van't Hoff 식
- 액체 방울 내의 증기압, 표면 장력

2부

# 열역학2

# 14장

# 이상 기체에서 벗어난 실제 기체

1. 실제 기체에 대한 상태 방정식
2. Van der Waals 식
3. 대응상태 원리
4. 실제 기체로의 응용

지금부터 시작하는 열역학2의 논리 전개는 간단하게 얘기하면 reference로 삼을 수 있는 이상적인 상태를 기준으로 얼마나 벗어나 있는가를 평가하는 방식이다. 나중에 배우겠지만 'fugacity'라는 용어도 라틴어로 'flee from', 즉 어디로부터 달아나는 정도를 의미하고 그 어디는 reference 상태이다. 이미 이상 기체나 가역 변화 같은, reference로 삼기에 매우 적절한 예를 알고 있다. 열역학1을 정리해 보면 가장 쉬운 단일 성분–단일상 계, 즉 순수 기체(또는 이상 기체)에 대해 내부 에너지, 엔탈피, 엔트로피의 정의와 물리적 의미로부터 그 활용의 정점인 Gibbs 에너지까지 도입해 보았다. 그리고 여러 가지 열역학 성질 중 가장 중요한 하나를 꼽자면 열용량($C_V$ 또는 $C_P$)일 것이라고 언급했다. 이후 평형에 대한 조건인 $dG = 0$를 이용하여 단일 성분–다상 계, 즉 순수 성분의 상평형을 고찰해 보았고 온도의 함수로 표현되는 증기압에 관해 Clausius-Clapeyron 식을 유도했던 것을 기억할 것이다. 한편 다성분–단일상 계, 즉 이상 기체 혼합물로 이루어진 기상 반응에 대해 동일한 평형 조건인 $dG = 0$로부터 반응 평형을 이해해 보았고 평형 상수를 구했으며 르샤틀리에 원리가 어떻게 작동하는지도 다루었다. 이제 열역학2에서는 남아있는 다성분–다상 계, 즉 기액 평형(VLE, vapor liquid equilibrium)으로 대표되는 혼합물의 상평형을 공부하게 된다. 물론 이상 기체 혼합물의 반응 평형을 간단하게 다루어 보았지만 화학공학 현장에서 가장 중요하게 다루어지는 분리 공정(separation process)을 열역학을 적용하여 정확하게 이해하기 위해서는 혼합물에 대해 본격적으로 다루어보아야 할 것이다. 방법론은 위에서 언급한 대로 실제 기체 혼합물 및 실제 액체 혼합물이 reference로부터 얼마나 벗어나 있는지를 고찰하는 방식이다.

## 1 실제 기체에 대한 상태 방정식

이상 기체 방정식을 대체하는 실제 기체에 대한 상태 방정식(EOS, equation of state)에서 논의를 시작하고자 한다. Clausius-Clapeyron 식과 Antoine 식의 관계처럼 열역학에서는 정의나 물리적인 의미가 투영되어 유도된 식과 데이터 fitting(또는 regression)에 기반을 둔 식이 자주 비교된다. 그럼 이상 기체 방정식을 대체하는 후자의 경우를 살펴보자. 아래

식 (14-1)~(14-3)에서 $Z$는 압축 인자(compressibility factor)라고 부르며, 식 (14-1)의 정의와 같이 이상 기체에 대해서는 그 값이 1로 식 (14-1)은 그대로 이상 기체 방정식이 된다.

$$Z \equiv \frac{PV}{RT} \tag{14-1}$$

$$Z = 1 + BP + CP^2 + DP^3 + \cdots \tag{14-2}$$

$$Z = 1 + \frac{B'}{V} + \frac{C'}{V^2} + \frac{D'}{V^3} + \cdots \tag{14-3}$$

식 (14-2)와 (14-3)은 엑셀 소프트웨어에서 데이터 포인트에 대해 다항식(polynomial)으로 추세선을 그리는 것과 같이 각각 $P$와 $1/V$에 대해 얻어진 실험 결과를 regression한 식일 뿐이다. 이를 Virial 식이라고 부르며 몇 가지 기체에 대해 <그림 14-1>에 그래프로 표시하였다.

<그림 14-1>은 주어진 온도에서 압력을 변화시키며 부피를 측정하여 $Z$ 값을 구하고 압력을 $x$축으로, $Z$를 $y$축으로 그래프를 그린 것이다. 물론 데이터 포인트가 그림과 같이 연속적일 수는 없으므로 <그림 14-1>의 그래프는 데이터 포인트를 지나는 연속선으로 이해하는 것이 맞다. 그리고 온도가 달라진다면 그래프의 모양도 달라질 것이므로 Virial 계수인 B, C, D, B', C', D' 등은 모두 온도에 따라서 달라지는 온도의 함수가 된다. 나중에 필요하므로 꼭 기억하자. 한편 <그림 14-1>에 삽입 그림으로 압력이 10기압 이하로 낮아질 때

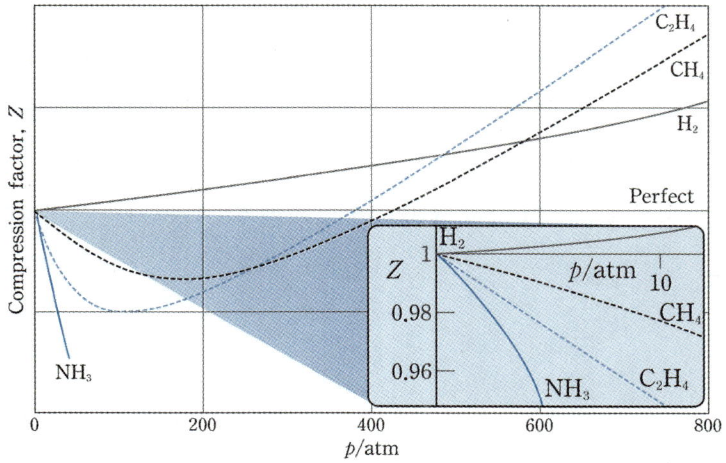


그림 14-1 다양한 기체에 대한 Virial 식 그래프

의 $Z$ 값을 확대하여 그려 놓았다. $H_2$나 $CH_4$의 경우 10기압에서의 $Z$가 1에서 크게 벗어나지 않는 것을 볼 수 있고, 이는 열역학1에서 대략 10기압 이하에서의 기체들은 이상 기체로 취급해도 큰 무리가 없다는 얘기와도 대략 일치한다. 물론 $CH_4$와 달리 극성을 가진 $NH_3$의 경우는 압력이 높아질수록(또는 분자와 분자의 거리가 가까울수록) 기체 분자들 사이의 정전기적인 인력이 작용하므로 이상 기체라는 reference에서 벗어나기 쉬워질 것이다.

다음 확인할 수 있는 것은 언뜻 보기에 $H_2$와 $NH_3$의 경우는 식 (14-2)의 오른쪽 항에서 두 번째 항(term)만으로도, 즉 직선의 형태만으로도 실험 결과를 충분히 표현할 수 있을 것 같다. 하지만 $CH_4$나 $C_2H_4$의 경우는 포물선 모양을 가지므로 적어도 $P^2$ 항까지는 있어야 실험 결과를 reproduce하는 식이 될 것이다. 엑셀 소프트웨어의 추세선 그리기에서 경험할 수 있듯이 다항식의 항이 많아질수록 더 정확한 식이 되지만, 그만큼 계산량도 증가한다. 그렇다면 B의 수학적인 의미는 무엇일지 간단하게 살펴보자. 식 (14-2)를 미분하면 식 (14-4)와 같이 된다. 이 상태에서 $P \to 0$이라면 B를 제외한 항이 사라지므로 B는 <그림 14-1>에서 $P = 0$에서의 접선의 기울기로 정의된다. 한편 식 (14-2)의 세 번째 이하 항(C, D 등)을 고려하지 않는 Virial 식을 truncated Virial 식이라고 부르며, <그림 14-1>의 삽입 그림처럼 직선의 그래프가 유효한 압력 범위에서 사용할 수 있다. 실제로는 truncated Virial 식 정도가 나중에 손으로 풀 수 있는(또는 시험문제로 낼 수 있는) 한계라고 보면 된다.

$$\left(\frac{\partial Z}{\partial P}\right)_T = B + 2CP + 3DP^2 + \cdots \qquad (14\text{-}4)$$

어쨌든 Virial 식은 실험 결과를 regression한 식으로 다항식의 항이 많아질수록 실험 결과를 정확하게 reproduce할 수 있고 요즘은 컴퓨터의 성능이 좋으므로 사용하는 데 전혀 문제가 없을 것이다. 그리고 이는 비교하자면 증기압에 대한 Antoine 식과 같은 계열로 보면 된다. 그렇다면 Clausius-Clapeyron 식처럼 실제 기체에 대해서도 물리적인 의미를 바탕으로 제시된 식도 있을까?

## 2 Van der Waals 식

실제 기체에 대한 물리적 정의를 바탕으로, 네덜란드의 과학자 Van der Waals는 변형된 상태 방정식을 제시하였다. 이를 Van der Waals 식이라 하고, 식 (14-5)에 나타내었다. 식을 자세히 보면 이상 기체 방정식을 변형한 형태라는 것을 쉽게 알 수 있다. 이 식은 실제 기체의 거동을 설명하기 위한 식이므로 이상 기체의 non-interacting point particle이라는 기본 가정을 수정하는 방식으로 그 변형이 이루어졌다.

$$\left(P+\frac{a}{V^2}\right)(V-b)=RT \tag{14-5}$$

우선 실제 기체 입자가 움직일 수 있는 공간, $V_{real}$은 $V_{ideal}$에 실제 기체 입자들이 차지하는 부피를 더한 식 (14-6)과 같이 정의된다. 다음 실제 기체는 interacting이므로 기체 입자들 사이에 비록 작지만 인력이 작용하게 되고, 벽면을 때리는 입자들의 반대 방향에서 다른 입자들이 이들을 잡아당기게 될 것이다. 한편 우리가 열역학에서 표시하는 $V$는 몰 부피(molar volume)로 이의 역수는 밀도(density)가 된다. 따라서 벽면을 때리는 입자 수는 입자의 밀도에 비례하게 될 것이고 마찬가지로 벽면을 때리는 입자에 작용하는 다른 입자들에 의한 인력도 입자의 밀도에 비례하게 될 것이므로 밀도의 제곱에 비례하는 식 (14-7)과 같이 써 줄 수 있다. 상수 $a$는 비례 상수이며 입자 간 인력에 의한 실제 기체의 압력은 이상 기체와 비교하여 작아지게 된다. 식 (14-6)과 (14-7)을 이상 기체 방정식에 넣어주면 식 (14-5)의 van der Waals 식이 정의된다.

$$V_{real}=V_{ideal}+b \tag{14-6}$$

$$P_{real}=P_{ideal}-\frac{a}{V^2} \tag{14-7}$$

딱히 어렵지 않은 변형 형태인 van der Waals 방정식은 어째서 특별할까? 식 (14-5)를 그래프로 그리면 <그림 14-2>와 같은 3차 방정식의 그래프를 얻을 수 있다. 그래서 van der Waals 식을 위시한 3차 방정식 형태의 상태 방정식(Redlich-Kwong 식, Peng-Robinson 식 등)을 cubic EOS라고 총칭한다. 식 (14-5)는 $f(P, V, T)=0$의 세 개의 변수로 이루어진 식이므로 이를 2차원 평면에 그래프로 나타내기 위해서는 어느 하나의 변수가 고정되어야 한

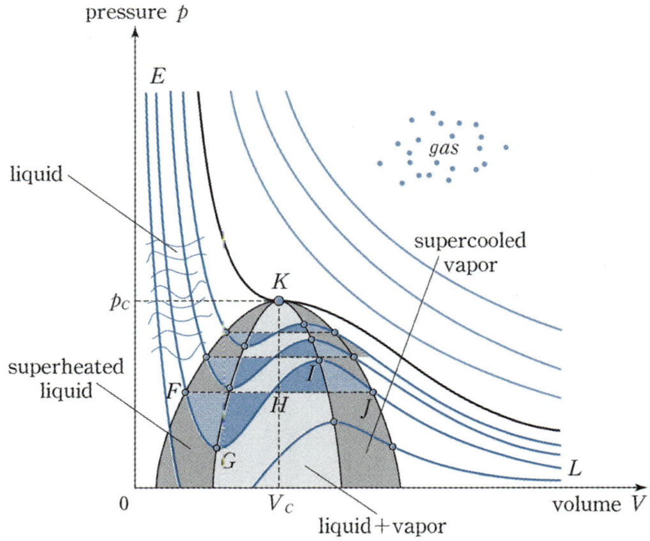


그림 14-2 van der Waals EOS

다. 온도를 고정하여 $PV$ domain에 그리면 <그림 14-2>와 같이 아래쪽(낮은 온도)으로부터 극대점과 극소점을 가지는 3차식 형태를 띠면서 폭이 좁아지다가 어느 순간에 변곡점을 가진 3차식을 거쳐 위쪽(높은 온도)으로는 이상 기체 방정식에서처럼 압력과 부피가 반비례하는 형태로 그려진다.

이제 열역학1에서 배웠던 걸 가져와 보자. Gibbs 에너지의 정의에서 온도가 고정되면 $dG = VdP$가 된다. 이를 액체상에서 기체상까지 적분한다고 하면 식 (14-8)처럼 쓸 수 있고, 상평형 조건인 $G_{vapor} = G_{liquid}$을 적용하면 식 (14-8)의 좌변이 0이 된다.

$$\int_{liquid}^{vapor} dG = G_{vapor} - G_{liquid} = 0 = \int_{liquid}^{vapor} VdP \tag{14-8}$$

이제 식 (14-8)의 우변의 적분이 0이 된다는 것을 <그림 14-2>의 아래쪽 3차식 그래프에서 적용해 보면, <그림 14-2>의 선분 FJ를 기준으로 3차식 그래프의 위쪽 면적과 아래쪽 면적이 같아져 서로 상쇄(cancelled out)된다는 것을 의미한다. 다시 말하면 선분 FJ를 늘여 y축과 만나는 압력에서 식 (14-8)이 성립되는 것이다. <그림 14-2>에서 아래쪽은 낮은 온도에서의 그래프이고 위쪽으로 올라갈수록 식 (14-8)이 성립하는 압력이 증가하는 것을 알 수 있다. 이 압력을 물리적으로 정의하면 주어진 온도에서 기액 평형을 이루는 증기압에 해당한다. 그리고 점 F의 $x$축 값이 액체의 부피, 점 J의 $x$축 값이 기체의 부피가 된다.

여기서 van der Waals 식의 첫 번째 위대함을 언급한다.

**이상 기체 방정식이나 Virial 방정식이 기체의 거동만을 설명하는 것과 달리 van der Waals EOS는 기체와 액체 그리고 기액 평형을 설명할 수 있다.**

이렇게 점 F, J를 연결하면 종 모양의 binodal curve가 그려지며 binodal curve의 오른쪽은 기상이고 왼쪽은 액상이 된다. Binodal curve의 내부는 기상과 액상이 공존한다고 얘기하는데, 혼돈을 피하기 위해서 일반적으로 binodal curve 내부는 선분 FJ와 같은 수평선으로 그려진다. 그리고 예를 들어 선분 FJ의 3 : 7 위치는 level rule에 의해 평형 상태의 액체 70%와 평형 상태의 기체 30%가 공존하는 상태이고 그 위치에서의 $x$축 값은 0.7 × (점 F의 $x$축 값) + 0.3 × (점 J의 $x$축 값), 즉 평균 몰 부피에 해당한다. 1기압에서 100 °C의 액체상 물과 100 °C의 수증기를 각각 평형 상태의 액체와 기체로 상상하면 이해가 쉬울 것이다.

한편 점 G와 I처럼 3차식의 극대점과 극소점을 연결하는 spinodal curve도 그릴 수 있다. Spinodal curve의 안쪽은 수학적으로는 unstable 영역에 속한다고 하며 이 영역은 물리적으로 아무런 의미가 없다. Stable, metastable, unstable에 대해서는 책이 서 있는 모양을 상상하면 쉬운데, 책이 가로로 서 있으면 stable, 세로로 서 있으면 metastable, 모서리로 서 있으면 unstable이라고 생각해보자. 우선 unstable은 말 그대로 존재하기 어려운 상태를 나타내고, 세로로 서 있는 책에 외란(disturbance)을 주면 stable한 상태로 돌아가는데 이를 metastable이라고 부른다. 바로 spinodal curve와 bimodal curve 사이의 영역이 이 metastable 영역이다.

다시 <그림 14-2>의 선분 FJ로 돌아가 보자. 압력이 동일한 상태에서 점 F에서 metastable 영역의 오른쪽으로 조금 이동한 위치는 <그림 14-2>에 명확하게 그려져 있지는 않지만 곡선 FGIJ를 포함하는 3차원 그래프보다는 더 높은 온도에서 그려지는 3차원 그래프 위에 있다. 이 상태는 metastable이지만 존재하는 상태임이 틀림없고 superheated liquid라고 부른다. 이상하게 들릴 수는 있지만 예를 들면 1기압에서 100 °C보다 더 뜨거운 물이 존재할 수 있다는 얘기이다. 그렇게 선분 FJ 위를 오른쪽으로 계속 이동하면 동일한 압력에서 더 뜨거운 superheated liquid로 존재하다가 spinodal curve를 만나면 unstable해지므로 stable 상태인 점 F와 J의 평형 상태 액체와 기체로 바로 돌아간다. 세로로 세워진 책을 계속 기울여서 모서리로 세워 보려고 손을 떼는 순간 가로로 책이 넘어지는 것에 비유할 수 있다. 점 J에서 시작하여도 같은 방식의 설명이 가능하고 이 경우의 metastable 상태를 subcooled vapor라고 부른다. 다시 말해 1기압에서 100 ℃보다 더 차가운 수증기가 존재할 수 있다는 얘기이다.

**Van der Waals EOS는 metastable 상태가 존재할 수 있음을 증명한다.**

**여기서 잠깐**

Subcooled vapor를 13장에서 다룬 액체 방울 속의 증기압과 연관해서 살펴보자. 식 (13-21)과 같이 액체 방울의 지름이 작아질수록 표면 장력으로 인하여 액체의 증기압이 급격히 증가한다고 했다. 수증기가 주어진 압력에서 평형 온도보다 낮아지면 물방울(빗방울로 생각해도 좋다)이 생기는 것은 stable 관점에서 보면 당연한 얘기이지만 물방울이 생기기 위해서는 수증기 분자들이 모여 핵(nuclei)이라 불려지는 매우 작은 입자가 형성되고 이 입자가 성장하여 물방울이 되는 과정을 거쳐야 한다. 그런데 그 작은 핵이라는 입자 내의 증기압은 매우 클 것이고 이는 핵을 이루고 있는 물 분자들이 쉽게 와해되어 기화(vaporization)된다는 것을 의미한다. 즉, 물방울을 탄생시키기까지 쉽지 않은 과정을 거쳐야 하기 때문에 주어진 압력에서 평형 온도보다 낮은 온도에서도 수증기가 존재할 수 있는 metastable 상태가 유지된다. 온도가 더 떨어져서 수증기가 unstable해지는 상태까지는 말이다. 물 분자가 달라붙을 수 있는 먼지와 같은 heterogeneous nucleation center가 있다면 metastable 상태를 거치지 않고 수증기가 바로 먼지에 달라붙어 그 조건에서 평형인 액체 물방울로 상전이가 이루어진다. 이 현상을 상사성에 의해(by analogy) 확장하면, 7장 응용문제 14번의 아주 순수한 물이 1기압, −5 ℃에서도 액체로 존재하다가 nucleation center에 해당하는 얼음 조각을 넣어주면 액체 물이 바로 0 ℃의 얼음으로 상전이되는 현상도 설명된다.

**여기서 잠깐**

이왕 metastable과 stable이 언급된 김에 이를 이용해 결정화 공정을 간단하게 설명해 보자. 간단하게 용질이 용매에 녹아있다가 고체 결정으로 석출되는 현상으로 용매와 용질 모두 비압축성 유체(incompressible fluid)이므로 압력에는 거의 영향을 받지 않고 온도와 농도에 의해 〈그림 14-3〉과 같은 관계를 가지게 된다. Stable, metastable, unstable 영역이 차례로 존재하고 온도가 높을수록 그리고 농도가 낮을수록 stable하게 용질이 용매 속에 녹아있게 된다. 같은 농도에서 온도를 낮추면, 예를 들어 황산구리를 주어진 온도에서 용해도(solubility)만큼 물에 녹인 후 용액의 온도를 낮추면, 용질이 석출된다는 것은 누구라도 쉽게 알고 있다. 좀 더 학술적으로, 〈그림 14-3〉에서 cooling으로 표시된 화살표 방향으로 온도를 매우 천천히 낮춘다면 앞서 −5 ℃의 액체상의 물처럼 여전히 용질이 석출되지 않는 metastable 영역을 거쳐 unstable 영역에 진입하고 이때 용질은 자발적인 핵 생성(spontaneous nucleation)을 거쳐 석출된다.

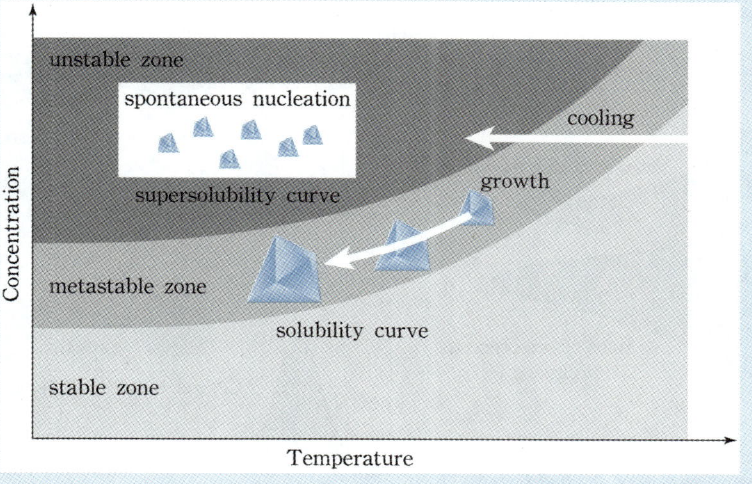


그림 14-3 온도에 따른 stable, metastable, unstable 상태(www.syrris.com)

그런데 실제로는 무 자르듯이 어떤 영역을 기준으로 핵 생성(nucleation)이 없다가 갑자기 한꺼번에 생기는 것이 아니라 metastable 영역에서도 nucleation이 발생할 수 있다. 다시 말해 〈그림 14-4〉처럼 unstable 영역으로 진입하는 온도를 중심으로 Gaussian 분포의 형태로 핵 생성이 진행된다고 보는 것이 타당할 것이다. 그렇다면 metastable 영역에서 핵이 생성되면 그다음은 어떤 일이 벌어질까? 발생한 핵을 중심으로 입자가 더 크게 성장하게 된다. −5 ℃ 얼음물에 얼음조각(seed)을 넣으면 seed를 중심으로 더 큰 얼음결정이 곧바로 형성되는, 앞에서 언급했던 예를 떠올리면 이해가 쉬울 것이다. 이를 현장에서 운용되는 결정화 공정의 운전조건에 적용한다면, 온도를 단계적으로 서서히 낮출수록 metastable 영역에서의 결정화가 유도되어 입자의 크기를 크게 만들 수 있다. 실제로 현장에서는 온도가 점점 감소하는 방향의 다단 결정화기(crystallizer) 시스템이 운용된다. 정리하면 핵 생성과 결정 성장(crystal growth)의 두 가지 모드 중에 후자에 더 방점이 찍히게 되는 것이고, 〈그림 14-4(b)〉에 그 메커니즘을 그림으로 표현하였다. 반대로 〈그림 14-4(c)〉는 온도를 급격히 낮추어(quenching) 바로 unstable 영역으로 진입시킴으로써 crystal growth보다는 핵 생성을 유도하는 경우로 대부분의 나노입자들이 이와 같은 quenching 방법으로 합성된다. 참고로 결정화는 석유화학 제품을 생산할 때 반드시 들어가는데, 대부분의 석유화학 공장은 다음과 같은 단계를 거친다. 고체(또는 powder) 형태의 원료를 받아서 용매에 녹인 후에 반응기에서 압축 공기와 산화 반응을 시킨다. 생성물이 여전히 용매에 녹아 있으므로 결정화 공정을 거쳐서 고체로 석출시키고 원심 분리와 같이 용매와 분리되는 공정, 그리고 건조 공정을 거치면 이송이 용이한 고체 제품이 만들어진다. 그리고 이 제품은 다음 석유화학 공장의 원료로서 공급된다. 고체 제품의 경우 PSD(powder size distribution)가 중요한 품질관리 지표로서 결정화 공정에서 이를 제어하는 것이다. 그래서 양자점(quantum dot)과 같은 나노입자가 적용되는 산업이 나오기 전에는 대부분의 관심은 결정 성장에 맞추어져 있었다.

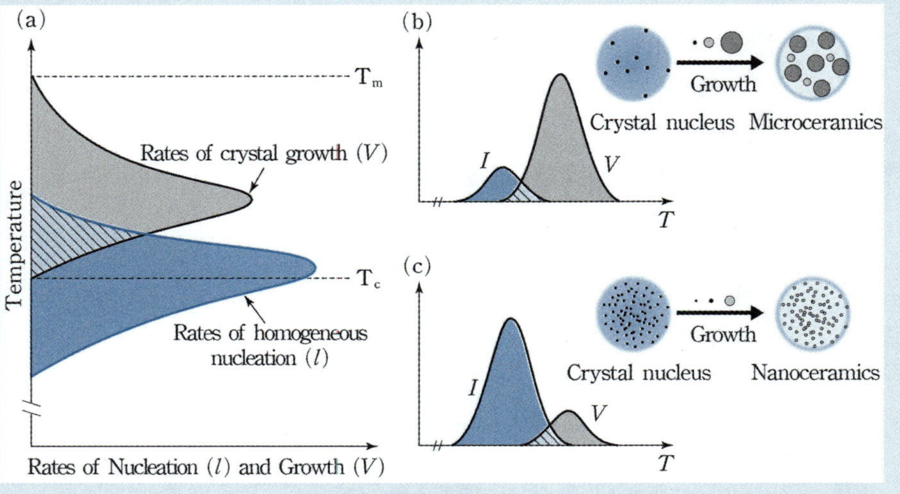


그림 14-4 온도에 따른 핵 생성 및 결정 성장 속도

Van der Waals EOS의 마지막 특징인 수학적인 완결성을 얘기해 보자. Van der Waals 식을 정의할 때, 식 (14-6)과 (14-7)의 van der Waals constants, *a*와 *b*를 임의로 도입했다. 그럼 이 값들은 어떻게 구할까? <그림 14-2>로 돌아가 본다. 온도가 증가할수록 3차식 형태의 그래프가 점점 좁아지면서 점 C에서 변곡점을 가지는 그래프가 된다. 그리고 점 F와 J의 *x*축 값이 각각 액체와 기체의 몰 부피에 해당하므로 온도가 올라갈수록 액체와 기체의 몰 부피 값이 점점 가까워지면서 점 K에서는 하나의 값으로 합쳐진다. 이는 이전에 임계 상태(critical state)에 대한 설명과 일치한다. 임계점(critical point)까지 액체와 기체는 각각의 상에서 각자의 밀도를 가진 균일한(homogeneous) 상을 가지고 있다가 임계점 이후 어느 한 지점에서의 밀도는 액체의 그것과 기체의 그것 사이에서 시간에 따라 fluctuation이 생긴다고 했다. 따라서 점 K는 임계점이 되고 이때의 온도와 압력, 부피를 임계 상수(critical constants)라고 부른다. 당연히 임계 상수는 물질마다의 고유한 성질로 실험적으로 측정되어 데이터베이스화되어 있을 것이다. 이제 <그림 14-2>의 임계점을 나타내는 점 K에 대해 고등학교에서 배웠던 '변곡점에서 한번 미분한 값과 두 번 미분한 값이 모두 0이다'라는 것을 떠올릴 수 있으면 된다. 즉, 임계점에서 $T_C$, $P_C$, $V_C$에 대해 식 (14-9)가 성립된다.

$$\left(\frac{\partial P}{\partial V}\right)_{T_C, P_C, V_C} = 0 \text{ 그리고 } \left(\frac{\partial^2 P}{\partial V^2}\right)_{T_C, P_C, V_C} = 0 \tag{14-9}$$

식 (14-9)의 두 개의 방정식을 현재까지는 모르고 있는 $a$와 $b$에 대해 풀면, $a$와 $b$는 $T_C$, $P_C$, $V_C$의 함수가 된다. 다른 열역학 교재나 온라인을 이용하여 $a(T_C, P_C, V_C)$와 $b(T_C, P_C, V_C)$를 직접 찾아보기 바란다. 어쨌든 van der Waals 식을 정의할 때 임의로 도입했던 $a$와 $b$ 값을 실험적으로 구해진 임계 상수로부터 구함으로써 완벽한 수학적 정합성이 확인되었다.

**Van der Waals EOS는 임계 상태를 설명(또는 정의)할 수 있으며, van der Waals constants인 $a$와 $b$를 임계 상수($T_C$, $P_C$, $V_C$)로부터 구할 수 있다.**

앞에서도 잠깐 언급했듯이 van der Waals EOS는 cubic EOS로 총칭되는 식들의 조상 격이지만 실제 기체를 썩 만족스럽게 설명하지 못한다. 다시 말해 실험으로 측정된 결과를 제대로 reproduce할 수 없다. 그래서 추가적인 파라미터(parameter)를 포함한 R-K (Redlich-Kwong) 식, P-R(Peng-Robinson) 식과 같은 더 정확한 cubic EOS가 주로 사용된다. 기체를 선택하고 그 기체의 $T_C$ 아래 온도에서 압력을 1기압에서 10기압을 거쳐 $P_C$까지 바꾸어 가면서 이상 기체 방정식, van der Waals EOS, R-K EOS, P-R EOS로 계산된 부피를 비교해 보기 바란다. 인터넷에 조건을 입력하면 자동으로 계산이 이루어지는 EOS calculator를 활용할 수도 있다. P-R EOS가 제일 정확하다고 기준으로 삼았을 때 대략 10기압 정도까지 이상 기체 방정식을 써도 큰 무리가 없으며 van der Waals EOS가 생각보다 정확하지 않다는 것을 확인할 수 있을 것이다. 나중에 재차 언급하겠지만 Aspen Plus(또는 Hysys)와 같은 공정 모사 소프트웨어에서 계산을 수행할 때 기상과 액상에 적용할 모델을 scroll-down 메뉴에서 지정하는 단계가 있다. 기상의 경우는 P-R EOS를 적용하면 큰 문제가 없다고 rule of thumb으로 기억해 두면 유용할 것이다. 물론 어떤 모델을 선택하는 것이 제일 좋을까에 대해서는 계에 투입되는 물질에 대한 열역학 선행 연구를 찾아보아야 하는 수고로움이 필수적이다. 예를 들어 아세트산은 기상에서 이합체화(dimerization)가 발생하여 두 개의 기체 분자가 붙어 다니므로 각각 존재할 때보다 그 영향력이 반감될 것이다. 따라서 이를 고려할 수 있는 모델이 필요하며 Virial 식의 변형인 Hayden-O'Connell 식이 사용된다. 이전에 단일 성분의 기액 평형을 나타내는 식으로 삼중점 근처에서 잘 맞는 Clausius-Clapeyron 식과 더 넓은 범위에서 잘 맞는 regression을 바탕으로 한 Antoine

식에 대해 다루었다. 그리고 전자처럼 물리적인 의미를 가진 식이든 아니면 후자처럼 단순히 regression된 식이든 더 잘 맞는 것을 사용하면 그만이라고도 했다. 마찬가지로 van der Waals 식을 위시한 cubic EOS이든 regression 식인 Virial 식이든 엔지니어에게는 잘 작동하기만 하면 그만이다.

**여기서 잠깐**

〈그림 14-2〉는 *PV* domain에서의 van der Waals 식인데, Gibbs 에너지에 대해 그려보면 어떤 모양일까? 〈그림 14-5〉는 *PV* domain의 어떤 온도에서의 등온선(isotherm)에 대응하는 *GV* domain의 van der Waals식을 보여주고 있다. 먼저 평형에서 $dG = 0$이고 $G^{liquid} = G^{vapor}$이므로 *GV* domain의 두 극소점이 같은 위치(수평선)에 자리하고 있는 것을 알 수 있다. 그리고 *PV* domain의 극소점과 극대점이 각각 *GV* domain의 두 변곡점과 대응되며 이 영역은 수학적으로 unstable한 것으로 이미 본문에서 언급되었다. *GV* domain의 그래프를 잘 관찰해 보면 두 변곡점 사이의 영역은 위로 볼록한 형태를 갖고 그 이외의 영역은 아래로 볼록한 형태를 갖는다. 나중에 서로 섞이지 않는(immiscible) 용액을 설명할 때 다루겠지만 위로 볼록한 부분은 $\frac{\partial^2 G}{\partial V^2} < 0$으로 수학적으로 unstable을 의미한다. 한편 *GV* domain에서 변곡점과 평형인 극소점 사이는 아래로 볼록하므로 수학적으로는 stable한 영역이지만 평형은 아니다. 본문에서 설명했듯이 metastable 영역이 바로 여기로 spinodal curve와 binodal curve의 사이이다.

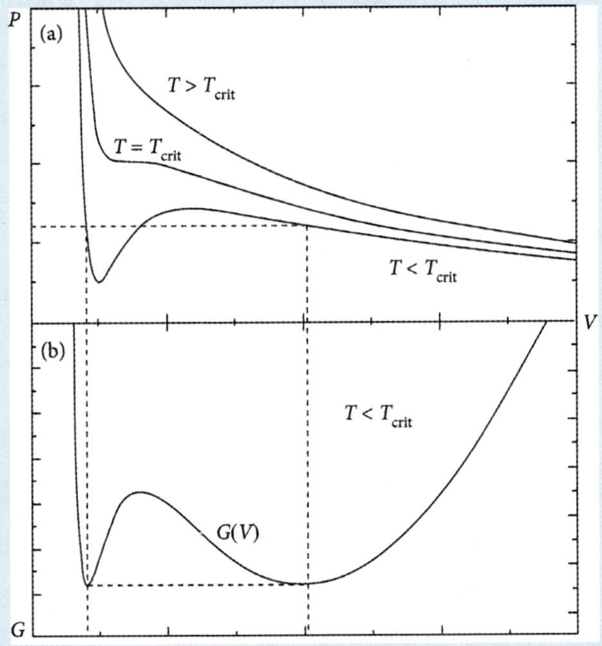


그림 14-5 (a) *PV* domain과 (b) *GV* domain에서의 van der Waals EOS

## 3 대응상태 원리

이번에는 임계 상수가 활용되는 대응상태 원리(corresponding states theorem)를 알아보자. <그림 14-6>은 <그림 14-1>과 비슷하게 느껴지면서도 다르다. $Z$ 값이 $y$축에 동일하게 있지만 $x$축은 환산 압력(reduced pressure), $P_r = P/P_C$로 표시되어 있고, 그래프 위의 1.0, 1.2, 2.0은 환산 온도(reduced temperature), $T_r = T/T_C$의 값이다. 그리고 서로 다른 유체임에도 불구하고 $Z$ 값을 $T_r$, $P_r$의 함수로 나타내면 거의 유사한 거동을 보임을 알 수 있다. 이를 대응상태 원리라고 부른다. 재미있기도 하지만 편리할 것이라는 느낌이 올 것이다. 예를 들면 <그림 14-6>을 $T$, $P$에 대해서 그린다면 물질에 따라 각각 다른 형태의 그래프가 그려지고, 모든 물질에 대해 그려진 그래프를 담기에는 꽤나 두꺼운 책이 필요하다. 반면 <그림 14-6>처럼 generalized correlation을 사용한다면 하나의 그래프에 각 물질의 임계 상수들을 정리한 테이블만 가지고 있으면 된다. 이처럼 교재나 문헌에서 실험 데이터로서 제시되는 대부분의 그래프들(예, Lee/Kesler correlation)은 환산 변수(reduced variables)로 표시된다.

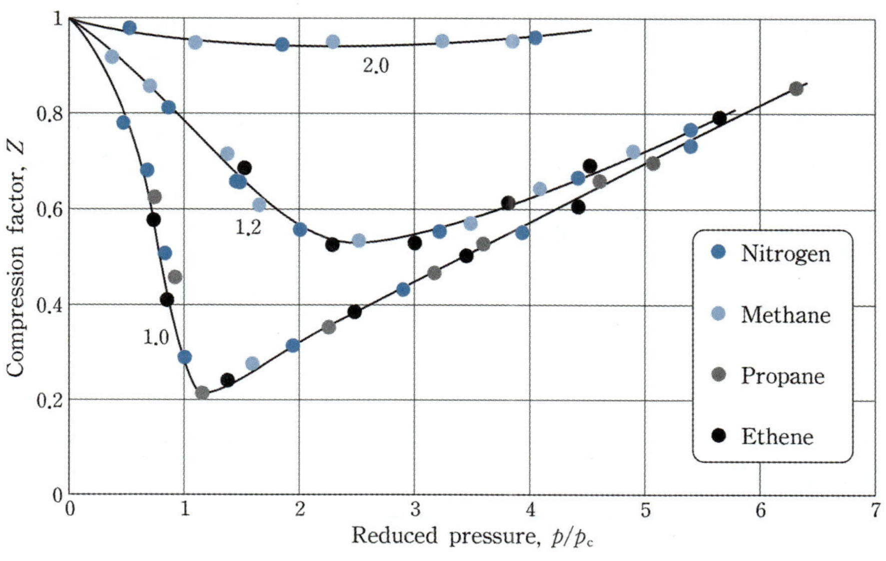


그림 14-6 대응상태 원리

**여기서 잠깐**

환산 변수는 단위가 없는 변수(dimensionless variable)라는 것을 기억해 두면 좋다. 컴퓨터가 대중화된 요즘이야 데이터베이스에 실험 결과를 가공 없이 등록한다고 하더라도 가능한 일이겠지만 예전에는 〈그림 14-6〉과 같이 모든 물질의 특성을 하나의 그래프로 표현하는 것이 멋있기도 하고 실용적이어서 매우 중요했다. 〈그림 14-7〉은 고체의 $C_V$ 그래프인데, 왼쪽은 각 물질의 $C_V$ 값을 일반 온도에 대해서 그린(plot) 그래프로 물질에 따라 각각 다른 형태를 가지고 있는 것과 달리 오른쪽은 dimensionless 온도인 $T/\theta$에 대해 Einstein 및 Debye의 이론과 비교하여 실험 데이터를 그린 그래프로, 〈그림 14-6〉에서와 같이 $T/\theta$ vs. $C_V/3R$를 축으로 그리면 모든 물질이 비슷한 거동을 보인다.

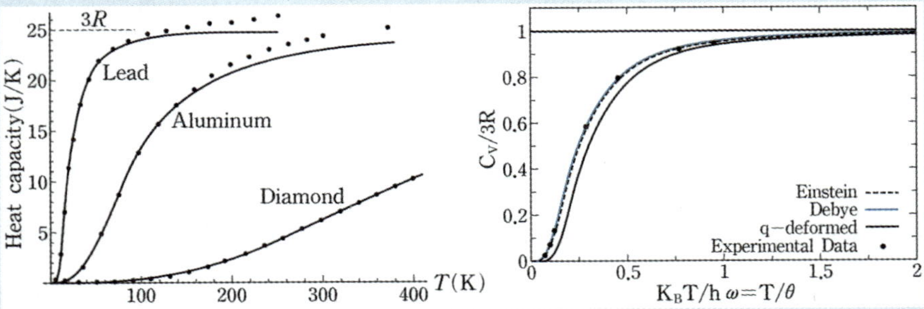


그림 14-7 고체의 열용량($C_V$)

약간 다른 얘기를 첨가하면 전달 현상에서도 Re, Pr, Nu 등 다양한 dimensionless number들에 대해 배우는데, 물론 그것들의 물리적 의미가 중요하지만 서로 다른 단위(dimension)를 다루면서 발생할 수 있는 오차들을 상쇄하기 위한 것으로 봐도 된다. 〈그림 14-6〉과 〈그림 14-7(오른쪽)〉에서도 dimensionless 값이 특정 범위로 축소되는 것을 확인할 수 있다. 같은 방식으로 전달 현상의 다양한 dimensionless number는 특정 변수의 변화가 크더라도 다른 변수들과 합쳐서 단위가 없도록 처리된 dimensionless number의 값의 변화는 어떤 범위로 축소 및 한정되므로 계에 대한 정확한 해석이 용이하도록 고안된 방법론이라 생각할 수 있다.

## 4 실제 기체로의 응용

마지막으로 위에서 배운 EOS들이 활용하면 실제 기체의 열역학 성질들을 어떻게 구할 수 있는지를 알아본다. 열역학1에서 활용의 정점은 Gibbs 에너지이며, 식 (8-8)과 (8-9)와 같이 어떤 물질의 Gibbs 에너지를 알고 있다면 그로부터 *V*, *U*, *H*, *S*를 모두 추출할 수 있도록 열역학이라는 학문이 formulation되어 있다고 했다. 또한 열역학의 접근법은 reference를 상정하고 그 reference에서 얼마만큼 벗어나 있는가를 정의하는 방식이라고도 했다. 기체의 경우는 이미 이상 기체라는 좋은 reference가 있기 때문에 식 (14-10)과 같이 residual property라는 것을 정의하게 된다. 한편 식 (8-8)과 (8-9)는 residual property에 대해서 식 (14-11)과 (14-12)처럼 다시 쓸 수 있다.

$$M^R \equiv M - M^{ig} \tag{14-10}$$

$$\frac{V^R}{RT} = \left[\frac{\partial\left(\frac{G^R}{RT}\right)}{\partial P}\right]_T \quad \text{그리고} \quad \frac{H^R}{RT} = -T\left[\frac{\partial\left(\frac{G^R}{RT}\right)}{\partial T}\right]_P \tag{14-11}$$

$$\frac{S^R}{R} = \frac{H^R}{RT} - \frac{G^R}{RT} \quad \text{그리고} \quad \frac{U^R}{RT} = \frac{H^R}{RT} - \frac{PV^R}{RT} \tag{14-12}$$

주어진 온도에서 Gibbs 에너지의 정의($dG = VdP - SdT$)에 따라 식 (14-13)과 같이 쓸 수 있고, 0에서 임의의 P까지의 적분 구간에서 식 (14-13)을 식 (14-14)와 같이 적분한다. 식 (14-14)의 우변의 첫 번째 항은 적분 상수로서 편의상 0으로 정하고, 식 (14-15)와 같이 $V^R$의 정의를 도입하면 $G^R$은 식 (14-16)과 같아진다.

$$d\left(\frac{G^R}{RT}\right) = \frac{V^R}{RT}dP \quad \text{(const. T)} \tag{14-13}$$

$$\frac{G^R}{RT} = \left(\frac{G^R}{RT}\right)_{P=0} + \int_0^P \frac{V^R}{RT}dP \quad \text{(const. T)} \tag{14-14}$$

$$V^R \equiv V - V^{ig} = V - \frac{RT}{P} = \frac{RT}{P}(Z-1) \tag{14-15}$$

$$\frac{G^R}{RT} = \int_0^P (Z-1)\frac{dP}{P} \tag{14-16}$$

*P-R* EOS와 같은 복잡한 식을 사용하고 싶다면 컴퓨터에게 맡기면 될 일이다. 하지만 truncated Virial 식을 사용한다면 식 (14-17)처럼 그나마 손으로 풀 수 있는 형태가 도출된다. $H^R$을 구해보면 식 (14-18)과 같다. Virial 계수는 온도의 함수라고 얘기했던 것을 잊지 않았기를 바란다.

$$\frac{G^R}{RT} = \int_0^P (Z-1)\frac{dP}{P} = \int_0^P (BP)\frac{dP}{P} = BP \tag{14-17}$$

$$\frac{H^R}{RT^2} = -\left[\frac{\partial\left(\frac{G^R}{RT}\right)}{\partial T}\right]_P = \left(\frac{\partial B}{\partial T}\right)_P P \tag{14-18}$$

이렇게 실제 기체의 Gibbs 에너지까지 구해보았다. 중요한 것은 실제 기체에서 얻어진 실험 결과가 이상 기체에서 얼마나 떨어져 있는지를 평가하는 residual property라는 개념이 도입되었다는 것이다.

### 요약

- 열역학2의 접근은 실제 유체나 실제 유체 혼합물이 reference로부터 얼마나 벗어났는지를 평가하는 방식으로 시작된다. 이에 실제 기체가 이상 기체와 어떻게 차이가 나는지를 살펴보았다.
- 순수 성분의 상평형을 다룰 때 물리적인 정의를 기반으로 유도되었던 Clausius-Clapeyron 식과 증기압 데이터를 regression한 Antoine 식이 비교되었듯이 실제 기체를 다룰 때도 두 가지 방향의 상태 방정식을 도입한다.
- Virial 식은 실제 기체에 대해 정의되는 압축 인자 $Z$의 실험 데이터를 주어진 온도에서 압력 또는 부피에 대해 다항식 형태로 regression한 것이다. $Z = 1 + BP$라는 truncated Virial 식이 손으로 푸는 문제에 적용되며 Virial coefficient인 B는 온도에 따라서 달라지는 온도의 함수이다.
- Cubic EOS의 조상 격인 van der Waals EOS는 실제 기체가 interacting non-point particle이라는 점이 고려되었다. 즉, 실제 기체 분자들의 부피를 고려했고, 벽면을 때리는 입자에 가해지는 다른 분자들의 인력이 압력에 미치는 영향을 고려했다.
- $PV$ domain에서 3차식 형태를 갖는 van der Waals EOS는 3가지의 중요한 물리적(또는 수학적) 의미를 갖는다. i) 기액 평형을 설명할 수 있다. ii) Metastable 상태를 정의할 수 있다. iii) 임계 상태를 설명할 수 있으며, van der Waals constants인 $a$와 $b$를 물질의 고유 성질인 임계 상수($T_C$, $P_C$, $V_C$)로부터 구할 수 있다.
- 한편 $P$, $V$, $T$에 관한 실험 결과를 환산 변수로 표시하면 모든 물질이 비슷한 거동을 띤다. 이를 대응상태 원리라 부르고 대부분의 열역학 교재에 들어 있는 그래프들이 환산 변수로 정리되어 있다.
- 어떤 EOS를 사용하는 것이 좋은가? 무조건 잘 맞는 걸 사용하면 된다. 예전에는 컴퓨터의 성능이 좋지 않아서 가능한 매개변수가 적은 식들을 선호할 수밖에 없었지만, 지금은 그럴 이유가 없다. 유체들의 기체 거동은 cubic EOS 중 $P$-$R$(Peng Robinson) EOS를 사용하면 전반적으로 무난하게 설명된다.

### 중요 개념 키워드

- 상태 방정식
- Virial 식, truncated Virial 식
- Van der Waals EOS, cubic EOS, Redlich-Kwong EOS, Peng-Robinson EOS
- Van der Waals constants, 임계 상수
- Stable, metastable, unstable
- 핵 생성, 결정 성장
- 대응상태 원리
- 환산 변수, 단위가 없는 변수

## 응용문제

**01** 345 K에서 암모니아에 대해 다음과 같은 van der Waals EOS 등온선(isotherm)을 가지고 있다고 한다.

a) 30 bar에서 평형상은 무엇일까?

b) 30 bar에서 가능한 다른 상이 있을까?

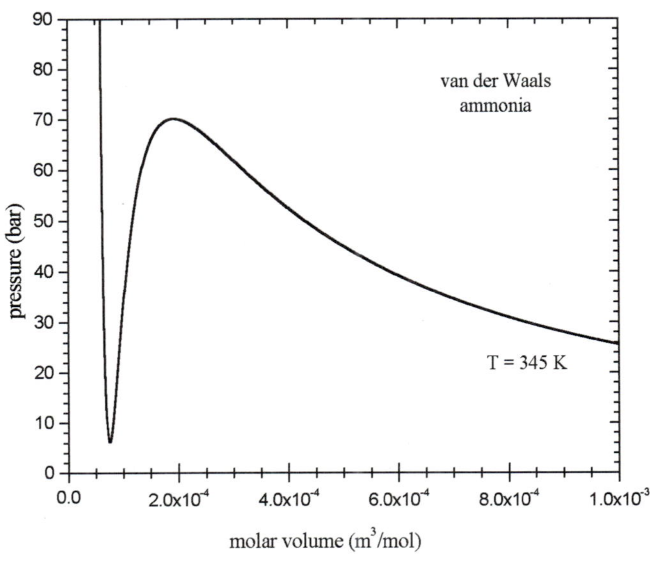

15장

# 혼합물의 열역학 성질은 어떻게 정의하면 될까? - Partial property

1. Partial propery
2. Gibbs's theorem

열역학2에서는 다성분–다상 계의 해석이 목표이므로 각 상의 혼합물을 열역학적으로 어떻게 정의할까를 고민해 보아야 할 것이다. 상대적으로 쉬운 기상 혼합물로 시작해 보자.

## 1 Partial propery

열역학1에서 공부했던 편미분(partial derivative)으로 돌아가 본다. 어떤 일반적인 함수 $M$이 $T, P, n_1, n_2, \cdots$의 함수라고 하면 식 (15-1)과 같이 쓸 수 있다는 것을 알고 있다. 여기서 $n_1, n_2$ 등은 성분1, 성분2의 몰수이다. 이미 8장에서 chemical potential을 정의하면서 혼합물을 잠시 다루었다.

$$d(nM)=\left(\frac{\partial\,(nM)}{\partial\,T}\right)_{P,n_1,n_2,\cdots}dT+\left(\frac{\partial\,(nM)}{\partial\,P}\right)_{T,n_1,n_2,\cdots}dP+\left(\frac{\partial\,(nM)}{\partial\,n_1}\right)_{P,\,T,n_2,n_3,\cdots}dn_1+\cdots$$

$$d(nM)=\left(\frac{\partial\,(nM)}{\partial\,T}\right)_{P,n}dT+\left(\frac{\partial\,(nM)}{\partial\,P}\right)_{T,n}dP+\sum_i\left(\frac{\partial\,(nM)}{\partial\,n_i}\right)_{P,\,T,n_j}dn_i$$

$$d(nM)=\left(\frac{\partial\,(nM)}{\partial\,T}\right)_{P,n}dT+\left(\frac{\partial\,(nM)}{\partial\,P}\right)_{T,n}dP+\sum_i\overline{M}_i dn_i \tag{15-1}$$

식 (15-1)의 우변의 세 번째 항을 partial property라고 정의하며, 구분을 위해서 위쪽에 bar를 얹은 글꼴로 써 준다. 다음은 혼합물을 정의할 때 각 성분의 몰수를 기준으로 할 수도 있지만 몰분율(mole fraction)을 사용하는 경우가 더 많으므로 식 (15-1)에 약간의 변형을 가해 보도록 한다. 이를 위해서 식 (15-2)와 (15-3)의 관계식을 식 (15-1)에 대입하여 정리하면 식 (15-4)를 얻을 수 있다.

$$dn_i=d(x_in)=x_idn+ndx_i \tag{15-2}$$

$$d(nM)=ndM+Mdn \tag{15-3}$$

$$ndM+Mdn=n\left(\frac{\partial\,M}{\partial\,T}\right)_{P,x}dT+n\left(\frac{\partial\,M}{\partial\,P}\right)_{T,x}dP+\sum_i\overline{M}_i(x_idn+ndx_i)$$

$$\left[dM-\left(\frac{\partial\,M}{\partial\,T}\right)_{P,x}dT-\left(\frac{\partial\,M}{\partial\,P}\right)_{T,x}dP-\sum_i\overline{M}_idx_i\right]n+\left[M-\sum_i x_i\overline{M}_i\right]dn=0 \tag{15-4}$$

식 (15-4)가 성립하기 위해서는 *n*, *dn*이 모두 0이 아니므로 2개의 큰 괄호 안이 0이 되어야 한다. 거기에 *T*와 *P*가 일정하다고 하면(또는 주어진 *T*와 *P*에서 혼합물을 정의한다면) 매우 간단해 보이지만 생각보다 이해하기 까다로운 식 (15-5)와 식 (15-6)이 유도된다. 식 (15-5)를 미분한 후 식 (15-6)과 결합하면 Gibbs/Duhem 식인 식 (15-7)을 얻을 수 있다.

$$M = \sum_i x_i \overline{M}_i \tag{15-5}$$

$$dM = \sum_i \overline{M}_i dx_i \tag{15-6}$$

$$dM = \sum_i dx_i \overline{M}_i + \sum_i x_i d\overline{M}_i = \sum_i \overline{M}_i dx_i$$

$$0 = \sum_i x_i d\overline{M}_i \tag{15-7}$$

식 (15-5)와 (15-7)을 이성분(binary) 계에 대해 적용하면 식 (15-8)~(15-10)이 추가로 유도된다.

$$\overline{M}_1 = M + x_2 \frac{dM}{dx_1} \tag{15-8}$$

$$\overline{M}_2 = M - x_1 \frac{dM}{dx_1} \tag{15-9}$$

$$x_1 \frac{d\overline{M}_1}{dx_1} + x_2 \frac{d\overline{M}_2}{dx_1} = 0 \tag{15-10}$$

유도과정이 중요한 것은 아니므로 필요하다면 직접 유도하거나 문헌을 찾아보기 바란다. 본 교재에서는 대신 식 (15-5)~(15-10)을 그래프로 해석하고자 하며, 이것이 partial property의 필요성을 이해하는데 더 직관적인 방법이라 생각한다. <그림 15-1>을 설명하기에 앞서 자갈과 모래를 혼합하는 계를 생각하며 쉬운 것부터 이해도를 높여가 보도록 하자. 같은 무게의 자갈과 모래는 메스실린더에서 각각의 부피($V_{자갈}$과 $V_{모래}$)로 채워져 있다. 이번에는 둘을 동시에 메스실린더에 채우면 어떻게 될까? $V_{혼합} = V_{자갈} + V_{모래}$를 이상적 혼합 부피라 하면 모래가 자갈 틈 사이에 들어가기 때문에 예상했던 이상적 혼합 부피보다는 작아질 것이다. 미시적인 관점에서 이를 설명하면 혼합물을 구성하는 성분들이 서로 친하다면(attractive) 자갈과 모래처럼 예측했던 이상적 혼합 부피보다 작아질 것이고, 성분들이 서로 싫어한다면(repulsive) 반대로 커질 것이다. 그렇다면 $V_{\text{혼합}}$을 표현하는 방식은 어떤 방식이 좋을까? 생각해 보면 우리가 혼합물을 만들 때 몇 대 몇의 비율로 혼합하는지 모르는 경우는 없을 것이다. 즉, 몰분율이든 질량 분율(mass fraction)이든 이 값들은 알려져(또는 정해져) 있다. 이제 식 (15-5)를 다시 보면 알고 있는 몰분율에 partial property가 곱해진 형태이다.

예를 들어 각각 10(편의상 단위 생략)이라는 무게를 갖는 자갈과 돌의 부피가 각각 200과 100(마찬가지로 단위 생략)일 때, 혼합하면 총 무게 20에 이상적 부피는 300이다. 세기 변수로 부피를 변환하면 순수한 자갈의 부피는 200/10 = 20, 순수한 모래의 부피는 100/10 = 10이 되고, 식 (15-5)에 의하면 (0.5 × 20 + 0.5 × 10) = 15이므로 이상적인 경우에 쉽게 계산한 300/20과 동일해야 한다. 하지만 실제 측정된 부피는 예상한 값보다 작을 것이고 이를 편의상 200이라고 하자. 마찬가지로 세기 변수로 바꾸면 실제 혼합 부피는 200/20 = 10으로 이상적인 경우인 15보다 작아져 있다. 그러면 이렇게 실험으로 측정된 10라는 값을 어떻게 표현하는 것이 좋을까? 자갈과 모래를 1 : 1의 비율로 혼합한 것은 이미 알고 있는 정보이므로 측정값 10이 만들어지려면 수많은 다양한 조합이 가능할 것이다. 예를 들면 10 = (0.5 × 14 + 0.5 × 6), 10 = (0.5 × 16 + 0.5 × 4)와 같이 이론적으로는 무한대의 조합이다. 만약 정답이 10 = (0.5 × 14 + 0.5 × 6)이라면 14는 순수한 자갈의 세기 부피인 20에 대해 혼합물에서 자갈이 담당하는 partial 부피에 해당하고, 6은 순수한 모래의 세기 부피인 10에 대해 혼합물에서 모래가 담당하는 partial 부피에 해당한다.

이제 partial property가 물리적으로 무엇인지는 감이 잡힐 것이다. 혼합물에서는 성분들끼리 상호작용(인력 또는 척력)이 있기 때문에 혼합비에 대하여 순수한 성분의 물리적인 성질들을 선형적으로 조합한다고 하여 혼합 성질이 되지 않는다. 따라서 partial property는 쉽게 얘기하면 알고 있는 혼합비에 대한 각 성분의 유효한(effective) 성질이다. 즉 순수한 자갈의 세기 부피는 20이지만 모래와 1 : 1로 섞였을 때는 14인 것처럼 작용하는 것이다. 이 혼합물 계에서 reference는 순수 물질의 성질들이고 예를 들어 이상 기체가 아닌 실제 순수 기체의 열역학 성질은 residual property로부터 구할 수 있다는 것을 이미 배웠다. 그럼 partial property는 혼합비에 따라 일정한 값일까? 아니다. 혼합비에 따라 달라지는 값이다. 다시 말해 몰분율이나 질량분율의 함수이다. 그도 그럴 것이 혼합물에서는 성분들끼리 상호작용이 있기 때문에 partial property를 정의한다고 했으므로 혼합비가 달라지면 혼합물 내 성분들의 상호작용 강도가 달라질 것이기 때문이다. 한편 분자 구조의 관점에서 친수성(hydrophilic)이나 소수성(hydrophobic) 등을 언급하며 partial property를 자세히 설명할 수도 있으나, partial property는 개개 분자의 그러한 성질들이 1몰이라는 거시적인 덩어리에서 평균적으로 뭉뚱그려져 나타나는 성질이므로 혼합물 내의 성분들이 서로 좋아하는구나 또는 싫어하는구나 정도의 느낌으로 이해해도 현재로서는 문제가 없다.

Partial property가 무엇인지는 알겠으나 실질적으로 혼합비에 따라 각 성분의 partial property를 어떻게 구할 수 있는지는 여전히 해결되지 않았다. 현재 우리가 가지고 있는 정보는 혼합비(또는 몰분율)와 실험적으로 측정된 혼합 성질의 값이다. 자갈과 모래로 돌아가면 자갈과 모래의 혼합비를 바꾸어가며 측정한 메스실린더의 부피이다. <그림 15-1>과 같이 그래프를 통해 해석하면 명확한데, 그림에서 검은색으로 그려진 곡선이 실험으로 구해진 혼합물의 몰 부피이고 양 끝을 연결한 가상 선분을 기준으로 위로 볼록한 형태를 보니 성분 *a*와 *b*는 서로 싫어하는 모양이다. 만약 성분끼리 상호작용이 없는 이상적인 경우라면 검은색 곡선은 양쪽이 고정된 채 직선으로 그려질 것이고 다시 말해 식 (15-5)에서 $\overline{V}_a$와 $\overline{V}_b$를 각각 성분의 순수한 $V_a$와 $V_b$로 대체해서 그리면 같은 직선이 된다. 한편 그래프상의 어떤 몰분율에서 $\overline{V}_a$와 $\overline{V}_b$는 <그림 15-1>의 검은색 점선처럼 검은색 곡선의 해당 몰분율에서 접선을 그어 그 접선이 각각 양쪽 축과 만나는 점이 된다. <그림 15-1>의 경우 $x_a = 0.5$에서 $\overline{V}_b$는 90(단위 생략) 근처의 어떤 값이다.

이상적일 경우 직선으로 나타난다고 했으므로 검은색 점선은 수학적으로는 각각 $\overline{V}_a$와 $\overline{V}_b$를 가지는, 그리고 식 (15-5)가 성립하는 가상(quasi)의 이상적인 혼합물 직선이라고도 볼 수 있다. 물론 몰분율에 따라 검은색 접선의 기울기가 계속 변하므로 $\overline{V}_a$와 $\overline{V}_b$가 계속 변하는 또 다른 가상의 이상적인 혼합물 직선들이 그려질 것이다. 그렇게 몰분율에 따라 변하는 partial property인 $\overline{V}_a$와 $\overline{V}_b$의 값을 <그림 15-1>에서 파란색 실선과 점선으로 나타내었다. 파란색 점선을 살펴보면 $x_a = 0$일 때는 순수한 *b*만 존재하므로 그래프상 대략 80의 몰 부피를 가지고 이는 순수한 *b*의 몰 부피인 $V_b$이자 $x_a = 0$에서의 성분 *b*의 partial property이다. 그럼 순수한 *b*만 존재할 때 성분 *a*의 partial property가 정의될까? $x_a = 0$이 아니라 $x_a \to 0$으로 생각하면 $x_a = 0$에서의 접선이 오른쪽 축과 만나는 ~ 130의 값이

$\overline{V}_a$이고 이를 특별히 $\overline{V}_a^{\infty}$라고 표시한다. 성분 $a$가 매우 희석된(dilute) 상태라는 의미이고 바로 파란 실선 그래프의 $x_a = 0$에서의 값이다. 접선을 그려서 오른쪽 축과 만나는 점의 값을 왼쪽 축에 그려준다는 것이 헷갈릴 수 있는데, $x_a = 0$에서 얘기하는 것이므로 $80 = (0.0 \times 130 + 1.0 \times 80)$으로 식 (15-5)를 만족한다. 같은 방식으로 파란색 점선 곡선의 오른쪽 끝은 $x_a = 1$에서 검은색 곡선의 접선이 왼쪽 축과 만나는 ~ 110이고 이를 $\overline{V}_b^{\infty}$라고 하며, 파란색 실선 그래프의 오른쪽 끝은 순수 성분 $a$의 $V_a$이다. 동일한 방식으로 몰분율을 바꾸면서 접선을 그리고 양쪽 축과 만나는 점들을 읽어 파란색 실선과 점선의 $\overline{V}_a$와 $\overline{V}_b$ 곡선이 맞는지 확인해 보기 바란다. 지금까지가 바로 식 (15-5), 식 (15-7)과 거기서 유도된 식 (15-8)~(15-10)을 그래프상에서 해석한 것이다. 다시 한번 강조하지만 실험 결과(검은색 곡선)가 있고 그 실험 결과를 유용하게 사용하기 위해서 수식적 논리가 전개되는 것이다. 그리고 온도와 압력이 고정된 조건에서 이루어지는 혼합을 다룬 것이었다.

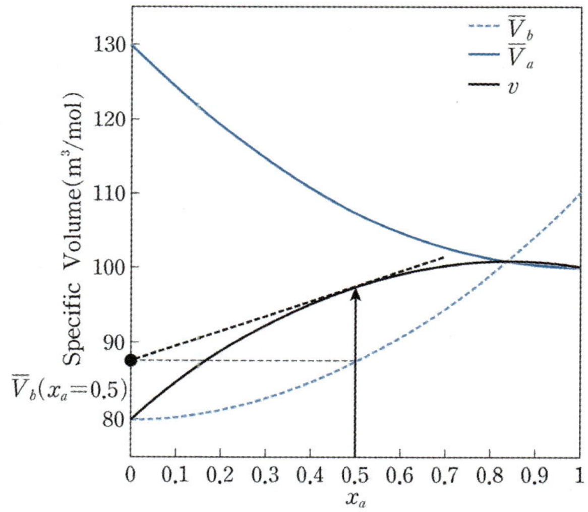


그림 15-1 Partial property의 graphical interpretation

## 2 Gibbs's theorem

한편 식 (8-8)과 (8-9)를 residual property에 대해서 식 (14-11)과 (14-12)로 바꾸어 썼듯이 partial property에 대해서 식 (15-11), (15-12)와 같이 써 줄 수 있다. 열역학은 이처럼 일관되게 사용하면 되므로 매우 편리하다. 그리고 식 (8-22)와 식 (15-1)을 비교해 보면 chemical potential은 혼합물에서의 partial molar Gibbs 에너지임을 알 수 있다.

$$\frac{\overline{V}_i}{RT}=\left[\frac{\partial\left(\dfrac{\overline{G}_i}{RT}\right)}{\partial P}\right]_T \quad \text{그리고} \quad \frac{\overline{H}_i}{RT}=-T\left[\frac{\partial\left(\dfrac{\overline{G}_i}{RT}\right)}{\partial T}\right]_P \tag{15-11}$$

$$\frac{\overline{S}_i}{R}=\frac{\overline{H}_i}{RT}-\frac{\overline{G}_i}{RT} \quad \text{그리고} \quad \frac{\overline{U}_i}{RT}=\frac{\overline{H}_i}{RT}-\frac{P\overline{V}_i}{RT} \tag{15-12}$$

<그림 15-1>의 혼합 성질 $V_{mix}$는 실험으로 구해지는 값인데, 만약 이상 기체 혼합물인 경우라면 이론적으로 표현할 수도 있지 않을까? 계속 반복하지만 나중에 실제 기체 혼합물의 열역학 성질을 정의하기 위해서 reference가 필요하고 당연히 이상 기체 혼합물이 가장 적절할 것이므로 이에 대해 먼저 공부해 본다.

직관적으로 식 (15-13)이 성립할까? 이상 기체는 non-interacting point particle이다. 상호작용이 없으므로 이상 기체 혼합물에서 어떤 성분의 partial 엔탈피, partial 엔트로피, partial Gibbs 에너지 값들은 부분 압력(partial pressure)에서 순수한 해당 성분의 엔탈피, 엔트로피, Gibbs 에너지들과 각각 같을 것이다. 이를 Gibbs's theorem이라 한다. 서로 영향을 주지 않는 이상 기체 조건에서 입자 하나당 가지는 에너지는 어떨까 연상해 보면 이해가 쉽다.

$$\overline{H}_i^{ig}(T,P)=H_i^{ig}(T,p_i) \tag{15-13}$$

다음 일정한 온도에서 식 (7-19)를 적분 구간 $p_i$부터 $P$까지 전개하면 식 (15-14)가 된다.

$$S_i^{ig}(T,P)-S_i^{ig}(T,p_i)=-R\ln\frac{P}{p_i}=-R\ln\frac{P}{y_iP}=R\ln y_i \tag{15-14}$$

$S$에 대해서도 식 (15-13)이 성립하므로 식 (15-14)는 식 (15-15)와 같이 정리된다.

$$S_i^{ig}(T, p_i) = \overline{S}_i^{ig}(T, P) = S_i^{ig}(T, P) - R\ln y_i$$

$$\overline{S}_i^{ig} = S_i^{ig} - R\ln y_i \tag{15-15}$$

이제 $G = H - TS$라는 Gibbs 에너지의 정의를 이용하면 식 (15-16)과 같이 $\overline{G}_i^{ig}(=\mu_i^{ig})$도 구할 수 있다.

$$\overline{G}_i^{ig} = \overline{H}_i^{ig} - T\overline{S}_i^{ig} = H_i^{ig} - TS_i^{ig} + RT\ln y_i = G_i^{ig} + RT\ln y_i$$

$$\mu_i^{ig} = \overline{G}_i^{ig} = G_i^{ig} + RT\ln y_i \tag{15-16}$$

마지막으로 이상 기체 혼합물의 혼합 성질은 식 (15-5)에 의해 식 (15-17)~(15-19)와 같이 정리된다.

$$H^{ig} = \sum_i y_i \overline{H}_i^{ig} = \sum_i y_i H_i^{ig} \tag{15-17}$$

$$S^{ig} = \sum_i y_i \overline{S}_i^{ig} = \sum_i y_i S_i^{ig} - R\sum_i y_i \ln y_i \tag{15-18}$$

$$G^{ig} = \sum_i y_i \overline{G}_i^{ig} = \sum_i y_i G_i^{ig} + RT\sum_i y_i \ln y_i \tag{15-19}$$

식 (15-17)~(15-19)를 살짝 다르게 변형하면 enthalpy change of mixing, entropy change of mixing, Gibbs energy change of mixing이라는 새로운 정의를 이끌어낼 수 있는데, 혼합이 이루어지면서 생기는 엔탈피, 엔트로피, Gibbs 에너지 변화량을 의미하며 식 (15-20)~(15-22)와 같다. 식 (15-20)은 이상 기체의 경우 서로 섞이면서 각자가 가지고 있는 엔탈피가 서로에게 영향을 주지 않으므로 혼합비에 따라 순수 성분의 엔탈피 값의 선형 합으로 나타난다는 것을 의미한다. 하지만 NaOH를 물에 녹일 때 용액의 온도가 증가하는 용해열에 대해 경험적으로 알고 있는 것처럼 이상 기체 혼합물이 아닌 경우에는 혼합 시 열이 발생하거나 열을 흡수할 수 있다. 한편 식 (15-21)에서 $y_i$가 1보다 작은 값을 가지므로 $\Delta S_{mix} > 0$이고, 식 (15-22)에 의해 $\Delta G_{mix} < 0$이 된다. 이는 물리적으로 자발적인 (spontaneous) 변화를 의미한다. 다시 말해 이상 기체의 혼합은 자연스러운 과정이며 우리가 기체가 혼합되지 않는 경우를 본 적이 없으므로 우리의 경험법칙에도 위배되지 않

는다. 정량적으로 확인해 보자. 이전에 다루었던 양쪽 플라스크에 A와 B라는 이상 기체가 각각 1몰씩 채워져 있고 가운데 콕을 제거했을 때 엔트로피 변화가 $R \ln 2$이었다. 식 (15-21)로 검증해 보면 $-(0.5 \times \ln 0.5 + 0.5 \times \ln 0.5) = R \ln 2$로 동일한 값을 얻는다. 그리고 이전에 잠깐 다루었지만 물과 기름과 같이 서로 분리되는 혼합물은 어떻게 설명하면 될까? 식 (15-21)에 의해 random mixing에서는 $\Delta S_{mix} > 0$이다. 그렇다면 $\Delta G_{mix} = \Delta H_{mix} - T\Delta S_{mix}$에서 $\Delta G_{mix} > 0$이 되어 혼합 과정이 자발적이지 않으려면 $\Delta H_{mix} >> 0$이어야 하고 이는 분자들 사이의 상호작용에 의해서 가능해진다. 즉, 물과 기름이 서로 싫어하는 상호작용을 가지면 되고 실제로 그렇다. 그럼 온도가 높아지면 어떻게 될까? $T\Delta S_{mix} >> 0$이므로 물과 기름이라고 하더라도 $\Delta G_{mix} < 0$이 될 가능성이 생긴다. 이렇게 설거지를 할 때 뜨거운 물을 사용하면 기름이 더 잘 씻겨 나가는 이유를 설명했다. 물론 분자들의 상호작용으로 식 (15-21)의 random mixing을 무조건 가정할 수 없으므로 실제 해석은 좀 더 복잡하지만 현재 수준에서는 이렇게 정리한다.

$$\Delta H_{mix}^{ig} = H^{ig} - \sum_i y_i H_i^{ig} = 0 \tag{15-20}$$

$$\Delta S_{mix}^{ig} = S^{ig} - \sum_i y_i S_i^{ig} = -R \sum_i y_i \ln y_i \tag{15-21}$$

$$\Delta G_{mix}^{ig} = G^{ig} - \sum_i y_i G_i^{ig} = RT \sum_i y_i \ln y_i \tag{15-22}$$

**여기서 잠깐**

11장의 응용문제에서 다루었던 PEMFC로 다시 돌아가 보자. Gibbs 에너지를 도입한 이유 중에 계의 Gibbs 에너지 변화는 그 계를 통해 얻을 수 있는 최대 $W_S$이라는 것이 있었다. 11장에서는 PEMFC에 반응물로 순수한 산소를 투입했지만 실제로는 정제된 공기를 사용하는 것이 일반적이다. 산소를 얻을 수 있는 가장 손쉬운 소스(source)가 공기이기도 하지만 안전을 위해서도 당연한 선택일 것이다. 여기서 정제된 공기는 이상 기체라고 생각한다.

먼저 혼합 기체가 유입된다고 하더라도 enthalpy change of mixing은 0이다. 하지만 Gibbs energy change of mixing은 다른 문제이다. 혼합물에서의 Gibbs 에너지는 식 (15-16)과 같이 정의되므로 다음과 같이 써 줄 수 있다. 기준이 1몰의 $H_2O(g)$이므로 $O_2(g)$는 1/2이 사용되었으며 순수한 $O_2(g)$와 혼합 기체로서의 $O_2(g)$의 Gibbs 에너지 차이를 보정해 준 형태이다. 그리고 PEMFC는 상온에서 작동된다.

$$\Delta G = \Delta G_{f,298}^{\circ} + \frac{1}{2}\left(G_{O2}^{ig} - \overline{G}_{O2}^{ig}\right) = \Delta G_{f,298}^{\circ} - \frac{1}{2} RT \ln y_{O2} = -226{,}638 \ J/mol$$

$E = \dfrac{-W_S}{2F} = \dfrac{-\Delta G}{2F}$를 적용하면 $E$= 1.174 V로 순수한 산소를 사용했을 때의 1.184 V보다 감소한다. 즉, 혼합으로 인한 엔트로피 생성이 계에서 얻을 수 있는 에너지를 그만큼 감소시킨 것이다.

한편 상온 상태에서 운전 온도를 333 K으로 올렸을 때 얻을 수 있는 전기 에너지($E$)를 구하기 위해서는 $\Delta G$를 온도에 맞게 다시 구해야 한다. 어떤 온도에서 $\Delta H^{\circ}_{rxn,T}$를 구했던 방식과 동일하게 상태 함수임을 이용하여 경로를 설정해야 할 것이다. 물론 식 (8-13)과 같은 물질의 Gibbs 에너지 데이터베이스가 있다면 훨씬 편리하겠다. 어쨌든 혼합 기체로 산소가 유입되고 온도가 333 K인 경우 계산된 $\Delta G$는 −224,836 J/mol이고, 이를 전기 에너지로 환산하면 $E$= 1.165 V이 된다.

한편 필자는 강의를 하면서 다음과 같은 의문에 빠지기도 했다. PEMFC에서의 효율은 어떻게 정의되는 걸까? 그리고 그 효율은 여전히 Carnot cycle의 효율보다 작을까? 다행히도 이에 대한 해답이 논문으로 출판되었는데, 관심이 있다면 아래의 논문을 찾아서 읽어보는 것을 추천한다.

'Thermodynamic comparison of fuel cells to the Carnot cycle', Andrew E. Lutz, Richard S. Larson, Jay O. Keller, International Journal of Hydrogen Energy, 27, 1103−1111(2002).

## 요약

- 혼합물의 열역학 성질을 정의하기 위해 partial property의 개념을 도입하였다.
- 어떤 열역학 성질이 온도와 압력, 그리고 혼합물 성분의 몰수(또는 몰분율)의 함수라고 했을 때, 편미분의 정의로부터 간단해 보이지만 강력한 다음의 관계식을 도출할 수 있다.

$$M = \sum_i x_i \overline{M}_i$$

$$0 = \sum_i x_i d\overline{M}_i \quad \text{(Gibbs/Duhem equation)}$$

- 특히 액체 혼합물의 경우 분자들 사이의 거리가 상호작용이 발생할 수밖에 없도록 가깝기 때문에 혼합 성질이 혼합물의 구성하는 각 성분의 순수한 상태의 열역학 성질의 혼합비에 따른 선형 합으로 나타나지 않는다.
- 한편 혼합 성질은 실험으로 측정되는 값이고 혼합 시 성분들의 혼합비(몰분율 또는 질량 분율)는 알고 있는(또는 주어진) 값이므로, 혼합 성질을 혼합비에 따라 위의 식과 같이 선형적인 형태로 나타내는 것이 편리할 것이다. 다만 이렇게 정의되는 partial property는 혼합 성분들 사이의 상호작용으로 순수할 때의 열역학 성질과는 다를 수밖에 없고 혼합물 내에서 해당 성분의 유효한(effective) 열역학 성질로 생각하면 된다.

- Partial property는 혼합 성분들 사이의 상호작용으로 달라지는 성질이므로, 혼합비가 달라지면 달라진다. 즉, 혼합비(몰분율 또는 질량 분율)의 함수이다.
- 혼합물에 대한 일반 정리를 이상 기체 혼합물에 적용하면 아래와 같이 이상 기체의 혼합 과정에서 발생하는 열역학 성질의 변화값(change of mixing)을 구할 수 있다.

$$\Delta H_{mix} = H^{ig} - \sum_i y_i H_i^{ig} = 0$$

$$\Delta S_{mix} = S^{ig} - \sum_i y_i S_i^{ig} = -R\sum_i y_i ln y_i$$

$$\Delta G_{mix} = G^{ig} - \sum_i y_i G_i^{ig} = RT\sum_i y_i ln y_i$$

- 이상 기체 혼합물은 입자들 사이에 상호작용이 없다는 가정이므로 혼합물의 엔탈피는 각 성분이 가지고 있는 엔탈피 값들의 혼합비에 따른 선형 합이 되므로 $\Delta H_{mix} = 0$이다. 반면 $\Delta S_{mix} > 0$, $\Delta G_{mix} < 0$(자발적 반응)으로 기체는 섞이지 않는 경우를 본 적이 없다는 random mixing에 대한 경험 법칙에 위배되지 않는다.

## 중요 개념 키워드

- Partial property
- Gibbs/Duhem equation, Gibbs theorem
- Chemical potential, partial (molar) Gibbs energy
- 이상 기체 혼합물
- Enthalpy change of mixing, entropy change of mixing, Gibbs energy change of mixing

## 응용문제

**01** 298.15 K에서 물(1)과 메탄올(2)의 몰 부피(molar volume)를 측정해 보니 아래와 같았다.

$$V_{mix} = 18x_1 + 41x_2 - 4x_1x_2$$

여기서 $V_{mix}$의 단위는 $cm^3$/mol이고 $x_1$과 $x_2$는 물과 메탄올의 혼합물에서의 각각의 몰분율이다.

a) 순수한 물과 메탄올의 몰 부피를 각각 구하고 molar volume change of mixing의 수식을 구하시오.

b) 298.15 K에서 물이 80 mol%를 차지하는 물과 메탄올의 혼합 용액에 얼마만큼의 순수한 메탄올을 첨가해야 50 mol% 혼합 용액 8,000 $cm^3$를 만들 수 있겠는가?

c) $\overline{V}_1$와 $\overline{V}_2$를 $x_1$의 식으로 유도하시오.

**02** 성분 (1)과 (2)가 혼합된 용액의 엔탈피가 주어진 온도와 압력에서 다음과 같이 주어진다고 한다.

$$H_{mix} = 100x_1 + 100x_2 + x_1x_2\,(10x_1 + 10x_2)$$

여기서 $H$의 단위는 J/mol이다. $x_1 = 0.5$에서 $\overline{H}_1$과 $\overline{H}_2$를 구하시오.

16 장

# 혼합물의 평형을 표현하기 위한 좀 더 쉬운 개념이 없을까? - Fugacity와 Excess Property

물이 끓는 상황은 순수 성분의 기액 평형(VLE)이다. 이를 배웠던 용어로 표현한다면 $P = P^{sat}(T)$, 즉 주어진 온도에서 외부 압력에 의해 기상이 액상으로 상전이 되는 속도와 증기압에 의해 액상이 기상으로 상전이 되는 속도가 같은 동적 평형 상황이다. 나중에 자세히 다루겠지만 어디선가는 들어 보았을 Raoult 법칙도 $y_iP = x_iP_i^{sat}(T)$의 식으로 좌변은 혼합물에서 $i$ 성분의 분압이고 우변은 혼합물에서 $i$ 성분의 유효한(effective) 증기압에 해당한다. 마찬가지로 $i$ 성분의 기상이 누르는 압력과 액상이 증발하려는 압력이 서로 기계적 평형을 이루는 것같이 식으로 표현된 것이다. 이와 같이 기액 평형을 압력에 관점에서 설명하면 직관적이다. 물론 압력 관점에서의 설명조차도 기상과 액상의 Gibbs 에너지(또는 혼합물에서 chemical potential)가 같다는 평형 조건과 어떤 식으로든 연결될 것이다.

## 1 Fugacity와 fugacity 계수

이제 이상 기체 상태를 reference로 실제 기체가 reference에서 얼마나 벗어나 있는가를 압력의 관점에서 살펴보자. Gibbs 에너지의 정의에 의해 주어진 온도에서 식 (16-1)을 쓸 수 있다. 식 (16-1)을 적분하면 적분 상수에 해당하지만 온도의 함수인 $\Gamma_i(T)$를 포함한 식 (16-2)와 같다.

$$dG_i^{ig} = V_i^{ig}dP = \frac{RT}{P}dP = RTd\ln P \tag{16-1}$$

$$G_i^{ig} = \Gamma_i(T) + RT\ln P \tag{16-2}$$

여기서 실제 기체에 대해 식 (16-2)의 $P$ 대신에 $f$라는 fugacity를 도입해 보자. Fugacity는 라틴어로 'flee from'이라는 의미라는데, '어디로부터 도망간다 또는 멀어진다'이므로 말 그대로 이상 기체로부터 얼마나 벗어나 있는가를 나타낸다. 온도는 주어진 상태이므로 식 (16-2)를 본따 실제 기체에 대해서 식 (16-3)을 쓴다. 이 식에서 아래 첨자 $i$는 혼합물을 의미하는 것이 아니라 어떤 성분 $i$의 순수한 상태를 의미하니 조심하기 바란다. 이상 기체에 대하여 식 (16-3)에 따르면 $f_i^{ig} = P$가 성립한다.

$$G_i = \Gamma_i(T) + RT ln f_i \tag{16-3}$$

식 (16-3)에서 식 (16-2)를 빼주면 식 (16-4)가 되고, 식 (14-10)의 residual property 정의에 따라 식 (16-5)와 같이 써 줄 수 있다. 여기서 $\phi_i$를 fugacity 계수고 부르며 이상 기체라면 당연히 벗어난 정도가 없으므로 1이다.

$$G_i - G_i^{ig} = RT ln \frac{f_i}{P} \tag{16-4}$$

$$G_i^R = RT ln \phi_i \tag{16-5}$$

다음 식 (14-16)과 연계하면 식 (16-6)이 되고 truncated Viral 식을 적용하여 정리하면 식 (14-17)과 비슷하게 정리된다. 사실 두 식은 동일해야 한다. 다만 식 (16-6)의 아래 첨자는 이후 혼합물 내의 해당 성분의 순수한 상태의 성질을 의미하도록 지금부터 약속을 정하는 것이니 유의 바란다. 참고로 미리 얘기한다면 혼합물 내의 어떤 성분의 fugacity는 $\hat{f}_i$로, fugacity 계수는 $\hat{\phi}_i$로 구분을 위해 모자(hat)를 쓴 형태로 표시한다. 따라서 식 (16-6)의 Virial 계수 $B_{ii}$는 순수 성분의 $Z$ 값을 Virial 식을 이용하여 나타날 때 사용하는 식 (14-17)의 $B$과 같은 값이다. 나중에 이성분계 혼합물에서의 Virial 계수는 $B_{ij}$가 포함되어 표현될 것이며 성분 $i$와 $j$의 상호작용이 고려될 것이다.

$$ln \phi_i = \int_0^P (Z_i - 1)\frac{dP}{P} = \frac{B_{ii}P}{RT} \tag{16-6}$$

혼합물의 기액 평형으로 가기 전에 순수 성분의 기액 평형을 먼저 fugacity와 fugacity 계수를 통해 다루어 보자. 식 (16-3)처럼 순수 성분의 기상과 액상에 대해 식 (16-7)을 쓸 수 있다. 기액 평형에서 $G_i^v = G_i^l$이므로 식 (16-7)을 조합하면 식 (16-8)을 얻는다. 기액 평형에서 기상과 액상의 Gibbs 에너지가 같다는 것이 두 상의 fugacity가 같다는 말과 동일한 것이다. 그래서 Gibbs 에너지마저 불편하다면 fugacity를 사용하면 된다.

$$G_i^v = \Gamma_i(T) + RT ln f_i^v, \quad G_i^l = \Gamma_i(T) + RT ln f_i^l \tag{16-7}$$

$$f_i^v = f_i^l = f_i^{sat} \tag{16-8}$$

생각해 보면 식 (16-6)은 기체에 대한 fugacity 계수를 구한 것이다. Virial 식이 기체의 거동만을 표현할 수 있는 식이기도 하다. 그럼 액체의 fugacity도 정의할 수 있을까? 여기에는 식 (16-9)와 같은 재미있는 접근법이 사용된다. 복잡해 보이지만 분자와 분모의 많은 항이 서로 삭제되면 정확히 성립되는 식이다.

$$f_i^l(P) = \frac{f_i^v(P_i^{sat})}{P_i^{sat}} \frac{f_i^l(P_i^{sat})}{f_i^v(P_i^{sat})} \frac{f_i^l(P)}{f_i^l(P_i^{sat})} P_i^{sat} \tag{16-9}$$

첫 번째 분수 항은 평형 압력인 $P_i^{sat}$에서 기상의 fugacity 계수이므로 식 (16-6)과 같은 식을 사용하면 구할 수 있을 것이다. 물론 더 정확한 $Z$를 구하기 위해 더 복잡한 EOS들을 사용할 수 있지만, 식 (16-10)은 편의상 truncated Virial 식을 사용하여 구한 식이다. 두 번째 분수 항은 평형에서 두 상의 fugacity는 같으므로 서로 삭제되어 1이 된다.

$$ln\phi_i^v = \int_0^{P_i^{sat}} (Z_i^v - 1) \frac{dP}{P} = \frac{B_{ii} P_i^{sat}}{RT} \tag{16-10}$$

마지막 세 번째 분수 항은 약간 복잡(tricky)하다. 먼저 주어진 온도에서 $dG = VdP$를 $P_i^{sat}$에서 $P$까지 적분하고 식 (16-3)을 사용하면 식 (16-11)을 얻을 수 있다. 여기서 액체의 부피, $V_i^l$은 압력에 큰 영향을 받지 않으므로 적분 밖으로 나온다. 그리고 식 (16-11)을 정리하면 식 (16-12)가 된다.

$$G_i - G_i^{sat} = \int_{P_i^{sat}}^{P} V_i^l dP = RTln \frac{f_i}{f_i^{sat}} \tag{16-11}$$

$$\frac{f_i}{f_i^{sat}} = exp \frac{V_i^l (P - P_i^{sat})}{RT} \tag{16-12}$$

끝으로 구해진 식 (16-10)과 (16-12)를 식 (16-9)에 대입하면 식 (16-13)과 같이 정리된다. 식 (16-13)의 지수 항을 Poynting factor라고 부르며 일반적으로 ~ 1이므로 액체의 fugacity는 증기압과 거의 같다고 보면 된다. 뭔가 복잡해 보이지만 결론은 의외로 단순하다.

$$f_i^l(P) = P_i^{sat} exp \frac{B_{ii} P_i^{sat} + V_i^l (P - P_i^{sat})}{RT} \tag{16-13}$$

아직 혼합물에서 특정 성분의 fugacity는 정의하지 않았다. 식 (16-13)은 순수한 액체의 fugacity라는 것을 잊지 않길 바란다. <그림 16-1>은 300 °C 스팀의 fugacity가 압력에 따라 어떻게 변하는가를 계산하여 그린 그래프이다. 스팀 테이블에서 찾아보니 300 °C에서 평형 압력은 8592.7 kPa(1기압 = 101.33 kPa)이었다. 먼저 수증기가 이상 기체라면 $f_i^v = P$이어야 할 것이다. 10기압이면 <그림 16-1>의 $x$축의 1에 해당하는 눈금인데 $f_i^v \sim P$임을 알 수 있다. 이는 앞서도 언급했던, 10기압 이하에서는 대부분의 기체를 이상 기체로 취급해도 큰 무리가 없다는 말과도 상통한다. 그리고 압력이 증가할수록 $f_i^v$가 이상 기체의 조건인 $P$에서 점점 벗어나고 있다. $P$보다 작은 값을 갖는데, 압력이 높아질수록 수증기의 물 분자들이 상호작용을 할 수 있는 거리까지 밀도가 증가하기 때문이다. 물 분자들이 영구 쌍극자를 가지므로 쌍극자–쌍극자 상호작용으로 정전기적인 potential energy가 크다는 것은 이미 열역학1 초반에 다루었다. 한편 fugacity 값이 어느 순간 더 이상 압력에 영향을 받지 않고 거의 일정해지는 구간이 보인다. 바로 평형 압력인 8592.7 kPa부터인데, 이보다

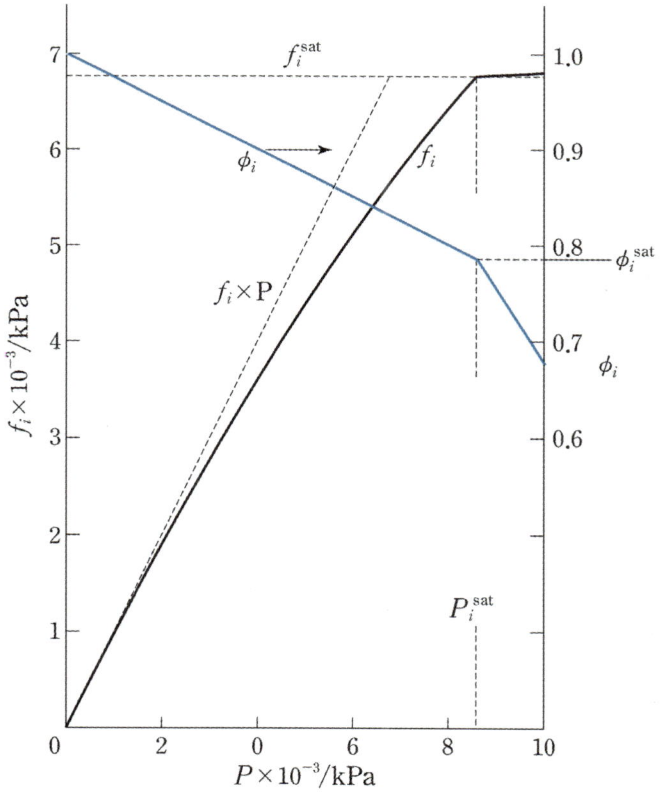


그림 16–1 300 ℃ 스팀(steam)의 fugacity

큰 압력에서는 액상으로 존재하고 식 (16-13)에서 얘기했듯이 Poynting factor ~ 1이므로 액체의 fugacity는 증기압과 같다. 평형 압력에서의 fugacity 계수는 그래프에서 ~ 0.78이고 여기부터 압력이 증가할수록 fugacity는 증기압으로 유지되므로 fugacity 계수 정의(= $f_i$ / $P$)에 따라 그 값이 급격히 감소한다.

식 (16-4)~(16-6), (16-13)을 통해 순수한 성분의 기상과 액상의 fugacity를 어떻게 정의하고 구할 수 있는지까지 알아보았다. 그렇다면 혼합물의 fugacity를 정의하는 방법을 알아보는 것이 다음 차례이다. 상사성에 의해(by analogy) 식 (16-3)을 혼합물에 대해 정의하면 식 (16-14)와 같다. 식 (15-16)에서와 같이 partial molar Gibbs 에너지는 곧 chemical potential이다. 그리고 혼합물 내의 어떤 성분의 fugacity를 순수한 그 성분의 fugacity와 구분하기 위해 $f_i$에 hat을 씌운 형태로 나타내었다. 이미 알고 있는 화학적 평형 조건인 식 (16-15)를 활용하여 식 (16-8)에서의 논리를 그대로 적용하면 (16-16)을 얻게 된다. 이 식은 $\alpha$부터 $\pi$까지 여러 개의 상이 존재하는 일반식이다. 마찬가지로 chemical potential이 다루기 불편하면 혼합물에서도 fugacity를 사용할 수 있다.

$$\overline{G}_i = \Gamma_i(T) + RT\ln\hat{f}_i = \mu_i \tag{16-14}$$

$$\mu_i^\alpha = \mu_i^\beta = \cdots = \mu_i^\pi \tag{16-15}$$

$$\hat{f}_i^\alpha = \hat{f}_i^\beta = \cdots = \hat{f}_i^\pi \tag{16-16}$$

이제 실제 기상 혼합물에서 각 성분의 fugacity를 어떻게 정의할지를 생각해 보자. 열역학의 기본 접근법에 따라 reference를 찾아보면 이상 기체 혼합물이 좋은 reference가 될 것이다. 따라서 실제 기상 혼합물에서 어떤 성분의 fugacity는 대응되는 이상 기체 혼합물의 해당 성분의 fugacity에서 얼마나 달라지는가를 고민하는 데서 시작하면 된다. 그런데 우리는 이미 식 (14-10)~(14-12)에서 순수 성분의 실제 기체가 이상 기체에서 벗어나는 정도를 정의한 바가 있다. 열역학의 식은 편리하게도 식 (16-17)처럼 순수 성분에서의 식 (14-10)을 partial property에 대해서 동일하게 적용할 수 있다. 그래서 편리함을 추구하는 학문이라고 교재 초반에 얘기했던 것이다.

$$\overline{G}_i^R \equiv \overline{G}_i - \overline{G}_i^{ig} \tag{16-17}$$

계속 반복되다 보니 일종의 기시감이 들겠지만 식 (16-17)에 식 (16-14)와 fugacity 계수의 정의를 적용하면 식 (16-18)을 얻을 수 있다. 이상 기체 혼합물에서 어떤 성분의 fugacity는 그 성분의 부분 압력(partial pressure)에 해당할 것이며, 실제 기체 혼합물에서 해당 성분의 fugacity 계수는 이상 기체 혼합물에서 그 성분의 fugacity인 분압으로부터 얼마나 떨어져 있는가에 대한 척도이므로 reference인 이상 기체 혼합물에서는 $\hat{\phi}_i = 1$이 성립할 것이다. Partial property 정의에 의해 $G^R$ 및 $\hat{\phi}_i$와는 식 (16-19)와 (16-20)의 관계를 가진다.

$$\overline{G}_i^R \equiv \overline{G}_i - \overline{G}_i^{ig} = \mu_i - \mu_i^{ig} = RTln\frac{\hat{f}_i}{y_i P} = RTln\hat{\phi}_i \tag{16-18}$$

$$ln\hat{\phi}_i = \left[\frac{\partial\left(nG^R/RT\right)}{\partial\, n_i}\right]_{P,\,T,\,n_j} \tag{16-19}$$

$$G^R = \sum_i y_i \overline{G}_i^R = RT\sum_i y_i ln\hat{\phi}_i \tag{16-20}$$

점점 식이 복잡해지는 까닭에 어렵게 느껴질 것이다. 하지만 <그림 15-1>을 떠올려 보면 혼합물의 혼합비(또는 몰분율)를 알고 있는 상태에서 측정된 $G^R$로부터 graphical하게 양쪽 축과 만나는 값이 다름 아닌 $RTln\hat{\phi}_i$일 뿐이다.

## 2 혼합물에서 truncated Virial 식

이제 손으로 풀 수 있는 한계점인 truncated Virial 식을 적용한 예를 다루려고 한다. 결론부터 얘기하면 가장 간단한 truncated Virial 식으로도 이렇게 복잡하니 더 복잡한 계산은 컴퓨터에게 양보하는 것을 권하는 바이다. 또한 이것이 열역학1에 비해 열역학2에는 응용문제가 많지 않은 이유이기도 하다.

실제 기체 혼합물의 거동이 식 (16-21)과 같은 truncated Viral 식을 따른다고 하자. 생각해 보면 주어진 온도와 압력에서 혼합물의 조성을 변화시켜가면서 혼합물의 부피를 측정하는 실험은 가능할 것으로 보인다. 그런데 식 (16-21)에서 조성의 정보가 반영될 곳은 Virial 계수 $B$밖에는 없다. 따라서 혼합물의 경우 식 (16-22)와 같이 $B$를 표현하게 된다.

Van der Waals 식이 적용되는 경우라면 $a$와 $b$도 마찬가지 방식으로 표시될 것이다.

$$Z = 1 + \frac{BP}{RT} \tag{16-21}$$

$$B = \sum_i \sum_j y_i y_j B_{ij} \tag{16-22}$$

식 (16-22)를 이성분계(binary) 기체 혼합물에 대해 쓰면 다음과 같다.

$$B = y_1 y_1 B_{11} - y_1 y_2 B_{12} + y_2 y_1 B_{21} + y_2 y_2 B_{22}$$

$$B = y_1 y_1 B_{11} - 2 y_1 y_2 B_{12} + y_2 y_2 B_{22}$$

2개의 성분에서 서로 맞바꾸는 것이므로 $B_{12} = B_{21}$이 성립한다. 한편 $B_{11}$과 $B_{22}$는 이미 식 (16-6)에서 한번 보았던 형식이다.

이성분계에 대해 식 (14-16)을 쓰고 혼합물에서의 fugacity 계수의 정의를 적용하면 식 (16-23)을 얻는다. 그리고 truncated Virial 식을 적용하면 식 (16-24)와 (16-25)를 끌어낼 수 있다. Virial 계수 $B$는 온도만의 함수라는 것을 알고 있다. 식 (16-24)와 (16-25)의 $B$에 대한 편미분식에서 $P$가 일정하다는 조건이 빠진 이유이다.

$$\frac{nG^R}{RT} = \int_0^P (nZ - n) \frac{dP}{P}$$

$$ln\hat{\phi}_1 = \left[\frac{\partial\,(nG^R/RT)}{\partial\, n_1}\right]_{P,\,T,n_2}$$

$$= \int_0^P \left[\frac{\partial\,(nZ - n)}{\partial\, n_{\text{-}}}\right]_{P,\,T,n_2} \frac{dP}{P} = \int_0^P \left(\bar{Z}_1 - 1\right)\frac{dP}{P} \tag{16-23}$$

$$\bar{Z}_1 = \left[\frac{\partial\,(nZ)}{\partial\, n_1}\right]_{P,\,T,n_2} = 1 + \frac{P}{RT}\left[\frac{\partial\,(nB)}{\partial\, n_1}\right]_{T,n_2} \tag{16-24}$$

$$ln\hat{\phi}_1 = \frac{1}{RT}\int_0^P \left[\frac{\partial\,(nB)}{\partial\, n_1}\right]_{T,n_2} dP = \frac{P}{RT}\left[\frac{\partial\,(nB)}{\partial\, n_1}\right]_{T,n_2} \tag{16-25}$$

위에서 써 준 Virial 계수 $B$를 정리하면 식 (16-26)이 되고 $nB$는 식 (16-27)과 같아진다.

$$\begin{aligned} B &= y_1(1-y_2)B_{11} + 2y_1y_2B_{12} + y_2(1-y_1)B_{22} \\ &= y_1B_{11} - y_1y_2B_{11} + 2y_1y_2B_{12} + y_2B_{22} - y_1y_2B_{22} \\ &= y_1B_{11} + y_2B_{22} + y_1y_2(2B_{12} - B_{11} - B_{22}) \end{aligned} \tag{16-26}$$

$$nB = n_1B_{11} + n_2B_{22} + \frac{n_1n_2}{n}(2B_{12} - B_{11} - B_{22}) \tag{16-27}$$

마지막으로 $nB$를 $n_1$에 대해 미분하고 식 (16-25)에 대입하면 식 (16-28)을 얻는다.

$$\begin{aligned} \left[\frac{\partial\,(nB)}{\partial\,n_1}\right]_{T,n_2} &= B_{11} + \left(\frac{1}{n} - \frac{n_1}{n^2}\right)n_2(2B_{12} - B_{11} - B_{22}) \\ &= B_{11} + (1-y_1)y_2(2B_{12} - B_{11} - B_{22}) = B_{11} + y_2^2(2B_{12} - B_{11} - B_{22}) \end{aligned}$$

$$ln\hat{\phi}_1 = \frac{1}{RT}\left(B_{11} + y_2^2(2B_{12} - B_{11} - B_{22})\right) \tag{16-28}$$

$ln\,\widehat{\phi_2}$에 대해서는 직접 유도해 보기 바란다.

한편 원래는 온도, 압력 그리고 조성을 바꾸면서 얻은 $Z$값에 맞도록 truncated Virial 계수 $B$를 구해주는 것이 맞지만 간단하게 $B_{12}$를 $B_{11}$과 $B_{22}$의 기하평균으로 구해줄 수 있다.

$$B_{12} = \sqrt{B_{11}B_{22}}$$

지금까지 기체 혼합물 내에서 한 성분의 fugacity와 fugacity 계수에 대해서 알아보았다. 혼합물에서의 fugacity 계수가 식 (16-20)에서처럼 partial residual molar Gibbs 에너지와 연결된다는 것도 알게 되었다. 앞에 partial이나 residual과 같은 말들이 붙어서 뭔가 복잡하게 보이지만 residual은 reference인 이상 기체 혼합물에서 벗어난 정도를 보정한다는 의미이고, partial은 그 성분이 reference인 순수 상태와 달리 혼합물에서 effective하게 나타나는 정도를 보정한다고 이해하면 좋겠다. 생각해 보면 열역학은 논리적이지만 방법론에 있어서는 analogy를 바탕으로 편의성을 추구한다는 느낌을 받는다. 그래서 엔지니어의 학문인 것이다.

## 3 액상 혼합물

이제 한 번 더 편의성을 추구해 보자. 액상 혼합물을 다루려고 한다. 기체 혼합물의 경우 이상 기체 혼합물이라는 아주 좋은 reference가 있었다. 그렇다면 액상 혼합물도 비슷하게 reference를 잡아주면 될 것 같다. 우리는 이걸 이상 용액(ideal solution)이라고 부르는데 이상 기체 혼합물이 가상이듯이 이상 용액도 가상이다. 자갈과 모래를 혼합하는 경우를 기억해 보면 이상적일 때 혼합물의 몰 부피가 혼합비에 따른 순수 성분의 몰 부피 선형합(자갈의 몰분율 × 자갈의 몰 부피 + 모래의 몰분율 × 모래의 몰 부피)을 가진다고 했다. 이 관점을 액상으로 전환하면 바로 이상 용액의 정의가 된다. 액상 성분들이 섞일 때 혼합물의 성질이 혼합비에 따른 순수 성분의 성질의 선형 합으로 나타나는 가상의 용액 말이다. 다시 말해 혼합 시 성분 사이에는 상호작용이 없다. 따라서 식 (15-16)의 정의를 그대로 액상에 적용하면 식 (16-29)와 같이 정의할 수 있다. 달라진 것은 $y_i$가 $x_i$로 바뀐 것과 액상 순수 성분의 $G_i$가 reference로 잡혔다는 것이다. 그리고(또는 그래서) 이상 기체 혼합물일 때와 마찬가지로 식 (16-30)~(16-35)를 쓸 수 있다. 이상 기체 혼합물에서도 그랬듯이 이상 용액도 섞이는 것이 자발적인 방향이다. 물과 기름의 이상 용액이 있다면 섞이는 것으로 정의된다. 한편 현실에서 식 (16-30)~(16-35)가 성립하는 경우는 서로 비슷한 성질을 가진 액체들(예를 들어 알코올들)이 섞이는 경우이다.

$$\mu_i^{id} = \overline{G}_i^{id} = G_i + Rlnx_i \quad (16\text{-}29)$$

$$H^{id} = \sum_i x_i H_i \quad (16\text{-}30)$$

$$S^{id} = \sum_i x_i S_i - R\sum_i x_i lnx_i \quad (16\text{-}31)$$

$$G^{id} = \sum_i x_i G_i + RT\sum_i x_i lnx_i \quad (16\text{-}32)$$

$$\Delta H_{mix}^{id} = H^{id} - \sum_i x_i H_i = 0 \quad (16\text{-}33)$$

$$\Delta S_{mix}^{id} = S^{id} - \sum_i x_i S_i = -R\sum_i x_i lnx_i \quad (16\text{-}34)$$

$$\Delta G_{mix}^{id} = G^{id} - \sum_i x_i G_i = RT\sum_i x_i lnx_i \quad (16\text{-}35)$$

다음은 식 (16-3)을 이상 용액과 액상 순수 성분에 대해서 각각 써 보자. 그리고 두 식을 빼고 식 (16-29)와 비교해 보면 식 (16-36)을 유도할 수 있다. 이 식이 Lewis/Randall rule이다. 그런데 직관적으로 당연히 성립될 만하다. 이상 용액에서는 각 성분 사이의 상호작용이 없으므로 partial property는 해당 성분의 순수 상태의 성질이 그 성분의 몰분율만큼만 반영되어 effective하게 나타날 것이기 때문이다. 한편 식 (16-13)과 같이 순수한 액상 성분의 fugacity는 구할 수 있으며 대략 그 성분의 증기압과 같다고 배웠다.

$$\mu_i^{id} \equiv \Gamma_i(T) + RTln\hat{f}_i^{id}, \quad G_i \equiv \Gamma_i(T) + RTlnf_i$$

$$\mu_i^{id} = G_i + RTln\left(\frac{\hat{f}_i^{id}}{f_i}\right)$$

$$\hat{f}_i^{id} = x_i f_i \tag{16-36}$$

이제 거의 마지막이다. 실제 기체 혼합물에 대해 residual property를 정의했고 이로부터 유도된 식 (16-18)~(16-20)을 알고 있다. 따라서 상사성을 이용하여 이상 용액을 reference로 액상 혼합물에도 비슷한 수식 (16-37)~(16-39)를 이끌어낼 수 있다. 여기서 excess property라는 개념이 도입되며, 이는 $M^E = M - M^{id}$로 이상 용액에서 얼마나 벗어났는가를 나타내는 성질이다. 액상 혼합물이라는 것을 구분하기 위해 위 첨자 $l$을 사용한 것과 fugacity 계수 대신에 activity 계수인 $\gamma_i$가 도입된 것이 다를 뿐이다. 그리고 기체 혼합물의 경우는 $y_iP$라는 이상 기체 혼합물의 분압을 reference로 했지만 용액이므로 식 (16-36)의 Lewis Randall rule에 의해 해당 성분의 이상 용액 속에서의 effective한 fugacity($x_if_i$)를 사용한다.

$$\overline{G}_i^E \equiv \overline{G}_i^l - \overline{G}_i^{id} = \mu_i^l - \mu_i^{id} = RTln\frac{\hat{f}_i^l}{x_i f_i} = RTln\gamma_i \tag{16-37}$$

$$ln\gamma_i = \left[\frac{\partial\,(nG^E/RT)}{\partial\,n_i}\right]_{P,\,T,\,n_j} \tag{16-38}$$

$$G^E = \sum_i x_i \overline{G}_i^E = RT\sum_i x_i ln\gamma_i \tag{16-39}$$

다음 장에서 다룰 Raoult 법칙에 대해 잠깐 얘기해 보면, 화학적 평형에 대해 식 (16-16)의 조건과 식 (16-18)과 식 (16-37)의 정의를 알고 있으므로 식 (16-40)과 같이 쓸 수 있다.

여기서 i) 압력이 그리 높지 않은 조건이라면 기상 혼합물은 이상 기체 혼합물에서 크게 벗어나지 않을 것이므로 $\hat{\phi}_i = 1$이 될 것이다. ii) 화학적으로 유사한 성분들의 혼합물이라면 이상 용액에서 크게 벗어나지 않을 것이므로 $\gamma_i = 1$이 된다. iii) 식 (16-13)에서 Poynting factor는 ~ 1이므로 $f_i = P_i^{sat}$가 되고 이를 모두 식 (16-40)에 반영하면 식 (16-41)의 Raoult 법칙이 된다. Raoult 법칙은 유용하지만 위의 세 가지 가정이 적용된 것이기에 한계가 명확하다. 다시 말해 물과 기름이 혼합된 용액은 절대 설명할 수 없는 식이다. 그래서 가정 ii)를 걷어낸 식 (16-42)의 수정된 Raoult 법칙이 기액 평형을 설명할 때 주로 사용된다. 이제 식 (16-42)를 적용해서 기액 평형을 설명하기 전에 딱 하나 남은 것은 activity 계수 $\gamma_i$를 구하기 위한 수학적 또는 물리화학적 모델이다. 그런데 너무 이론적인 얘기만 계속된 터라 상평형을 배우는 목적이 궁금할 수 있다. 따라서 다음 장에서는 여태까지 배운 이론의 활용을 먼저 다루고, activiy 계수는 19장에서 다시 만나도록 한다.

$$\hat{f}_i^v = \hat{\phi}_i y_i P = \gamma_i x_i f_i = \hat{f}_i^l \tag{16-40}$$

$$y_i P = x_i P_i^{sat} \tag{16-41}$$

$$y_i P = \gamma_i x_i P_i^{sat} \tag{16-42}$$

**여기서 잠깐**

식 (16-33)~(16-35)를 다시 살펴 보자. 이미 언급했듯이 이상 용액이라면 혼합 시에 enthalpy change of mixing이 없다. 반면 random mixing의 경우 열역학 2법칙에 의해 entropy change of mixing은 (+) 부호를 갖고 Gibbs energy change of mixing은 반대로 (−) 부호를 가지므로 혼합 과정이 자발적이라는 것을 의미한다. 하지만 우리는 물과 기름이라는 명확하게 혼합되지 않는 경우를 알고 있다. 정성적으로는 이전에 설명했지만 이번에는 정량적으로 그림과 함께 설명한다.

$$\Delta G_{mix} = \Delta H_{mix} - T\Delta S_{mix}$$

Random mixing인 경우 $\Delta S_{mix} > 0$이므로 비자발적이 되려면 $\Delta H_{mix} > 0$이어야 한다. 이는 물리적으로 혼합 시에 흡열이 필요하다는 의미이다. 지금은 편의상 식 (16-43)과 같은 가장 간단한 regular solution 모델을 사용할 것이다. $\Delta H_{mix}$가 오직 몰분율의 함수이며, 상수인 $a_0$가 양수면 $x_1$이 0과 1인 점을 지나는 위로 볼록한 이차방정식의 형태를 갖게 된다. 한편 $\Delta S_{mix}$는 random mixing을 가정한 이상 용액의 식 (16-34)를 사용한다. 상수 $a_0$가 음수라면 $\Delta G_{mix} < 0$이므로 몰분율의 전 범위에서 자발적으로 잘 혼합될 것이다.

$$\Delta H_{mix} = a_0 x_1 x_2 = a_0 x_1 (1 - x_1) \quad (16\text{-}43)$$

$$- T\Delta S_{mix} = RT(x_1 ln x_1 + x_2 ln x_2)$$

이 계산을 엑셀 소프트웨어를 사용하여 직접 수행해 보면 좋다. 여기서는 $a_0$를 10,000 J/mol로 설정했다. 〈그림 16-2〉에서 $T$= 100 K인 그래프를 보면 온도가 아직 낮아서 $T\Delta S_{mix}$효과가 크지 않으므로 전 범위에서 $\Delta G_{mix}$ 〉 0이 된다. 즉, 서로 전혀 섞이지 않는다는 의미이다. 말 그대로 물과 기름의 상황이다. 반면 아주 온도가 높은 $T$= 1,000 K의 그래프에서는 전 범위에서는 $\Delta G_{mix}$ 〈 0이다. 완전히 섞인다는 의미이다.

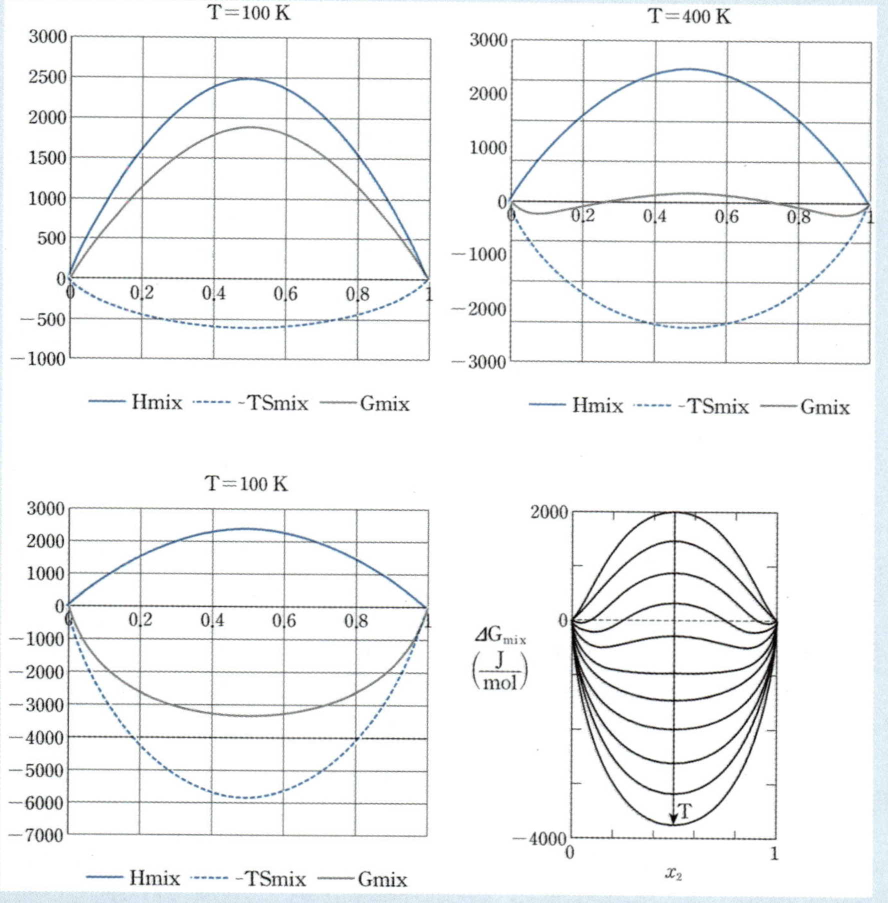


그림 16-2 Regular solution 모델에서 온도에 따른 $\Delta G_{mix}$의 변화

그런데 온도가 $T$= 400 K인 경우는 어떤 몰분율 범위에서는 $\Delta G_{mix}$가 (+) 부호를 갖고 다른 범위에서는 (−) 부호를 갖는 그래프가 그려진다. 물론 간단한 해석은 아니고 〈그림 14-5〉의 $GV$

domain에서 van der Waals 식을 분석했을 때와 같이 위로 볼록한 unstable 영역과 아래로 볼록한 stable 영역 중 평형 상태와 metastable 영역의 설명이 수반되어야 한다. 나중에 액액 평형(liquid liquid equilibrium, LLE)에서 다루겠지만 이는 상 분리(phase separation) 현상을 의미하며, $T$= 100 K의 그래프가 이 현상의 극단이라고 보면 된다. 그러니까 $T$= 100 K에서는 순수한 물과 순수한 기름이 완벽하게 상 분리가 되고, $T$= 400 K에서는 상이 분리되지만 물 속에 소량의 기름이 녹아 들어간 상과 마찬가지로 기름 속에 소량의 물이 녹아 들어간 상으로 분리된다. 이래야만 설거지가 설명된다. 개숫물 온도가 사실 엄청나게 높지 않으므로 그 온도에서 물과 기름을 완전히 섞이게 할 수는 없을 것이다. 반면 국부적(local)으로는 기름이 다량의 물에 일부 녹아 들어갈 수는 있을 것이다. 물론 설거지는 세제라는 계면활성제의 영향이 더 크겠지만 뜨거운 물로 하는 설거지가 더 효율적이라는 것이 이와 같이 설명된다. 〈그림 16-2〉의 오른쪽 하단 그림은 온도가 증가할 때 $\Delta G_{mix}$의 변화를 나타낸다.

한 번 더 강조하지만 자연은 섞이라고 얘기하지만($\Delta S_{mix}$ 〉 0) 분자들의 상호작용(성분 사이의 인력과 척력)을 고려하는 또 다른 자연은 아니라고 할 수 있으므로($\Delta H_{mix}$ 〉 0), 우리는 그 둘을 모두 고려하는 $\Delta G_{mix}$를 이용하여 자연현상을 해석한다.

여기서 주의해야 할 것은 위 결론의 도출에서 하나의 가정이 사용되었는데 바로 random mixing이다. 물론 온도가 증가할수록 분자들은 에너지를 얻어 random mixing이 되기 위해 확산(diffusion)을 시작하게 되므로 틀린 가정은 아니다. 그런데 같은 성분의 분자들 사이에 작용하는 인력보다 다른 성분과의 인력이 특히 큰 경우에는 $\Delta S_{mix}$ 〈 0이 될 수도 있다. 예를 들어 물과 trimethylamine 용액의 경우는 19도 이하에서 잘 섞이다가 그 이상의 온도에서는 상 분리가 발생한다. 수학적으로 보면 정의에 의해 식 (16-44)가 성립하고 낮은 온도에서 $\Delta G_{mix}$가 (−) 부호를 갖다가(miscible) 온도가 높아질수록 (+) 부호를 갖게 되므로(immiscible) $\Delta S_{mix}$ 〈 0이 된다. 참고로 〈그림 16-2〉에서는 온도가 증가할수록 $\Delta G_{mix}$가 감소했는데, 지금은 반대이다. 이는 trimethylamine 분자들 사이에는 수소 결합이 없는데 반해 trimethylamine 분자와 물 분자 사이에는 강력한 수소 결합이 형성되는 것에서 기인한다. 그래서 원래 잘 섞이던 두 성분이 온도가 올라가면서 수소 결합이 끊어져 오히려 같은 성분의 분자들끼리 뭉치는 상 분리가 발생하는 것이다.

$$\Delta S_{mix} = -\left(\frac{\partial \Delta G_{mix}}{\partial T}\right)_P \tag{16-44}$$

그럼 이것이 열역학 제2 법칙에 위배되는 것일까? 이는 아마도 $\Delta S_{mix}$의 정의에서 오인되는 것이 아닐까 한다. 즉, reference가 순수 성분들이 엔트로피 값들의 선형 합이기 때문이다. 절대적인 관점에서 생각해 보면 A-B의 결합(예를 들면 수소 결합)이 매우 강한 $\Delta H_{mix}$ 〈〈 0인 상태에서 온도가 올라가면 그 결합들이 끊어지면서 분자 단위의 자유도는 증가하기 때문에 전체 엔트로피는 여전히 증가한다고 할 수 있다.

여기서 잠깐

식 (16-33)에서 $\Delta H_{mix} < 0$이면 이는 발열을 의미한다. 물리적으로 보면 이는 성분들이 서로 좋아해서 혼합을 통해 더 안정화되므로 그만큼의 에너지를 밖으로 배출한다는 것을 말한다. 〈그림 16-3〉은 물과 황산이 혼합될 때의 $H^E$를 보여주고 있다. 그 전에 excess property와 property change of mixing 사이에 어떤 관계가 있는지 정리한다. 언뜻 같은 것이 아닐까 생각이 들 수도 있지만 그렇지 않으므로 주의하자. 나중에 activity 계수를 다룰 때 나오므로 꼭 기억하기 바란다. $M^E = M - M^{id}$에서 시작한다. 식 (16-30)~(16-32)를 적용하여 정리하면 식 (16-45)~(16-47)과 같다. 이상 용액일 경우 excess property는 0이므로 식 (16-30)~(16-32)로 돌아간다.

$$H^E = H - H^{id} = H - \sum_i x_i H_i = \Delta H_{mix} \tag{16-45}$$

$$S^E = S - S^{id} = S - \sum_i x_i S_i + R\sum_i x_i lnx_i = \Delta S_{mix} + R\sum_i x_i lnx_i \tag{16-46}$$

$$G^E = G - G^{id} = G - \sum_i x_i G_i - RT\sum_i x_i lnx_i = \Delta G_{mix} - RT\sum_i x_i lnx_i \tag{16-47}$$

식 (16-47)을 가지고 좀 더 장난을 쳐보면 식 (16-48)과 같이 정리되고 $G^E$와 $H^E$(또는 $\Delta H_{mix}$)가 밀접하게 관계됨을 알 수 있다. 그리고 액상 혼합물에서는 혼합 성분의 분자들 사이에 작용하는 상호작용이 매우 중요하다는 것을 보여 준다.

$$\begin{aligned} G^E &= \Delta G_{mix} - RT\sum_i x_i lnx_i = \Delta H_{mix} - T\Delta S_{mix} - RT\sum_i x_i lnx_i \\ &= \Delta H_{mix} - T(\Delta S_{mix} - \Delta S_{mix}^{id}) = H^E - T(\Delta S_{mix}^E) \end{aligned} \tag{16-48}$$

그럼 〈그림 16-3〉의 $H^E$ 그래프를 해석해 보자. $H^E = \Delta H_{mix}$이다. 물과 황산을 혼합하면서 발생하는 열(변화량)만 측정하면 되므로 reference로 순수한 물과 순수한 황산의 엔탈피를 0으로 잡으면 된다. 따라서 $H^E$는 측정한 열과 같으므로 〈그림 15-1〉과 다르게 〈그림 16-3〉은 양쪽 끝의 $y$축 값이 0이 된다. 식 (16-43)의 regular solution 모델도 동일한 방식이었다.

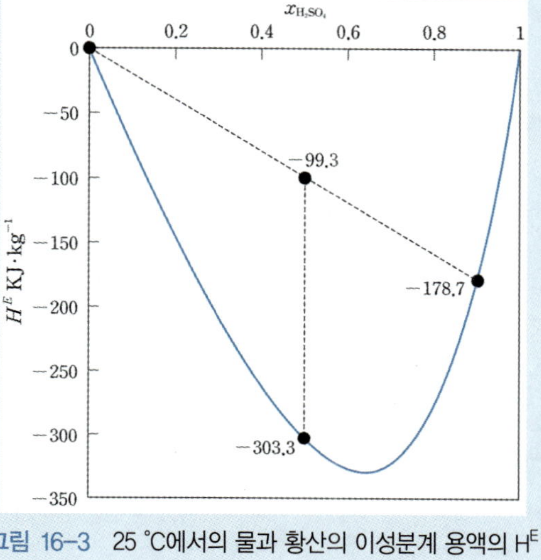


그림 16-3 25 ℃에서의 물과 황산의 이성분계 용액의 $H^E$

$H^E$는 아래와 같은 복잡한 식에 의해 주어진다. 실험 결과에 맞는 식을 regression으로 찾으면 대략 이런 형식일 수밖에 없을 것이다. 여기서 $x$는 질량 분율(mass fraction)이다.

$$H^E = \left(-735.3 - 824.5x_1 + 195.2x_1^2 - 914.6x_1^3\right)x_1\left(1 - x_1\right)$$

25 ℃를 유지하면서 90%의 황산 용액에 순수한 물을 첨가하여 50% 황산 용액을 만들 때 제거해주어야 하는 열을 계산하는 희석(dilution)에 관한 문제를 한번 생각해 본다. Calculation basis로 50% 황산 용액 1 kg을 만든다고 해 보자. 90% 황산 용액의 양은 물질 수지(mass balance)에 의해 0.5/0.9 = 0.5556 kg이다. 따라서 발생하는 열은 〈그림 16-3〉에서 0.5일 때의 값을 읽고 0.9에서의 값을 읽은 후 각각의 양인 1 kg, 0.5556 kg을 곱해서 빼준 값이 될 것이다. 즉, −303.6 × 1 − (−178.7) × 0.5556 = −204.0 kJ이다. 다르게 구하는 방법은 〈그림 16-3〉을 바로 이용하는 것인데, 직접 찾아보라.

**여기서 잠깐**

앞서 언급했듯이 서로 좋아하는 성분들끼리 섞일 때는 발열이 생긴다. 고체가 액체에 용해될 때도 마찬가지이다. 아마도 NaOH(s) 알갱이들을 물에 녹였을 때 용액이 따뜻해지는 것을 실험으로 경험한 적이 있을 것이다. 이렇게 용매에 용질 1몰이 완전히 용해될 때 발생하는 열을 용해열(heat of solution)이라고 정의하며 당연히 측정이 가능한 값이다.

용해 과정 또한 마치 반응식처럼 나타낼 수 있는데, 1몰의 LiCl(s)가 물 12몰에 용해되는 것을 아래와 같은 반응식으로 표현할 수 있다. LiCl(12$H_2O$)은 12개의 물 분자가 LiCl을 둘러싸서 수화(solvation)시키는 모양이다. 물론 용액 속에서 LiCl은 $Li^+$와 $Cl^-$으로 이온화되므로 이 이온들을 물이 둘러싸서 수화시킬 것이다. 이 반응에 대한 용해열은 −33,614 J로 알려져 있다.

$$\mathrm{LiCl(s) + 12H_2O(l) \rightarrow LiCl(12H_2O)}$$

그런데 용해열이 테이블로 정리되어 있는 경우가 잘 없다고 한다. 하지만 아래와 같이 생성열들이 알려져 있기 때문에 이를 이용해서 구할 수 있다.

LiCl(s)의 생성열: −408,610 J

LiCl in 5 mol $H_2O$의 생성열: −436,805 J

$\mathrm{Li + 1/2Cl_2 + 5H_2O(l) \rightarrow LiCl(5H_2O)}$ $\quad \Delta H^\circ_{298} = -436{,}805$ J

$\mathrm{LiCl(s) \rightarrow Li + 1/2Cl_2}$ $\quad \Delta H^\circ_{298} = 408{,}610$ J

---

$\mathrm{LiCl(s) + 5H_2O(l) \rightarrow LiCl(5H_2O)}$ $\quad \widetilde{\Delta H}^\circ_{298} = -29{,}195$ J

## 요약

- 순수 실제 기체가 이상 기체에서 벗어난 정도를 정량화하기 위해 fugacity라는 것을 정의했다. Fugacity 계수 $\phi = f/P$도 마찬가지로 reference인 이상 기체의 압력에서 얼마나 벗어났느냐를 의미하며 이상 기체라면 1이 된다. 그리고 $\ln \phi = G^R/RT$으로 residual Gibbs 에너지와 연결되며 Virial 식과 같은 EOS를 사용하여 구할 수 있다.
- 순수 액체의 fugacity를 정의해 보았는데, 약간은 복잡한 과정을 거쳤지만 기상의 거동이 truncated Virial 식을 따른다고 할 때 다음과 같은 식으로 표현된다. 평형 압력 × Poynting factor의 형태이다. Poynting factor ~ 1이므로 평형 압력(또는 증기압)으로 근사해도 좋다.

$$f_i^l = P_i^{sat} exp \frac{B_{ii} P_i^{sat} + V_i^l \left(P - P_i^{sat}\right)}{RT}$$

- 기체 혼합물의 reference는 이상 기체 혼합물을, 용액에 대한 reference로는 이상 용액을 설정하고 이로부터 얼마나 벗어나 있는지를 정의하는 전형적인 방법론을 따른다. 기액 평형에서 기상과 액상의 Gibbs 에너지가 같다는 평형 조건은 그 성분의 액상과 기상의 fugacity가 같다는 것과 동일하며, 기액 평형을 압력의 관점에서 바라본다는 점에서 유용한 방식이다; $\hat{f}_i^l = \hat{f}_i^v$.
- 기체 혼합물과 실제 용액에서 혼합물 성분의 fugacity의 reference는 각각 분압($y_iP$)과 순수 성분의 혼합비에 따른 fugacity($x_if_i$)이다. 여기서 기상의 residual property와 비슷하게 액상에서 실제 용액이 이상 용액에서 벗어난 정도를 나타내는 excess property가 정의되며, 각각 기상의 fugacity 계수 $\hat{\phi}_i$ 및 액상의 activity 계수 $\gamma_i$와 다음과 같은 관계를 갖는다.

$$ln\hat{\phi}_i = ln\frac{\hat{f}_i^v}{y_iP} = \frac{\overline{G}_i^R}{RT}$$

$$ln\gamma_i = ln\frac{\hat{f}_i^l}{x_if_i} = \frac{\overline{G}_i^E}{RT}$$

- 기액 평형에서 해당 성분의 기상과 액상에서의 fugacity가 같다는 평형 조건을 적용하고 기상의 압력이 아주 높지 않다고 하면 기체 혼합물을 이상 기체 혼합물로 취급할 수 있기 때문에 $\hat{\phi}_i = 1$이 된다. 그리고 위에서 언급했듯이 액체 순수 성분의 fugacity는 그 성분의 증기압으로 근사할 수 있으므로 다음과 같은 수정된 Raoult 법칙을 얻을 수 있다.

$$\hat{f}_i^v = \hat{\phi}_i y_i P = \gamma_i x_i f_i = \hat{f}_i^l \; \rightarrow \; y_i P = \gamma_i x_i P_i^{sat}$$

- 여기에 서로 비슷한 성분들로 이루어진 혼합용액은 이상 용액에 가깝다는 $\gamma_i = 1$까지 적용하면 매우 익숙한 Raoult 법칙으로 귀결된다; $y_iP = x_iP_i^{sat}$.

- 기체 혼합물은 경험적으로 섞이지 않는 경우가 없고 분자와 분자 사이의 거리가 상호작용을 하기에는 멀기 때문에 $\Delta H_{mix} \sim 0$, $\Delta S_{mix} > 0$, $\Delta G_{mix} < 0$, 즉 혼합 과정이 자발적이다. 반면 용액의 경우는 물과 기름이라는 명확하게 섞이지 않는 예가 존재한다. Random mixing을 가정하면 $\Delta S_{mix} > 0$이므로 $\Delta H_{mix} >> 0$(흡열)이어야 $\Delta G_{mix} = \Delta H_{mix} - T\Delta S_{mix} > 0$이 되어 상분리를 설명할 수 있다.
- 한편 regular solution 모델과 같이 매우 간단한 모델로도 낮은 온도에서 $\Delta H_{mix}$의 영향력으로 $\Delta G_{mix} > 0$ (immiscible)이다가 온도가 증가하면서 $\Delta S_{mix}$의 영향력이 커져 $\Delta G_{mix} < 0$ (miscible)이 되는 것을 설명할 수 있었다. 미시적인 관점에서는 같은 성분끼리의 인력이 다른 성분과의 인력보다 큰 상태에서 외부에서 열이 공급되면 같은 성분끼리의 인력을 극복하고 에너지를 가진 분자들이 다른 성분 속으로 확산되는 것으로 설명할 수 있다.

### 중요 개념 키워드

- Fugacity
- Residual property, fugacity 계수
- Excess property, activity 계수
- 부분압력, Lewis/Randall rule
- Poynting factor
- Excess property, property(엔탈피, 엔트로피, Gibbs 에너지) change of mixing
- Regular solution 모델
- Raoult 법칙, 수정된 Raoult 법칙
- 용해열

## 응용문제

**01** 이성분계 용액에 대해 $G^E$의 측정된 데이터가 다음과 같은 관계를 갖는다고 한다.

$$G^E = Cx_1x_2^2$$

여기서 $C$는 상수이고 $x_1$, $x_2$는 각각 성분 1과 2의 몰분율이다. Activity 계수 $\gamma_i$를 $C$, $x_1$, $x_2$로 나타내시오.

**02** 3성분계 용액의 각 성분의 activity 계수가 아래와 같이 주어져 있다고 한다.

$$ln\gamma_1 = Ax_2 + Bx_3 - D$$
$$ln\gamma_2 = Ax_1 + Cx_3 - D$$
$$ln\gamma_3 = Bx_1 + Cx_2 - D$$

여기서 $D = Ax_1x_2 + Bx_1x_3 + Cx_2x_3$이고 $A = 1$, $B = 2$, $C = 3$이다. 300 K에서 equimolar 조성(세 성분의 조성이 동일)에서 $G^E$를 구하시오.

# 17장

# 기액 평형(VLE)의 활용 - Bubble *T*/*P*, Dew *T*/*P*, 공비점, flash 계산

1. 수정된 Raoult 법칙
2. *Pxy* diagram과 *Txy* diagram
3. 다양한 형태의 기액 평형 응용: 공비점, flash 계산

16장 마지막에서 설명하였듯이, 먼저 기액 평형의 현실 응용을 다룬 뒤에 activity 계수 $\gamma_i$와 혼합물의 $G^E$ 사이의 관계를 나타내는 수학적 또는 물리화학적 모델을 살펴볼 것이다. Activity 계수 $\gamma_i$를 따로 강조하는 이유는 기상과 달리 액상은 이미 분자들이 매우 가깝게 있어서 미시적인 potential energy가 고려될 수밖에 없고, 그 거동이 기체 혼합물과 달리 복잡하기 때문이다.

## 1 수정된 Raoult 법칙

지금은 Raoult 법칙을 식 (16-41)과 같이 유도했지만, 사실은 프랑스의 화학자인 Fracois Raoult이 <그림 17-1>과 같이 실험을 통해 정립한 내용이다. <그림 17-1>의 위쪽 그림처럼 벤젠/메틸벤젠과 같이 서로 비슷한 물질들이 혼합된 경우 각 물질의 부분 증기압과 순수한 물질의 증기압의 비가 그 물질의 몰분율과 같다는 것($p_A / p_A^{sat} = x_A$)을 발견한 것이다. 하지만 대부분의 경우는 <그림 17-1>의 아래쪽 그림과 같이 Raoult 법칙의 예측을 벗어나는 형태를 가지고 이는 액상의 성분 간의 상호작용으로 야기되므로 식 (16-42)의 수정된 Raoult 법칙을 이용해 그 거동을 설명하게 된다. 반복하지만 기상 혼합물이 이상 기체 혼합물에서 크게 벗어나지 않는 데 반해 실제 용액은 이상 용액과는 다르기 때문에 이를 activity 계수로 보정해 주는 것이다.

그럼 <그림 17-1>의 아래쪽 그림에서 얘기할 수 있는 것은 무엇일까? 증기압이 Raoult 법칙의 예측보다 혼합물에서 더 커졌다. 증기압은 액체가 기체로 상전이하려는 압력이므로 액체 혼합물로 존재하는 것보다 기체 상태로 증발하는 편이 더 선호된다는 얘기이다. 다시 말하면 액체 혼합물 내에서 두 성분의 분자들이 서로 싫어하는 성질을 가졌다고 할 수 있다. 또는 순수한 각 성분끼리(A-A와 B-B)의 상호작용이 성분들 사이(A-B)의 상호작용보다 크다고 얘기해도 좋다.

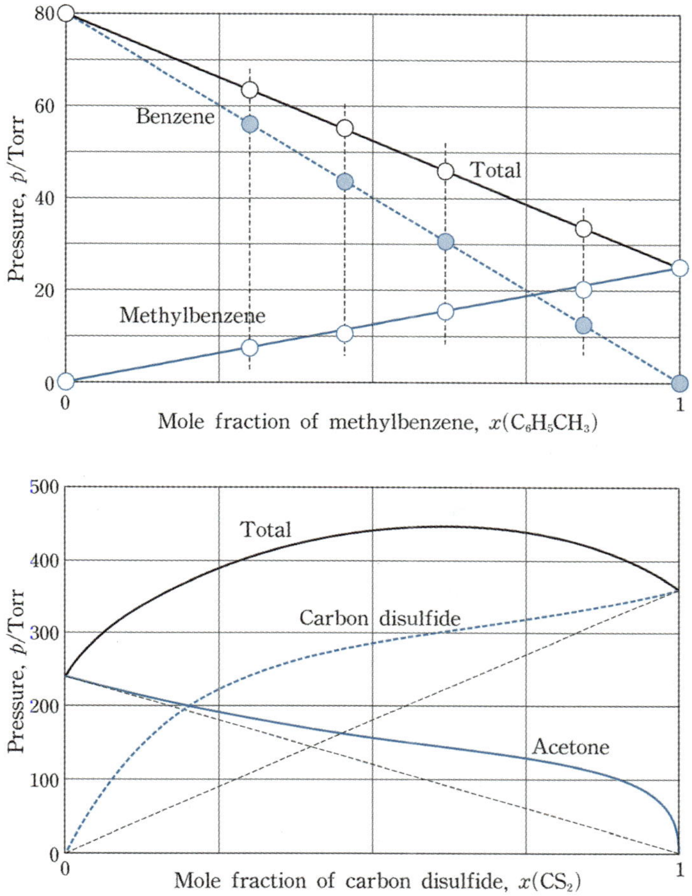


그림 17–1 Raoult 법칙이 성립하는 경우(위쪽)와 그렇지 않은 경우(아래쪽)

## 2 *Pxy* diagram과 *Txy* diagram

쉬운 것부터 시작해 보자. Raoult 법칙에서 크게 벗어나지 않는 용액을 생각해 본다. 물과 알코올이 서로 혼합되어 있을 때 알코올이 휘발성이 더 크므로 주어진 온도와 압력에서 용액 속의 알코올의 몰분율보다 평형 상태의 기상 내의 알코올의 몰분율이 더 클 것은 경험적으로 알고 있다. 아세토나이트릴(acetonitrile)과 나이트로메테인(nitromethane)을 각각 성분 1, 2로 하여 <그림 17-2>와 같이 *Pxy* 및 *Txy* diagram을 그릴 수 있다. 먼저 상

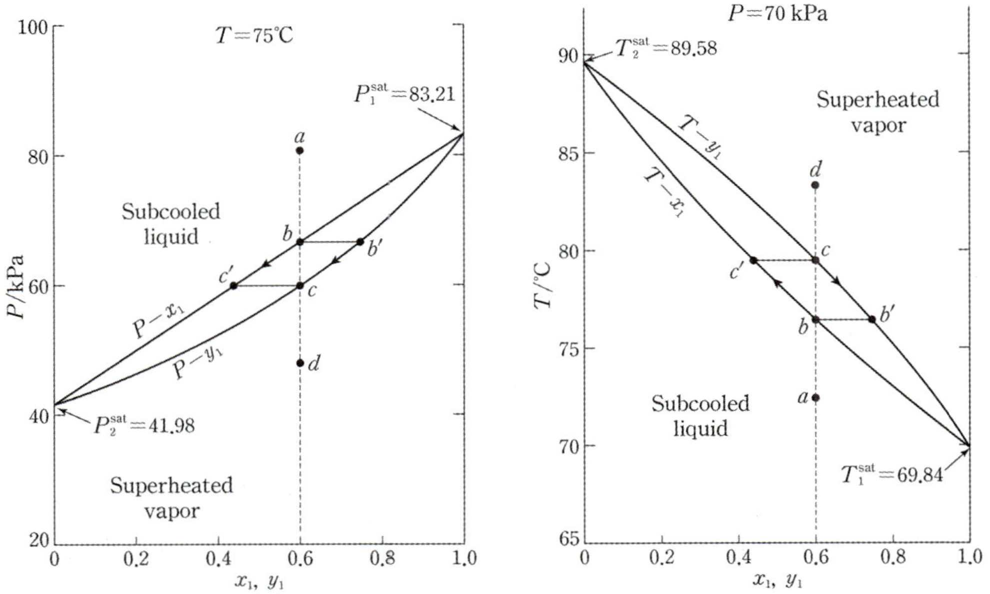


그림 17-2 아세토나이트릴(1)/나이트로메테인(2)의 *Pxy*(왼쪽)와 *Txy*(오른쪽) diagram

규칙을 기상과 액상이 동시에 존재하는 경우에 대해 적용해 보자. $F = 2 - \pi + c = 2 - 2 + 2 = 2$이므로 이 계를 정의하기 위해 2개의 자유도가 필요하다. 다시 얘기하면 온도를 고정한 상태에서 압력에 따라 조성이 구해질 수 있거나 압력이 고정된 상태에서 온도에 따라 조성이 구해질 수도 있다. <그림 17-2>에서 보듯이 전자를 그래프로 나타낸 것이 *Pxy* diagram, 후자를 나타낸 것이 *Txy* diagram이다.

<그림 17-2>의 왼쪽 그림에서는 $T = 75$ °C로 고정되었고 오른쪽 그림에서는 $P = 70$ kPa로 고정되어 있는 것을 확인할 수 있다. 그럼 <그림 17-2>의 왼쪽 그림을 먼저 자세히 살펴보자. 주어진 온도에서 그래프는 성분1의 몰분율이 0인 다시 말해 순수한 성분2를 나타내는 왼쪽 축과 41.98 kPa에서 만나고, 성분1의 몰분율이 1인 다시 말해 순수한 성분1을 나타내는 오른쪽 축과 83.21 kPa에서 만난다. 이들은 각각 성분2와 성분1의 주어진 온도에서의 증기압에 해당한다. 증기압보다 더 높은 압력에서는 기상이 모두 응축되어 액상이 되고 증기압보다 낮은 압력에서는 액상이 모두 증발하여 기상이 되므로 그래프의 위쪽은 액상 혼합물 상태이고 아래쪽은 기상 혼합물 상태가 된다. 이 2가지 상태의 경우 $F = 2 - \pi + c = 2 - 1 + 2 = 3$으로 상태를 정의하는 3개의 독립변수가 필요하다는 의미이고, 압력과 온도에다 혼합물을 몇 대 몇으로 섞는지(또는 몰분율)까지를 정해 주어야 한다.

한편 *b-b'*, *c-c'*와 같이 압력이 두 순수 성분의 증기압 사이에 존재하여 기액 평형을 이루는 경우는 $F = 2$이고 온도가 이미 주어졌으므로 압력이 주어지면 몰분율이 정해지거나 역으로 혼합물의 조성이 주어지면 압력이 구해진다. 두 성분 중 증기압이 큰 성분(성분1)이 더 휘발성이 크므로 *b-b'*에서와 같이 성분1의 액상에서의 조성은 0.6이고 기상에서의 조성은 0.7과 0.8 사이의 어딘가로 더 커져 있다. 이렇게 압력에 따른 조성의 순서쌍을 실험으로 구하여 연결한 것이 *Pxy* diagram인 것이다. 이번에는 <그림 17-2>의 오른쪽 그림을 살펴보자. 마찬가지로 왼쪽 축에 순수한 성분2의 주어진 압력에서의 끓는점이 89.58 °C로 주어지고 오른쪽 축에서는 순수한 성분1의 끓는점인 69.84 °C가 표시되어 있다. 온도가 끓는점보다 높으면 모두 기상으로 증발되어 기상 혼합물이 되고, 끓는점보다 낮으면 모두 액상으로 응축되어 액상 혼합물이 되므로 이번에는 *Pxy* diagram과 반대로 위쪽이 기상이고 아래쪽이 액상일 것이다. 그리고 *b-b'*과 *c-c'*과 같이 두 순수 성분의 끓는점 사이의 온도에서 기액 평형이 형성된다. 그런데 끓는점 사이의 온도라고 하더라도 끓는점이 높은 물질이 많은 조성인 경우에는 액상 혼합물로 존재하고 끓는점이 낮은 물질이 많은 조성인 경우에는 기상 혼합물로 존재한다. 다시 말해 다량의 끓는점이 높은 물질이 소량의 끓는점이 낮은 물질을 기상으로 못 가도록 잡아놓을 수 있고 반대로 다량의 끓는점이 낮은 물질이 소량의 끓는점이 높은 물질을 기상으로 데리고 올라갈 수 있기 때문에 *Pxy* 및 *Txy* diagram에서 2상이 존재하는 구간이 중간에 나타나는 것이다. 한편 *Pxy* diagram에서 성분1의 증기압이 상대적으로 더 컸기 때문에 반대로 성분1의 끓는점은 상대적으로 더 낮아지므로 *Pxy*와 *Txy* diagram의 양쪽 끝이 <그림 17-2>와 같이 서로 역전되어 나타난다.

<그림 17-2>의 상평형도를 이용하는 간단한 예인 flash calculation을 설명하기에 앞서 일단 *Pxy*와 *Txy* diagram이 어떻게 실험적으로 얻어지는지를 이해해야 한다. 여기서는 더 주로 사용되는 *Txy* diagram을 위주로 설명한다. <그림 17-2>의 오른쪽 *Txy* diagram에서 *a* 점(*Pxy* diagram의 *a* 점과 동일)은 어떤 상태일까? 그림에서 보면 분명히 액상 혼합물의 영역에 있다. 성분1이 60 mol%이고 성분2가 40 mol%인 액상 혼합물이다. 이 상태에서 온도를 *b* 점까지 올리면 계속 액상 혼합물로 유지되다가 *b* 점에서 기포 하나가 생겨난다. 이 온도를 bubble point(거품점) 온도라 한다. 기포를 바로 분리하여 응축시키면 조성을 측정할 수 있는데, 그림에 따르면 성분1의 조성이 *b'* 점에서의 *x*축 값인 0.7과 0.8 사이의 어떤 값이 될 것이다. 이렇게 하나의 조성에 대한 $(x, y)$ 순서쌍을 찾았다. 같은 방식으로 액체 혼합물의 조성을 예를 들어 0.1 단위로 바꾸어가면서 bubble point 온도에서 수집한 기

포의 조성을 측정함으로써 9개의 $(x, y)$ 순서쌍을 구하고 그 점들을 이으면 *Txy* diagram을 완성할 수 있다. 한편 *Txy* diagram을 그리는 또 다른 방법이 있다. 이번에는 성분1의 조성이 0.6인 기상 혼합물이 존재하는 *d* 점에서 출발해 보자. 그 상태에서 온도를 *c-c'* 선분까지 낮추면 기상에서 액체 한 방울이 만들어지는데, 이 온도를 dew point(이슬점) 온도라 한다. 마찬가지로 이 액체 방울을 따로 분리해서 조성을 분석해 보면 성분1의 조성이 *c'* 점의 *x*축 값인 0.4가 될 것이다. 이렇게 조성 $(x, y)$ 순서쌍이 하나 구해졌고 기상 혼합물의 조성을 바꾸어가면서 같은 방식의 측정을 진행하여 얻어진 $(x, y)$ 순서쌍을 연결하면 동일한 *Txy* diagram을 얻게 된다. *Pxy* diagram은 *Txy* diagram과 반대의 해석을 하면 되므로 직접 해 보기 바란다. 그런데 성분들이 무한히 많은 데다가 이성분계라면 성분들 사이의 조합은 그것보다도 더 많을 것이다. 그에 대해 선배 과학자들이 일일이 실험해 놓은 것은 매우 고마운 일이지만 그 결과를 책으로 가지고 다니다가 필요할 때마다 찾아보기는 어렵다. 따라서 실험 결과를 잘 설명하는 모델을 설정하여 <그림 17-2>의 *Pxy*와 *Txy* diagram을 reproduce하는 방법을 소개한다. 우선은 <그림 17-2>의 실험 결과가 Raoult 법칙을 잘 따른다는 가정에서 출발하자.

### i) Bubble *P* calculation

$T$가 주어진 상태에서 $x_1$을 가정한다. 즉, $x_1$의 조성을 가지는 액체 혼합물에서 시작한다. Raoult 법칙, $y_iP = x_iP_i^{sat}(T)$에서 알고 있는 값은 $x_1$, $x_2$와 $P_1^{sat}(T)$, $P_2^{sat}(T)$이다. 여기서 $P_1^{sat}(T)$, $P_2^{sat}(T)$는 Antoine 식에 의해 구해진다. 온라인이나 여러 문헌에서 찾을 수 있다.

$$y_1P = x_1P_1^{sat} \tag{17-1}$$

$$y_2P = x_2P_2^{sat} \tag{17-2}$$

$$(y_1 + y_2)P = P = x_1P_1^{sat} + x_2P_2^{sat} \tag{17-3}$$

식 (17-1)과 (17-2)를 더하면 식 (17-3)이 되어 $P$를 구할 수 있다. 그리고 식 (17-1)과 (17-2)를 다시 이용하여 $y_1$, $y_2$를 구함으로써 평형 압력과 그에 해당하는 평형 조성 순서쌍이 구해진다. 같은 계산을 $x_1$을 바꾸어가면서 수행하면 <그림 17-2>의 *Pxy* diagram을 얻을 수 있고 이를 *Pxy* diagram의 *a* 점에서 시작하는 설명으로 직접 마무리해 보기 바란다.

### ii) Dew $P$ calculation

$T$가 주어진 상태에서 $y_1$을 가정한다. 즉, $y_1$의 조성을 가지는 기체 혼합물에서 시작한다. $y_iP = x_iP_i^{sat}(T)$에서 알고 있는 값은 $y_1$, $y_2$와 $P_1^{sat}(T)$, $P_2^{sat}(T)$이다. 여기서 $P_1^{sat}(T)$, $P_2^{sat}(T)$는 Antoine 식에 구해진다. 온라인이나 여러 문헌에서 찾을 수 있다.

$$y_1P / P_1^{sat} = x_1 \tag{17-4}$$

$$y_2P / P_2^{sat} = x_2 \tag{17-5}$$

$$(y_1 / P_1^{sat} + y_2 / P_2^{sat})P = x_1 + x_2 = 1 \tag{17-6}$$

식 (17-4)와 (17-5)를 더하면 식 (17-6)이 되어 $P$를 구할 수 있다. 그리고 식 (17-4)와 (17-5)를 다시 이용하여 $x_1$, $x_2$를 구함으로써 평형 압력과 그에 해당하는 평형 조성 순서쌍이 구해진다. 같은 계산을 $y_1$을 바꾸어가면서 수행하면 <그림 17-2>의 *Pxy* diagram을 얻을 수 있고 이를 *Pxy* diagram의 *d* 점에서 시작하는 설명으로 직접 마무리해 보기 바란다.

### iii) Bubble $T$ calculation

$P$가 주어진 상태에서 $x_1$을 가정한다. 즉, $x_1$의 조성을 가지는 액체 혼합물에서 시작한다. $y_iP = x_iP_i^{sat}(T)$ 식에서 알고 있는 값은 $x_1$, $x_2$와 $P$이다. 여기서는 $T$를 모르기 때문에 일단 추정(guess)해야 한다. 첫 추정(first guess)으로 좋은 선택은 무엇일까? *Txy* diagram에서 양쪽 끝은 두 성분의 끓는점이라고 했다. 평형 온도는 분명 그 중간의 어디이므로 두 성분의 끓는점의 중간이면 무난할 것이다. 두 성분의 끓는점 $T_1^{sat}$, $T_2^{sat}$는 Antoine 식에서 $P_1^{sat}(T) = P$, $P_2^{sat}(T) = P$인 온도를 계산하면 된다. Antoine 식에 대해서는 여러 문헌을 참고하라.

식 (17-1)과 (17-2)를 더하면 식 (17-3)이 되고 주어진 $P$와 같아질 때까지 $T$를 바꾸어 보는 시행착오를 시도해 볼 수 있다. 하지만 그것보다는 iteration을 수행한다면 더 확실하다. 식 (17-3)을 약간 변형하면 식 (17-7)이 된다.

$$P_1^{sat} = \frac{P}{\left(x_1 + x_2P_2^{sat} / P_1^{sat}\right)} \tag{17-7}$$

식 (17-7)의 우변을 자세히 보면 $x_1$, $x_2$, $P$, 그리고 $T_{guess} = \frac{\left(T_1^{sat} + T_2^{sat}\right)}{2}$에서 계산된 $P_1^{sat}$, $P_2^{sat}$까지 모두 알고 있는 값이다. 따라서 새로운 $P_1^{sat}$가 계산된다. 그 다음은 성분1에 대한 Antoine 식에서 새로운 $T$를 계산해 낼 수 있고 식 (17-7)을 다시 사용할 수 있는 상황이 되었다. 물론 성분2의 Antoine 식으로부터 새로운 $P_2^{sat}$을 먼저 구해야 한다. 이렇게 위 과정을 반복하여 구해지는 온도가 수렴(converge)되면 그 온도가 평형 온도이다. 마지막으로 그 평형 온도에서 식 (17-1)과 (17-2)를 통해 $y_1$, $y_2$를 구할 수 있다.

마찬가지로 $x_1$을 바꿔 가면서 이 과정을 반복하면 평형 온도와 그에 상응하는 평형 조성 순서쌍을 여러 개 구할 수 있다. 이 점들을 이으면 <그림 17-2>의 *Txy* diagram을 reproduce할 수 있다. Bubble *T* calculation을 *Txy* diagram의 *a* 점에서 시작하는 설명으로 직접 정리해 보기 바란다.

### iv) Dew *T* calculation

$P$가 주어진 상태에서 $y_1$을 가정한다. 즉, $y_1$의 조성을 가지는 기체 혼합물에서 시작한다. $y_iP = x_iP_i^{sat}(T)$에서 알고 있는 값은 $y_1$, $y_2$와 $P$이다. 여기서도 $T$를 모르기 때문에 일단 추정해야 한다. *Txy* diagram에서 양쪽 끝은 두 성분의 끓는점이라고 했으므로, 평형 온도를 두 성분의 끓는점의 중간으로 추정하면 무난할 것이다. 두 성분의 끓는점 $T_1^{sat}$, $T_2^{sat}$는 Antoine 식에서 $P_1^{sat}(T) = P$, $P_2^{sat}(T) = P$인 온도를 계산하면 된다. Antoine 식에 대해서는 여러 문헌을 참고하라.

Bubble *T* calculation에서와 같이 iteration을 수행한다. 식 (17-6)을 변형하면 식 (17-8)이 된다.

$$P_1^{sat} = P\left(y_1 + y_2\frac{P_1^{sat}}{P_2^{sat}}\right) \tag{17-8}$$

식 (17-8)의 우변을 자세히 보면 $y_1$, $y_2$, $P$, 그리고 $T_{guess} = \frac{\left(T_1^{sat} + T_2^{sat}\right)}{2}$에서 계산된 $P_1^{sat}$, $P_2^{sat}$까지 모두 알고 있는 값이다. 따라서 새로운 $P_1^{sat}$가 계산된다. 그 다음은 성분1에 대한 Antoine 식에서 새로운 $T$를 계산해 내면 식 (17-8)을 다시 사용할 수 있는 상

황이 되었다. 물론 성분2의 Antoine 식으로부터 새로운 $P_2^{sat}$을 먼저 구해야 한다. 이렇게 위 과정을 반복하여 구해지는 온도가 수렴(converge)되면 그 온도가 평형 온도이다. 그리고 그 평형 온도에서 식 (17-1)과 (17-2)를 통해 $x_1$, $x_2$를 구할 수 있다.

마찬가지로 $y_1$을 바꿔 가면서 지금까지의 과정을 반복하면 평형 온도와 그에 상응하는 평형 조성 순서쌍을 여러 개 구하여 그 점들을 이으면 <그림 17-2>의 *Txy* diagram을 reproduce할 수 있다. Dew *T* calculation을 *Txy* diagram의 *d* 점에서 시작하는 설명으로 직접 정리해 보기 바란다.

## 3 다양한 형태의 기액 평형 응용: 공비점, flash 계산

다음은 <그림 17-2>와는 사뭇 다른 형태를 가진 기액 상평형도를 <그림 17-3>에 나타내었다. <그림 17-2>와 비교해 보면 (c)의 경우가 그나마 Raoult 법칙에 의해 구해진 *Txy* diagram과 비슷한 형태를 가지고 있고 (a)는 성분1과 성분2의 끓는 점을 연결한 가상 직선보다 *T*-*y*와 *T*-*x* 그래프가 모두 위쪽에 있다. 공비점이 나타나는 (b)와 (d)는 매우 비이상적인 모양을 보여 준다. 이를 <그림 17-4>와 같이 *xy* diagram으로 나타내면 그 차이를 더 확실하게 볼 수 있다. 대각선으로 그어진 직선에서 (c)는 (a)와 비교하여 더 멀리 떨어져 있는데, (c)의 경우가 증류(distillation)를 통한 분리가 훨씬 쉽다는 것(또는 성분의 휘발성 차이가 크다는 것)을 의미한다. 실제로 상평형의 해석에는 *Txy* diagram이 가장 많이 사용되지만, 다음 장에서 다룰 증류탑 설계 시 McCabe-Thiele법으로 이론 단수를 계산하기 위해서는 *xy* diagram이 사용될 것이므로 잘 기억하기 바란다. <그림 17-4>에 보듯이 공비점에서는 $x = y$임을 알 수 있고, 그렇기 때문에 두 성분이 동시에 같이 끓는다는 의미에서 공비점이라 부른다. 어쨌든 (c)를 제외하고는 Raoult 법칙을 활용하여 <그림 17-3>과 같은 *Txy* diagram을 reproduce하기는 힘들 것이다. 이런 현상이 일어나는 이유는 액상 혼합물이 이상 용액에서 크게 벗어나기 때문으로 액상의 비이상성을 보정해 주는 식 (16-42)의 수정된 Raoult 법칙을 사용해야만 reproduce가 가능해진다.

어떤 경우에 (b)와 같은 최대 공비점, (d)와 같은 최소 공비점이 생길까? 여기서는 물리

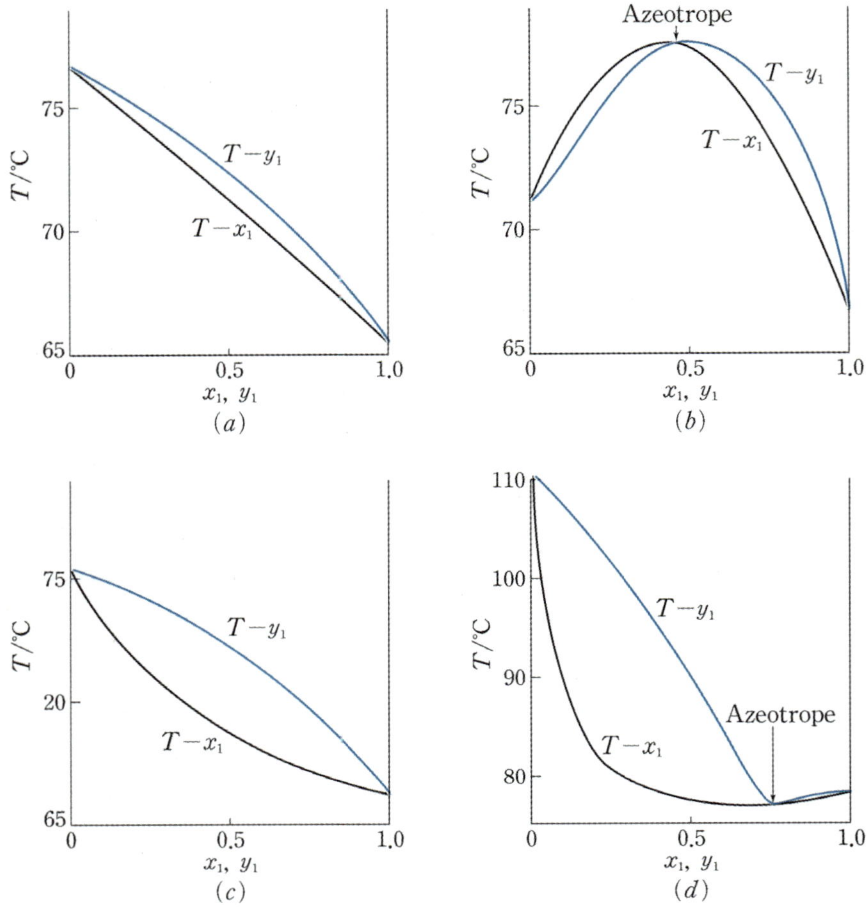


그림 17-3 다양한 형태의 기액 평형 *Txy* diagram

적으로만 이해해 보자. 액상 혼합물 내에서 서로 싫어하는 두 성분은(같은 성분끼리의 인력 > 다른 성분 사이의 인력) 액상보다는 기상에 있고 싶어할 것이다. 압력이 높지 않은 기상 혼합물에서 분자들끼리는 서로 거리가 멀어서 인력이 작용하지 않는 자유로운 상태라고 상상한다면 충분히 감정이입이 될 것이다.

최소 공비점은 특히 현장에서 자주 만날 수 있다. 예를 들어, <그림 17-5>는 옷감으로 사용되는 PET의 원료인 terephthalic acid(TA)를 생성하는 반응이다. TA는 p-xylene(PX)을 원료로 산화 반응을 통해 만들 수 있는데, 공기를 압축하여 반응기로 유입시켜 반응을 진행시킨다. 압축 과정에서 대기 중 수분을 최소화하는 것이 필요하다는 것은 <그림 17-5> 반응식과 르샤틀리에 원리로부터 능히 유추할 수 있을 것이다. 한편 이 반응은 acetic acid(HAc)라는 다량의 용매에 PX를 녹인 상태에서 진행되므로 생성물은 TA, 물, HAc로

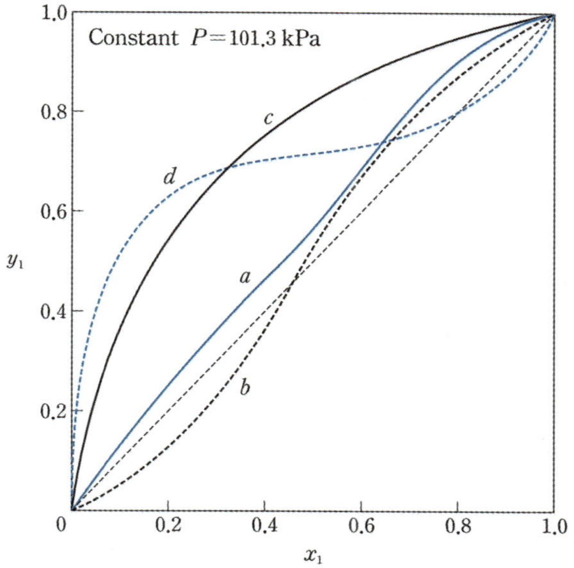


그림 17-4 다양한 형태의 기액 평형 xy diagrams

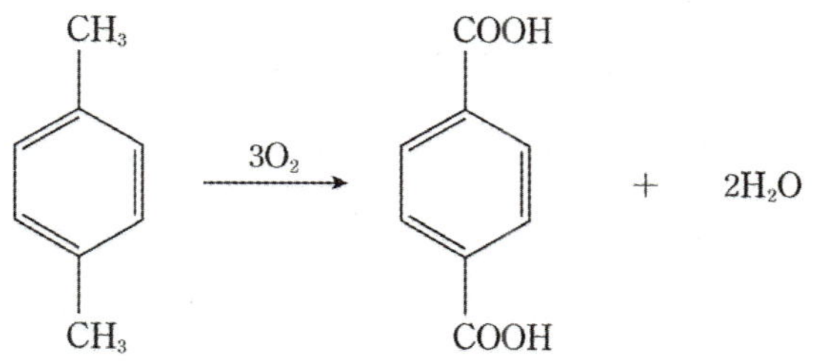


그림 17-5 p-xylene(PX) to terephthalic acid(TA)

구성된다. 결정화조(crystallizer)를 거치면서 TA가 입자로 회수되고 나면 물과 HAc는 증류탑(distillation tower)으로 보내지며, 물이 분리된 HAc는 다시 용매로 반응에 사용된다. 증류탑은 대기압으로 운전되는데, 물과 HAc의 끓는점(normal boiling point)은 각각 100 °C, 118~119 °C이므로 증류탑의 상단으로 물이, 하단으로 HAc가 분리된다.

그런데 여기서 재미있는 현상이 발생한다. 증류탑에 미반응 PX가 소량 유입되는데, PX의 끓는점이 138.4 °C이므로 간단하게 생각하면 미반응 PX는 증류탑의 하단으로 용매인 HAc와 같이 회수되므로 그대로 반응기에 넣으면 될 것이다. 하지만 실제로는 PX가 증류탑의 상단으로 배출되며 응축기(condenser)를 거친 액체 혼합물은 물과 기름처럼 PX가 물 위에 둥둥 떠다니는 모양을 가진다. 어떤 일이 일어난 것일까? 물과 PX는 대기압하의

92.7 ℃에서 <그림 17-3(d)>와 같은 최소 공비점을 형성한다고 한다. 그렇게 증류탑의 하단이 아닌 상단으로 물과 함께 끓어서 배출되는 것이다. 배출된 TA 생산의 반응물인 PX는 유체역학 수업 초반에 배웠을 decanter라는 밀도 차를 이용하여 섞이지 않는 두 물질을 분리하는 장치를 거치면 물과 분리되고 반응기로 재투입된다. 여기서는 미량의 PX가 증류탑으로 유입되었지만 아예 공비점 형성을 이용한 공비점 증류 공정도 가능하다. 끓는점 차이가 크지 않은 A와 B를 포함하는 혼합물에 두 성분 중 하나(예를 들어 A)와 최소 공비점을 형성하는 C를 투입하면 끓는점 차이가 커져 A-C와 B가 증류에 의해 쉽게 분리되고 A와 C는 위에서 언급한 decanter 등을 이용하여 분리하면 된다.

위의 예에서 특정할 수 있듯이 액상에서 서로 혼합되지 않는 물질들이 최소 공비점을 형성하게 된다. 반복하지만 액상에서 서로 싫어하는 입장이니까 좀 더 자유로운 기상으로 빨리 올라가려 한다고 이해하면 쉽다. 물론 잘 섞이는 물과 에탄올의 경우에도 에탄올의 끓는점(78.4 ℃)과 매우 비슷한 78.2 ℃에서 최소 공비점이 생기기도 한다. 반면 액상에서 서로 잘 섞이고 성분 사이의 인력이 큰 물질들은 오히려 기상보다는 이미 만족스러운 액상에 존재하려고 하므로 최대 공비점이 형성된다. 예를 들면 끓는점이 83 ℃인 질산(nitric acid)과 물은 120.4 ℃에서 최대 공비점을 가진다. 이렇게 비이상성을 가지는 액상 혼합물의 기액 평형은 식 (16-42)의 수정된 Raoult 법칙을 이용하여 해석해야 하며 앞에서 수행했던 Bubble *P*/*T*, Dew *P*/*T* 계산이 다음과 같이 수정되어야 할 것이다. 한편 activity 계수 $\gamma_i$를 액상 혼합물이 이상 용액에서 벗어난 정도에 대한 보정이라고 생각하면 온도와 액상 혼합물의 조성의 함수일 것이며, 19장에서 activity 계수 모델에 대해서 다루기 전까지는 $\gamma_i(T,\ x_1,\ x_2,\ \cdots)$라고 받아들이고 응용문제에서도 주어진 activity 계수 모델을 추가 설명 없이 그대로 사용한다.

### i) Bubble *P* calculation(수정된 Raoult 법칙)

*T*가 주어진 상태에서 $x_1$을 가정한다. 즉, $x_1$의 조성을 가지는 액체 혼합물에서 시작한다. $y_iP = \gamma_i x_i P_i^{sat}(T)$에서 알고 있는 값은 $x_1$, $x_2$와 $P_1^{sat}(T)$, $P_2^{sat}(T)$, 그리고 $\gamma_i$이다. 여기서 $P_1^{sat}(T)$, $P_2^{sat}(T)$는 Antoine 식에 구해지고 $\gamma_i$는 activity 계수 모델이 주어진다고 한다.

$$y_1P = \gamma_1 x_1 P_1^{sat} \tag{17-9}$$

$$y_2P = \gamma_2 x_2 P_2^{sat} \tag{17-10}$$

$$(y_1 + y_2)P = P = \gamma_1 x_1 P_1^{sat} + \gamma_2 x_2 P_2^{sat} \tag{17-11}$$

식 (17-9)와 (17-10)을 더하면 식 (17-11)이 되어 *P*를 구할 수 있다. 그리고 이제 식 (17-9)와 (17-10)을 다시 이용하여 $y_1$, $y_2$를 구함으로써 평형 압력과 그에 해당하는 평형 조성 순서쌍이 구해진다.

같은 계산을 $x_1$을 바꾸어가면서 수행하면 *Pxy* diagram을 얻을 수 있다. 공비점을 가진 *Pxy* diagram이라 하더라도 말이다. Raoult 법칙을 이용한 계산과 크게 다르지 않다고 생각한다면 긴장하라!

### ii) Dew *P* calculation(수정된 Raoult 법칙)

*T*가 주어진 상태에서 $y_1$을 가정한다. 즉, $y_1$의 조성을 가지는 기체 혼합물에서 시작한다. $y_iP = \gamma_i x_i P_i^{sat}(T)$에서 알고 있는 값은 $y_1$, $y_2$와 $P_1^{sat}(T)$, $P_2^{sat}(T)$이다. 여기서 $P_1^{sat}(T)$, $P_2^{sat}(T)$는 Antoine 식에 의해 구해진다. 여기서 문제는 $x_1$은 구해져야 하는 값이므로 온도와 액상 조성의 함수인 $\gamma_1$, $\gamma_2$를 모른다는 것이다.

$$y_1P/\left(\gamma_1 P_1^{sat}\right) = x_1 \tag{17-12}$$

$$y_2P/\left(\gamma_2 P_2^{sat}\right) = x_2 \tag{17-13}$$

$$\left[y_1/\left(\gamma_1 P_1^{sat}\right) + y_2/\left(\gamma_2 P_2^{sat}\right)\right]P = x_1 + x_2 = 1 \tag{17-14}$$

식 (17-12)와 (17-13)을 더하면 식 (17-14)가 되고 $\gamma_1$, $\gamma_2$를 안다면 *P*를 구할 수 있다. Iteration을 도입해야 하는 순간이다. Activity 계수 $\gamma_i$는 이상 용액에서 벗어난 정도이므로 우선 $\gamma_1 = \gamma_2 = 1$로 하여 이상 용액이라고 가정한다. 식 (17-14)로부터 *P*를 구할 수 있고 $\gamma_1 = \gamma_2 = 1$를 적용하면 식 (17-12)와 (17-13)에서 $x_1$, $x_2$를 구할 수 있다.

$x_1$, $x_2$가 구해졌으므로 activity 계수 모델로부터 $\gamma_1 = \gamma_2 = 1$이 아닌 새로운 $\gamma_1$, $\gamma_2$를 계산할 수 있다. 같은 방식으로 식 (17-14)에서 *P*를, 식 (17-12)와 (17-13)에서 수정(update)된 $x_1$, $x_2$를 구한다. 이 과정을 반복하여 수렴되는 평형 압력과 그에 해당하는

평형 조성 순서쌍을 구할 수 있다. 같은 계산을 $y_1$을 바꾸어가면서 수행하면 *Pxy* diagram을 얻을 수 있다.

### iii) Bubble *T* calculation(수정된 Raoult 법칙)

*P*가 주어진 상태에서 $x_1$을 가정한다. 즉, $x_1$의 조성을 가지는 액체 혼합물에서 시작한다. $y_iP = \gamma_i x_i P_i^{sat}(T)$에서 알고 있는 값은 $x_1$, $x_2$와 *P*이다. 문제는 *T*를 모르기 때문에 $\gamma_1$, $\gamma_2$, $P_1^{sat}(T)$, $P_2^{sat}(T)$도 모르는 상태이다. *T*에 대해 추정을 해 보자. 공비점 같은 비이상성이 생긴다면 평형 온도가 반드시 두 성분의 끓는점의 중간이라 할 수 없지만 그래도 가장 무난한 첫 추정일 것이다. 여기서 두 성분의 끓는점 $T_1^{sat}$, $T_2^{sat}$는 Antoine 식에서 $P_1^{sat}(T) = P$, $P_2^{sat}(T) = P$인 온도로 구한다.

식 (17-11)을 약간 변형하면 식 (17-15)와 같다.

$$P_1^{sat} = \frac{P}{\left(\gamma_1 x_1 + \gamma_2 x_2 P_2^{sat}/P_1^{sat}\right)} \tag{17-15}$$

식 (17-15)의 우변을 자세히 보면 $x_1$, $x_2$, *P*, 그리고 $T_{guess} = \frac{\left(T_1^{sat} + T_2^{sat}\right)}{2}$에서 계산된 $\gamma_1$, $\gamma_2$, $P_1^{sat}(T)$, $P_2^{sat}(T)$까지 모두 알고 있는 값이다. 따라서 새로운 $P_1^{sat}$가 계산된다. 그다음에 성분1에 대한 Antoine 식에서 새로운 *T*를 구하면 식 (17-15)를 다시 사용할 수 있는 상황이 된다. 물론 이를 위해서 성분2의 Antoine 식으로부터 새로운 $P_2^{sat}$을 먼저 구해야 한다. 그리고 $\gamma_1$과 $\gamma_2$도 온도와 조성의 함수이므로 새로이 계산되어야 한다. 위 과정을 반복하면서 수렴되는 온도가 평형 온도이다. 그리고 그 평형 온도에서 식 (17-9)와 (17-10)을 통해 $y_1$, $y_2$를 구할 수 있다.

$x_1$을 바꿔 가면서 지금까지의 과정을 반복하면 평형 온도와 그에 상응하는 평형 조성 순서쌍을 여러 개 구한다. 그리고 이 점들을 이으면 *Txy* diagram을 reproduce할 수 있다.

### iv) Dew *T* calculation(수정된 Raoult 법칙)

*P*가 주어진 상태에서 $y_1$을 가정한다. 즉, $y_1$의 조성을 가지는 기체 혼합물에서 시작한다. $y_iP = \gamma_i x_i P_i^{sat}(T)$에서 알고 있는 값은 $y_1$, $y_2$와 *P*이다. Bubble *T* calculation처럼 첫 추정의 온도로 두 성분의 끓는점의 중간을 잡자. $T_1^{sat}$, $T_2^{sat}$는 Antoine 식에서 $P_1^{sat}(T) = P$, $P_2^{sat}(T) = P$인 온도를 구하면 된다.

식 (17-14)를 약간 변형하면 식 (17-16)과 같다.

$$P_1^{sat} = P\left(\frac{y_1}{\gamma_1} + \frac{y_2}{\gamma_2}\frac{P_1^{sat}}{P_2^{sat}}\right) \tag{17-16}$$

식 (17-16)의 우변을 자세히 보면 $y_1$, $y_2$, *P*, 그리고 $T_{guess} = \dfrac{\left(T_1^{sat} + T_2^{sat}\right)}{2}$에서 계산된 $P_1^{sat}$, $P_2^{sat}$까지는 모두 알고 있는 값이다. 하지만 액체의 조성을 모르므로 아직 $\gamma_1$, $\gamma_2$는 모른다. 따라서 $\gamma_1 = \gamma_2 = 1$로 이상 용액을 가정하여 iteration을 수행한다. 식 (17-16)으로부터 새로운 $P_1^{sat}$가 계산되는데, 성분1에 대한 Antoine 식에서 새로운 *T*를 계산해 낼 수 있다. 성분2의 Antoine 식으로부터 새로운 $P_2^{sat}$도 구할 수 있다.

식 (17-12)와 (17-13)에서 $\gamma_1 = \gamma_2 = 1$을 적용하면 $x_1$, $x_2$가 계산된다. 이제 온도와 액상 조성을 알기 때문에 새로운 $\gamma_1$, $\gamma_2$를 구할 수 있게 되었다. 즉, 식 (17-16)을 다시 사용할 수 있는 상황이 되었다. 위 과정을 반복하여 수렴되는 온도가 평형 온도이며 수정된 $x_1$, $x_2$를 얻는다. $y_1$을 바꿔 가면서 위 과정을 반복하면 평형 온도와 그에 상응하는 평형 조성 순서쌍을 여러 개 구할 수 있다. 이 점들을 이어 *Txy* diagram을 reproduce한다. 반복하지만 공비점을 가진 *Txy* diagram이라도 가능하다.

이와 같은 계산을 이용하여 직접 *Txy* diagram을 그려본다면 이해하는 데 큰 도움이 될 것이다. 물론 손으로 한다면 수행해야 하는 계산의 양이 상당할 수 있다. 그렇지만 한편으로 열역학 소프트웨어를 이용한다면, 혼합물의 성분과 activity 계수 모델을 지정해준 뒤 엔터 키만 눌러 주면 컴퓨터가 바로 구현해주는 간단한 계산이기도 하다.

이번 장은 VLE의 응용을 다루므로 Bubble *T*/*P*, Dew *T*/*P* calculation 이외에 공비점에 대한 계산과 flash 계산을 연습할 것이다. <그림 17-3>에서 알 수 있듯이 공비점은 확실히

Raoult 법칙만 가지고는 절대 구현할 수 없다. 다시 말해 <그림 17-2>의 최대 공비점과 최소 공비점을 가지고 있는 *Pxy*, *Txy* diagram은 적절한 activity 계수 모델과 수정된 Raoult 법칙을 이용하여야 한다. <그림 17-3>에서 알아챌 수 있는 것은 공비점에서는 $x_1 = y_1$, $x_2 = y_2$가 성립한다는 것이다. 식 (17-17)의 상대 휘발도(relative volatility) 정의에 따르면 공비점에서 $\alpha_{12} = 1$이다. 그리고 이는 <그림 17-4>의 b와 d의 그래프가 중간에 대각선($\alpha_{12} = 1$)을 지나는 것으로도 확인할 수 있다. 한편 <그림 17-3c>의 *Txy* diagram을 보면 끓는점이 낮은 성분1이 상대적으로 높은 끓는점을 갖는 성분2에 비해서 휘발도가 높아 전 몰분율 범위에서 기상에 더 많이 존재함을 알 수 있다. 하지만 최소 공비점을 가지는 <그림 17-3d>에서는 공비점을 기점으로 이러한 경향이 역전된다. 즉, 양쪽의 상황이 다르다. <그림 17-4>를 보면 대각선과 만나기 전에 $\alpha_{12} > 1$(성분2에 비해 성분1이 상대적으로 휘발도가 높음)이다가 공비점을 지나면서 $\alpha_{12} < 1$이 된다. 식 (17-17)을 이용한 계산은 응용 문제에서 다룬다.

$$\alpha_{12} \equiv \frac{y_1/x_1}{y_2/x_2} = \frac{\gamma_1 P_1^{sat}}{\gamma_2 P_2^{sat}} \tag{17-17}$$

마지막으로 flash 계산이라 불리는, 현장에서 자주 사용되는 flash drum에 관한 계산을 살펴보자. <그림 17-6>과 같이 고압의 유체가 파이프라인을 통해 공급되다가 넓은 공간을 만나 팽창하면서 그 압력과 온도에서 평형을 이루는 기상과 액상으로 분리되는 공정에서, 그리고 스팀의 압력을 낮추는 용도로 flash drum이 사용된다. 이 계산은 열역학과 화공양론이 결합되어 이루어지는데, flash drum으로 인입되는 양을 1몰 또는 1몰/시간(calculation basis)이라고 하고 기상으로 배출되는 양을 $V$로, 액상으로 배출되는 양을 $L$로 표시하면 식 (17-18)과 (17-19)와 같은 물질 수지를 세울 수 있다. 여기서 $x_i$는 액상 혼합물 중 $i$ 성분의 조성이고 $y_i$는 기상 혼합물 중 $i$ 성분의 조성이다. 그리고 $z_i$는 인입되는 혼합물 중 $i$ 성분의 조성으로 식 (17-19)에서 $z_i$는 $z_i \times 1$에서 1이 생략된 형태이다.

$$L + V = 1 \tag{17-18}$$

$$x_i L + y_i V = z_i \tag{17-19}$$

식 (17-18)과 (17-19)를 조합하여 $L$을 제거하면 식 (17-20)과 같다. 그리고 분배 계수 (distribution coefficient)인 $K_i = y_i / x_i$를 정의하여 다시 한번 정리하면 식 (17-21)을 얻는다. 여기서 분배 계수는 어떤 성분이 액상이나 기상에 존재하고자 하는 상대적인 경향성을 나타내는 것 정도로만 알면 된다. 한편 Raoult 법칙을 적용하면 $K_i = P_i^{sat} / P$로도 쓸 수 있다.

$$z_i = x_i(1 - V) + y_i V \tag{17-20}$$

$$y_i = \frac{z_i K_i}{1 + V(K_i + 1)} \tag{17-21}$$

식 (17-21)에 의해서 구해진 모든 성분의 기상에서의 조성을 모두 더하면 1이므로 식 (17-22)가 성립되며 계산 방법은 응용문제를 통해서 익히도록 한다.

$$\sum_i \frac{z_i K_i}{1 + V(K_i + 1)} = 1 \tag{17-22}$$

이번 장에서는 기액 평형의 응용으로 bubble $T$ / $P$, dew $T$ / $P$ calculation과 공비점에 대해서 배웠으며, 실제 공정에서 많이 사용되는 flash 계산까지 확장하였다. 특히 flash 계산

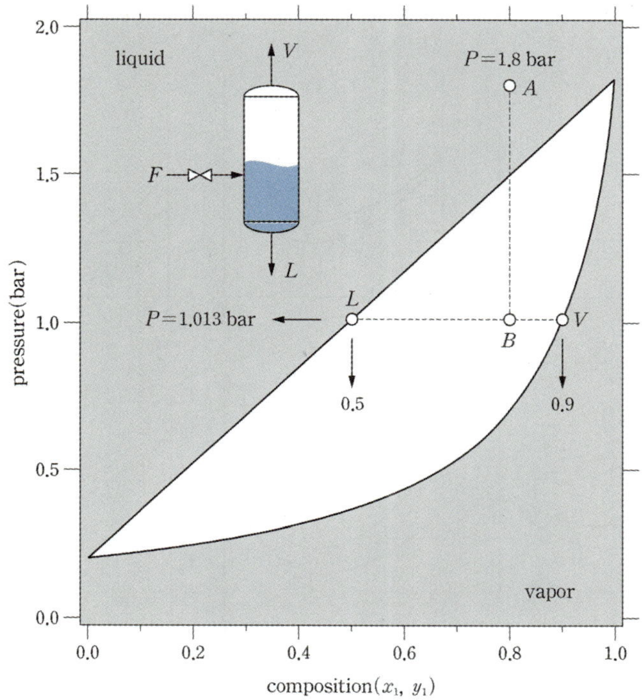


그림 17–6 Flash 계산

은 다음 장에서 다루는 기액 평형 응용의 끝판왕인 다단증류(multi-stage distillation)를 해석할 때 기초가 되므로 확실하게 이해하도록 하자.

열역학1에서 활용의 끝판왕인 Gibbs 에너지로 상평형을 설명한다고 했는데, 이번 장의 어디에도 Gibbs 에너지가 언급되지 않았다. 물론 fugacity와 Gibbs 에너지의 관계로부터 Raoult 법칙이나 수정된 Raoult 법칙이 유도되었지만 Gibbs 에너지를 이용하여 상평형을 직접적(direct)으로 설명할 수는 없을까? Gibbs 에너지는 온도, 압력, 그리고 조성의 함수이므로 <그림 17-7>과 같이 정해진 압력에서 온도를 바꾸어 가면서 조성에 따라 기상 혼합물과 액상 혼합물의 Gibbs 에너지를 그려준 후 거기서부터 *Txy* diagram을 추출할 수 있다. Raoult 법칙으로 설명될 법한 *Txy* diagram(<그림 17-7(f)>이므로 기상이든 액상이든 서로 잘 섞이는 것을 전제로 한다. 따라서 기상 혼합물과 액상 혼합물 모두 아래로 볼록한 형태의 그래프 모양을 가진다. 15장에서 모래와 자갈을 섞어서 부피를 측정했던 것을 떠올리면 도움이 될 것이다. 먼저 온도 $T_1$에서는, 전 범위의 조성에서 기상이 평형상이고 따라서 기상 혼합물의 Gibbs 에너지 그래프가 액상 혼합물의 Gibbs 에너지 그래프보다 아래에 그려진다. (b)의 $T_b$(A)에서도 전 범위의 조성에서 기상이 액상보다 안정한 평형상이다. 다만 순수한 A(왼쪽 축)만 존재하는 경우는 기상과 액상이 동시에 존재하는 평형 상태

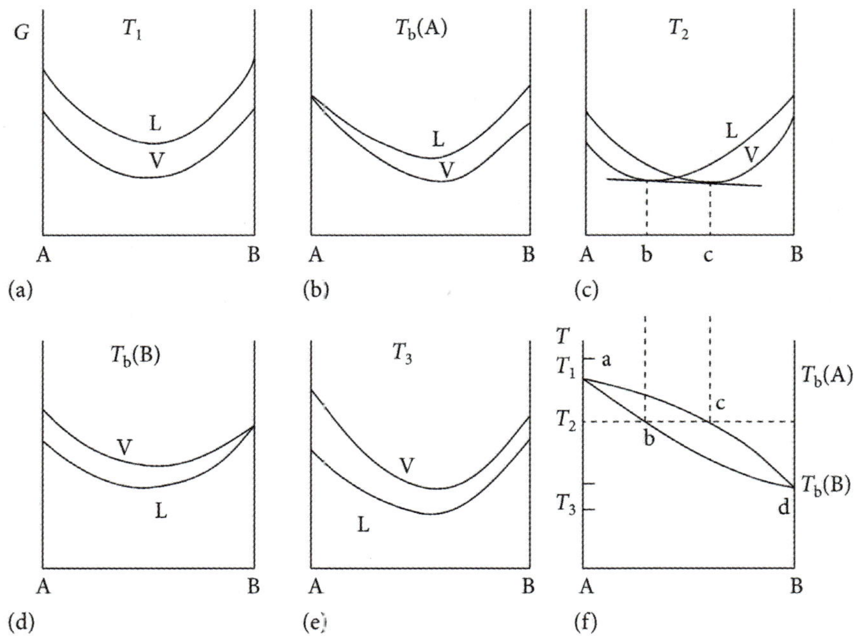


그림 17-7 Txy diagram과 Gibbs 에너지의 관계

이다. 따라서 <그림 17-7(b)>와 같이 순수한 A만 존재하는 왼쪽 축에서 기상 혼합물과 액상 혼합물의 Gibbs 에너지가 만나고 다른 전 범위의 조성에서는 기상의 그래프가 액상의 그래프보다 아래에 위치한다. 같은 논리로 <그림 17-7(d)> 및 <그림 17-7(f)>를 해석해 보기 바란다.

마지막으로 온도 $T_2$에서는 <그림 17-7(c)>와 같이 기상 혼합물과 액상 혼합물의 Gibbs 에너지가 서로 겹치는 영역이 생긴다. 그리고 양쪽 그래프에서 동일한 기울기를 가지는 접선을 그은 후에 그 접선이 양쪽 그래프와 만나는 점이 *Txy* diagram에서 $x$와 $y$ 각각의 조성을 의미한다. 점 b의 왼쪽은 액상 혼합물의 그래프가, 점 c의 오른쪽은 기상 혼합물의 그래프가 더 아래에 위치하여 <그림 17-7(f)>와 대응된다. 동일한 기울기를 가지는 접선은 무엇을 의미할까? Chemical potential은 전체 Gibbs 에너지에 미치는 해당 성분의 양의 영향으로, 미분값에 해당한다는 것을 알고 있다. 따라서 기상 혼합물의 Gibbs 에너지를 성분에 대해 미분하면 $\mu_i^v$이고 액상 혼합물의 Gibbs 에너지를 성분에 대해 미분하면 $\mu_i^l$이므로 기울기가 같다는 것은 $\mu_i^v = \mu_i^l$, 즉 평형임을 의미한다. 참고로 <그림 17-7>에서 왼쪽 축에 A라고 표시된 것은 $x_A = 1$(또는 $x_B = 0$)인 상태를, 오른쪽 축에 B라고 표시된 것은 $x_B = 1$(또는 $x_A = 0$)인 상태를 나타내므로 혼동하지 않길 바란다. 어쨌든 열역학 소프트웨어는 이렇게 온도에 따른 기상 혼합물과 액상 혼합물의 Gibbs 에너지 그래프를 그린 후, 위의 해석방식에 따라 *Txy* diagram을 재구성하는 것이다.

**요약**

- Bubble *T* / *P*, Dew *T* / *P* calculation을 이용하여 기액 평형의 응용으로 *Txy*, *Pxy* diagram을 reproduce해 보았다.
- 이상 기체 혼합물과 이상 용액 사이의 기액 평형에 대해 성립하는 Raoult 법칙, $y_iP = x_iP_i^{sat}$을 사용해 보았다. 높지 않은 압력에서 기체 혼합물은 이상 기체 혼합물로 가정하고 실제 용액은 이상 용액에서 벗어나는 비이상성이 흔하게 존재하므로 이를 고려한 수정된 Raoult 법칙, $y_iP = \gamma_i x_iP_i^{sat}$도 적용하였다.
- 비이상성이 나타나는 대표적인 예로 공비점을 다루었다. 일반적으로 액상에서 서로 잘 섞이지 않은 혼합물들은 액상보다는 분자들끼리 서로 멀리 떨어져 있는 기상으로 상전이하고자 하는 경향이 강하므로 최소 공비점을 가지며, 반대로 서로 친한 성분들로 이루어진 액상 혼합물은 액상으로 있으려는 경향이 강해서 최대 공비점을 가진다.

- 공비점에서 $x_i = y_i$가 성립하므로 상대 휘발도 $\alpha_{12} \equiv \dfrac{y_1/x_1}{y_2/x_2} = \dfrac{\gamma_1 P_1^{sat}}{\gamma_2 P_2^{sat}}$가 1이 되고 공비점을 기점으로 상대 휘발도가 한 쪽은 1보다 작고 다른 쪽은 1보다 큰 역전이 나타난다.
- 파이프 내 고압의 유체가 넓은 공간에서 기상과 액상으로 분리되는 flash drum도 기액 평형을 이용하는 대표적인 장치이다. 물질 수지와 Raoult 법칙과 같은 기상과 액상을 연결해주는 상평형 관계식을 이용하면 기상과 액상으로 배출되는 혼합물의 조성과 양을 계산할 수 있다.

### 중요 개념 키워드

- 기액 평형
- Raoult 법칙, 수정된 Raoult 법칙
- Bubble point, dew point
- Bubble *T* / *P* calculation, dew *T* / *P* calculation
- *Pxy* diagram, *Txy* diagram
- 최소 공비점, 최대 공비점
- 상대 휘발도
- Flash 계산, flash drum
- 분배 계수

## 응용문제

**01** 혼합물 n-pentane(1) / benzene(2)에 대하여 16 °C에서 다음과 같은 정보가 주어져 있다.

순수 성분의 증기압 $P_1^{vap} = 48.45$ kPa $P_2^{vap} = 8.26$ kPa

Activity 계수 $ln\gamma_i = Ax_j^2$ $w/A = 0.7553$ $i \neq j$

(a) 성분1이 60 mol%인 액상 혼합물과 상평형을 이루고 있는 기상의 bubble point 압력과 그때의 기상 조성을 구하시오.

(b) 성분1이 60 mol%인 기상 혼합물이 상평형을 이루고 있는 액상의 dew point 압력과 그때의 액상 조성을 구하시오.

**02** 성분1과 성분2의 액상 혼합물에 대해 다음과 같이 각 성분에 대한 activity 계수 모델이 주어져 있다고 한다.

$$ln\gamma_1 = 2.5x_2^2 \qquad ln\gamma_2 = 2.5x_1^2$$

$T$= 100 ℃에서 azeotropic 압력과 조성을 구하시오. 이 온도에서 각 성분의 증기압은 $P_1^{sat}$ = 150 kPa, $P_2^{sat}$ = 10 kPa이다.

**03** Methanol(성분1)과 methyl acetate(성분2) 혼합물이 있고 각 성분에 대해 다음과 같은 activity 계수 모델과 Antoine 식이 주어져 있다.

$$ln\gamma_1 = Ax_2^2,\ ln\gamma_2 = Ax_1^2\ (A = 2.771 - 0.00523\ T)$$

$$lnP_1^{sat} = 16.59158 - \frac{3643.31}{T - 33.424}$$

$$lnP_2^{sat} = 14.25326 - \frac{2665.54}{T - 53.524}$$

$T$= 318.15 K에서 공비점의 압력과 조성을 구하시오. Antoine 식에서 온도는 K 단위로, 증기압은 kPa의 단위로 주어진다.

**04** 최소 공비점을 가지는 isopropanol(성분1) / water(성분2) 혼합물에 대해 다음과 같은 정보가 주어져 있다고 한다. $P$= 101.33 kPa일 때, 공비점의 온도와 조성을 구하시오. Antoine 식에서 온도는 $K$ 단위로, 증기압은 kPa의 단위로 주어진다.

$$\ln\ \gamma_i = Ax_j^2\ (A = 2,\ i \neq j)$$

$$lnP_1^{sat} = 16.68 - \frac{3640.2}{T - 53.54}$$

$$lnP_2^{sat} = 16.39 - \frac{3885.70}{T - 42.98}$$

**05** 3성분계의 혼합물이 80 ℃로 운전되는 flash drum에 인입되고 조성이 $z_1$ = 0.45, $z_2$ = 0.35, $z_3$ = 0.20이라고 한다. 이 계에 대해서 Raoult 법칙이 유효하다고 할 때, 기액분리의 역할을 할 수 있도록 하는 이 flash drum의 운전압력 범위를 구하시오. 80 ℃에서 각 성분의 증기압은 다음과 같이 주어진다.

$$P_1^{sat} = 200\ kPa,\ P_2^{sat} = 100\ kPa,\ P_3^{sat} = 50\ kPa$$

**06** 응용문제 1의 계에 대해서 flash 계산을 수행하고자 한다. 증기압 데이터는 응용문제 1을 참조하고, 계산의 편의성을 위해 Raoult 법칙을 적용한다. 16 °C로 운전되는 flash drum에 성분1이 65 mol%인 액상 혼합물이 들어온다. Flash drum을 거친 후 분리된 액상 혼합물의 조성을 분석해 보니 성분1이 60 mol%였다. 이 flash drum의 운전압력과 기상 혼합물의 양은 각각 얼마인가?

**07** 열교환기에 사용된 300 °C의 MS(medium pressure steam)의 condensate(응축수)가 210 °C의 flash drum으로 인입된다고 한다. 이 flash drum에서 생산되는 기상의 LS(low pressure steam)의 양은 인입되는 condensate의 양의 몇 %일까? 필요한 steam의 평형 데이터는 다음과 같다.

| 온도(°C) | 압력(kPa) | 엔탈피(kJ/kg) | |
|---|---|---|---|
| | | Saturated liquid | Saturated vapor |
| 210 | 1907.7 | 897.7 | 2796.2 |
| 300 | 8592.7 | 1345.1 | 2751.0 |

**08** 〈그림 17-6〉과 같이 flash drum이 운전된다고 한다. 인입흐름 $F$의 조성이 $x_1 = 0.6$일 때 기상과 액상의 흐름이 분리되는 flash drum의 운전 압력 조건은? (이 문제는 계산하는 것이 아니라 상평형도를 읽는 것이다.)

18장

# 기액 평형(VLE)의 활용 - 다단증류

화학공학에서 기액 평형이 적용되는 가장 중요한 공정으로는 다단증류(multi-stage distillation)가 있다. 다단증류는 일반적으로 분리공정과 관련된 강의에서 다뤄지지만, 열역학이 실제로 활용되는 예로써 본 교재에서 살펴볼 것이다. 앞의 장에서 TA (terephthalic acid) 생산 공정에 용매로 사용되는 HAc(아세트산)와 반응 생성물인 물을 다단증류로 분리하여 HAc를 다시 반응에 재사용하는 것에 대해서 이미 언급한 바도 있다.

## 1 다단증류 공정

<그림 18-1>은 일반적인 다단증류 공정을 보여 준다. 낮은 끓는점을 가진 물질이 증류탑의 상부로 배출되어 condenser에서 응축된 후 일부는 증류탑 상층부로 다시 환류(reflux)되고 나머지는 버려지거나 다시 필요한 공정에 투입된다. TA 공정의 경우 증류탑 상부로 물이 배출되고 물은 전혀 쓸모가 없으므로 버려진다. 환류된 액체는 증류탑 상층부에서 높은 끓는점을 가진 물질이 기상보다는 액상에 머물도록 물질 이동을 유도하여 상부로 배출되는 흐름(stream)의 순도를 높여준다. TA 공정 증류탑에서는 <그림 18-2> 왼쪽과 같은 kettle-type condenser에서 열 교환을 통해서 LLS 스팀이 만들어지고 이 LLS 스팀은 터빈(turbine)에서 전기를 만들거나 공장에 설치되어 있는 목욕탕의 열원으로 일부 사용된다. 참고로 스팀의 종류는 압력에 따라 크게 HS(고압 스팀), MS(중압 스팀), LS(저압 스팀)로 구분된다. MS와 LS의 중간 정도의 압력으로 MLS, LS보다 낮은 압력인 LLS 등으로 세분할 수도 있다. TA 공정의 경우 증류탑이 대기압에서 운전되고 상부로 물이 배출되므로 대기압보다 낮은 압력의 LLS가 만들어질 수밖에 없다.

증류탑의 하부는 <그림 18-2> 오른쪽과 같은 thermosiphon-type reboiler를 통해 열이 공급되어 말 그대로 끓여줌으로써 끓는점이 낮은 물질이 액상보다는 기상으로 이동하도록 유도하여 마찬가지로 순도를 높여준다. 이때 열원으로는 스팀을 사용하는데, HS, MS, LS의 온도와 압력이 각각 380 °C/40 atm, 285 °C/16 atm, 200 °C/4 atm 정도로 알려져 있고 HAc의 끓는점이 118 °C이므로 TA 공정의 경우 MLS와 같이 중저압의 스팀을 사용하면 열 교환에 문제가 없어 보인다. Reboiler에서 기억해야 할 것은 <그림 18-2> 오른쪽에서

보듯이 reboiler에서 데워진 흐름이 증류탑으로 다시 인입될 때, 우리가 flash drum에서 얘기했듯이 그 조건에서의 평형 상태에 맞도록 기액 분리가 발생한다는 것이다. 이후에 증류탑의 이론 단수(number of theoretical stages)를 구하는 데 언급되므로 기억하자.

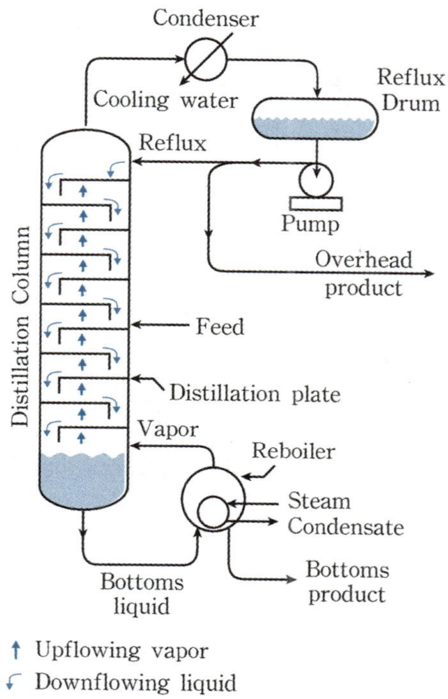


그림 18-1 다단증류 공정

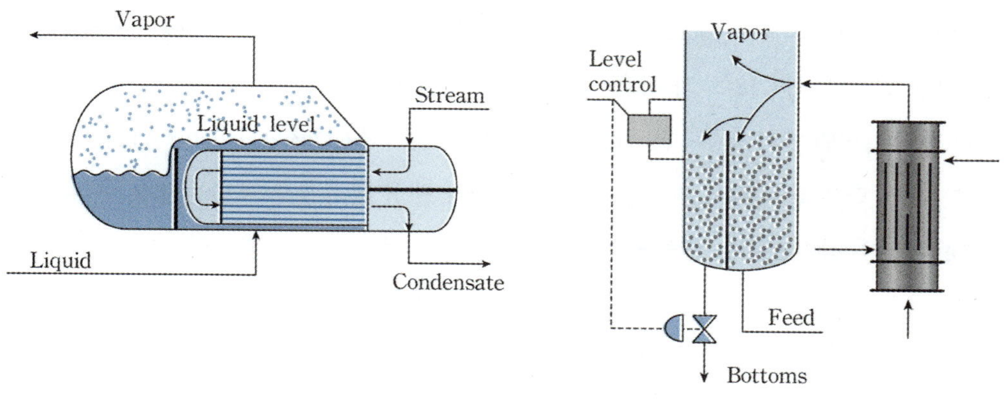


그림 18-2 Kettle-type condenser와 thermosiphon reboiler

한편 reboiler의 열원으로 사용되는 스팀은 어떻게 만드는 것일까? <그림 17-5>의 TA 생성 반응처럼 대부분의 석유화학공정은 산화 반응을 이용하며, 산화 반응은 발열 반응이므로 반응을 통해 엄청난 양의 열이 발생한다. 따라서 반응기 상부에는 열교환기를 통해 스팀을 생산하도록 설비가 갖추어져 반응열을 회수하게 된다. 그리고 반응 온도에 따라 다르겠지만 MS, MLS가 주로 생산된다. 이렇게 생산된 스팀은 필요에 따라 flash drum에서 압력을 낮추어가며 앞서 언급한 LS, LLS와 같은 형태로도 사용된다. 일단 석유화학공정 중 반응기가 돌아가기 시작하면 반응열을 스팀을 매개체로 한 열교환망을 통해 회수함으로써 공장에서 필요로 하는 대부분의 에너지원을 충당할 수 있다. 그런데 공장을 처음 돌리기 시작(start-up)할 때는 아직 제대로 반응이 일어나지 않은 상황이므로 공장 외부에서 열원을 공급받을 수밖에 없다. 이에 따라 석유화학단지 내에는 HS의 형태로 스팀을 공급하는 회사를 포함한 스팀 network가 구축되어 start-up이나 유사시에 스팀을 구입해서 사용할 수 있다. 한편 대부분의 석유화학 공장에는 LNG burner가 있어서 파이프 내의 heating oil을 고온으로 가열해서 스팀보다 더 높은 온도가 필요한 곳에 공급한다.

## 2 증류탑과 이론단수

다시 증류탑으로 돌아가 이전 장에서 다루었던 flash drum과 연관시켜 보자. 결론을 먼저 얘기하면 증류탑의 각 단(stage)은 각각 독립적인 flash drum(또는 flash separator)과 같다고 보면 된다. <그림 18-3>과 <그림 18-4>에 자세하게 설명되어 있는데, 어떤 특정 단에 feed가 유입되면 에너지 수지(energy balance)와 물질 수지(material balance)에 의해 결정되는 해당 단의 온도에서 평형인 기상 혼합물과 액상 혼합물로 배출된다. 물론 <그림 18-4>에서와 같이 feed가 유입되는 단(i 단)에는 아래로부터 기상 혼합물이, 그리고 위로부터 액상 혼합물이 유입되므로 이들도 해당 단의 입장에서는 모두 인입 흐름(stream)이다. 하지만 feed가 유입되지 않는 단의 경우는 아래로부터의 기상 혼합물과 위로부터의 액상 혼합물이 인입 흐름이다. 한편 위로부터 내려오는 액상 혼합물은 $(i-1)$단의 온도인 $T_{i-1}$에서 평형인 액상 혼합물이고 아래로부터 올라오는 기상 혼합물의 $(i+1)$단의 온도인

$T_{i+1}$에서 평형인 기상 혼합물이다. 따라서 <그림 18-3>에서 $F_1$은 feed + $V_2$ + $L_0$을, $F_2$는 $V_3$ + $L_1$를, $F_3$는 $V_4$ + $L_2$를 각각 의미한다. 여기서 각 단의 인입 흐름들의 온도가 모두 다르므로 해당 단의 온도는 에너지 수지와 해당 단의 온도에서의 기액 평형 조성을 고려한 물질 수지를 연립해서 풀어야 얻어진다. 간단하게 feed가 없는 단이라면 $(i + 1)$단에서 올라오는 $T_{i+1}(> T_i)$의 뜨거운 기상 혼합물이 $(i - 1)$단에서 내려오는 $T_{i-1}(< T_i)$의 상대적으로 덜 뜨거운 액상 혼합물과 섞여서 중간인 $T_i$의 온도가 된다고 생각하면 된다. 여기에 feed가 추가된다면 feed의 온도와 조성에 따라 feed 단의 온도가 결정될 것이다. 어쨌든 이러한 방식으로 다단증류가 진행된다면 <그림 18-3>에서와 같이 증류탑의 아래쪽으로 내려갈수록 단에서 배출되는 액상 혼합물에서 끓는점이 낮은 성분의 함량이 줄어들고, 반대로 위쪽으로 올라갈수록 단에서 배출되는 기상 혼합물에서 끓는점이 높은 성분의 함량이 줄어들어서 두 성분의 끓는점 차이로 분리가 이루어지는 것이다. <그림 18-3>의 *Txy* diagram에서는 성분2가 끓는점이 높은 성분이다.

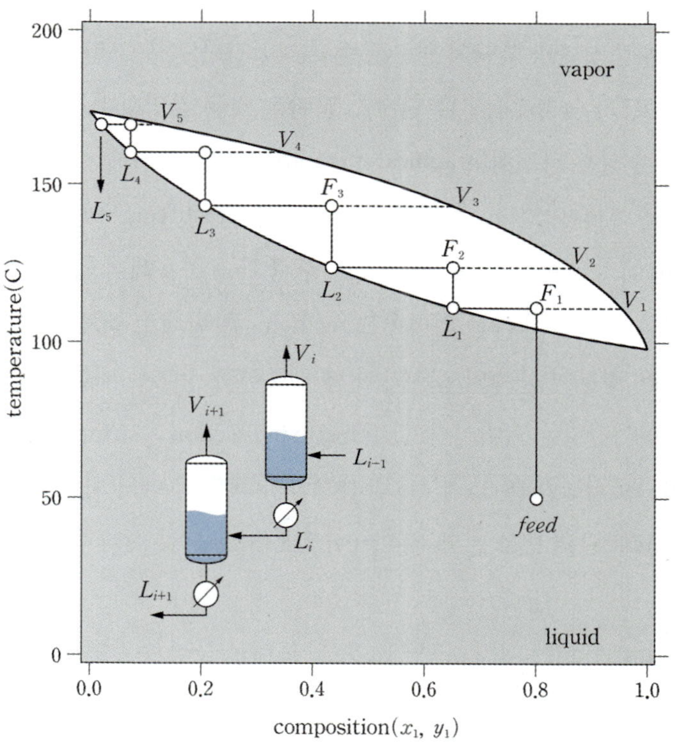


그림 18-3 Distillation stage vs. flash separator

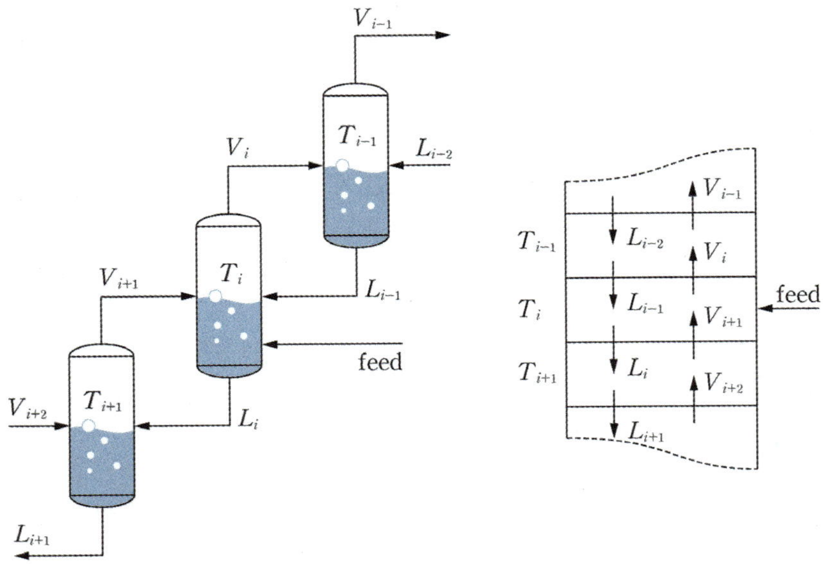


그림 18-4 Distillation stage vs. flash separator (in details)

증류탑의 이론단수 계산은 이 flash separator가 몇 개가 필요한지 구하는 과정이며, 이를 위해서는 증류탑 상단과 하단의 원하는 순도(또는 조성)가 <그림 18-5>와 같이 주어져야 할 것이다. 순도가 높을수록 이론단수가 많아질 것은 자명하다. 소위 McCabe-Thiele 법으로 잘 알려져 있는 작도법(graphical method)의 적용을 위해 <그림 18-5>에 필요한 기호(notation)를 나타내었다. 증류탑의 상층부를 rectifying section으로, 하층부를 stripping section이라고 부르는데, stripping이란 증기를 사용해서 액상 혼합물 중의 끓는점이 낮은 성분을 증발해 낸다는 의미이고 rectifying은 반대로 액체를 이용하여 기상 중의 끓는점이 높은 성분이 응축되도록 하여 결국 증류탑 상부로 배출되는 끓는점이 낮은 성분의 순도를 높여간다는 의미이다. 한편 rectifying section과 stripping section을 구분해서 접근할 것이므로 <그림 18-3>과 <그림 18-4>의 $i$와 달리 단의 번호를 각각 $n$과 $m$으로 표시하였다. 참고로 단의 번호는 맨 위부터 1, 2, 3, … 순으로 매겨지고 이성분(binary)계를 고려한다.

먼저 rectifying section에 대해 <그림 18-5>를 토대로 물질 수지를 수립하면 식 (18-1)과 같다. 식 (18-1)은 <그림 18-3>에서 $F_1$, $F_2$, $F_3$, …를 정의하는 과정으로 보면 된다. 그런데 앞서도 언급했듯이 <그림 18-3>의 $Txy$ diagram을 이용하려면 식 (18-1)의 물질 수지와 식 (18-2)의 에너지 수지를 동시에 풀어서 각 단의 온도와 배출되는 기상 혼합물과 액상 혼합

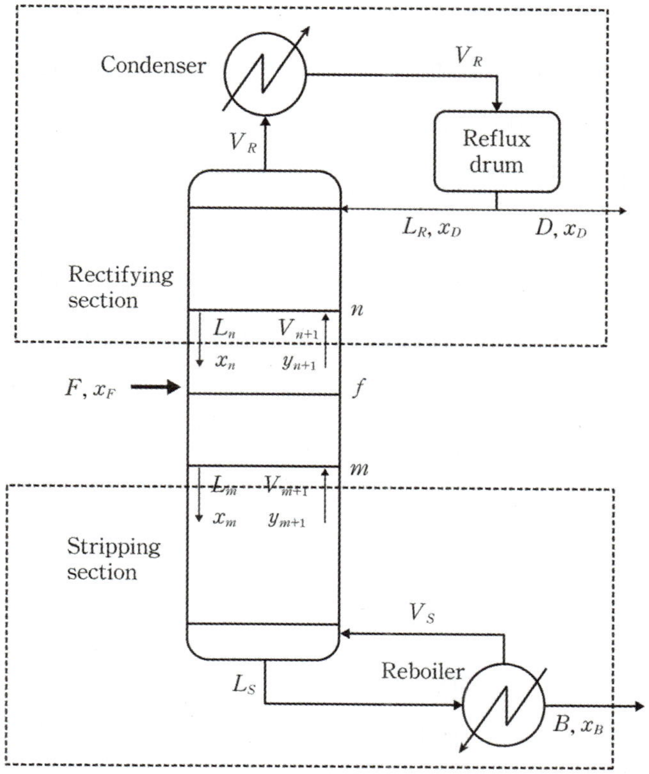


그림 18–5 증류탑의 rectifying section과 stripping section

물의 조성을 계산해야 할 것이다. 이에 대해서는 11장의 응용문제 9번을 복습하면 이해가 쉽다. 한편 여기서 중요한 하나의 가정을 도입하면 <그림 18-3>의 *Txy* diagram이 아닌 <그림 17-4>의 *xy* diagram을 이용하는 작도법의 적용이 가능해진다.

$$V_{n+1}y_{n+1} = L_n x_n + Dx_D \qquad y_{n+1} = \frac{L_n}{V_{n+1}}x_n + \frac{Dx_D}{V_{n+1}} \tag{18-1}$$

$$V_{n+1}H_{n+1} = L_n H_n + DH_D \tag{18-2}$$

그 가정을 equimolal flow(또는 constant molal overflow)라고 부르는데, <A Dictionary of Chemical Engineering>(Oxford)에 따르면 그 정의는 다음과 같다.

*An assumed condition in which the number of moles of a mixture of volatile liquids evaporating at any point in a system or process, such as on the plate of a distillation column, is equal to the number of moles condensing at the same point. That is, on the plate, the liquid and the vapor flow rates remain constant.*

간단하게 설명하면, 아래로부터 단에 인입되는 뜨거운 기상 혼합물이 위로부터 단에 인입되는 차가운 액상 혼합물을 만나서 현열에 비해 order of magnitude가 큰 잠열에 의한 열교환이 주로 이루어지며, 응축되는 양과 증발되는 양이 얼추 비슷하다는 것이다. 즉, 각 단을 거치며 기상 흐름과 액상 흐름의 양은 크게 변하지 않을 것이다. 물론 조성은 변한다. 이러한 가정은 crude oil처럼 다양한 증발열을 가진 다양한 성분의 분리에 적용할 수는 없지만, 끓는점 차이가 크지 않은 유사한 이성분계의 증류에는 무리 없이 적용할 수 있다. CMO(constant molal overflow) 가정을 적용하여 식 (18-1)을 다시 쓰면 $L_n = L_R$과 $V_{n+1} = V_R$이므로 식 (18-3)과 같이 되고, 여기에 reflux ratio, $R_D = L_R / D$를 적용하면 식 (18-4)가 된다. 이를 조작선(operating line)이라고 부른다.

$$y_{n+1} = \frac{L_R}{V_R}x_n + \frac{Dx_D}{V_R} \tag{18-3}$$

$$y_{n+1} = \frac{R_D}{R_D+1}x_n + \frac{x_D}{R_D+1} \tag{18-4}$$

식 (18-3)과 (18-4)는 $y = ax + b$ 형태의 직선의 방정식이다. 따라서 $y$ 절편은 $x_D / (R_D + 1)$이며 이 직선은 $(x_D, x_D)$ 점을 지나간다. <그림 18-5>의 1번 단을 빠져나가는 $y_1$의 조성을 가진 기상 혼합물이 소위 total condenser에 의해 모두 액상으로 응축되기 때문에 $y_1 = x_D$가 성립하고 이를 $xy$ diagram에 옮기면 <그림 18-6>과 같다. <그림 18-3>에서 각 단의 인입 흐름인 $F_1$, $F_2$, $F_3$, … 점들이 해당 단의 평형 조성인 $(L_1, V_1)$, $(L_2, V_2)$, $(L_3, V_3)$, …으로 기액 분리되는 과정을 $xy$ diagram에 옮기면 다음과 같다. <그림 18-6>에서 주어진 인입 흐름을 가진 어떤 단을 조작선의 한 점이라고 볼 때, 수평 방향의 이동은 해당 단에서 평형 조성으로 기액 분리가 일어나는 과정이고, 다른 인입 흐름을 가진 다음 단을 나타내는 조작선으로 이동한 후 새로운 평형 조성으로 기액 분리가 일어나는 결국 같은 계단식 작도법일 뿐이다.

같은 방식으로 <그림 18-5>의 stripping section에 대해서 물질 수지를 세워보면 식 (18-5)와 같다. Rectifying section에서는 $V_R > L_R$이었기 때문에 기울기가 < 1이었지만 stripping section에서는 $V_S < L_S$이므로 기울기가 > 1이다. 또한 식 (18-5)의 직선은 $(x_B, x_B)$ 점을 지나게 된다. 식 (18-5)의 $x_m$에 $x_B$를 대입하면 식의 우변이 $x_B(L_S - B) / V_S$가 되고 reboiler에 대한 물질 수지식이 $L_S = V_S + B$이므로 $(x_B, x_B)$를 얻는다. <그림 18-7>에

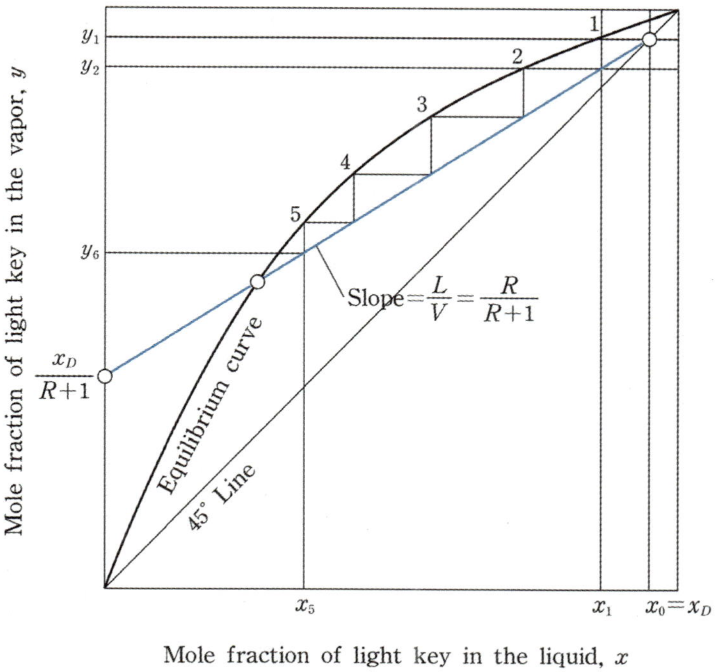


그림 18-6 Rectifying section의 조작선

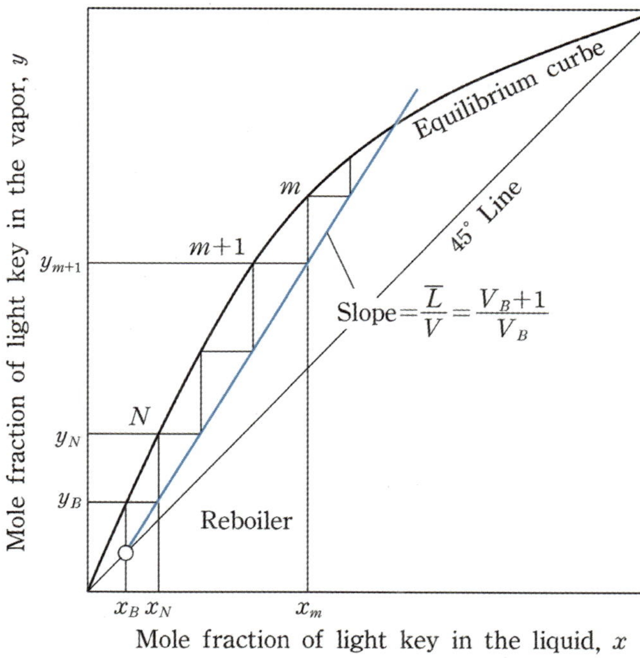


그림 18-7 Stripping section의 조작선

rectifying section과 비슷한 방식으로 stripping section의 조작선과 마찬가지의 계단식 작도법을 나타내었다.

$$y_{m+1} = \frac{L_m}{V_{m+1}}x_m - \frac{Bx_B}{V_{m+1}} = \frac{L_S}{V_S}x_m - \frac{Bx_B}{V_S} \tag{18-5}$$

이제 마지막 단계이다. <그림 18-5>에서 feed가 유입되는 단을 얘기해 보자. 간단하게 물질 수지를 식 (18-6)과 같이 세울 수 있다.

$$F = D + B,\ \ Fx_F = Dx_D + Bx_B \tag{18-6}$$

그런데 생각해 보면 전체 증류탑 운전에 대해 feed가 미치는 가장 큰 영향은 feed의 엔탈피일 것이고, 이 영향을 <그림 18-8>에 정성적으로 나타내었다.

i) Sub-cooled liquid의 형태로 feed가 유입된다면 feed 단에서 배출되는 기상 혼합물의 열량을 빼앗아 응축시킴으로써 stripping section의 액상 혼합물의 유량을 증가시킬 것이다.
ii) Feed단의 온도에서의 saturated liquid 조건으로 feed가 유입된다면 에너지 교환 없이 feed는 stripping section의 액상 혼합물의 유량에 더해진다.
iii) Feed단의 온도에서의 saturated liquid와 saturated vapor가 혼합된 조건으로 feed가 유입된다면 마찬가지로 에너지 교환 없이 feed 중 liquid는 stripping section으로, vapor는 rectifying section으로 더해진다.

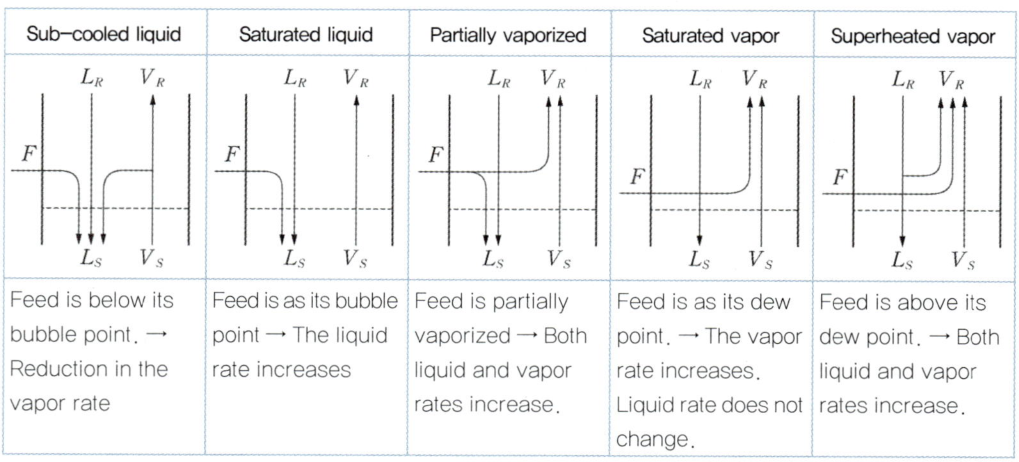


그림 13-8 Feed enthalpy의 영향

iv) iii)와 반대로 feed단의 온도에서의 saturated vapor 조건으로 feed가 유입된다면 에너지 교환 없이 feed는 rectifying section의 기상 혼합물의 유량에 더해진다.

v) i)와 반대로 superheated vapor의 형태로 feed가 유입된다면 feed 단에 유입되는 액상 혼합물의 열량을 빼앗아 증발시킴으로써 rectifying section의 기상 혼합물의 유량을 증가시킬 것이다.

<그림 18-6>과 <그림 18-7>에서 CMO 가정을 했으므로 <그림 18-5>에서 rectifying section의 기상 혼합물과 액상 혼합물의 양은 $V_R$, $L_R$로 일정하고 stripping section의 기상 혼합물과 액상 혼합물의 양은 $V_S$, $L_S$로 일정할 것이다. 이제 $q$라는 factor를 도입하여 feed 단에서의 물질 수지를 세워 보자. 여기서 $q = \dfrac{H_V - H_F}{H_V - H_L}$로 정의되며 <그림 18-8>의 feed 엔탈피에 따른 영향을 factor로 나타낸 것뿐이다. 예를 들어 위의 (iv)처럼 feed가 saturated vapor로 유입이 되면 $q = 0$, ii)처럼 saturated liquid로 유입되면 $q = 1$이 된다. 그리고 i)의 경우는 $q > 1$, iii)의 경우는 $0 < q < 1$, iv)의 경우는 $q < 0$이다. 이제 feed단에서 물질 수지는 식 (18-7), (18-8)과 같다. 여기에 식 (18-3)과 (18-5)를 다시 써 보자.

$$L_S = L_R + qF,\ L_S - L_R = qF \tag{18-7}$$

$$V_R = V_S + (1-q)F, \quad V_R - V_S = (1-q)F \tag{18-8}$$

$$V_R y_{n+1} = L_R x_n + D x_D \tag{18-3'}$$

$$V_S y_{m+1} = L_S x_m - B x_B \tag{18-5'}$$

결국 rectifying section과 stripping section의 두 조작선이 서로 만나는 교차점(intersect)을 찾아야 하므로 식 (18-3')과 (18-5')에서 $y = y_{n+1} = y_{m+1}$, $x = x_n = x_m$으로 두고 식을 빼면 식 (18-9)를 얻게 된다. 식 (18-6)~(18-8)을 대입하며 정리하면 최종적으로 식 (18-10)을 유도할 수 있다. 마찬가지로 $y = ax + b$ 형태의 직선의 방정식이며, 점 $(x_F, x_F)$를 지나간다. <그림 18-8>을 고려하여 식 (18-10)의 그래프 모양이 feed의 상태에 따라서 어떻게 변할지를 <그림 18-9>에 나타내었다.

$$(V_R - V_S)y = (L_R - L_S)x + D x_D + B x_B \tag{18-9}$$

$$y = -\frac{q}{1-q}x + \frac{x_F}{1-q} \tag{18-10}$$

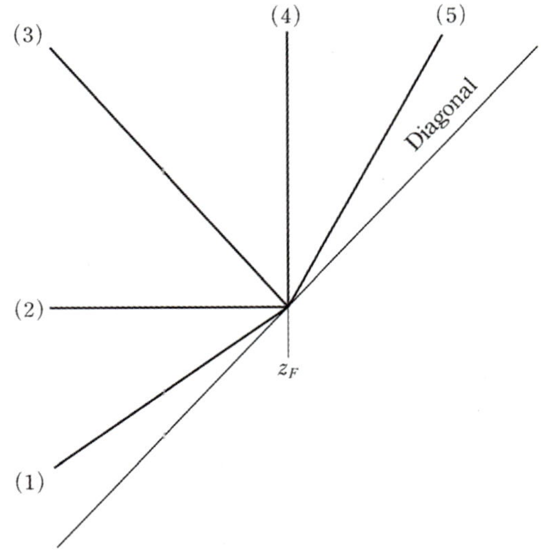


그림 18-9 Feed의 *q*-line

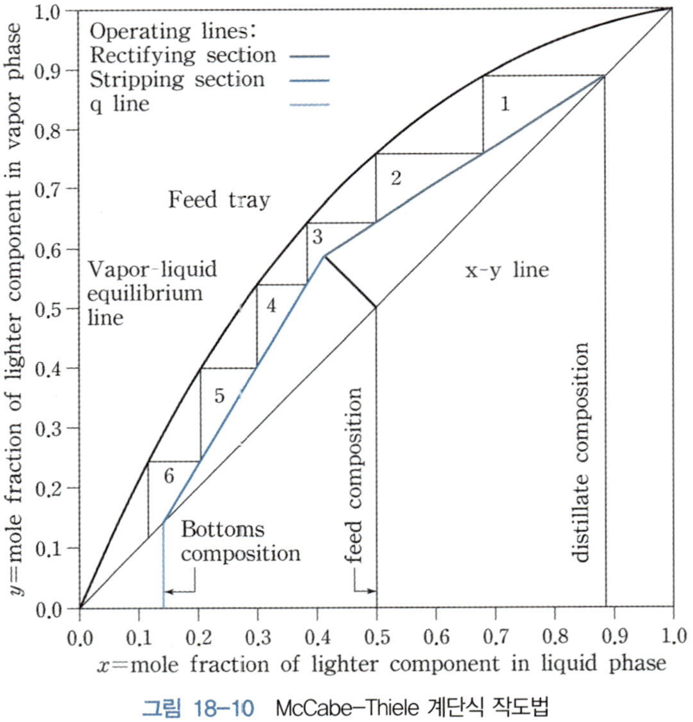


그림 18-10 McCabe-Thiele 계단식 작도법

<그림 18-6>, <그림 18-7>, <그림 18-9>를 한꺼번에 나타낸 것이 <그림 18-10>이며 이를 McCabe-Thiele 작도법이라고 부른다. <그림 18-10>에 따르면 $x_D$와 $x_B$를 얻기 위한 증류탑의 이론단수는 6개이며 3번 단에 feed가 유입되어야 한다. 사실 컴퓨터 소프트웨어가

발달하지 않았던 예전이라면 이러한 작도법으로 설계를 진행했겠지만 지금은 AspenPlus나 Hysys와 같이 강력한 공정 시뮬레이션 소프트웨어가 있기 때문에 굳이 작도법을 연습하거나 외우거나 할 필요는 없다. 다만 과정을 통해 화공양론과 기액 평형이 증류탑의 이론단수 계산에 어떤 방식으로 적용되는지를 이해하길 바란다. 물론 소프트웨어에서는 CMO를 가정할 필요도 없을 것이다.

## 3 최소단수와 최소환류비

몇 가지 증류탑의 설계와 운전에 대해서 짚고 넘어가려고 한다. <그림 18-2>의 thermosiphon reboiler를 자세히 보면 reboiler를 거쳐서 증류탑으로 인입되는 액상 혼합물과 기상 혼합물이 평형을 이룬다. 따라서 <그림 18-10>과 같이 이론단수가 계산되었는데, reboiler가 하나의 단 역할을 하게 되므로 증류탑에 설치되는 이론단수에서 1을 빼주어야 한다. 한편 <그림 18-2>와 <그림 18-5>에서 total condenser를 가정하였다. 만약 <그림 18-11>의 오른쪽과 같은 partial condenser가 사용되었다면 이 partial condenser가 하나의 단 역할을 하기 때문에 마찬가지로 증류탑에 설치되는 이론단수에서 추가로 1을 더 빼주어야 한다.

그렇다면 최소단수(minimum number of theoretical stages)라는 것이 정의될 수 있을까? <그림 18-10>의 계단식 작도법을 잘 살펴보면 rectifying section과 stripping section의 조작선의 기울기가 $y = x$(대각선)에 가까이 갈수록 이론단수가 작아질 것이라는 것을 알 수 있다. 그렇게 되는 조건은 식 (18-4)에서 $R_D$(reflux ratio) $\rightarrow \infty$인데, 이는 다시 얘기하면

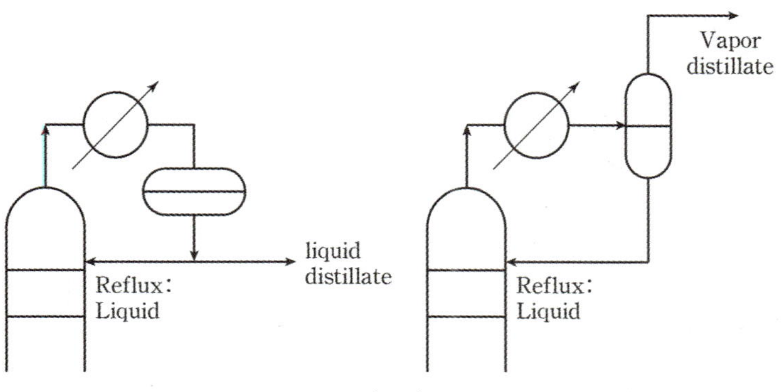


그림 18-11 Total condenser(왼쪽)과 partial condenser(오른쪽)

total reflux로 $L / V = 1$인 조건이다. 연속적으로 feed를 유입시키고 $D$와 $B$를 배출시키는 것이 아니라 증류탑에 feed를 담아놓고 $D = B = 0$이 되도록 운전하는 것을 상상하면 된다. 실제로 이는 증류탑의 start-up이 이루어지는 방식이다. 그리고 경험상 이러한 최소단수의 2배 정도로 이론단수를 정한다고 한다. 우리가 열역학에서 늘 무엇을 reference로 할 것인가를 고민하는 것과 같이 최소단수도 그러한 reference 중에 하나이다.

$R_D$에 관한 반대 reference도 정의가 가능할까? 최소환류비(minimum reflux ratio)가 그것이다. <그림 18-5>에서 $R_D$가 커진다면 rectifying section에서 끓는점이 높은 성분이 증류탑 상부를 통해 기상 혼합물로 배출되지 않도록 막아주는 역할을 한다. 즉, 상부로 배출되는 distillate의 순도를 향상시킨다. 단수가 정해져 있다면 $R_D$가 커짐에 따라 $x_D$도 증가할 것이고, $x_D$가 설계 시 목표치로 고정되어 있다면 $R_D$가 커질수록 이론단수는 감소할 것이다. 그 극단적인 경우가 위에서 언급한 total reflux이다. 하지만 $R_D$가 증가한다는 것은 이후 설명할 증류탑 tray에서 처리해야 하는 기상 혼합물과 액상 혼합물 흐름의 양이 많아져 tray의 효율에 영향을 미치게 되고 무엇보다도 reboiler도 더 많은 양을 처리해야 하기 때문에 그만큼 열원이 더 사용되어 thermal budget이 증가하게 될 것이다. 역시 최적화가 필요한 사안이고 reference가 있으면 좋겠다. 경험적으로 최적의 $R_D$는 <그림 18-12>에서 구해

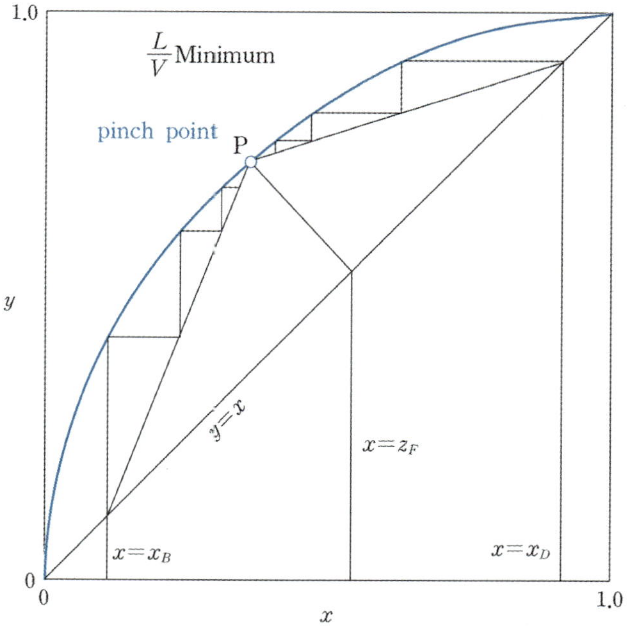


그림 18-12 최소환류비

지는 최소 $R_D$의 1.1 ~ 1.5배라고 한다. 식 (18-4)에서 rectifying section의 조작선의 기울기는 $R_D$ / ($R_D$ + 1)이라고 했고, 그 조작선이 <그림 18-12>처럼 pinch point라고 부르는 feed의 $q$-line과 $xy$ equilibrium curve가 만나는 점에 위치할 때 최소 $R_D$를 갖는다. 이 경우 계단식 작도법에 의하면 이론단수 → ∞인 상황이다. 이는 작은 $R_D$로 원하는 $x_D$를 얻기 위해서는 많은 단수가 필요하다는 것을 의미한다.

이론단수는 최소단수의 대략 2배로 설계된다고 했다. 그런데 여기서 이론적이라 말하는 단은 어떤 가정을 기반으로 할까? <그림 18-3>에서 언급했듯이 위에서 내려오는 액상 혼합물과 아래에서 올라오는 기상 혼합물을 인입 흐름으로 하여 단의 주어진 온도에서 평형 기액 분리(또는 flash separation)가 일어나고, 배출되는 기상 혼합물은 위로, 액상 혼합물은 아래로 이동하여 순차적으로 다른 단의 인입 흐름이 된다. 즉, 각 단에서 평형이 이루어진다는 것을 가정하였고 평형이 되기 위해서는 인입 흐름들 사이에 열 및 물질 전달이 충분히 이루어지도록 보장되어야 할 것이다. 다시 말해 각 단에서 인입 흐름들 사이에 충분한 접촉으로 열 및 물질 전달에 충분히 많은 시간이 주어져야 한다. 결국 이론적으로는 가능하지만 실질적으로는 불가능한 조건이라 단 효율(stage efficiency)을 도입하여 실제 단수는 이론단수를 단 효율로 나눈 값으로 구해지게 된다. 그렇다면 증류탑에 설치되는 tray의 구조를 살펴보자. <그림 18-13>은 일반적인 sieve tray인데, 액체 혼합물이 downcomer로 내려와서 기상 혼합물과 액상 혼합물이 접촉하는 effective area를 거친 후 weir를 넘어 아래로 내려가는 구조를 가진다. 액상 혼합물과 기상 혼합물의 접촉을 통한 열 및 물질 전달은 sieve 구멍을 통하여 올라오는 다량의 기체 bubble이 액상 혼합물 내를 지나면서 일어난다. 이 과정에서 <그림 18-13>에 보인 바와 같이 액상 혼합물이 sieve 구

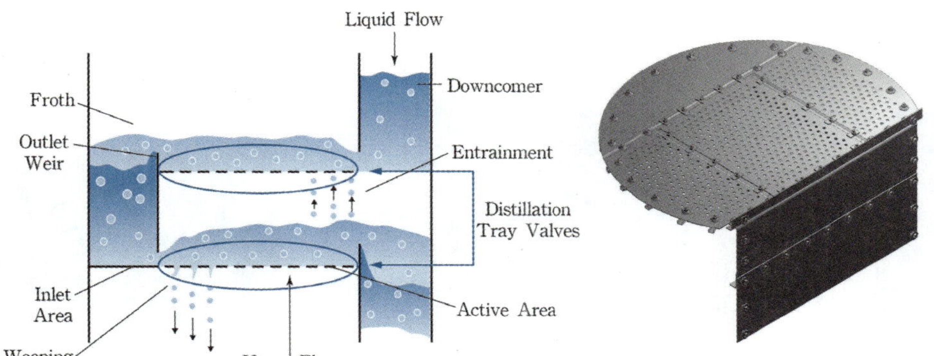


그림 18-13 Sieve tray (이미지 출처: HANBIT SOLTECH, hstco.kr)

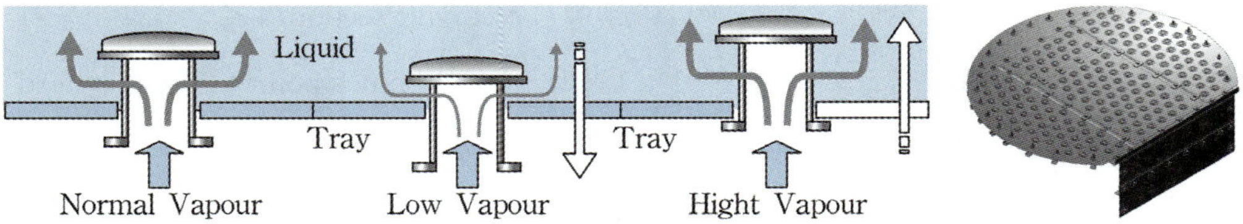


그림 18-14 Valve tray (이미지 출처: HANBIT SOLTECH, hstco.kr)

멍을 통해 아래로 떨어지는 weeping이나 기상 혼합물에 액상 혼합물이 딸려 올라가는 entrainment와 같은 단 효율을 떨어뜨리는 현상이 발생하게 된다.

결국 tray의 설계는 기상 혼합물과 액상 혼합물의 접촉이 최대가 되면서도 흐름이 안정하게 유지되는 것이 중요할 것이다. Weeping이나 entrainment는 tray 전체에 압력이 고르게 분포되지 않아서 발생하므로 이를 방지하기 위해 <그림 18-14>와 같이 sieve tray 구멍에 valve와 같은 구조를 추가하여 압력에 따라 구멍이 크게 열렸다가 작게 열리게 할 수 있다. 한편 접촉을 최대로 하기 위해서는 bubble의 크기가 가능한 작을수록 유리하기 때문에 <그림 18-15>와 같은 bubble cap tray를 도입하기도 한다.

또한 tray를 이용하지 않고 <그림 18-16>과 같이 다양한 형태의 packing materials를 사용하여 random packing하는 packing tower도 증류탑으로 도입될 수 있다. Packing tower에 대한 해석도 McCabe-Thiele 법으로 동일하며 다만 이론단(theoretical stage)에 해당하는 충진물의 equivalent height가 정의되어 packing tower의 높이를 결정한다. 다양한 tray들과 packing materials에 대해 이론적인 접근도 가능할 수 있으나 그것보다는 해당 회사들이 실제 mock-up을 만들어서 단 효율이나 equivalent height를 직접 실험적으로 구하게 된다. 참고로 random packing이 잘 이루어지지 않으면 고르지 않은 압력 분포로 인해 tray에서 발생했던 weeping이나 entrainment처럼 channeling이 발생한다. 여담으로 <그림

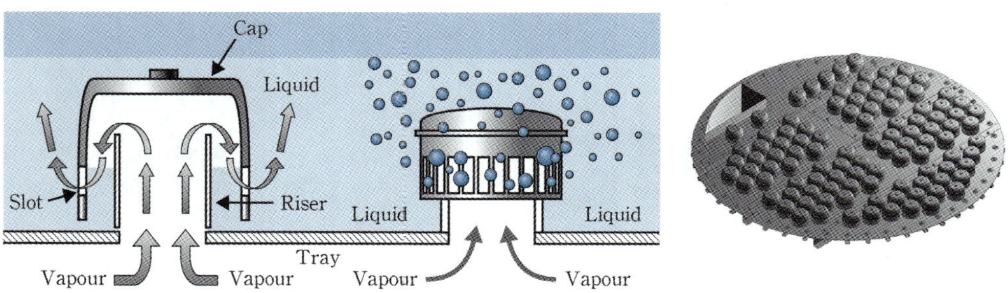


그림 18-15 Bubble cap tray (이미지 출처: HANBIT SOLTECH, hstco.kr)

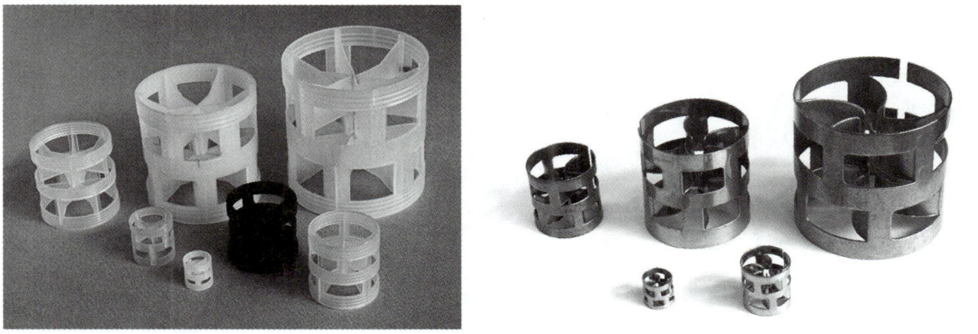

그림 18-16 Packing materials (이미지 출처: HANBIT SOLTECH, hstco.kr)

18-13(오른쪽)>의 가운데 직사각형 부분은 볼트 / 너트로 분리될 수 있어서 석유화학공장이 정기 검사(inspection)를 위해 shut-down되었을 때, inspector들이 지나다닐 수 있는 통로가 된다. 손전등을 들고 그 공간을 드나들면서 각 단의 부식 상태를 파악하고, valve tray에서 valve들이 얼마나 망실되었는지 등을 꼼꼼히 조사한 후 보고하면 공무 부서 직원들이 필요한 조치를 취한다.

## 요약

- 기액 평형의 가장 중요한 적용으로 다단증류(multi-stage distillation)를 다루어 보았다. 다단증류는 flash separator를 연결해 놓은 것으로 생각하면 좋다. 위에서 내려온 액상 혼합물과 아래에서 올라온 기상 혼합물을 인입 흐름으로 해당 단에서 평형을 이루는 새로운 기상 혼합물과 액상 혼합물로 분리된다. 배출되는 평형 조성과 단의 온도는 물질 수지와 에너지 수지로부터 구한다.
- McCabe-Thiele 작도법을 살펴보았다. 이 작도법을 적용하기 위해 알아야 하는 중요한 가정은 equimolal flow(또는 constant molal overflow)로 다단증류의 기체 혼합물과 액체 혼합물 흐름의 양이 단을 거치면서 크게 변하지 않는다는 것이다. 따라서 각 단에서의 에너지 수지를 고려하지 않을 수 있다.
- 물질 수지로부터 증류탑의 위쪽(rectifying section)과 아래쪽(stripping section)의 조작선을 각각 식 (18-4), 식 (18-5)와 같이 얻었고, 각각 $(x_D, x_D)$, $(x_B, x_B)$ 점을 지난다. 한편 feed의 엔탈피(또는 상태)에 따라 식 (18-10)의 물질 수지를 얻고 이 $q$-line은 $(x_F, x_F)$ 점을 지난다. 이제 계단식 작도를 이용하여 이론단수를 구한다.

$$y_{n+1} = \frac{R_D}{R_D+1}x_n + \frac{x_D}{R_D+1} \tag{18-4}$$

$$y_{m+1} = \frac{L_m}{V_{m+1}}x_m - \frac{Bx_B}{V_{m+1}} = \frac{L_S}{V_S}x_m - \frac{Bx_B}{V_S} \tag{18-5}$$

$$y = -\frac{q}{1-q}x + \frac{x_F}{1-q} \tag{18-10}$$

- 설계의 reference가 될 수 있는 두 가지 개념을 정의할 수 있다. 먼저 total reflux($F = D = B = 0$)를 가정하면 식 (18-4)와 (18-5)가 $y = x$ 식이 되며 이때 작도법으로 구한 단수가 최소단수이다. 한편 식 (18-4)와 식 (18-10), 그리고 equilibrium curve가 만나는 점을 pinch point라고 하는데, 이때의 $R_D$를 최소환류비(minimum reflux ratio)라고 부른다. 증류탑 설계 시 경험적으로 $R_D$는 최소환류비의 1.1~1.5배, 이론단수는 최소단수의 ~2 배로 결정된다.
- $R_D$가 증가하면 증류탑 상부로 배출되는 distillate의 순도가 증가하지만 reboiler에서 처리해 주어야 하는 양이 증가하여 thermal budget가 증가한다.
- 실제 단수는 이론단수에 단 효율을 나누어 주어야 한다. 단 효율에 가장 크게 영향을 미치는 요인은 충분한 기액 접촉과 안정된 흐름의 유지이기 때문에 bubble cap tray나 valve tray를 도입하여 단 효율을 높여준다.

### 중요 개념 키워드

- 다단증류
- Kettle-type condenser, thermosiphon reboiler
- McCabe-Thiele 작도법
- Rectifying section, stripping section
- CMO, constant molal overflow
- Total reflux
- 최소단수, 최소환류비
- Pinch point
- 단 효율
- Sieve tray, bubble cap tray, valve tray
- Packing tower

19장

# 기액 평형의 마지막 단추, activity 계수 모델

1. 개념의 복습
2. Regular solution 모델과 상평형도의 해석
3. 여러 가지 activity 계수 모델

## 1 개념의 복습

17장과 18장을 통해 기액 평형을 실제 계산이나 공정에 적용하는 중요한 예들을 다루었다. 열역학2 범위에는 fugacity, partial property, residual property, excess property와 같은 새로운 개념들이 다수 도입되면서 그와 관련된 식들도 많이 등장하여 어렵다고 느낄 수 있을 것이다. 그래서 16장 뒤에 기액 평형의 적용을 다룬 17장과 18장을 배치하여 상평형의 중요성을 환기하였다. 그럼 간단하게 혼합물에 대해 지금까지 어떤 접근이 있었는지를 정리해 보자.

i) 평형에 대해 성립하는 $dG = 0$는 $\mu_1^\alpha = \mu_1^\beta = \mu_1^\gamma = \cdots$ 로 확장되었고 이를 화학적 평형 조건이라 한다.

ii) 궁극적으로는 Gibbs 에너지와 연관되지만 일종의 압력 개념으로 보다 직관적인 해석에 유용한 fugacity를 도입하였다. 단일 성분 기액 평형을 떠올려 보면 $P = P_i^{sat}(T)$에서 기상이 액상으로 응축되려는 구동력(driving force)과 액상이 기상으로 증발하려는 구동력이 서로 평형을 이룬다는 관점을 혼합물(mixture)로 확장하면 $\hat{f}_1^\alpha = \hat{f}_1^\beta = \hat{f}_1^\gamma = \cdots$이 성립된다.

iii) Fugacity는 단일 성분이나 혼합물이나 모두 정의가 가능하다. 단일 성분의 경우 실제 기체의 유효한 압력이라고 생각하면 좋다. 실제 기체의 Gibbs 에너지와 이상 기체의 Gibbs 에너지 차이를 편의상 residual Gibbs 에너지라 부르고 이는 fugacity 계수인 $\phi_i$와 식 (19-1)과 같이 연결된다.

$$G_i - G_i^{ig} = G_i^R = RTln\frac{f_i}{P} = RTln\,\phi_i \tag{19-1}$$

iv) 순수 성분 액체의 fugacity는 식 (16-13)과 같고 ~ $P_i^{sat}$로 근사할 수 있다. 한편 실제 기체가 압력이 매우 높지 않은 조건에서는 이상 기체의 거동을 보이므로 $\phi_i = 1$이다. 따라서 기액 평형일 때 식 (19-2)와 같이 우리가 알고 있는 $P = P_i^{sat}$로 수렴된다.

$$P_i^{sat} \cong f_i^L = f_i^V = P\phi_i \cong P \tag{19-2}$$

v) 이제 혼합물의 기액 평형을 다루기 위해 혼합물 내 성분의 fugacity를 정의한다. 먼저 기상 혼합물의 경우 식 (19-1)의 순수 성분에서처럼 reference인 이상 기체 혼합물에서 얼마나 벗어나 있는지를 정의하므로 fugacity의 reference는 해당 성분의 부분 압력이 된다. 순수 성분에서처럼 residual Gibbs 에너지도 정의되고, 혼합물이므로 partial property의 개념도 같이 도입된다. 다시 말해 실제 기체 혼합물에서는 성분들끼리 상호작용이 있기 때문에 혼합물 전체의 Gibbs 에너지에 미치는 한 성분의 기여도가 해당 성분의 순수한 상태에서의 Gibbs 에너지에 그 성분의 양(또는 조성)이 곱해진 형태로 나타나지 않는다. 이렇게 주어진 조성에 대해 한 성분이 혼합물 내에서 행사하는 effective한 열역학 성질을 partial property라 부르며 partial molar Gibbs 에너지를 특별히 chemical potential이라고 한다.

$$\overline{G}_i^V - \overline{G}_i^{ig}\left(= \mu_i^V - \mu_i^{ig}\right) = \overline{G}_i^R = RTln\frac{\hat{f}_i^V}{y_iP} = RTln\hat{\phi}_i^V \qquad (19\text{-}3)$$

vi) 한편 식 (19-4)와 같이 이상 기체 혼합물은 Gibbs 에너지가 감소하는 방향인 자발적인 혼합(miscible)이 이루어진다. 이는 실제 기체 혼합물에 대해서도 마찬가지이고 경험 법칙에 의하면 혼합했을 때 자발적으로 분리되는 기체 혼합물을 본 적은 없다. 즉 실제 기체 혼합물도 이상 기체 혼합물에서 매우 크게 벗어나는 경우가 없다고 보면 기상 혼합물 내 어떤 성분의 fugacity는 식 (19-3)에서 $\hat{\phi}_i^V = 1$이므로 $\hat{f}_i^V \cong y_iP$로 근사된다.

$$\triangle G_{mix}^{ig} = G^{ig} - \sum_i y_iG_i^{ig} = RT\sum_i y_i ln y_i < 0 \qquad (19\text{-}4)$$

vii) v)와 vi)의 접근방법을 액상 혼합물에 대해서도 동일하게 적용해 본다. 그러기 위해서는 실제 기체 혼합물에 대해 이상 기체 혼합물을 reference로 했던 것처럼 어떤 reference가 필요한데, 이를 이상 용액이라고 부르고 이상 기체 혼합물처럼 상호작용이 없는 가상의 용액으로 취급한다. 따라서 식 (19-5)와 같이 이상 용액에서도 자발적 혼합이 이루어진다.

$$\triangle G_{mix}^{id} = G^{id} - \sum_i x_iG_i = RT\sum_i x_i ln x_i < 0 \qquad (19\text{-}5)$$

viii) 한편 기상 혼합물의 경우 한 성분의 fugacity에 대해 $y_iP$라는 reference가 있었는데, 액상 혼합물의 경우는 $x_if_i$라는 reference가 성립한다(Lewis/Randall rule). 이상 용액의 경우 어느 한 성분의 fugacity는 그 성분의 순수한 액체 상태의 fugacity에 그 성분의 조성을 곱해준 형태로 나타난다. 따라서 식 (19-3)과 비슷한 식 (19-6)을 쓸 수 있고, 기상 혼합물과 구분하기 위해 excess Gibbs 에너지와 activity 계수, $\gamma_i$를 도입한다. 이상 용액이라면 $\gamma_i = 1$이므로 $\hat{f}_i^L \cong x_if_i \cong x_iP_i^{sat}$로 근사된다.

$$\overline{G}_i^L - \overline{G}_i^{id}\left(= \mu_i^L - \mu_i^{id}\right) = \overline{G}_i^E = RTln\frac{\hat{f}_i^L}{x_if_i} = RTln\,\gamma_i \tag{19-6}$$

ix) 이상 기체 혼합물과 이상 용액의 기액 평형은 식 (19-7)과 같은 Raoult 법칙으로 표현한다. 한편 액상 혼합물의 경우 물과 기름이라는 상분리가 일어나는 명확한 예를 알고 있다. 그래서 성분끼리의 상호작용을 고려하지 않을 수 없으므로 실제로는 식 (19-8)과 같은 수정된 Raoult 법칙이 주로 사용된다. 이미 17장에서 공비점과 같은 비이상성을 설명하기 위해 식 (19-8)을 사용했다.

$$y_iP \cong \hat{f}_i^V = \hat{f}_i^L \cong x_iP_i^{sat} \tag{19-7}$$

$$y_iP \cong \hat{f}_i^V = \hat{f}_i^L = \gamma_ix_if_i \cong \gamma_ix_iP_i^{sat} \tag{19-8}$$

이제 식 (19-8)에서 모르는 것은 activity 계수뿐이다. 그리고 이 activity 계수를 통해 물과 기름처럼 액상에서 극단적으로 섞이지 않는 혼합물도 설명해야 한다. 이를 구하는 다양한 모델에 대해 살펴보자. 우리가 AspenPlus나 Hysys와 같은 공정 시뮬레이션 소프트웨어를 사용할 때 성분을 설정하고 나면 기액 평형을 다루는 경우 기상과 액상에 적용할 모델을 각각 설정하라는 scroll-down 메뉴를 만나게 된다. 기상에 대해서는 이전에 다루었던 상태 방정식(EOS)을 정하면 되는데, 잘 모르겠으면 가장 정확한 것으로 알려진 P-R EOS로 해주면 된다. 물론 해당 혼합물을 잘 설명하는 EOS가 따로 있을 수 있으므로 문헌 조사를 통해 확인해 보는 것을 추천한다. 그다음으로는 액상에 대해서 activity 계수 모델을 설정해 주어야 한다. 계산이야 소프트웨어가 해주겠지만 각 모델의 특징이나 장단점은 엔지니어가 잘 알고 있어야 할 것이다.

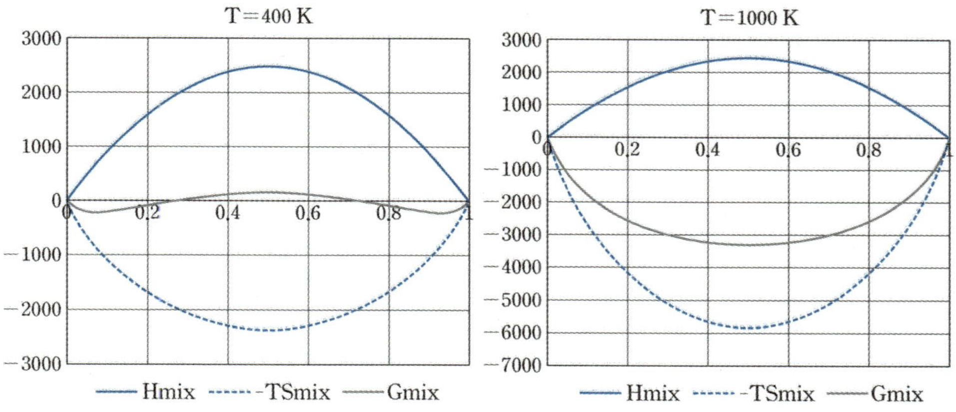


그림 19-1 $\Delta G_{mix}$의 온도에 따른 영향

## 2 Regular solution 모델과 상평형도의 해석

이미 다루었던 regular solution 모델을 생각해 보자. <그림 19-1>(또는 <그림 16-2>)과 같이 regular solution 모델은 몰분율에 대해 좌우가 데칼코마니처럼 대칭되는 형태를 갖는다. $\Delta G_{mix} = \Delta H_{mix} - T\Delta S_{mix}$의 관계식에서 $\Delta S_{mix} > 0$이므로 온도가 올라갈수록 $\Delta G_{mix} < 0$인 자발적 혼합(spontaneous mixing)이 이루어진다. 온도가 낮으면 몰분율의 전 범위에서 $\Delta G_{mix} > 0$이 되어 완전히 섞이지 않는(immiscible) 상태가 되지만 어중간한 온도에서는 <그림 19-1>의 왼쪽과 같이 양쪽에 극소점을 생기는 재미있는 형태의 그래프가 된다.

그렇다면 <그림 19-2>와 같은 형태는 어떨까? <그림 19-1>의 왼쪽과 다르게 보이지만 꺾이는 부분이 두 군데 나타났다는 점은 동일하다. 대부분의 혼합물은 <그림 19-2>와 같이 대칭되지 않는 $\Delta G_{mix}$의 측정값(또는 데이터)을 갖지만 그렇다고 <그림 19-1>이 완전히 이론적인 것은 아니다. 실제 측정된 $\Delta G_{mix}$가 <그림 19-1>과 같은 형태를 가질 수도 있다. 이때 우리는 해당 혼합물이 regular solution 모델을 따른다고 얘기하고 $\Delta H_{mix} = a_0 x_1 x_2 = a_0 x_1(1-x_1)$에서 $a_0$라고 하는 하나의 상수만으로 해당 혼합물을 해석할 수 있다. 즉, regular solution 모델을 따르는 혼합물과 $a_0$를 정리(list-up)한 테이블을 데이터베이스로 가지고 있으면, 실험 결과를 일일이 책으로 묶어서 다닐 필요 없이 동일한 결과

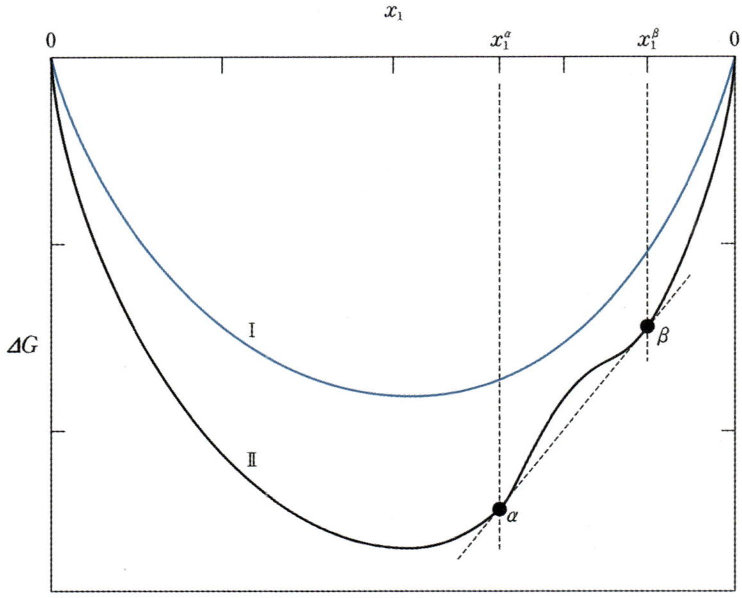


그림 19-2 $\Delta G_{mix}$와 phase stability

를 언제든지 컴퓨터로 reproduce할 수 있다는 말이다. 계속 반복했듯이 이것이 우리가 모델을 만드는 가장 기본적인 이유이다. <그림 19-2>로 돌아가 보면 그래프I은 전 범위에서 $\Delta G_{mix} < 0$이므로 자발적 혼합에 해당한다. 그래프II의 경우도 그래프가 두 군데 꺾이는 부분을 제외하고는 전 범위에서 $\Delta G_{mix} < 0$이다. 그럼 차이가 없는 걸까? 결론부터 얘기하면 $x_1^\alpha(x_2^\alpha = 1 - x_1^\alpha)$의 조성을 갖는 $\alpha$상과 $x_1^\beta(x_2^\beta = 1 - x_1^\beta)$의 조성을 갖는 $\beta$상으로 상분리가 발생한다. 물과 기름으로 비유한다면 물 상에 기름이 어느 정도 녹아 들어 있고 기름 상에 물이 어느 정도 녹아 들어 있는 상태로 서로 명확한 상 경계면(phase boundary)을 가진 두 영역으로 분리되거나 에멀션(emulsion) 형태를 상상해 보면 된다.

가장 간단하게 설명해 보면 <그림 19-2>에서 $x_1^\alpha$와 $x_1^\beta$점을 연결한 선은 $\alpha$상과 $\beta$상이 이상적으로 혼합된다고 보았을 때 그릴 수 있는 $\Delta G_{mix}$ 값이고, $x_1^\alpha$와 $x_1^\beta$의 범위에서 측정된 $\Delta G_{mix}$는 섞이는 것을 전제로 한 직선의 $\Delta G_{mix}$보다 에너지가 높으므로 α 상과 β 상이 섞이지 않는다고 해석하게 된다. 다시 말해 그래프상의 어떤 두 점을 선택한 후 직선을 그리고(common tangent construction) $\Delta G_{mix}$ 곡선이 그 직선의 아래로 볼록(convex)해야만 그 구간은 혼합되는(miscible) 편이 더 안정하다는 의미이다. 그 수학적 해석에 대한 Smith의 서술에 따르면 다음과 같다. 아래로 볼록이면 두 번 미분한 값이 (+)

의 부호를 갖고 위로 볼록(concave)이면 두 번 미분한 값이 (−) 부호를 가졌던 것을 기억하자.

At fixed temperature and pressure, a single-phase binary mixture is stable if and only if $\Delta G_{mix}$ and its first and second derivatives are continuous functions of $x_1$ and the second derivative is positive.[1)]

이제 식 (19-9)가 성립하고 식 (16-45)를 변형하여 식 (19-10)으로 정리한 후 식 (19-9)를 적용하면 식 (19-11)의 stability criteria를 얻을 수 있다. 16장에서도 잠시 언급했지만 excess Gibbs 에너지, $G^E$와 Gibbs energy change of mixing, $\Delta G_{mix}$를 헷갈리는 경우가 많은데, 그 차이를 명확히 인지하기 바란다.

$$\frac{d^2 \Delta G_{mix}}{dx_1^2} > 0 \text{ 또는 } \frac{d^2(\Delta G_{mix}/RT)}{dx_1^2} > 0 \tag{19-9}$$

$$G^E = \Delta G_{mix} - RT(x_1 ln x_1 + x_2 ln x_2)$$

$$\frac{\Delta G_{mix}}{RT} = x_1 ln x_1 + x_2 ln x_2 + \frac{G^E}{RT} \tag{19-10}$$

$$\frac{d(\Delta G_{mix}/RT)}{dx_1} = ln x_1 - ln x_2 + \frac{d(G^E/RT)}{dx_1}$$

$$\frac{d^2(\Delta G_{mix}/RT)}{dx_1^2} = \frac{1}{x_1 x_2} + \frac{d^2(G^E/RT)}{dx_1^2}$$

$$\frac{d^2(G^E/RT)}{dx_1^2} > -\frac{1}{x_1 x_2} \tag{19-11}$$

이 해석방법으로 <그림 19-1>을 다시 한번 살펴보자. $\Delta G_{mix}$값의 부호보다는 식 (19-11)의 phase stability를 만족하는 조건을 찾아보는 것이 맞다. <그림 19-3>은 같은 regular solution 모델을 적용하여 온도에 따라 immiscible 조성이 어떻게 변화하는지를 더 잘 관찰할 수 있게 다시 그려본 것이다. 직선을 기준으로 위로 볼록한 부분은 불안정한 (immiscible) 상태를 의미한다. 따라서 온도가 증가할수록 $x_1^\alpha$가 0으로부터 0.5까지(또는

1) J. M. Smith et al., *Introduction to Chemical Engineering Thermodynamics*, McGraw Hill(2017).

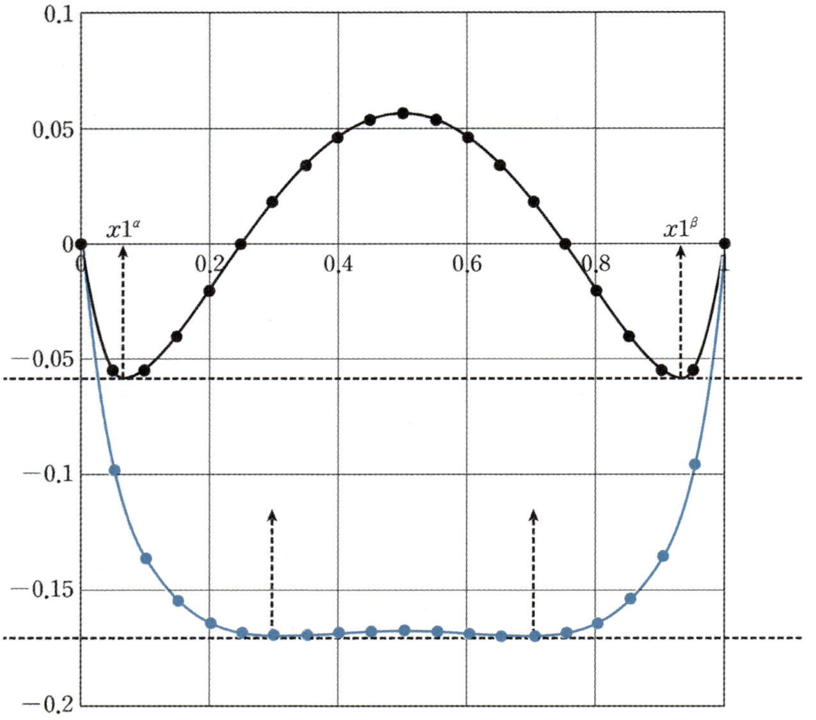


그림 19-3 온도에 따른 immiscible 조성의 변화

$x_1^{\beta}$가 1으로부터 0.5까지) 이동할 것이라는 걸 확인할 수 있다.

이를 상평형도(phase diagram)로 옮기면 <그림 19-4>의 전형적인 형태의 *Txy* diagram을 얻을 수 있다. <그림 17-2>에서와 같이 Raoult 법칙으로 해석될 수 있는 서로 잘 섞이는 혼합물은 기액 평형 영역을 제외한 액상과 기상 영역에서 자유도는 3으로 어떠한 조성의 혼합물도 존재가 가능함을 보여 주었다. 반면 <그림 19-4>와 같이 서로 섞이지 않는 혼합물의 경우는 예를 들어 검은 점으로 표시된 조성으로 두 성분을 혼합하면 주어진 온도(수평 점선)에서 $x_1^{\alpha}$~0.2, $x_1^{\beta}$~0.875(수직 점선)의 조성을 가진 두 개의 액체상으로 분리된다. 자유도 $F = 2 - 2 + 2 = 2$로 압력이 주어진 *Txy* diagram이므로 온도가 결정되면 조성이 결정되는 것이다. 물론 vapor와 $\alpha$ 액체상과 $\beta$ 액체상의 영역에서는 자유도가 3으로 온도와 조성이 독립적(independent)이다. 온도가 낮을수록 $x_1^{\alpha}$는 0으로, $x_1^{\beta}$는 1로 이동하며 이는 거의 순수한 두 개의 물질로 상분리가 일어남을 의미한다. 따라서 <그림 19-4>의 하단은 <그림 19-3>의 해석이 그대로 적용된 것으로 보인다. 사실 <그림 19-4>의 상평형도는 <그림 19-5>처럼 이미 다루었던 최소 공비점을 가지는 *Txy* diagram과 <그림 19-3>의 해석을 바탕으로 온도에 따른 immiscible 조성의 변화를 표현한 위로 볼록한 형태의 *Txy* diagram이 합쳐진 형태이다. <그림 19-5>의 왼쪽 그림에서 전체 압력이 낮아지면 성분들의 끓는점이 낮아지므로 두 *Txy* diagram이 합쳐지면서 <그림 19-4>(또는 <그림 19-5>의 오른쪽)처럼 될 것이다. 어쨌든 엔지니어는 실험적인 결과물인 상평형도를 잘 해석할 수 있어야 하므로 각종 문헌에 나와 있는 다양한 상평형도를 스스로 찾아보며 연습하자. <그

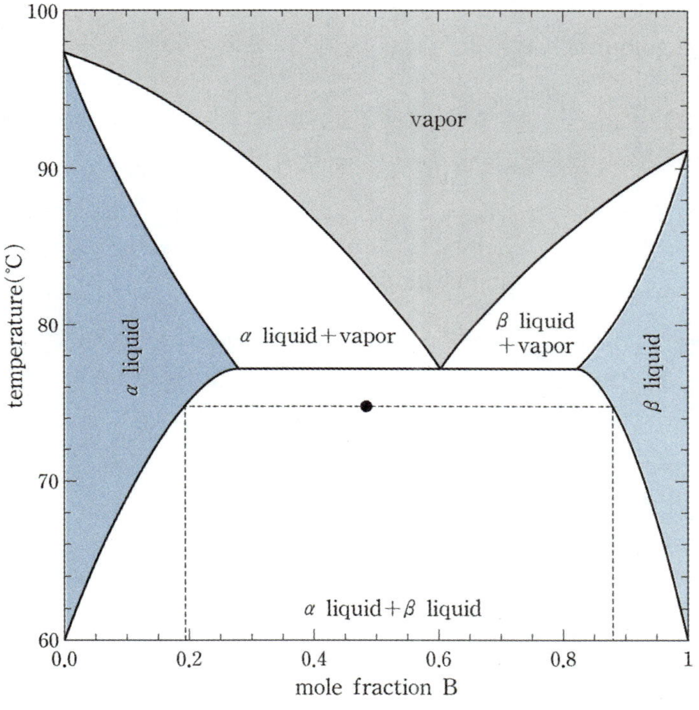


그림 19-4 Immiscible한 혼합물의 *Txy* diagram(VLLE)

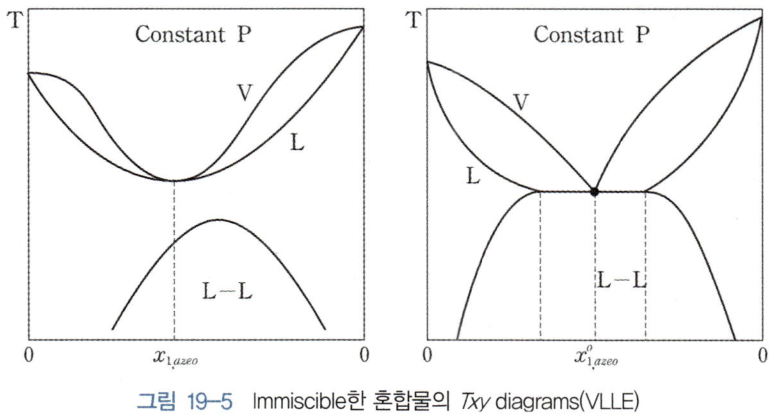


그림 19-5 Immiscible한 혼합물의 *Txy* diagrams(VLLE)

림 19-4>를 굳이 명명하자면 VLLE(vapor liquid liquid equilibrium)가 되고 그 중 액액 평형(liquid liquid equilibrium, LLE)을 마지막 장에서 다룰 것이다.

**여기서 잠깐**

식 (19-9)의 stability criteria와 〈그림 19-2〉와 같이 극소점을 두 개 가지는 Gibbs 에너지의 그래프 형태를 본 기억이 있을 것이다. 앞으로 돌아가 〈그림 14-5〉에서 van der Waals 식을 이용한 기액 평형 설명을 다시 찾아보라. 〈그림 14-5〉에서는 순수한 물질이었기에 기상과 액상이 같은 Gibbs 에너지를 갖도록($G^l = G^v$) 그려졌지만 혼합물에서는 〈그림 19-2〉와 같이 chemical potential(또는 기울기)이 같도록($\mu_i^\alpha = \mu_i^\beta$) 그려졌을 뿐이다. 그래프의 형태가 같으므로 알아보기 편한 〈그림 19-3〉으로 설명을 이어간다. 화살표로 표시된 평형 조성 안쪽에 보면 그래프의 모양이 아래로 볼록에서 위로 볼록으로 바뀌는 변곡점이 두 개 존재한다. 두 변곡점 사이의 위로 볼록한 영역은 수학적으로 unstable이다. 그러나 평형 조성과 변곡점 사이는 아래로 볼록인 stable하지만 평형은 아닌 metastable 영역이 된다. 〈그림 19-3〉을 온도에 따라서 연속적으로 그래프를 그리면 위 정의에 따라 van der Waals 식에서와 마찬가지로 spinodal curve와 binodal curve를 그릴 수 있다. 〈그림 19-5〉의 왼쪽 L-L 곡선이 바로 binodal curve를 그린 것이다. 본 교재에서는 섞이지 않는 액상 혼합물에 대해 논리를 전개하고 있지만 이 같은 설명을 반드시 액상 혼합물에 한정할 필요는 없다. 성분1을 용매로, 성분2는 용매에 녹아 있는 용질로 볼 수도 있다. 그 경우는 〈그림 14-3〉의 설명과도 연결된다. 한편 〈그림 19-3〉에서 높은 온도에서 잘 혼합되어 있던 $x_1 = x_2 = 0.5$인 액상 혼합물을 급속 냉각(quenching)시키면 stable에서 바로 unstable 상태로 들어가게 할 수 있으며, 일반적인 결정화와는 다른 spinodal decomposition이라는 흥미로운 현상이 일어난다.

한편 〈그림 19-5〉와 같은 상평형도 역시 〈그림 17-7〉과 같이, 열역학 소프트웨어가 Gibbs 에너지 그래프로부터 추출한다. 이에 대해 간단하게 〈그림 19-6〉과 〈그림 19-7〉에 소개한다. 〈그림 17-7〉에서 이미 다루어 보았으므로 그림만으로도 충분히 이해될 것이다. 반복하지만 엔지니어는 상평형도를 잘 해석하면 그만이다. 하지만 열역학 소프트웨어가 상평형도를 그릴 때 적절한 activity 계수 모델을 설정해 주는 것은 엔지니어의 몫이다.

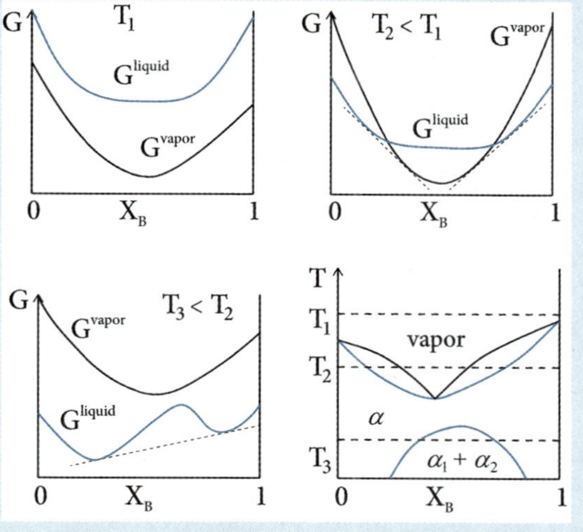


그림 19-6 *Txy* diagram과 Gibbs 에너지의 관계(I)

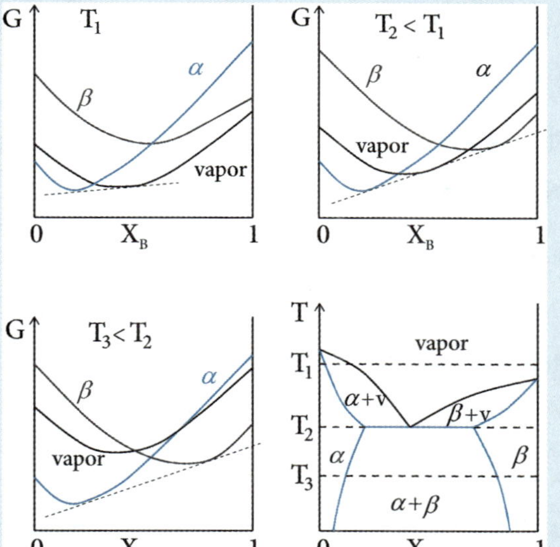


그림 19-7 *Txy* diagram과 Gibbs 에너지의 관계(II)

한편 <그림 19-8>은 ZrC의 상평형도이다. <그림 19-4>의 기상(vapor)이 액상(liquid)으로, 액체상들이 다양한 고체상들로 바뀐 것처럼 보인다. 해석은 비슷하며 <그림 19-4>의 공비점처럼 <그림 19-8>에도 비슷한 개념의 공융점(eutectic point)이 존재한다. 교재의 초반에 물리적 성질이 대상으로 하는 전체 질량(mass)에 대해서 균일(homogeneous)

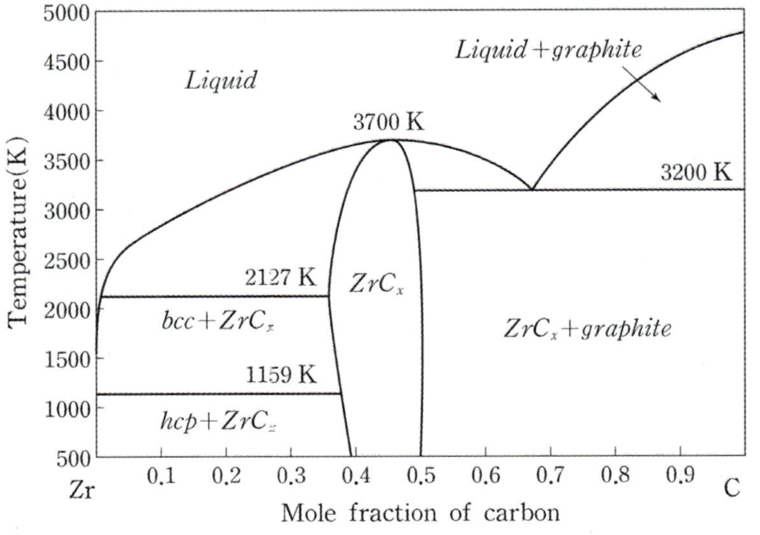


그림 19-8 ZrC의 상평형도

하면 하나의 상이라 부르며, 고체의 경우는 원소들이 쌓여가는(stacking) 방법에 따라 단일 성분조차도 여러 상이 존재할 수 있다고 했다. 철(iron)의 BCC와 FCC 구조가 대표적이다. <그림 19-8>의 상평형도를 통해 Zr도 HCP(hexagonal closed-packed)와 BCC 구조를 가짐을 알 수 있다. 예를 들어 1500 K에서 Zr의 조성이 0.8이고 C의 조성이 0.2이라면 BCC 구조를 가지는 Zr이 고체 전반을 이루고 $ZrC_x$ 결정립(crystallite 또는 grain)들이 군데군데 박혀있는 형태일 것이다. 반면 같은 온도에서 Zr의 조성이 0.2이고 C의 조성이 0.8이라면 흑연(graphite) 내에 $ZrC_x$ 결정립들이 존재하는 고체일 것이다.

## 3 여러 가지 activity 계수 모델

앞에서 상평형도의 해석이라는 열역학의 중요한 적용 예를 다루었다. 지금부터는 다소 수학적인 내용들이 도입되지만 수학보다는 activity 계수 모델이 왜 그러한 모양을 갖추게 되었는지를 이해하는 게 중요하다. 예를 들어, <그림 19-9>와 같이 측정된 데이터가 있다. 여기서 각 데이터는 다음의 각 혼합물 계에 대한 것이다; a) chloroform(1)/n-heptane(2), b) acetone(1)/methanol(2), c) acetone(1)/ chloroform(2), d) ethanol(1)/n-heptane(2), e)

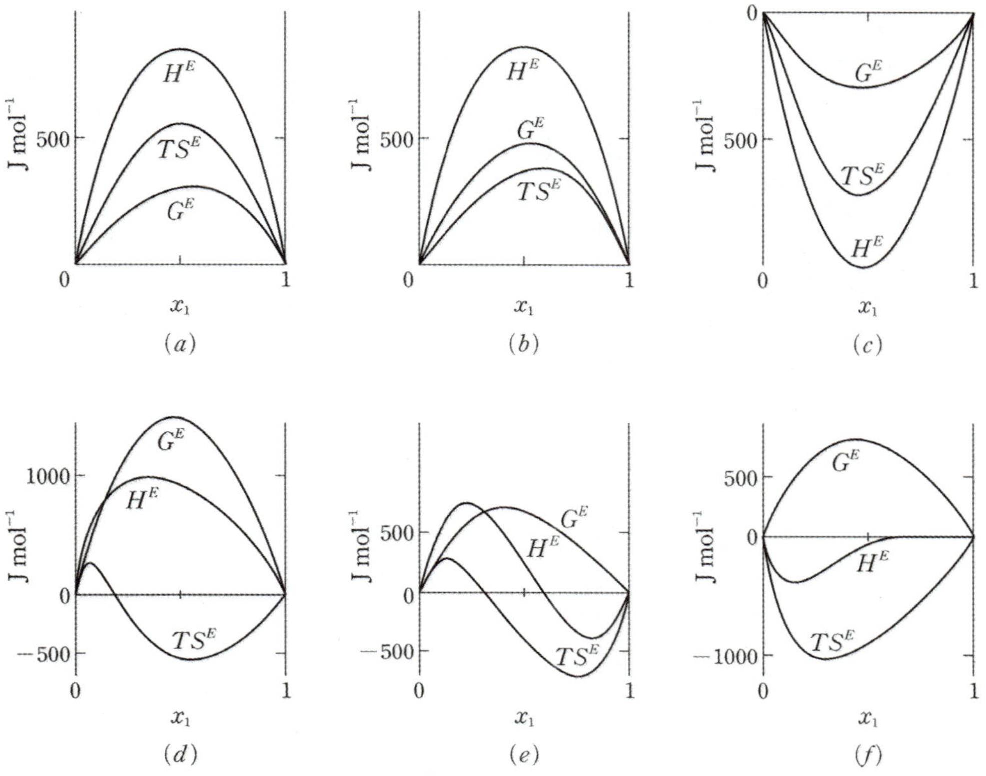


그림 19-9 다양한 혼합물의 excess Gibbs 에너지

ethanol(1)/chloroform(2), f) ethanol(1)/ water(2).

앞서 <그림 15-1>에서 실험 데이터로부터 partial property를 구하는 작도법(graphical interpretation)에 대해서 배웠다. 그리고 식 (19-6)과 같이 activity 계수는 partial excess molar Gibbs 에너지와 $\overline{G}_i^E = RTln\gamma_i$의 관계를 가진다. 한편 partial property의 정의에 따라 $G^E = x_1\overline{G}_1^E + x_2\overline{G}_2^E = RT(x_1 ln\gamma_1 + x_2 ln\gamma_2)$이다. 필요하다면 16장의 응용문제 1과 2를 다시 복습하기 바란다. 어쨌든 <그림 15-1>의 작도법을 이용하면 <그림 19-9>의 $G^E$ 데이터로부터 $ln\gamma_i$를 구할 수 있다. 그렇게 구해진 $ln\gamma_i$를 <그림 19-10>에 나타내었다. 필요하다면 <그림 15-1>의 작도법을 직접 수행해 보기 바란다. 단, $G^E / RT$로 그래프를 먼저 새로 그려야 한다.

Virial 식과 Antoine 식에서 그랬듯이 측정된 $G^E$ 데이터를 regression을 통해 어떤 함수로 나타내고 <그림 15-1>의 작도법을 수식으로 표현한 식 (15-8)~(15-10)을 이용하면 activity 계수를 쉽게 계산할 수 있다. 따라서 activity 계수 모델은 $G^E$ 데이터를 어떻게

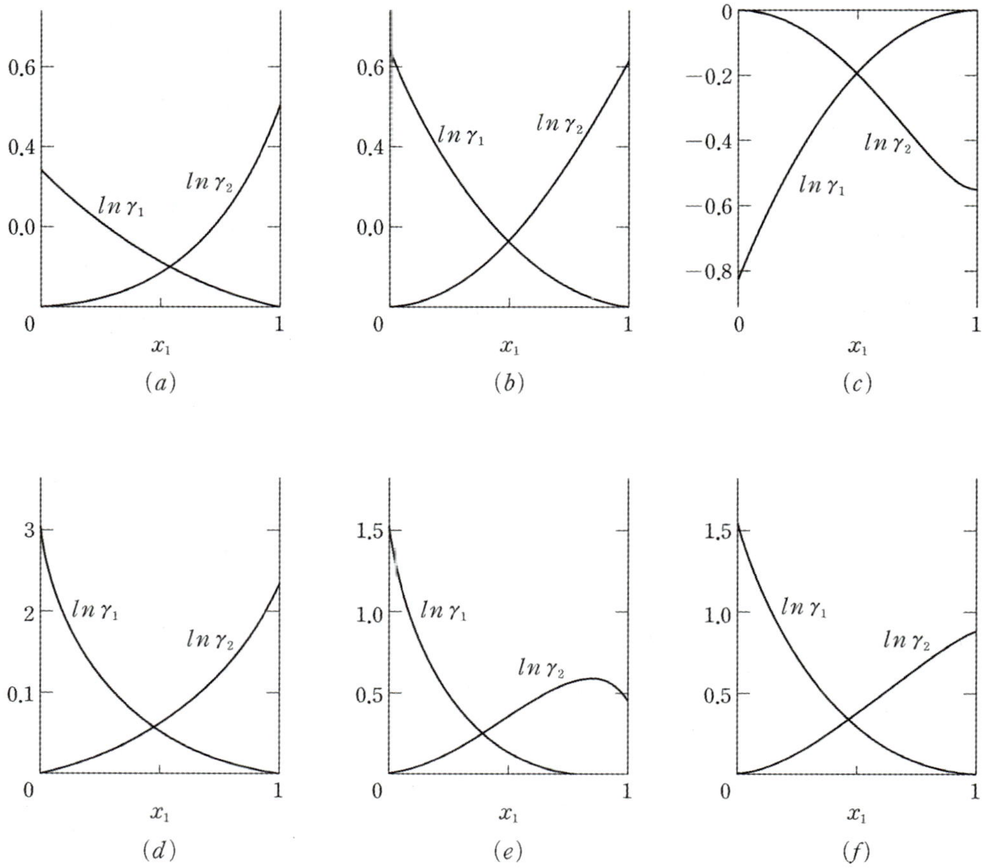


그림 19–10 다양한 혼합물의 activity 계수

regression하느냐에 따라 달라질 것이다. 그런데 <그림 19-11>처럼 $G^E$가 아닌 $\dfrac{G^E}{x_1x_2RT}$의 형태로 데이터를 변환하면 재미있는 해석이 가능해진다. 이론적으로 $\dfrac{G^E}{x_1x_2RT}$ 그래프의 양끝 단은 성분1이 dilute할 때 및 성분2가 dilute할 때와 연결되며 $\dfrac{G^E}{RT}$와 다르게 regression 하기 좋도록 데이터들이 직선의 형태를 띠게 된다. <그림 15-1>의 partial property에 대한 작도법을 복습하기 바라고, 우선 식 (19-12)가 성립함을 알 수 있다. $x_1 \rightarrow 0$이므로 $x_2 \rightarrow 1$이고 로피탈(l'Hópital)의 정리가 적용된다.

$$\lim_{x_1\rightarrow 0}\frac{G^E}{x_1x_2RT}=\lim_{x_1\rightarrow 0}\frac{G^E/RT}{x_1}=\lim_{x_1\rightarrow 0}\frac{d(G^E/RT)}{dx_1} \qquad (19\text{-}12)$$

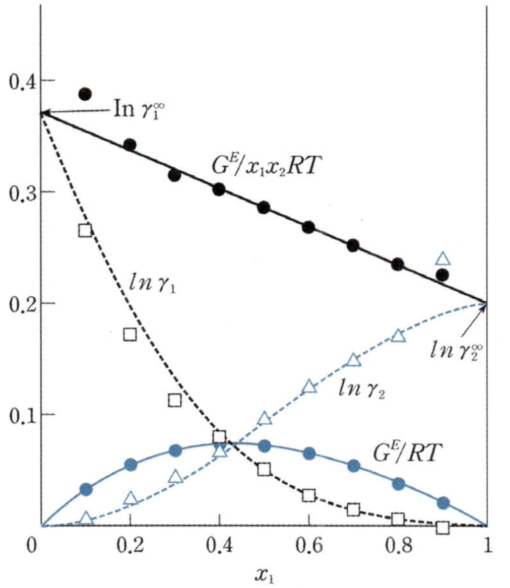


그림 19-11 MEK(1)/toluene(2) 혼합물의 $G^E$ (또는 $\ln\gamma_i$)

한편 식 (19-6)에 식 (15-10)의 partial property에 관한 Gibbs/Duhem equation을 적용하면 식 (19-13)이 성립한다. 식 (19-6)은 이성분계에 대해 식 (19-14)와 같이 풀어 쓸 수 있고 이를 $x_1$에 대해 미분하면 식 (19-15)를 얻는다. 식 (19-13)을 식 (19-15)에 대입하면 식 (19-16)이 되고, $x_1 \to 0$의 극한에 대한 이 값과 식 (19-12)를 연결하면 식 (19-17)과 같은 $\dfrac{G^E}{x_1x_2RT}$ 그래프의 양끝 단에 관한 관계를 유도할 수 있다.

$$x_1\frac{d\,ln\,\gamma_1}{dx_1}+x_2\frac{d\,ln\,\gamma_2}{dx_2}=0 \tag{19-13}$$

$$\frac{G^E}{RT}=x_1\,ln\,\gamma_1+x_2\,ln\,\gamma_2 \tag{19-14}$$

$$\begin{aligned}\frac{d(G^E/RT)}{dx_1}&=x_1\frac{d\,ln\,\gamma_1}{dx_1}+ln\gamma_1+x_2\frac{d\,ln\,\gamma_2}{dx_2}-ln\gamma_2\\&=x_1\frac{d\,ln\,\gamma_1}{dx_1}+x_2\frac{d\,ln\,\gamma_2}{dx_2}+ln\frac{\gamma_1}{\gamma_2}\end{aligned} \tag{19-15}$$

$$\lim_{x_1\to 0}\frac{d(G^E/RT)}{dx_1}=\lim_{x_1\to 0}\frac{\gamma_1}{\gamma_2}=ln\,\gamma_1^\infty \tag{19-16}$$

$$\lim_{x_1 \to 0} \frac{G^E}{x_1 x_2 RT} = ln\gamma_1^{\infty} \tag{19-17}$$

수식은 다소 복잡하긴 하지만, $G^E$나 $\frac{G^E}{RT}$보다 $\frac{G^E}{x_1 x_2 RT}$ 데이터에 대해 regression을 시도하는 것이 더 유리하다는 정도로 이해하면 된다. 또는 이때는 컴퓨터가 없었기 때문에 어떻게 해서든 식을 단순화할 수 있는 방법을 찾으려고 노력했다고 이해해도 좋다. 한편 $\frac{G^E}{x_1 x_2 RT}$는 온도, 압력, 조성에 관한 함수이지만 액상에서 압력에 의한 영향이 크지 않다는 것을 알고 있으므로 주어진 온도에 대해서 식 (19-18)과 같이 $x_1$에 대해 급수를 전개할 수 있다. 또는 식 (19-19)처럼 $(x_1 - x_2)$에 대해 급수 전개도 가능하다. 이를 Redlich/Kister expansion이라고 부른다. 여기서 상수 $a, b, c, A_0, A_1, A_2, \cdots$는 모두 온도에 대한 함수이다.

$$\frac{G^E}{x_1 x_2 RT} = a + bx_1 + cx_1^2 + \cdots \tag{19-18}$$

$$\frac{G^E}{x_1 x_2 RT} = A_0 + A_1(x_1 - x_2) + A_2(x_1 - x_2)^2 + \cdots \tag{19-19}$$

Partial property에 대한 식 (15-8)과 (15-9)를 $G^E / RT$에 대하여 다시 쓰면 식 (19-20) 및 (19-21)과 같다. $\frac{G^E}{x_1 x_2 RT} = G$(또는 $\frac{G^E}{RT} = x_1 x_2 G$)를 식 (19-20)과 (19-21)에 대입하여 정리하면 식 (19-22)와 같이 $\frac{G^E}{x_1 x_2 RT}$ 데이터로부터 activity 계수를 구할 수 있다.

$$ln\gamma_1 = \overline{G}_1^E / RT = G^E/RT + x_2 \frac{d(G^E/RT)}{dx_1} \tag{19-20}$$

$$ln\gamma_2 = \overline{G}_2^E / RT = G^E/RT - x_1 \frac{d(G^E/RT)}{dx_1} \tag{19-21}$$

$$ln\gamma_1 = x_2^2\left(G + x_1 \frac{dG}{dx_1}\right),\ \ ln\gamma_2 = x_1^2\left(G - x_2 \frac{dG}{dx_1}\right) \tag{19-22}$$

i) 식 (19-19)에서 $A_0 = A_1 = A_2 = \cdots = 0$이면 $G^E = 0$이므로 이상 용액을 의미한다.

ii) $A_0$를 제외하고 다른 상수들이 모두 0이라면 이는 <그림 19-11>에서 $G^E$ 그래프가 완전히 대칭인 위로 볼록한 포물선을 갖고 $\frac{G^E}{x_1 x_2 RT}$ 그래프가 수평으로 그려진다는 것을 의미한다. 데칼코마니처럼 대칭인 점이 <그림 19-1>의 regular solution 모델과 궤를 같이 한다. 한편 $\frac{G^E}{x_1 x_2 RT} = A_0$를 식 (19-22)에 대입하면 17장 응용문제에서 여러 차례 이용하였던 식 (19-23)의 one-parameter Margules 식이 된다.

$$ln\gamma_1 = A_0 x_2^2, \;\; ln\gamma_2 = A_0 x_1^2 \qquad (19\text{-}23)$$

iii) 식 (19-19)에서 $A_0$와 $A_1$까지만 고려하면 $\frac{G^E}{x_1 x_2 RT} = A_0 + A_1(x_1 - x_2) = A_0 + A_1(2x_1 - 1)$이고 마찬가지로 식 (19-22)를 이용하면 식 (19-24)의 two-parameter Margules 식을 얻는다. 여기서 $A_0 + A_1 = A_{21}$, $A_0 - A_1 = A_{12}$이다. <그림 19-11>과 같이 $\frac{G^E}{x_1 x_2 RT}$ 그래프가 직선의 형태를 갖게 된다.

$$\begin{aligned} ln\gamma_1 &= x_2^2[A_{12} + 2(A_{21} - A_{12})x_1] \\ ln\gamma_2 &= x_1^2[A_{21} + 2(A_{12} - A_{21})x_2] \end{aligned} \qquad (19\text{-}24)$$

iv) 비슷한 방식으로 Van Laar 식이 있는데, 이는 $\frac{G^E}{x_1 x_2 RT}$를 급수 전개한 것이 아니라 역수인 $\frac{x_1 x_2 RT}{G^E} = A' + B'(x_1 - x_2) = A' + B'(2x_1 - 1)$를 급수 전개하여 식 (19-25)를 얻었을 뿐이다. 여기서 $A' + B' = 1/A'_{21}$, $A' - B' = 1/A'_{12}$이다.

$$ln\gamma_1 = A'_{12}\left(1 + \frac{A'_{12}x_1}{A'_{21}x_2}\right)^{-2}, \;\; ln\gamma_2 = A'_{21}\left(1 + \frac{A'_{21}x_2}{A'_{12}x_1}\right)^{-2} \qquad (19\text{-}25)$$

위의 Margules 식, Van Laar 식은 모두 실험적으로 얻어진 데이터를 어떻게 하면 잘 regression하는가에 초점이 맞추어져 있다. 그리고 식 (19-19)에서 계수들을 많이 고려하면 할수록 정확도는 높아질 것이다. 마치 Virial 식에서 Virial 계수들을 많이 고려하면 할수록 정확해지는 것과 같다. Clausius-Clapeyron 식 vs. Antoine 식, van der Waals EOS vs. Virial 식에서 언급했듯이 열역학에서 모델은 물리적 정의나 이론에 기반을 둔 식들과 실험 데이터의 regression에 기반을 둔 식들로 나뉜다고 했다. 당연히 activity 계수 모델에도 예외는 없다. 이렇게 이론이 바탕이 된 식들을 local composition 모델이라고 부르며, 분자들의 크기나 상호작용에 의해 발생하는 short-range 배열 또는 nonrandom 분자배향(orientation)들을 설명하기 위해 용액 내의 국부 조성(local composition)은 전체 혼합물의 조성과 달라진다는 개념을 바탕으로 한다.

이 카테고리에는 Wilson, NRTL(Non-Random Two-Liquid), UNIFAC(UNIQUAC Functional-group Activity Coefficients), UNIQUAC(Universal QUAsi-Chemical) 모델이 있는데, 특히 뒤의 두 가지는 열역학의 두 거장인 Sandler와 Prausnitz가 각각 만든 모델이다. UNIFAC과 UNIQUAC 모두 분자 구조를 바탕으로 한 semi-empirical 모델로, 아주 간단하게 얘기하면 분자 내에 -OH, $-CH_3$, $-NH_2$ 등 작용기의 개수를 바탕으로 해당 성분의 activity 계수를 계산해 낸다고 보면 된다(group contribution method). 따라서 UNIFAC과 UNIQUAC 모델은 열역학적 실험값(즉, $G^E$)이 보고되어 있지 않은 혼합물의 상평형이라도 각 성분의 분자 구조를 알고 있다면 예측할 수 있다. 물론 최종적으로 실험에 의해서 그 정확성이 검증되어야 하겠지만 사전 정보가 없는 경우에 시도해 보기에 좋다. 연구 현장에서는 이론의 완벽성은 UNIFAC이, 정확성은 UNIQUAC이 높은 것으로 간주하므로, AspenPlus나 Hysys같은 공정 시뮬레이션 소프트웨어에서 액상의 열역학 모델로 UNIQUAC를 선택하는 것이 안전할 것이다. 물론 반복하지만 다양한 문헌을 통해 해석하려고 하는 혼합물에 제일 잘 맞는 activity 계수 모델을 찾아보는 것이 가장 좋다. Local composition 모델의 자세한 내용은 학부 수준을 넘어서므로 건너뛴다. 식 (19-26)과 (19-27)에 Wilson 모델을, 식 (19-28)과 (19-29)에 NRTL 모델을 간단하게 정리하였다. 식 (19-26) ~ (19-29)에 등장하는 다양한 상수들은 앞선 regression 모델들의 상수들과 다르게 성분 간의 물리화학적인 상호작용이 고려된 상수들이다. 종전에는 parameter가 2개인 Wilson 모델이 많이 사용되었지만, 컴퓨터가 현저히 발전한 지금은 그런 것에 구애받지 않아도 된다.

$$ln\gamma_1 = -ln(x_1 + x_2\Lambda_{12}) + x_2\left(\frac{\Lambda_{12}}{x_1 + x_2\Lambda_{12}} - \frac{\Lambda_{21}}{x_2 + x_1\Lambda_{21}}\right) \tag{19-26}$$

$$ln\gamma_2 = -ln(x_2 + x_1\Lambda_{21}) - x_1\left(\frac{\Lambda_{12}}{x_1 + x_2\Lambda_{12}} - \frac{\Lambda_{21}}{x_2 + x_1\Lambda_{21}}\right) \tag{19-27}$$

$$ln\gamma_1 = x_2^2\left[\tau_{21}\left(\frac{G_{21}}{x_1 + x_2G_{21}}\right)^2 + \frac{G_{12}\tau_{12}}{(x_2 + x_1G_{12})^2}\right] \tag{19-28}$$

$$ln\gamma_2 = x_1^2\left[\tau_{12}\left(\frac{G_{12}}{x_2 + x_1G_{12}}\right)^2 + \frac{G_{21}\tau_{21}}{(x_1 + x_2G_{21})^2}\right] \tag{19-29}$$

식 (19-28), (19-29)에서 $G_{12} = exp(-\alpha\tau_{12})$, $G_{21} = exp(-\alpha\tau_{21})$, $\tau_{12} = \frac{b_{12}}{RT}$, $\tau_{21} = \frac{b_{21}}{RT}$이고, $\alpha$, $b_{12}$, $b_{21}$은 조성이나 온도에 무관한(independent) 특별한 성분 짝(pair)에 유효한 파라미터(parameter)들이다.

## 요약

- 기체 혼합물의 경우는 경험적으로도 서로 섞이지 않는 경우가 없다는 것을 알고 있다. 하지만 액체 혼합물의 경우는 물과 기름이라는 명확한 예가 있기 때문에 $\Delta G_{mix}$ vs. $x$의 그래프에서 상분리에 대한 해석이 필요하다.
- $\Delta G_{mix} < 0$이라면 서로 섞인다(miscible)고 말할 수 있지만 정확히는 아래로 볼록한 $\Delta G_{mix}$ 그래프인 경우에만 유효하다. 간단하게 $\Delta G_{mix}$ 그래프 위의 두 점을 이은 직선은 두 점에 해당하는 조성을 가진 두 상이 이상적으로 섞일 수 있다는 것을 의미하는데, 그 구간에서 $\Delta G_{mix}$이 그 직선 위쪽에 있다면 상분리가 발생한다. 수학적으로는 아래의 phase stability criteria로 설명된다. 한편 평형 조건인 $\mu_i^\alpha = \mu_i^\beta$, 즉 두 상의 chemical potential(기울기)이 같아지는 평형 조성과 unstable 영역의 조성 사이에는 여전히 아래로 볼록한 형태의 그래프를 가진 metastable 영역이 존재한다.

$$\frac{d^2 \Delta G_{mix}}{dx_1^2} > 0 \text{ 또는 } \frac{d^2\left(\frac{\Delta G_{mix}}{RT}\right)}{dx_1^2} > 0$$

- 서로 잘 섞이지 않는 혼합물의 경우 기액 평형에서 최소 공비점이 나타나고 액액 평형(LLE)에서는 상분리가 발생하여 두 상평형도가 합쳐지면 전형적인 VLLE 상평형도를 얻게 된다. 고체 혼합물의 경우도 비슷한 상평형도를 얻을 수 있는데, 고체의 특성상 더 많은 상이 존재하므로 상평형도가 상당히 복잡해질 수 있다.
- Partial property의 정의에 따라 $G^E$ 또는 $G^E / RT$를 실험으로 구하면 activity 계수를 구할 수 있지만 그보다 $\frac{G^E}{x_1 x_2 RT}$의 형태로 데이터를 변환하면 확실한 편의성을 갖는다. 아래는 Redlich-Kister 급수 전개를 보여 준다.

$$\frac{G^E}{x_1 x_2 RT} = A_0 + A_1(x_1 - x_2) + A_2(x_1 - x_2)^2 + \cdots$$

- 실험으로 구해진 $\frac{G^E}{x_1 x_2 RT}$를 $x_1$에 대해 그렸을 때 수평이라면 Redlich-Kister 급수 전개에서 $A_0$를 제외한 다른 계수들이 0이 되고 이로부터 activity 계수를 구하는 one-parameter Margules 식을 유도할 수 있다. 두 번째 $A_1$까지 고려한다면 이는 $\frac{G^E}{x_1 x_2 RT}$가 $x_1$에 대해 직선의 관계를 가짐을 의미하고 two-parameter Margules 식으로 연결된다. 마찬가지의 two-parameter 모델이지만 $\frac{x_1 x_2 RT}{G^E}$를 급수 전개하여 유도한 Van Laar 식도 있다.

- 이와 같이 데이터 regression을 기반으로 한 activity 계수 모델과 반대로 물리적 정의와 이론을 기반으로 한 local composition 모델이 있고 Wilson, NRTL, UNIFAC, UNIQUAC이 그것이다. Parameter가 두 개라서 예전에는 Wilson 모델이 많이 사용되었지만, 현재는 분자 구조를 바탕으로 성분의 activity 계수를 계산하는 semi-empirical 모델인 UNIFAC, UNIQUAC을 많이 사용한다. 따라서 성분의 분자 구조를 알고 있다면 실험 데이터가 존재하지 않는 혼합물에 대해서도 상평형을 예측할 수 있다.

### 중요 개념 키워드

- 상평형도
- 상분리, phase stability criteria
- VLLE, 액액 평형
- Redlich-Kister 급수 전개
- Margules 식, Van Laar 식
- Local composition 모델
- Wilson, NRTL, UNIFAC, UNIQUAC

20 장

# 반응 평형과 Henry 법칙, 액액 평형

## 1 반응 평형과 Henry 법칙

마지막 장에서는 지금까지 다루지 않은 나머지 내용들을 정리한다. 먼저 12장에서 다루었던 반응 평형을 이상 기체 혼합물이 아닌 실제 유체 혼합물에 대해 다시 재정립한다. 다시 말해 fugacity를 이용할 것이다. 혼합물에서의 식 (16-14)와 표준 상태에서의 순수 성분의 식 (16-3)을 다시 써 보면 다음과 같다. 그리고 두 식을 빼면 식 (20-1)을 얻는다.

$$\mu_i = \Gamma_i(T) + RT\ln\hat{f}_i$$

$$G_i^{\circ} = \Gamma_i(T) + RT\ln f_i^{\circ}$$

$$\mu_i = G_i^{\circ} + RT\ln\left(\hat{f}_i / f_i^{\circ}\right) \tag{20-1}$$

반응 평형 조건인 $\sum_i \nu_i \mu_i = 0$을 반응 $aA + bB \leftrightarrow cC + dD$에 대하여 식 (20-1)을 이용하여 전개하면 식 (20-2)가 된다.

$$exp\left(-\frac{\Delta G_{rxn}^{o}}{RT}\right) = K = \frac{\left(\hat{f}_C / f_C^{\circ}\right)^c \left(\hat{f}_D / f_D^{\circ}\right)^d}{\left(\hat{f}_A / f_A^{\circ}\right)^a \left(\hat{f}_B / f_B^{\circ}\right)^b} \tag{20-2}$$

검증을 위해 이상 기체 혼합물에 대해 생각해 보자. 표준 상태에서 이상 기체 순수 성분의 fugacity가 $f_i^{\circ} = P^0$이고, 이상 기체 혼합물 내 어떤 성분의 fugacity는 $\hat{f}_i = \hat{\phi}_i y_i P$에서 $\hat{\phi}_i = 1$이므로 $\hat{f}_i = y_i P$가 된다. 이를 식 (20-2)에 대입하면 12장에서 얻었던 식 (12-11)과 동일한 식을 얻는다. 이론의 정합성이 생긴 것이다. 그럼 액상 반응인 경우는 식 (20-2)가 어떻게 변할까? $\hat{f}_i = \gamma_i x_i f_i$이므로 식 (20-1)에서 $\hat{f}_i / f_i^{\circ} = \gamma_i x_i \left(f_i / f_i^{\circ}\right)$이 된다. $\left(f_i / f_i^{\circ}\right) \cong 1$이라고 보면 액상 반응에 대해서 식 (20-2)는 식 (20-3)과 같이 쓸 수 있다. 이상 용액에서 $\gamma_i = 1$이므로 우리가 잘 알고 있는 성분의 조성들로만 이루어진 식으로 귀결된다.

$$exp\left(-\frac{\Delta G_{rxn}^{o}}{RT}\right) = K = \frac{\left(\gamma_C x_C\right)^c \left(\gamma_D x_D\right)^d}{\left(\gamma_A x_A\right)^a \left(\gamma_B x_B\right)^b} \tag{20-3}$$

$\left(f_i / f_i^{\circ}\right) \cong 1$임을 보이기 위해서 다시 식 (16-3)의 정의로 돌아가면 식 (20-4)를 얻을 수 있다. 여기서 일정한 온도에서 $dG = VdP$이므로 다시 식 (20-5)를 얻는다. 한편 순수 액체 성

분의 부피는 압력에 큰 영향을 받지 않으므로 상수로 볼 수 있다. 이를 식 (20-5)에 적용하면 최종적으로 식 (20-6)을 유도할 수 있다. 아주 높은 압력이 아닌 경우를 제외하고 식 (20-6)의 지수 항은 1로 근사된다.

$$G_i^\circ = G_i^\circ + RTln(f_i/f_i^\circ) \tag{20-4}$$

$$RTln(f_i/f_i^\circ) = \int_{P^\circ}^{P} V_i dP \tag{20-5}$$

$$f_i/f_i^\circ = exp\left[\frac{V_i(P-P^\circ)}{RT}\right] \tag{20-6}$$

이 시점에서 Lewis-Randall rule로 알려져 있는 식 (16-36), $\hat{f}_i^{id} = x_i f_i$를 소환해 본다. 액상 반응의 경우 식 (20-1)에 $\hat{f}_i/f_i^\circ = x_i$를 대입한 꼴로, 일반 혼합물에서도 <그림 20-1>과 같이 $x_i \to 1$에서 $\hat{f}_i = x_i f_i$의 Lewis-Randall rule이 적용되고 순수한 액상 성분의 경우 $f_i \cong P_i^{sat}$임을 <그림 16-1>을 통해 배웠다. 생각해 보면 용액 중에 어떤 성분이 대부분이면 그 성분을 이루는 분자의 입장에서는 주위에 자기와 같은 분자들이 대다수이므로 이상 용액의 거동을 보일 수밖에 없을 것이다. 반면에 상대방 성분은 희석된 상태로 주위에 자기와 다른 성분의 분자들만 존재하므로 비이상성(non-ideality)을 띨 수밖에 없고 <그림 20-1>에 보듯이 농도가 낮을 때(또는 조성이 작을 때), Lewis-Randall 직선을 벗어나게 된다.

여기서 하나의 중요한 문제를 제기할 수 있다. 반응 평형 상수를 정의할 때 액체 성분에 대해서는 $x_i$를 사용하는 것에 매우 익숙하다. 이는 Lewis-Randall rule이 적용되는 범위(또는 고농도)에서는 문제가 되지 않기 때문인데, 그렇다면 Lewis-Randall rule이 적용되지 않는 범위(또는 저농도)에 성분들이 존재하는 경우에도 그냥 $x_i$를 써도 되는 걸까? 분명히 <그림 20-1>에서 해당 범위에서 그 성분들의 fugacity는 비이상성(non-ideality)을 보일 것인데 말이다. 이 경우에 도입되는 것이 Henry 법칙이며 특히 전기화학에서 이온에 대해 몰농도(molality)를 사용하는 이유이기도 하다. 대부분 이온은 용매에 저농도(dilute)로 용해되어 있기 때문인데, 이에 대해서는 이후에 다루기로 하고 Lewis-Randall rule의 유효성을 먼저 증명해 보자.

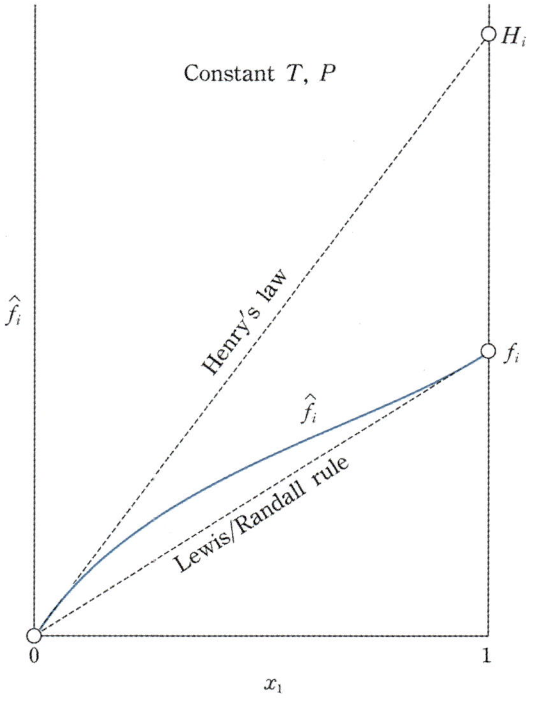


그림 20-1 Lewis-Randall rule과 Henry 법칙

Partial property의 관계식 중 하나인 식 (15-5)를 Gibbs 에너지에 대해 식 (20-7)과 같이 쓸 수 있다. 한편 온도와 압력이 주어졌다면 $d\mu_i = RTdln\hat{f}_i$이므로 식 (20-8)이 성립하고 전체 식을 $dx_1$으로 나누면 식 (20-9)가 된다.

$$\sum_i x_i d\mu_i = x_1 d\mu_1 + x_2 d\mu_2 = 0 \tag{20-7}$$

$$x_1 dln\hat{f}_i + x_2 dln\hat{f}_2 = 0 \tag{20-8}$$

$$x_1 \frac{dln\hat{f}_1}{dx_1} + x_2 \frac{dln\hat{f}_2}{dx_1} = 0,\ x_1 \frac{dln\hat{f}_i}{dx_1} = x_2 \frac{dln\hat{f}_2}{dx_2},\ \frac{d\hat{f}_1/dx_1}{\hat{f}_1/x_1} = \frac{d\hat{f}_2/dx_2}{\hat{f}_2/x_2} \tag{20-9}$$

이제 $x_1 \to 1(x_2 \to 0)$ 극한을 취해 보자. $\lim_{x_1 \to 1} \hat{f}_1 = f_1$이므로 식 (20-10)과 같이 Lewis-Randall rule이 증명된다. 이러한 수학적 증명이 물론 중요하지만 앞서 언급했듯이 $x_1 \to 0, x_1 \to 1$에서 분자의 관점으로 이해하는 것이 더 중요하다.

$$\frac{1}{f_1}\left(\frac{d\hat{f}_1}{dx_1}\right)_{x_1=1} = \lim_{x_1 \to 1}\frac{d\hat{f}_1/dx_1}{\hat{f}_1/x_1} = \lim_{x_2 \to 0}\frac{d\hat{f}_2/dx_2}{\hat{f}_2/x_2} = \frac{\left(d\hat{f}_2/dx_2\right)_{x_2=0}}{\lim_{x_2 \to 0}\left(\hat{f}_2/x_2\right)} = 1$$

$$\frac{1}{f_1}\left(\frac{d\hat{f}_1}{dx_1}\right)_{x_1=1} = 1,\quad \left(\frac{d\hat{f}_1}{dx_1}\right)_{x_1=1} = f_1 \tag{20-10}$$

한편 <그림 20-1>을 보면 Lewis-Randall rule의 직선 이외에 Henry 법칙의 직선도 표시되어 있다. 이를 식으로 표현하면 식 (20-11)과 같으며 $x_i \to 0$일 때(또는 저농도일 때) 성립한다. 앞서도 언급했듯이 $x_i \to 0$이면 자기와 다른 분자들로 둘러싸이게 된다는 얘기이고 그에 따라 잘 어울리기 힘든 분위기(non-ideality)가 생긴다. 물론 반대로 둘러싼 분자들의 입장에서는 자기들과 같은 분자들이 주위에 많으므로 주위와 어울리는 데 전혀 문제가 없고, 이상적인 거동(ideality)을 따르게 된다. <그림 20-2>와 같이 비이상성은 해당 성분이 매우 희석되어 있을 때 크게 발현되며 $x_i \to 1$이 될수록 <그림 20-1>의 Lewis-Randall 직선에 수렴할 것이다.

$$\lim_{x_i \to 0}\left(\frac{\hat{f}_i}{x_i}\right) = \left(\frac{d\hat{f}_i}{dx_i}\right)_{x_i=0} \equiv H_i,\quad \hat{f}_i = x_i H_i \tag{20-11}$$

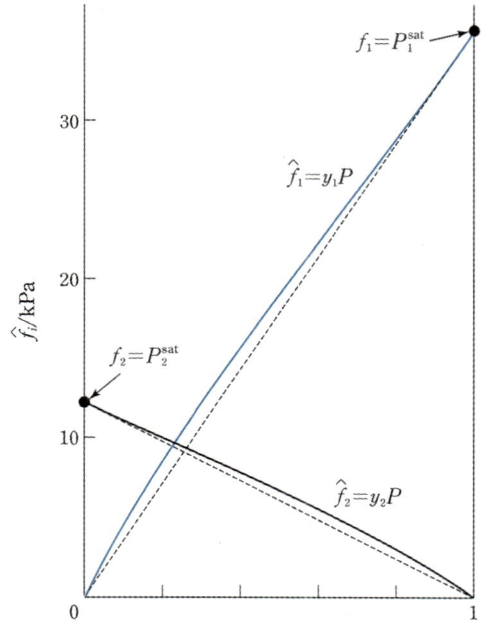


그림 20-2 이성분계 혼합물에서 각 성분의 fugacity

혼합물에서 적은(dilute) 성분의 fugacity는 <그림 20-1>에 잘 나타나 있듯이 Lewis-Randall rule을 따르지 않으므로 이를 설명하려면 무언가 방법이 필요하다. 서로 비슷한 물질들이 혼합된 경우 각 물질의 부분 증기압과 순수한 물질의 증기압의 비가 그 물질의 몰분율과 같다는, Raoult의 관찰에서 비롯된 $\frac{p_i}{P_i^{sat}} = x_i$(Raoult 법칙)와 비슷하게 $T_C$가 계의 온도보다 낮은 성분에 대하여 $\frac{p_i}{H_i} = x_i$(Henry의 법칙)가 성립하는 것이다. 가상의 이상적인 fugacity인 Henry 상수가 도입되었다. 여기서 $T_C$가 계의 온도보다 낮은 상태라 함은 <그림 10-1>의 단일 성분의 상평형도에서 계의 온도가 $T_C$보다 높고 압력은 $P_C$보다 낮은 영역의 기체 상태를 얘기한다. 실생활에서의 간단한 예를 들면 음료수병에 들어있는 이산화 탄소를 생각하면 된다. 주의할 것은 기존의 액상 혼합물과는 전혀 다른 계라는 것이다. 왜냐하면 액상 혼합물의 경우는 성분1이 성분2에 희석되어 있는 <그림 20-1>의 왼쪽 부분부터 반대로 성분2가 성분1에 희석되어 있는 <그림 20-1>의 오른쪽 부분까지 모두 정의되는 반면, 이산화 탄소를 성분1으로 할 때 성분1이 음료수(성분2)에 희석되어 녹아 있는 부분은 정의되지만 반대로 음료수가 이산화 탄소에 희석되어 있는 상태는 아예 정의가 불가능하다. 그래서 <그림 20-1>의 $\hat{f}_i = 0(x_i \to 0)$에서부터 $x_i$이 작은 조건(또는 희석 조건)에서는 $\hat{f}_i$의 그래프가 그려지지만 그 이후에는 실험이 불가능하므로 그래프가 끊어져 버린다. 그리고 당연히 Lewis-Randall 직선 자체는 성립되지 않는다. 그래서 Henry 법칙은 음료수가 이산화 탄소에 희석되어 있는 가상의 상태를 기반으로 Lewis-Randall rule처럼 정의되었지만 적용하는 범위는 이산화 탄소가 음료수에 소량 희석되어 있는 조성에 제한된다.

이러한 경우를 주위에서 또 찾아볼 수 있을까? 전해질이 그것이다. 앞서 $CO_2$와 마찬가지로 이온들은 용매가 있어야 존재하기 때문에 <그림 20-3>처럼 $\hat{f}_i = 0(x_i \to 0)$에서부터 $x_i$이 작은 조건(즉 저농도 조건)에서는 $\hat{f}_i$의 그래프가 그려지지만 그 이후에는 정의가 될 수 없는 계이다. 따라서 희석 조건에 적용하는 Henry 법칙이 필요할 것이다. <그림 20-3>과 같이 이온 용액의 경우는 가상의 1 M 용액을 표준 상태로 설정한다. Lewis-Randall 직선이 $\hat{f}_i = x_i f_i$이고 Henry 법칙 직선이 $\hat{f}_i = x_i H_i$인 것처럼, 이 경우는 $\hat{f}_i = m_i k_i$로 설정된다. 따라서 표준 상태($P^\circ$ = 1기압)에서 $\hat{f}_i^\circ = m_i^\circ k_i$이 성립하고 $m_i^\circ = 1$ M로 reference를 잡아주면 $\hat{f}_i^\circ = k_i$가 되어 식 (20-4)에서 $f_i / f_i^\circ = m_i k_i / k_i = m_i$이 된다. 전기화학에서 Nernst equation을 다룰 때 왜 molality(몰 농도)를 사용했는지를 이제는 이해할 수 있을 것이다. 그리고 12장의 응용문제 5에서 메테인의 분해로 흑연(graphite)과 수소를 생성

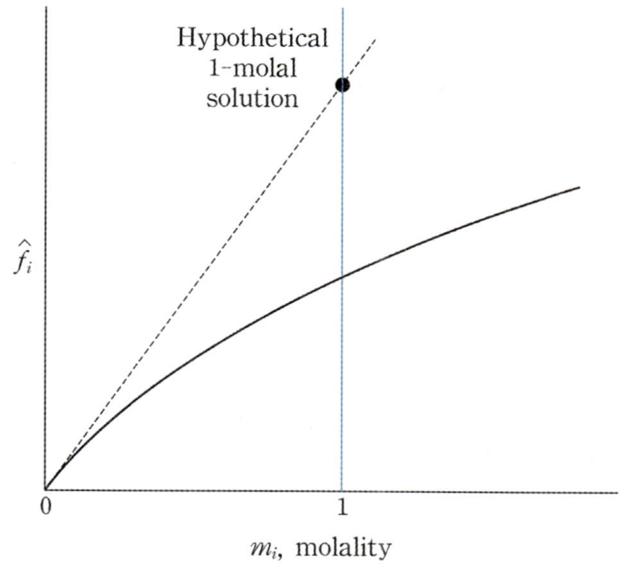


그림 20-3 이온 용액의 표준 상태

하는 반응에 대한 평형 상수를 정의했는데, 고체인 흑연은 고려하지 않았다. 이는 식 (20-1)에서 $\hat{f}_i/f_i^\circ = 1$을(또는 $\mu_i = G_i^\circ$을) 의미하며 순수한 고체가 혼합물 속의 고체로 존재한다고 해서 그 성상이 크게 달라지지 않을 것이므로 유효할 것이다. 추가로 설명하면 성상 중에서는 밀도가 중요한데, 액상 혼합물의 경우는 분자 단위에서 상호작용을 하기 때문에 혼합물의 조성에 따라 밀도가 달라질 수 있지만, 고체의 경우는 개개의 분자라기보다는 이미 많은 원소가 집합되어 있는 결정립(crystallite)들이 섞여 있는 형태이므로 결정립의 밀도는 혼합된다고 해도 순수 물질의 그것에서 크게 벗어나지 않는다.

정리하면 <그림 20-1>처럼 혼합물에서 성분의 fugacity가 Lewis-Randall rule(이상 용액)에서 얼마나 벗어나는가를 나타내는 것이 activity 계수이다. 한편 물에 용해되는 $CO_2$와 같이 혼합물 내에서 희석되어 있는 경우 그 거동을 설명하기 위해 Henry 상수라는 가상의 fugacity를 도입한다. 같은 방식으로 용매 속의 이온에 대해서도 Henry의 법칙을 적용하는데, 1 M 용액에서의 Henry 상수를 표준 상태로 설정한다면 매우 간단하게 이온의 농도를 이용하여 용액 내 이온 평형을 설명할 수 있다. 이온 용액에서도 activity 계수를 도입할 수 있는데, <그림 20-3>에서 보듯이 $x_i \to 0$에서 가상의 이상 용액을 표현하는 Henry 법칙을 따르며 $x_i = 0$ 근처에서 가상의 이상 용액과의 차이를 activity 계수로 설명한다.

## 2 액액 평형

19장에서 <그림 19-4>와 같은 VLLE 상평형도에 대해 다루었다. 물론 VLLE에 대해 다른 열역학 교재에 다루는 경우가 있지만 복잡하기도 하고, 상평형도는 *ThermoCalc.*와 같은 열역학 소프트웨어들이 그려주므로 학부 수준에서는 VLLE 상평형도를 잘 읽기만 하면 된다. 따라서 본 교재에서는 액액 평형(liquid liquid equilibrium, LLE)에 대해서만 간단하게 짚고 넘어간다. 상평형 조건인 $\hat{f}_i^\alpha = \hat{f}_i^\beta$에서 α 상과 β 상이 모두 액상이므로 식 (20-12)와 같이 쓸 수 있다. 편의상 이성분계에 대해 설명한다.

$$x_1^\alpha \gamma_1^\alpha f_1^\alpha = x_1^\beta \gamma_1^\beta f_1^\beta \tag{20-12}$$

여기서 $f_1^\alpha = f_1^\beta = f_1$으로 순수한 성분1의 fugacity로 양변에서 서로 상쇄되어 없어지고, 동일한 activity 계수 모델이 양변에 사용되며 $x_1^\alpha$와 $x_1^\beta$를 대입한 것만 다를 것이다. 이를 정리하면 식 (20-13)과 다시 사용하기 편하게 변형한 (20-14)와 같다.

$$x_1^\alpha \gamma_1^\alpha = x_1^\beta \gamma_1^\beta \qquad \left(1 - x_1^\alpha\right)\gamma_2^\alpha = \left(1 - x_1^\beta\right)\gamma_2^\beta \tag{20-13}$$

$$ln\frac{\gamma_1^\alpha}{\gamma_1^\beta} = ln\frac{x_1^\beta}{x_1^\alpha} \qquad ln\frac{\gamma_2^\alpha}{\gamma_2^\beta} = ln\frac{1 - x_1^\beta}{1 - x_1^\alpha} \tag{20-14}$$

이성분계 혼합물에 대해 one-parameter Margules equation을 사용한 경우 식 (20-13)을 적용하여 정리하면 식 (20-15)가 된다. 한편 이 모델은 $G^E / RT = Ax_1x_2$에서 나온 것으로 $G^E$가 $x_1 = 0.5$를 중심으로 조성에 대해 완벽한 대칭을 이룬다. 따라서 $x_1^\beta = 1 - x_1^\alpha$를 식 (20-15)에 대입하면 식 (20-16)으로 두 식이 동일해진다.

$$A\left[\left(1 - x_1^\alpha\right)^2 - \left(1 - x_1^\beta\right)^2\right] = ln\frac{x_1^\beta}{x_1^\alpha}, \quad A\left[\left(x_1^\alpha\right)^2 - \left(x_1^\beta\right)^2\right] = ln\frac{1 - x_1^\beta}{1 - x_1^\alpha} \tag{20-15}$$

$$A(1 - 2x_1) = ln\frac{1 - x_1}{x_1} \tag{20-16}$$

식 (20-16)을 자세히 살펴보면 $A > 2$일 때 3개의 실근을 가지는데, $x_1 = 0.5$, $r$, $1 - r(0 < r <$

0.5)이고 뒤의 2개의 근이 각각 $x_1^\alpha$, $x_1^\beta$에 해당한다. $A = 2$일 때 $x_1 = 0.5$이고 $A < 2$이면 $x_1$은 trivial solution만 갖게 된다. 엑셀 소프트웨어로 직접 그래프를 그려보면 이해가 쉽다. 또는 phase stability에 대한 식 (19-11)로부터 쉽게 유도할 수도 있다.

$$\frac{d^2(G^E/RT)}{dx_1^2} = \frac{d^2(Ax_1x_2)}{dx_1^2} = -2A > -\frac{1}{x_1x_2}, \quad 2A < \frac{1}{x_1x_2}$$

관계식 $2A < \dfrac{1}{x_1x_2}$의 오른쪽 항은 $x_1 = x_2 = 0.5$일 때 최소의 값인 4를 갖는다. 따라서 $A < 2$이면 상 분리가 발생하지 않는 single phase stability가 확보되고 $A > 2$이면 two-phase 상 분리가 발생한다는 의미이다. $A = 2$인 점은 위에 언급한 3개의 실근이 수렴하는 consolute point라고 한다.

## 3 나가는 말

여기까지 열역학의 웬만큼 중요한 개념이나 계산을 모두 다루어보았다. 더 자세한 내용은 열역학 전문교재를 참조하길 바란다. 추출(extraction) 공정에 필요한 3성분계 상평형은 분리공정 강의에서 대부분 다루어질 것이다. 앞서도 언급했듯이 최근에는 열역학 소프트웨어들이 발달하여 어지간한 계산을 매우 빠르고 정확하게 해낼 수 있는 시대이므로 소프트웨어를 개발하는 사람이 아닌 일반적인 화학공학 엔지니어라면 계산 결과를 올바로 해석하고 어떤 방식으로 도출되었는지, 또는 오류는 없는지(가끔 컴퓨터는 garbage in garbage out이므로)를 판단할 수 있어야 한다. 본 교재는 바로 딱 그만큼을 목적으로 하고 있다.

### 여기서 잠깐

$F = 2 - \pi + c$이라는 상규칙(phase rule)에 대해서 알고 있다. 반응이 있는 경우의 상규칙은 어떻게 될까? $F = 2 - \pi + c - r$이 된다. 여기서 $r$은 독립적인 반응(또는 반응식)의 수이다. 자유도라는 것이 독립적인 변수의 수로 정의되므로 어떤 반응이 있다면 그 반응의 반응 평형식, 말 그대로 방정식이 하나 정의되는 것이므로 그만큼을 제거해 주어야 할 것이다. 연립방정식을 풀 때 모르는 변수가 $x$개면 $x$개의 방정식이 필요하다는 말은, $x$개의 자유도를 $x$개의 방정식을 통해 $F = 0$을 만들어 준다는 의미와 같다.

### 요약

- 반응 평형에 대한 평형 상수식을 fugacity를 이용해서 다시 쓰면 다음과 같다. 기체 성분에 대해서는 $f_i^\circ = P^\circ$이고 $\hat{f}_i = \hat{\phi}_i y_i P$에서 기체 혼합물이 이상 기체 혼합물에서 크게 벗어나지 않는다고 가정하면 12장에서 이상 기체 혼합물에 대해 얻은 반응 평형식과 동일한 식을 얻는다. 아래는 편의상 $aA + bB \leftrightarrow cC + dD$에 대해 평형 상수식을 전개하였다.

$$exp\left(-\frac{\Delta G_{rxn}^o}{RT}\right) = K = \frac{(\hat{f}_C/f_C^\circ)^c\,(\hat{f}_D/f_D^\circ)^d}{(\hat{f}_A/f_A^\circ)^a(\hat{f}_B/f_B^\circ)^b}$$

- 액체 성분의 경우는 $\hat{f}_i = \gamma_i x_i f_i$이고 압력이 높지 않은 경우에 $f_i/f_i^\circ \cong 1$이므로 다음과 같이 쓸 수 있다. 여기에 이상 용액과 가깝다고 하면($\gamma_i = 1$) 액체 조성으로만 이루어진 평형 상수식을 얻을 수 있다.

$$exp\left(-\frac{\Delta G_{rxn}^o}{RT}\right) = K = \frac{(\gamma_C x_C)^c\,(\gamma_D x_D)^d}{(\gamma_A x_A)^a(\gamma_B x_B)^b}$$

- 물질의 농도가 낮지 않은 경우 액상 성분들의 fugacity는 Lewis-Randall rule의 이상 용액 직선으로 근사할 수 있기 때문에 activity 계수를 1로 놓을 수 있다. 그런데 성분이 희석된 경우는 비이상성(non-ideality)이 크게 나타나기 때문에 Lewis-Randall rule과 비슷하지만 가상의 fugacity를 상정한 Henry 법칙을 도입해야 한다. 실제로 물에 용해된 $CO_2$나 용액 중의 이온의 거동을 설명하기 위해서 사용된다.
- 이온 용액의 평형을 설명하기 위해 1 M의 가상의 Henry 상수를 표준 상태로 설정해 준다. 이렇게 되면 이온의 몰농도만을 사용하여 용액 중 이온들의 열역학적 거동을 설명할 수 있으며 Nernst equation이 바로 그 예이다.
- 특정한 액액 평형(LLE)에 대해 phase stability의 관점으로 one-parameter Margules 식에 대해 알아보았다.
- 독립적인 $r$개의 반응이 포함된 계의 자유도는 $F = 2 - \pi + c - r$이다.

## 중요 개념 키워드

- 평형 상수
- Lewis-Randall rule, Henry 법칙
- 이온 용액, 표준 상태
- 액액 평형

## 응용문제

**01** 탄산수는 $CO_2$(1)와 물(2)로 이루어져 있다. 10 ℃에서 $x_1 = 0.01$만큼의 이산화 탄소를 녹이고 싶다면 탄산수 캔 내의 압력을 얼마로 해야 하겠는가? 이때 기상의 조성도 구하시오. 여기서 10 ℃ 물에 용해된 $CO_2$에 대한 Henry 상수, $H_{CO2} = 990$ bar이고 같은 온도에서 물의 증기압은 0.01227 bar이다.

**02** 액상 성분(1)/(2)에 대해 아래의 Gibbs energy change of mixing의 관계식이 주어진다.

$$\Delta G_{mix} = Ax_1(1-x_1)$$

a) 주어진 어떤 온도에서 혼합물이 완전히 immiscible하다면 $A$의 부호는?

b) 그렇다면 위 관계식이 기상 성분 (1)/(2)에 대해서도 동일하게 성립이 된다면 $A$의 부호는?

c) 이번에는 액상 성분 (1)/(2)에 대해 다음의 관계식이 성립하고 $A$의 부호는 (−)라고 한다. 성분(1)과 (2)를 1:1의 몰수비로 섞었다면 이 혼합물에는 어떤 일이 발생할까?

$$\Delta G_{mix} = Ax_1(0.25-x_1)(0.75-x_1)(1-x_1)$$

**03** 238.15 K에서 이산화 탄소(1)/n−데케인(2) 혼합물이 $x_1^\alpha = 0.602$과 $x_1^\beta = 0.970$의 조성을 가진 α상과 β 상으로 나누어진다고 한다. One−parameter Margules 식, 즉 $\ln\gamma_i = Ax_j^2$으로 이 액액 평형(LLE)을 설명할 수 있을까?

**04** 100 °C에서 벤젠(2)에 에테인(1)이 5 mol% 녹아 있다고 한다. 이때의 압력을 구하시오. 벤젠 내의 에테인의 activity 계수는 다음 식에 의해 주어진다.

$$ln\gamma_1 = 0.638\left(\frac{1-x_1}{1-0.214x_1}\right)^2$$

그리고 순수한 성분의 fugacity는 $f_1^L$ = 90.97 bar, $f_2^L$ = 1.81 bar이다.

# 부록

## 응용문제 해답

## 1장

**01** 자세한 풀이는 생략하며 정답은 ~ 100명이다.

**02** 간단하게 적분하면 된다.

1) 아래 네모의 면적 + 위 세도의 면적 = −10500 kJ (팽창)

2) 아래 네모의 면적 = 6000 kJ (압축)

3) 0, 부피 변화가 없으므로 PV work는 없다.

**03** W = −1400 J 또는 1.4 kJ

**04** 식 (1−4)와 이상기체 방정식을 이용하여 계산하면 W = 5743 J/mol이고 (+)의 부호이므로 외부가 계에 일을 해주는 것이다.

## 2장

**01** 반응식은 $2Fe + \frac{3}{2}O_2 \rightarrow Fe_2O_3$이다.

먼저 계에서 주위로 열이 빠져나갔으므로 $Q = -831.08$ kJ이다. (−) 부호의 의미를 다시 한번 기억하자. 그리고 매우 천천히 반응한다고 하였으므로 가역 과정을 의미한다. 이제 피스톤과 실린더 벽면 사이에 마찰은 없고 내부의 기체는 이상 기체이며, Fe나 $Fe_2O_3$의 부피는 기체에 비해서 무시할 수 있다고 가정한다. 엔지니어에게 가장 중요한 능력 중 하나는 각종 필요한 가정을 도입하여 계를 단순화하는 것이다. 물론 가정이 합리적(reasonable)인지 평가하는 것도 엔지니어의 몫이다.

실린더 내부의 온도를 일정하게 유지하기 위해 발생한 열을 지속적으로 제거했다고 했다. 따라서 언뜻 보기에는 실린더 내부에 반응으로 생긴 열이 축적되지 않으므로 피스톤의 팽창이나 압축도 없어서 PV work가 없다고 생각할 수 있다. 하지만 반응에 의해서 사라진 산소의 부피는 고려해야 한다. 즉, 반응이 진행되면서 사라진 산소의 부피만큼 피스톤이 압축되었고 가역적이므로 실린더의 압력과 피스톤 외부의 대기압이 지속적으로 기계적 평형을 이룬다. 이제 식 (1−3)을 이용한다. P, T가 일정할 때 이상 기체 방정식에서 서로 연관되는 것은 $\underline{V}$(부피, volume)와 n이다. 몰부피인 V와는 구별되므로 주의하자. 이상 기체 방정식인 $\Delta \underline{V} = RT\Delta n/P$를 식 (1−3)에 대입하면 식 (2−1)을 얻는다.

$$W = -P\Delta \underline{V} = -RT\Delta n \tag{2-1}$$

한편 철 2 mol이 반응하면 산소는 반응식에 의해 1.5 mol이 줄어든다. $\Delta n = -1.5$ mol 이므로 식 (2-1)에 의해 $W = 3,716$ J이다. $W$가 (+)의 값을 가지므로 외부에서 계에 일을 해주는 압축이 일어났다. 마지막으로 식 (1-6)에 의해 내부 에너지 변화는 $\Delta U = Q + W = -831080 + 3716 = -827.364$ kJ이 된다.

그러면 같은 piston-cylinder apparatus에 반응이 없이 이상 기체가 채워져 있고 전기 저항에 의해 현열이 유입되는 경우를 생각해 보자. $Q$가 매우 서서히 유입되면 내부 이상 기체의 분자 운동이 활성화되어 온도가 상승하고 내부(또는 계)의 압력도 상승할 것이다. 따라서 기계적 평형을 유지하기 위해 피스톤이 부피가 팽창하는 방향으로 서서히 움직인다. 즉, 내부의 온도가 올라가지 않도록 $PV$ work가 작동하고 $W = -Q$이다. 이 과정은 이미 언급했던 등온팽창으로 결과적으로 계의 온도는 일정하고 내부 에너지 변화도 없다. 이 때문에 종종 '온도가 일정하면 내부 에너지 변화는 없다'라는 섣부른 결론에 도달하기도 하므로 주의하기 바란다. 계 내부에서 상전이가 없는 경우(현열)에는 위 명제가 성립하지만 예를 들어 상전이가 일어나면 온도의 변화 없이도 분명 많은 에너지가 투입되거나 제거되므로 내부 에너지 변화는 존재한다. 마찬가지로 이 예제에서도 온도는 일정하지만 내부 에너지 변화를 계산할 수 있었고 이 예제에서의 내부 에너지 변화는 화학반응에 의해서 결합 에너지가 변화되었다는 것을 의미한다.

**02** a) 이상 기체이며 가역 조건이므로 식 (1-4)를 적용하면 $W = -8.314$ J/mol·K × 273.15 K × ln(10/1) = −5,230 J/mol이다.

b) 상전이가 없는 과정이고 온도가 일정하므로 내부 에너지 변화는 없다.

c) $W$와 같은 양(5,230 J/mol)의 열이 외부에서 계(또는 실린더 내부)로 유입되었다.

**03** 분자의 운동은 병진, 회전, 진동 운동으로 이루어져 있다. 따라서 전체 운동의 가짓수에서 병진 운동과 회전 운동의 개수를 빼 주면 진동 운동의 개수가 된다.

전체 운동의 가짓수는 $N$개의 원자들이 각자 3차원 상에서 3방향($x$축, $y$축, $z$축)으로 독립적인 운동이 가능하므로 $3N$이다. 병진 운동은 분자의 구조가 어떻든 무게 중심에 분자의 모든 질량이 집중된 하나의 덩어리 움직임으로 간주하기 때문에 분자 덩어리가 $x$축, $y$축, $z$축으로 움직이는 3개이다. 회전 운동 또한 마찬가지로 3차원상에서 발생하기 때문에 개수는 3개이다. 따라서 진동 운동의 개수는 $3N-6$이 된다.

회전 운동에 대해 좀 더 효율적으로 설명하기 위해 직교좌표계(cartesian coordinate)가 아닌 구좌표계(polar coordinate)를 도입해 보자. 이미 본문에서 $N_2$와 $O_2$의 회전 운동에 대해서 설명한 방식과 같이 3차원 형상을 가진 분자의 무게중심을 원점에 둔 상태에서 분자를 회전시켜 볼 수 있다. 단 이번에는 $N_2$와 $O_2$의 경우와 달리 원자들이 만드는 궤적이 구의 형태가 아닌 회전방향에 따라 다른 궤적을 보일 것이다. 다시 말해 3차원 형상을 가진 분자의 회전 운동을 수학적으로 설명하기 위해서는 $r$, $\theta$, $\phi$의 3개 독립변수들이 필요하고 따라서 회전 운동의 개수는 3이 된다. 그렇다면 $CO_2$와 같이 선형(linear)인 분자는 어떨까? 이 경우는 원점에 C를 위치시키면 $N_2$와 $O_2$의 회전 운동 해석과 동일하며 궤적도 하나의 반지름(C=O의 거리)을 가진 구로 나타난다. 이 회전 운동의 설명을 위해서는 $\theta$, $\phi$의 2개 독립변수들이면 되므로 회전 운동의 개수는 2가 되고, 선형 분자의 진동 운동의 가짓수는 3N − 5로 달라진다. 가끔 $CO_2$의 회전 운동을 같은 평면에서 C를 중심으로 시계방향 회전과 반시계방향 회전으로 설명하기도 하는데, 시계 방향 회전과 반시계 방향 회전은 서로 독립적인 운동이 아니기 때문에 틀린 설명이다.

예를 들어 물 분자의 진동 운동의 개수를 계산해 보면 3 × 3 − 6 = 3이고 이는 symmetric stretching, asymmetric stretching, bending의 세 가지 직교주파수(normal frequency)를 가진 진동 운동으로 구분된다. 각 진동 운동이 어떤 움직임인지 구글링을 통해 확인해 보기 바란다. 한편 $CO_2$의 경우는 진동 운동의 개수가 3 × 3 − 5 = 4이지만, 물 분자와 비슷한 움직임을 갖는 symmetric stretching, asymmetric stretching, bending의 세 가지 진동 운동을 가진다. 다만 2가지 형태의 bending 운동이 있으며, 이 2개의 운동이 degenerate(에너지가 같은 상태)되어 있다고 말한다. 마찬가지로 구글링을 통해 확인해 보기 바란다.

그럼 도대체 저 3가지 진동 운동들과 각각의 직교주파수들이 수학적으로 무엇을 의미하는지 알아보자. 공간상의 어떤 위치를 $\vec{r} = xi + yj + zk$로 표시하고, 직교좌표계에서 'x축($i$), y축($j$), z축($k$)은 서로 독립적(independent)이다, 혹은 직교(normal)한다'라고 말한다. 이제 같은 방식으로 분자의 진동 운동을 설명한다. 여러분이 앤트맨이 되어 분자들의 진동 운동을 관찰한다고 해도 웬만해서는 그 패턴을 읽기 쉽지 않을 것이다. 왜냐하면 수학적으로 여러분이 보는 진동 운동은 직교주파수를 가진 진동 운동의 조합으로 나타나기 때문이다. 다시 말해 물 분자의 symmetric stretching(SS), asymmetric stretching(AS), bending(B)을 각각 x축, y축, z축과 같은 개념으로 보면, 순간적으로 관찰되는 물 분자의 진동 운동은 SS : AS : B = 0.6 : 0.3 : 0.1, SS : AS : B = 0.4 : 0.3 : 0.3 등과 같이 세 가지 운동의 조합으로 표시된다. 따라서 겉으로 보기에는 패턴이 없어 보이는 진동 운동이지만 수학적으로는 그 안에 직교주파수에 해당하는 진동 운동들이 숨어 있는 것이다. 3개 이상의 원자를 가진 분자의 진동 운동은 수학적으로는 3차원이 아닌 다차원 운동이 된다. 본문에서 분자의 진동 운동과 적외선 분광기에 대해 설명했는데, 적외선 분광기가 검출하는 주파수가 바로 분자의 직교주파수들이다.

# 3장

**01** 간단하게 이상 기체 방정식을 도입한다. 그리고 $\rho = M/V$이고, 이때 $V$는 몰부피, $M$은 공기의 분자량이다. 수력학적 관계식을 다시 쓰면 식 (3-21)이 된다.

$$dP = -\frac{Mgdz}{V} \tag{3-21}$$

이상 기체 방정식을 이용하여 $V$를 제거하면 식 (3-22)처럼 다시 쓸 수 있다.

$$\frac{dP}{P} = -\frac{Mg}{RT}dz \tag{3-22}$$

이제 적분만 하면 되는데, 문제는 고도에 따라 온도도 변한다는 것이다. 하지만 이 문제에서 얘기하고자 하는 논점은 이와 상관없으므로 온도는 일정하다고 가정한다.

$$\int_{P_0}^{P}\frac{dP}{P} = -\frac{Mg}{RT_0}\int_0^z dz$$

$$P = P_0\exp\left(-\frac{Mgz}{RT_0}\right) \tag{3-23}$$

여기서도 익숙한 지수함수가 도출된다. 또한 지수함수 내 분자에는 $Mgz$라는 위치 에너지가 분모에는 $RT_0$라는 온도 항이 있는 익숙한 형태이다. 고도가 올라갈수록 압력이 줄어드는데, 고도에 따라서 선형이 아니라 지수적인 관계가 있음을 알 수 있다. 다시 말해서 위치 에너지를 극복하고 높은 고도에 공기 분자들이 존재할 확률이 고도가 높아질수록 지수적으로 크게 감소한다는 것이다.

**여기서 잠깐**

식 (3-23)은 barometric equation이라 알려져 있으며, 고도에 따라서 온도가 변하지 않는 조건에서만 유효한 식이다. 실제로 고도 11~25 km의 성층권에서 성립한다. 한편 고도 11 km 이하에서는 엄청난 양의 공기가 위로 또는 아래로 계속 움직이며 상승할 때는 팽창하며 차가워지고 하강할 때는 압축되며 따뜻해진다. 나중에 다뤄지겠지만 이러한 과정이 가역적이며 단열(adiabatic)이라 가정하면 $T$와 $P$ 사이에는 식 (3-24)의 관계가 성립한다. 여기서 $\gamma \equiv C_P/C_V$ 이다.

$$\frac{dT}{T} = \left(\frac{\gamma-1}{\gamma}\right)\frac{dP}{P} \tag{3-24}$$

식 (3-21)을 이용하여 $dT/dz$에 대해 정리하면 식 (3-25)를 얻는다.

$$\frac{dT}{dz} = -\left(\frac{\gamma-1}{\gamma}\right)\left(\frac{Mg}{R}\right) = \mathrm{K} \tag{3-25}$$

여기서 K는 $\gamma$나 $g$가 $T$나 $z$의 함수가 아니므로 상수이다. 이 식은 고도에 따라서 온도의 변화가 선형적임을 보여주는데, 11 km 이하의 고도에서는 실험적으로도 그렇다. 적분하면 $T = T_0 + Kz$가 되고 $z = 0$에서 온도는 $T_0$이다. 이를 식 (3-22)에 대입하면 식 (3-26)이 되고 식 (3-25)에 의해 $-Mg/R = \gamma K/(\gamma-1)$이므로 식 (3-27)과 같이 다시 써주고 적분하면 식 (3-28)을 얻게 된다.

$$\frac{dP}{P} = -\frac{Mg}{R}\frac{dz}{(T_0 + Kz)} \tag{3-26}$$

$$\int_{P_0}^{P}\frac{dP}{P} = (\frac{\gamma}{\gamma-1})K\int_0^z\frac{dz}{(T_0+Kz)} \tag{3-27}$$

$$\ln\frac{P}{P_0} = (\frac{\gamma}{\gamma-1})\ln(1+\frac{Kz}{T_0}) \tag{3-28}$$

**02** 식 (3-23)의 압력은 해당 고도에 존재하는 입자의 개수와 비례할 것이므로 식 (3-23)을 활용한다. 지표면에 존재하는 공기 분자의 개수와 높은 고도에 존재하는 공기 분자의 개수의 비율은 Ratio $\sim \exp(-mgz/RT)$로 10 km에서 0.32, 20 km에서 0.1이다.

문제 1에서 설명한 바와 같이 지상의 공기 분자 개수와 산꼭대기의 분자 개수는 고도에 따라 선형적으로 줄어들지 않고 지수적으로 급격하게 줄어든다는 것을 정량적으로 보여준다. 즉, 어떤 에너지 장벽(여기서는 위치 에너지 장벽)을 넘어서는 것이 그만큼 쉽지 않다는 뜻이다.

**03**

$n(300\ \text{K}) \sim \exp(-E_{bandgap}/300k_B)$

$n(400\ \text{K}) \sim \exp(-E_{bandgap}/400k_B)$

따라서 $n(400\ \text{K})/n(300\ \text{K}) = 42{,}000$배이다. 온도를 높여줄수록 전기전도도가 크게 향상될 수 있음을 보여준다. 띠간격 에너지(bandgap energy)란 Si의 원자가띠(valence band)에 있던(또는 원자핵들에 의해 구속된) 전자들이 전도띠(conduction band)로 들뜰 때(자유전자처럼 자유로이 움직일 수 있는) 필요한 에너지 장벽에 해당한다.

**04**

진동에 대해서, $n$(들뜸)/$n$(바닥) $= 2.8 \times 10^{-11}$

회전에 대해서, $n$(들뜸)/$n$(바닥) $= 0.78$

상온에서는 진동 운동은 거의 활성화되지 않는다.

Boltzmann 분포는 〈그림 3-4〉와 같이 불연속적(discretized)인 에너지 준위에서도 어떤 에너지 장벽을 넘어서는 입자의 수는 선형적이지 않고 지수적이라는 것을 보여준다.

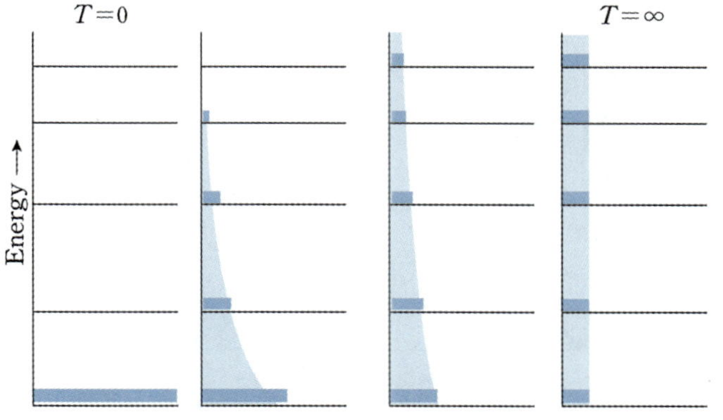


그림 3-4 불연속적인 에너지 준위에서의 Boltzmann 분포

**05** Arrhenius 식을 생각해 보자. 지수함수 내에 $E_a$(활성화 에너지, activation energy)가 있다는 점이 다르다. $E_a$가 커지면 앞에 (−) 부호가 있으므로 $1/\exp(E_a/RT)$ 형태에서 분모가 지수적으로 커지고 반응 속도는 반대로 지수적으로 감소한다. 한편 온도 $T$가 커지면 분모가 작아지므로 반응 속도는 지수적으로 커진다. 〈그림 3-3〉의 $x$축을 $v$가 아닌 $E$(energy) domain으로 변경하면 Boltzmann 분포가 Arrhenius 식과 연관됨을 보여줄 수 있다.

$$f(v)dv = 4\pi\left(\frac{m}{2\pi kT}\right)^{3/2} v^2 e^{-\frac{\frac{1}{2}mv^2}{kT}} dv \qquad (3\text{-}29)$$

여기에 $E = \frac{1}{2}mv^2$, $dE = mvdv$, $dv = \frac{dE}{mv}$, $mv = \sqrt{2mE}$를 대입하여 정리하면 식 (3-30)을 얻는다.

$$\begin{aligned} p(v)dv &= 4\pi\left(\frac{m}{2\pi kT}\right)^{3/2} \frac{2E}{m} e^{-\frac{E}{kT}} \frac{dE}{\sqrt{2mE}} dv \\ &= 2\pi\left(\frac{1}{\pi kT}\right)^{3/2} \sqrt{E} e^{-\frac{E}{kT}} dE = f(E, T)dE \end{aligned} \qquad (3\text{-}30)$$

식 (3-30)의 $f(E,\ T)$는 〈그림 3-5〉와 같이 그릴 수 있으며 〈그림 3-2〉와 크게 다르지 않다. 다만 〈그림 3-5〉에서는 어떤 특정한 활성화 에너지($E_a$) 값을 넘어서는 분자의 개수가 온도가 높아질수록 선형적이지 않고 지수적으로 크게 증가할 수 있음을 시각화한다. 물론 활성화 에너지의 위치를 옮겨보면 활성화 에너지 값을 넘어서는 분자의 개수가 지수적으로 증가 또는 감소하는 것도 볼 수 있다.

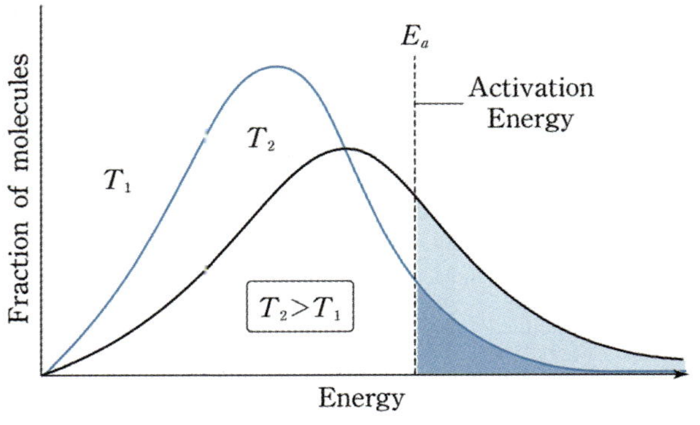


그림 3–5 Boltzmann 분포와 Arrhenius 식

## 4장

**01** 이 계는 외부 압력이 1기압인 constant pressure 계이다.

a) $Q = 500$ W(J/sec) × 60 sec/min × 20 min = 600 kJ

b) 600,000 / 40,000 = 15 mol

c) 식 (1–3)에 의해, 그리고 기체의 부피가 액체의 부피에 비해 훨씬 크므로($V_{vapor} \gg V_{liquid}$)

$$W = -P \times (V_{vapor} - V_{liquid}) = -PV_{vapor} = -15 \text{ mol} \times 8.314 \text{ J/mol} \cdot \text{K} \times 373.15 \text{ K} = -46{,}556 \text{ J}$$

이다.

d) 대기압이라는 constant pressure이므로 유입된 $Q$는 엔탈피와 같다.

$$\Delta U = \Delta H - P\Delta V = Q - P\Delta V = 600{,}000 - 46{,}556 = 553{,}444 \text{ J}$$

**02** 증발 잠열은 다음과 같은 관계를 가진다.

$$\Delta H_{vaporization} = H_{vapor} - H_{liquid} = 320{,}500 \text{ J/kg}$$

그런데 $H_{liquid}$를 0으로 정했으므로 $H_{vapor} = 320{,}500$ J/kg이다.

그리고 saturated vapor의 내부 에너지는 saturated liquid에서와 같은 방식으로 $U_{vapor} = H_{vapor} - PV_{vapor} = 320500 - 1005 \times 38.2 = 282.11$ kJ/kg이다.

**03** 이 문제가 constant pressure, constant volume에서의 $H$와 $U$의 개념을 명확하게 해줄 것이다.

1) $Q1 > Q2$, $Q1$은 엔탈피 변화이고 $Q2$는 내부 에너지 변화이다. $Q1$은 $PV$ work까지 포함하기 때문에 더 많은 에너지가 투입되어야 한다.
2) $Q2$, 이상 기체일 때 엔탈피 변화와 내부 에너지 변화는 오직 온도에 관한 함수이고 측정한 데이터가 있으므로 그대로 사용하면 된다.
3) $Q1$, 2)와 마찬가지이다.
4) $Q2 - Q1$, $PV$ work $= -P\Delta V$, $\Delta H = \Delta U + P\Delta V$이므로 $PV$ work $= Q2 - Q1$이 되고 $Q1 > Q2$이므로 (−) 부호를 갖는다. 따라서 계가 외부에 일을 해 주는 팽창이 일어난다.
5) $(Q1 - Q2)/V1$
   $\Delta H = \Delta U + P\Delta V$(constant pressure), $\Delta H = \Delta U + V\Delta P$(constant volume) 같은 온도 구간이라면 $\Delta H$, $\Delta U$가 동일하므로 $P\Delta V$(constant pressure) = $V\Delta P$(constant volume)이다. 4)에서 $P\Delta V = Q1 - Q2$임을 구했으므로 답은 $(Q1 - Q2)/V1$으로 $Q1 > Q2$이므로 (+)의 부호를 갖고 압력이 증가했음을 보여준다.

**04** Constant pressure이므로 $Q = \Delta H$이다. 그리고 $dH = C_P dT$이므로 적분을 수행한다.

$$\Delta H = R \times \int_{300}^{700} \left(3.355 + 0.575 \times 10^{-3} \times T - 0.016 \times 10^{5} \times \frac{1}{T^2}\right) dT$$

$\Delta H$ = 12,008 J/mol이다. $C_P$가 온도에 관한 함수이므로 적분 안으로 들어간다.

**05** $H_{outlet}$ = 12000/5 = 2400 J/mol

Flow calorimeter는 constant pressure 조건이고 따라서 유입된 $Q = \Delta H$이다. 한편 측정된 값은 상대적인 엔탈피 변화이지만 reference에 따라 배출 흐름의 엔탈피에 절대값을 부여할 수 있다.

그리고 본문에서 다루었던 닫힌계와 달리 flow calorimeter는 열린계이므로 몇 가지 조건(또는 가정)을 부여하는 것이 중요하다. 우선 정상 상태(steady state)가 유지되어야 한다. 즉 계 내부에 물질의 축적(accumulation)이 없어야 한다. 그리고 내부 배관을 흐르면서 생길 수 있는 운동 에너지 손실(또는 마찰 손실) 또는 위치 에너지 손실(입구와 출구의 높이 차이)이 무시될 수 있어야 한다. 물론 이 손실들은 order of magnitude가 작아서 무시될 수 있지만 입구와 출구의 온도 차이가 작아질수록 상대적으로 영향이 커질 수 있다.

**06** 단단한 용기이므로 외부에서 작용하는 힘이 영향을 미치지 못해 $W=0$이다. 또한 단열이므로 $Q=0$이다. 따라서 $\Delta U=0$이고 두 구역의 이상 기체들이 혼합되면서 열을 주고받으며 평형에 도달한다는 의미이므로 다음과 같이 쓸 수 있다.

$$\Delta U_A + \Delta U_B = 0 \tag{4-9}$$

$\Delta U = C_V \Delta T$이므로 식 (4-9)를 식 (4-10)과 같이 다시 쓴다.

$$n_A C_V (T - T_A) + n_B C_V (T - T_B) = 0 \tag{4-10}$$

두 구역의 이상 기체는 이상 기체 방정식에 의해 다음의 관계를 갖는다.

$$n_A = \frac{P_A V_A}{R T_A},\ n_B = \frac{P_B V_B}{R T_B} \tag{4-11}$$

식 (4-11)을 식 (4-10)에 대입하여 정리하면 식 (4-12)와 같은 평형 온도 식을 얻을 수 있다.

$$T = T_A T_B \left( \frac{P_A V_A + P_B V_B}{P_A V_A T_B + P_B V_B T_A} \right) \tag{4-12}$$

한편 평형 압력은 마찬가지로 이상 기체 방정식을 사용하면 식 (4-13)이 되고 식 (4-11)과 식 (4-12)를 대입하여 정리하면 식 (4-14)를 얻게 된다.

$$P = \frac{nRT}{V} = \frac{(n_A + n_B) RT}{V_A + V_B} \tag{4-13}$$

$$P = \frac{P_A V_A + P_B V_B}{V_A + V_B} \tag{4-14}$$

## 5장

**01** 열역학 제1 법칙에 의해 $\Delta U = Q + W$이 성립한다. Cycle 123과 456은 다른 것처럼 보이지만 2가지 모두 온도변화는 $\Delta T = T_B - T_A$로 동일하다. 이상 기체에서 $\Delta U$는 오직 온도에 관한 함수이므로 두 cycle의 $\Delta U$는 동일하고 $(Q+W)$도 동일하다. Cycle 1231과 4564는 모두 제자리로 돌아왔으므로 상태 함수의 정의에 의해 $\Delta U=0$이다.

**02** 부피가 증가하였으므로 단열 팽창 공정으로, 식 (5-6)을 활용하면 $T_2$ = 321 K이다. 다음 $W = \Delta U = C_V \Delta T$ = 12.56 × (321 − 450) = −1,620 J/mol, $\Delta H = C_P \Delta T$ = 20.88 × (321 − 450) = −2,694 J/mol이다. $W$가 (−) 부호를 가지므로 외부에 일을 해 주었고 그만큼 온도가 감소하여 내부 에너지 또한 감소하였다. $H = U + PV$이므로 내부 에너지 감소에 $PV$ work까지 고려하면 엔탈피는 더욱 감소한다.

**03** 주어진 식을 일반화해서 $PV^{\delta} = k$로 표시하자. $W$의 정의에 의해 식 (5-11)이 얻어지고 주어진 fitting 식을 대입하면 식 (5-12)가 된다.

$$W = -\int_{V_i}^{V_f} PdV = -k\int_{V_i}^{V_f} \frac{dV}{V^{\delta}} \tag{5-11}$$

$$W = -\frac{k}{1-\delta}(V_f^{1-\delta} - V_i^{1-\delta}) = -\frac{kV_f^{1-\delta} - kV_i^{1-\delta}}{1-\delta} \tag{5-12}$$

그런데 주어진 fitting 식에 의해 $k = PV^{\delta} = P_iV_i^{\delta} = P_fV_f^{\delta}$이 성립한다. 이에 상수 $k$를 적절히 대체하면 식 (5-13)과 같이 $W$를 구할 수 있다.

$$W = -\frac{P_fV_f^{\delta}V_f^{1-\delta} - P_iV_i^{\delta}V_i^{1-\delta}}{1-\delta} = -\frac{P_fV_f - P_iV_i}{1-\delta} \tag{5-13}$$

이 문제에서는 이상 기체라는 가정이 도입되지 않았음을 기억하자. 이렇게 실제 기체의 경우는 실험적으로 구해진 데이터를 활용해서 가역 변화의 $W$를 구할 수 있다.

**04** 이상 기체 방정식을 이용하여 직접 계산해 보기 바라고 4,295 J이다. Constant volume에서 압력이 증가하였으므로 내부의 온도도 증가할 것이므로 $\Delta U$는 (+) 부호를 가진다.

**05** 주어진 상태 방정식은 나중에 다루게 될 van der Waals EOS의 간단한 형태이다. 실제 기체는 이상 기체의 반대이므로 interacting non-point particle라고 할 수 있는데, 압력이 낮은 조건이라면 여전히 분자들끼리의 상호 작용을 무시할 수 있어 압력에는 보정(correction)을 하지 않고 다만 분자들이 자체의 부피를 가지고 있으므로 분자들이 움직일 수 있는 공간을 $V$에서 분자들이 가진 부피($b$)를 빼 준 부피(= $V - b$)로 보정한 것이다.

가역 변화에서의 일의 정의인 식 (1-4)를 사용하면 간단하게 아래와 같은 식 (5-14)를 구할 수 있다.

$$W = RT\ln\left(\frac{V_f - b}{V_i - b}\right) \tag{5-14}$$

한편 이상 기체에서의 일과 비교하면 더 많은 일을 해 준다. 팽창의 경우 reference가 되는 가역 팽창에서 외부에 해 주는 일이 최대였다는 걸 기억한다면 약간 헷갈릴 수 있다. 이상 기체도 마찬가지로 열역학에서 자주 사용하는 reference 중에 하나이기 때문이다.

이를 간단하게 대수적(arithmetic)으로 이해해 볼 수 있다. 초기 전체 부피가 1이라 하고 그중에 기체 분자가 차지하는 부피가 0.5라고 하자. 이제 전체 부피가 2로 팽창이 되었고 닫힌계이므로 기체 분자가 차지하는 부피는 여전히 0.5일 것이다. 따라서 식 (5-14)에서 $ln[(2-0.5)/(1-0.5)]$가 도고 이상 기체일 때의 $ln(2/1)$보다 큰 값을 가진다. 이제 물리적으로 이해하기 위해 부피(또는 공간)의 변화 입장에서 생각해 보자. 이상 기체인 경우 부피가 단순히 2배로 커지는 팽창이다. 반면 실제 기체의 경우 기체 분자가 차지하는 부피를 제외한 분자들이 움직일 수 있는 공간은 초기에 0.5이고 전체 부피가 2배로 커지면 1.5가 되어 실질적으로는 3배로 커지는 팽창이기 때문에 외부에 해 주는 일이 더 큰 값으로 나타나는 것이다.

**06** 먼저 문제로부터 주어진 힌트를 정리할 필요가 있다. 단단한 실린더라고 했으므로 전체 실린더의 부피는 일정할 것이다. 초기에 A와 B의 압력 조건이 같으므로 기계적 평형을 이룬 상태이며, 변화가 천천히 진행되므로 가역 변화로 가정할 수 있다. 또한 열용량을 무시할 수 있으므로 피스톤과 실린더 자체는 문제 풀이에 고려하지 않아도 된다. 그리고 일어나는 현상을 정리하면 다음과 같다. $A$에 $Q$가 공급되면 $A$의 온도가 올라가고 압력도 같이 상승할 것이다. 그러면 $A$와 $B$의 기계적 평형이 깨지므로 피스톤이 $B$쪽으로 이동하여 양쪽의 압력이 같아지게 한다. 즉, 계속적인 기계적 평형이 이루어지므로 $A$의 압력과 $B$의 압력은 항상 같아진다. 그리고 열이 공급되어 $A$의 온도는 445 K가 되면 그보다는 낮겠지만 압축에 의해서 $B$의 온도도 상승할 것이다.

$A$와 $B$의 초기 온도와 압력은 주어져 있고 $A$의 최종 압력은 위의 분석에 따라 $B$의 최종 압력과 동일할 것이므로 모르는 변수는 2개($B$의 최종 온도와 압력)이다. 따라서 2개의 식이 필요하다. $A$의 최종 온도는 문제에서 주어졌다. 먼저 다음과 같이 기호와 값을 정리한다.

$$T_{A,i} = T_{B,i} = T_i = 278\ \text{K},\ P_{A,i} = P_{B,i} = P_i = 100\ \text{kPa},\ P_{A,f} = P_{B,f} = P_f$$

전체 실린더 전체에 대해 열역학 제1 법칙을 적용하면 $W=0$이고, 유입된 $Q$는 $A$의 내부 에너지 증가와 $B$의 내부 에너지 증가에 사용되었다. $T_{A,f} = 445$ K이므로 $T_{B,f}$를 알면 식 (5-15)에 의해 투입된 $Q$를 구할 수 있다.

$$Q = \Delta U = C_V \Delta T = C_V(T_{A,f} - T_i) + C_V(T_{B,f} - T_i) \qquad (5\text{-}15)$$

한편 전체 실리더의 부피가 일정한 조건에서 이상 기체이므로 식 (5-16)이 성립한다.

그리고 $B$쪽에서는 단열 압축이 일어나므로 식 (5-8)을 활용할 수 있고 이를 식 (5-16)과 결합하면 식 (5-17)을 얻을 수 있다. 여기서 $n_A = n_B = 1$이다.

$$V = (n_A + n_B)RT_i/P_i \text{ 그리고 } V = (n_A RT_{A,f} + n_B RT_{B,f})/P_i \quad (5-16)$$

$$2\frac{P_f}{P_i} = \frac{T_{A,f}}{T_i} + \frac{T_{B,f}}{T_i} = \frac{T_{A,f}}{T_i} + \left(\frac{P_f}{P_i}\right)^{(\gamma-1)/\gamma} \quad (5-17)$$

iteration을 이용하여 $P_f/P_i = 1.367$를 구하면 $T_{B,f} = 315$ K이다. 따라서 식 (5-15)에 의해 $Q = 2{,}562$ J이 된다. 이와 같이 이번 장에서 배운 4가지 공정을 혼합한 다양하고 어려운 문제를 접할 수 있는 기회가 있을 텐데, 중요한 것은 문제 풀이를 시작하기 전에 어떤 현상이 일어나는지를 먼저 이해하고 정리해 보는 것이다.

**07** 단원자 분자 이상 기체이므로 equi-partition theorem에 의해 $C_v = (3/2)R = 12.471$ J/mol·K, $C_p = (5/2)R = 20.785$ J/mol·K이다.

(Step 1)

$Q = 0$

$\Delta U = W = C_v \Delta T = 12.471 \times 100 = 1247.1$ J/mol

$\Delta H = C_p \Delta T = 20.785 \times 100 = 2078.5$ J/mol

단열 압축이므로 식 (5-8)로부터 $P_2 = P_1 \times (T_2/T_1)^{2.5} = (426.15/323.15)^{2.5}$ $= 1.962$ bar

(Step 2)

$Q = \Delta H = C_p \Delta T = -20.785 \times 100 = -2078.5$ J/mol

$\Delta U = C_v \Delta T = -12.471 \times 100 = -1247.1$ J/mol

$W = \Delta U - Q = 831.4$ J/mol

(Step 3)

$\Delta H = \Delta U = 0$

$Q = -W = RT \times \ln(P_2/P_1) = 8.314 \times 323.15 \times \ln(1.962) = 1810.7$ J/mol

(전체 cycle)

$\Delta H = \Delta U = 0$

$Q = 0 - 2078.5 + 1810.7 = -267.8$ J/mol

$W = 1247.1 + 831.4 - 1810.7 = 267.8$ J/mol

다시 한번 상태 함수와 경로 함수의 차이에 대해 알 수 있다.

## 6장

**01** 1몰의 HCl(g)을 calculation basis로 하여 얻어진 답은 −114,408 kJ이다. 이 문제를 풀기 위해 찾아야 하는 데이터는 본문에서 이미 찾아 놓은 데이터를 제외하면 실질적으로 1개이다.

## 7장

**01** 식 (7−13)으로부터 최대의 효율이 1 − 300/540 = 0.444로 계산된다. 그런데 발명가가 주장하는 효율은 450/1000 = 0.450이므로 발명가의 주장은 틀렸다. 예로부터 영구 엔진(perpetual engine)을 발명했다는 주장은 항상 있었고 어떻게 된 건지는 모르지만 가끔 특허로도 등록되기도 했다. 열역학 제2 법칙을 배웠다면 절대 속으면 안 될 것이다.

**02** 열역학 제1 법칙(에너지 보존)에 의해 냉장고 내에서 빼앗는 열이 350 W이고 엔진이 해주는 일이 100 W이므로 450 W의 일이 냉장고 밖으로 배출되는 상황이다. 집에 냉장고가 돌아가면 집안의 온도가 올라간다는 것을 우리는 경험적으로 알고 있다.

〈그림 7−3〉의 Carnot cycle에서와 같은 방식으로 유도해 보면, 식 (7−28)과 같은 maximum coefficient of the performance라는 것이 정의된다. Carnot cycle에서는 유입된 열($Q_H$)이 $W$을 해주는 상황이므로 $-W$〉 $Q_H$인 경우가 절대 없고, 따라서 흔히 아는 형태의 효율을 도입했다. 그러나 이 경우는 식 (7−28)과 같이 '냉장고에 투입된 일이 얼마만큼의 열을 냉장고 내부로부터 제거할 수 있나'라는 새로운 개념이 도입되었다. 직접 유도해 보기 바란다. 한편 식 (7−28)에 절댓값 기호가 사용된 이유는 다른 열역학 교재에서 많이 사용하는 notation을 차용한 것으로, 계를 중심으로 부호에 대해 일관성을 가진다면 절댓값이 없는 형태의 식도 문제가 없으나 부호에서 오는 혼란을 줄이기 위해서 도입된 notation으로 이해하면 된다.

$$\left|\frac{Q_H}{W}\right| = \frac{T_C}{T_H - T_C} \tag{7−28}$$

따라서 $T_H$ = 298 K, $W$ = 100 W, $Q_C$ = 350 W를 대입하면 $T_C$ = 231.8 K이다. 온도가 올라갈수록 엔트로피가 증가한다고 알고 있는데, 냉장고 내의 온도가 떨어지는 현상을 어떻게 해석해야 할까? 분명 냉장고 내의 엔트로피는 감소하는 것이 맞지만 열역학 제2 법칙에 의하면 우주(계와 외부)의 엔트로피는 증가한다고 하였으므로 이 경우는 외부의 엔트로피가 냉장고 내의 감소한 엔트로피보다 더 증가하여 총 엔트로피가 증가한 경우일 것이다. 물론 표면적으로는 외부의 높은 온도 쪽으로 열이 배출되어 더 뜨겁게 되고 냉장고 내 낮은 온도 쪽에서는 열이 제거되어 더 차갑게 되는, 즉 에너지 밀도가 높은 곳이 더 높아지고 에너지 밀도가 낮은 곳이 더 낮아지는 열역학 제2 법칙에 위배되는 상황으로 보일 수 있다. 그러나 여기에 고려할 것은 냉장고에 공급되는 전기로, 또 다른 에너지 밀도가 높은 유용한 에너지이다. 다시 말해 선호하는 변화를 유도하기 위해서는 결국 더 많은 유용한 에너지원을 투입해야 한다는 본문의 논리에 어긋나지 않는다.

**03** 식 (7-28)에 주어진 조건을 대입하면 $|Q_C/W| = 3.50$이다. $Q_C = 1{,}230$ J/s(= W)이므로 $W = 351.4$ J/s = 351.4 W가 된다. 따라서 냉장고 외부로 배출되는 열은 351.4 + 1,230 = 1581.4 W이다. 적은 일을 투입하여 그것보다 훨씬 많은 열을 제거하므로 효율성이 좋다고 생각할 수 있다. 그러나 냉장고의 경우는 본문의 원자력 발전소와 달리 $T_H$와 $T_C$의 차이가 크지 않아서 그럴 뿐 온도 차이가 커지면 커질수록 투입되는 일이 크게 증가한다. 이렇게 Carnot 효율처럼 maximum coefficient of the performance도 냉장고를 개발하는 데 중요한 reference 역할을 한다.

**04** 〈그림 4-3〉을 참조해 보자. 우선 식 (7-22)를 보면 온도가 증가할수록 엔트로피는 증가할 수밖에 없으며 상전이가 일어날 때 온도가 일정한 상태에서 잠열(또는 증발열)이 투입되므로 엔트로피 그래프에 점프(jump)가 생긴다. 대기압에 물이므로 $T_{\alpha\beta} = 373\ K$이고 $\Delta S_{\alpha\beta} = \dfrac{\Delta H_{\alpha\beta}}{T_{\alpha\beta}}$로부터 증발열은 약 40.7 kJ/mol이다. 한편 같은 온도를 높이기 위해서 액체의 경우가 기체보다 더 많은 에너지가 필요한데, potential energy라는 에너지를 보유할 수 있는 추가적인 모드가 있기 때문이다. 그래서 〈그림 4-3〉처럼 엔탈피와 $C_P$ 모두 액체 쪽의 기울기가 더 크다. 또한 식 (7-19)를 보면 엔트로피는 온도에 대해 $C_P/T$의 기울기를 가지므로 $C_P$와 비슷한 경향을 가지게 될 것이다. 즉, 액체 쪽의 기울기가 더 큰 위 그래프는 타당하다.

**05** 뜨거운 물과 차가운 물이 섞여서 중간의 어떤 평형온도가 될 때 뜨거운 물에서 손실된 열과 차가운 물이 얻은 열은 동일하다. 이를 수식화하면 식 (7-29)와 같다.

$$Q_C = m_C C_P(T - T_C) = -Q_H = -m_H C_P(T - T_H)$$

$$m_C(T - T_C) + m_H(T - T_H) = 0 \ \text{or} \ T = \frac{m_C T_C + m_H T_H}{m_C + m_H} \qquad (7\text{-}29)$$

주어진 값들을 모두 대입하면 $T = 315$ K가 되고 여기까지는 이전에 이미 다루어 본 유형이다.

이제 뜨거운 쪽과 차가운 쪽의 엔트로피 변화를 계산한다. 액체이므로 식 (7–19)에서 압력 항을 무시할 수 있다. 각각 식 (7–30), (7–31)과 같고 엔트로피 변화의 총량은 식 (7–32)에 의해서 157.8 J/K이 된다. 위 비가역 변화에 대한 $\Delta S_{total}$이 (+) 부호이므로 열역학 제2 법칙에 부합한다.

$$\Delta S_C = C_P \ln \frac{T}{T_C} = 4184 \times \ln \frac{315}{283} = 448.2 \qquad (7\text{–}30)$$

$$\Delta S_H = C_P \ln \frac{T}{T_H} = 4184 \times \ln \frac{315}{363} = -593.4 \qquad (7\text{–}31)$$

$$\Delta S_{total} = m_C \Delta S_C + m_H \Delta S_H = 157.8 \qquad (7\text{–}32)$$

**06** 1) 열적 평형을 이루고 있지 않으므로 평형은 아니지만 시간에 따라 이동하는 열이 일정하므로 정상 상태이다.

2) 식 (7–5)에 의해 1 J/mol·K·s이다.

3) 엔트로피 변화가 0보다 크므로 열역학 제2 법칙을 만족한다. 하지만 0이 아니므로 비가역 변화이다.

4) 열원의 분자들은 높은 에너지 밀도를 가지고 있으며 열이 전달되면서 주위에 있는 많은 수의 분자들에게 에너지를 나누어 주게 된다. 따라서 무질서도의 증가, 또는 경우의 수의 증가로 엔트로피가 증가한다.

**07** 응용문제 5와 같이 평형 온도를 구하면 7/2 × $R$ × (300 − $T$) = 5/2 × $R$ × ($T$ − 200)에서 $T$ = 258 K이다. 이상 기체인 단원자 분자와 이원자 분자의 $C_P$는 별도의 정보가 없으므로 equi-partition theorem에서 구한다. 한편 식 (7–19)로부터 $\Delta S_{total}$ = 7/2 × $R$ × $ln(T/300)$ + 5/2 × R × $ln(T/200)$ = 0.904 J/mol·K이고 (+) 부호를 가지므로 열역학 제2 법칙에 부합한다.

그런데 이 문제에는 하나의 함정이 있다. 서로 다른 물질들이 혼합(mixing)되는 계라는 것이다. 응용문제 5와 같이 같은 물질이 혼합되어 열교환이 일어나는 경우라면 식 (7–19)의 온도 항만으로 전체 엔트로피 변화를 계산하면 된다. 하지만 이 문제를 자세히 살펴보면 한쪽 플라스크에 A라는 기체가 채워져 있고 다른 쪽 플라스크에 B라는 기체가 채워진 상태에서 가운데 콕을 제거했을 때 양쪽으로 상호 확산이 일어났던 계와 다르지 않다. 같은 대기압의 두 이상 기체가 혼합되면 여전히 대기압으로 유지될 것이므로 식 (7–19)의 압력 항은 0일 되는 것이 맞을까? 에너지 교환이 없이도 혼합되는 것만으로도 엔트로피가 증가할 수 있고 Boltzmann의 관점에서 보면 타당하다고 배웠다. 이 문제에서는 에너지 교환(또는 열 교환)이 존재하지만 두 기체가 혼합되는 것도 맞기 때문에 혼합으로 인한 엔트로피 증가도 고려되어야 하지 않을까? 결론적으로 위에서 구한 $\Delta S_{total}$에 $R ln 2$가 더해져야 한다. 식 (7–19)를 이용해서도 이를 얻을 수 있다. 혼합 후 압력은 동일하게 대기압이고 혼합물에서 각 기체는 0.5의 몰분율을 가지므로 각 기체의 분압(partial pressure)은 0.5기압이 된다. 따라서 각 기체의 분압을 계산에 도입하면 식 (7−19)의 압력 항은 $-Rln\frac{0.5}{1}=Rln2$이다. 두 기체에서 각각 $R\,ln\,2$만큼의 엔트로피 증가가 있으므로 전체는 $2R\,ln\,2$가 되지만 총 2몰에 대한 증가분이므로 세기 변수로 바꾸어 주면 $R\,ln\,2$가 된다.

**08** 등온 공정이므로 $Q=-W$이고 $Q$(외부) = $-Q$이다.

a) $\Delta S_{total}$ = $\Delta S$(계) + $\Delta S$(외부) = $Q/T-Q/T=0$

b) $W=-PdV=-RT\frac{dV}{V}=-RTln\left(\frac{V_2}{V_1}\right)=-RTln\left(\frac{P_1}{P_2}\right)$

$$=-8.314\times 400\times ln\left(\frac{100}{1000}\right)=7{,}657\frac{J}{mol}$$

$\Delta S_{total}$ = $\Delta S$(계) + $\Delta S$(외부) = $Q/T-Q/T=-7{,}657/400+7{,}657/300$

= 6.38 J/mol·K

(a)는 매순간 기계적 평형과 열적 평형이 동시에 유지되는 데 반하여 (b)는 매순간 기계적 평형은 유지되지만 온도의 차이가 존재하므로 열적 평형은 이루어지지 않는다.

**09** 식 (7−19)에서 고체의 구리이므로 압력 항은 무시할 수 있으므로 구리의 엔트로피 변화는 다음과 같다.

$$\Delta S_{copper}=mC_P ln\frac{T_{air}}{T_1}=2\times 0.38\times ln\frac{298.15}{473.15}=-0.3510\ \ kJ/K$$

구리가 냉각되었으므로 구리의 엔트로피 변화는 (−) 부호를 갖는다. 따라서 쉽게 예상하겠지만 외부의 공기가 얻은 엔트로피 변화가 이를 초과하여 전체 엔트로피 변화는 예외 없이 (+) 부호를 가질 것이다. 구리가 냉각되면서 $Q$를 외부에 제공하므로 외부 입장에서는 $-Q$를 받은 꼴이다. 한편 $Q$는 대기압의 constant pressure이므로 $Q=\Delta H$가 되고 구리가 냉각되는 현열을 대상으로 한다.

$$\Delta S_{air}=\frac{-Q}{T_{air}}=-\frac{mC_P(T_{air}-T_1)}{T_{air}}$$

$$=-\frac{2\times 0.38\times(298.15-473.15)}{298.15}=0.4461\ \ kJ/K$$

총 엔트로피 변화는 예상했듯이 0.0951 kJ/K로 (+) 부호를 갖는다.

**10** a) 식 (5−6)에서 부피가 2배로 팽창된다고 하였으므로 $T_2 = T_1\left(\frac{V_1}{V_2}\right)^{\gamma-1} = 270.3\ K$ 이다. 단열에서 $W = \Delta U$이므로 $C_V\Delta T = 25.12 \times (270.3 - 340) = -1{,}751$ J/mol. 또한 엔트로피 변화는 $Q$를 수반하는데, $Q = 0$이므로 $\Delta S = 0$이다.

b) 자유팽창의 경우 $W = 0$이고 단열이므로 $Q = 0$이다. 따라서 $\Delta U = 0$이고 이는 $T_2 = T_1$를 의미한다. 한편 계의 엔트로피 변화는 식 (7−19)를 이용하여 다음과 같이 계산된다.

$$\Delta S_{system} = -Rln\frac{P_2}{P_1} = Rln\frac{V_2}{V_1} = 8.314 \times \ln 2 = 5.7628\frac{J}{mol \cdot K}$$

단열이었으므로 $\Delta S_{surr} = 0$이고 $\Delta S_{system} = \Delta S_{total}$이다. (+) 부호를 갖는 값으로 비가역 변화인 자유팽창에 대해 타당한 결과이다.

**11** 피스톤과 실린더가 좋은 전도체라고 했으므로 열의 출입이 가능한 닫힌 계이다. 즉, 팽창과정에서 실린더의 온도가 떨어지면 외부에서 열이 유입되어 등온을 유지할 수 있다. 한편 초기 상태에서 마찰력은 외부 압력인 100 kPa이 내부 압력인 200 kPa과 평형을 이루도록 작용할 것이다. 즉, 100 kPa의 마찰력이 작용한다. 그러나 팽창이 이루어지면서 내부 압력이 줄어듦에 따라 마찰력도 (마찰력 + 외부 압력 = 내부 압력)이 되도록 점차 감소된다. 그리고 이 마찰력으로 인해 피스톤이 매우 천천히 움직이게 되어 순간마다 열적 평형과 기계적 평형이 유지되는 가역 변화가 조성된다. 하지만 마찰이 관여되었으므로 직관적으로 비가역 변화라는 것을 알 수 있고 전체 엔트로피 변화는 0보다 큰 (+) 부호의 값을 가질 것이다.

등온 공정이므로 $\Delta U = 0$, $Q = -W$이다. $W$를 구하면 얼마만큼의 열이 관여되는지를 알 수 있다. 외부 압력이 $P_1$으로 일정하므로 식 (1−3)에 의해 $W = P_1\Delta V$가 되고 $\Delta V$는 이상 기체 방정식에 의해 식 (7−33)과 같이 구한다. 식 (7−33)을 이용하면 $W$는 식 (7−34)와 같다.

$$\Delta V = V_2 - V_1 = \frac{RT}{P_2} - \frac{RT}{P_1} = RT\left(\frac{P_1 - P_2}{P_1P_2}\right) \qquad (7-33)$$

$$W = \frac{RT}{P_1}(P_1 - P_2) \qquad (7-34)$$

매 순간 열적 평형을 이루면서 총 이만큼의 열 출입이 생기므로 외부의 엔트로피 변화는 식 (7−35)로부터 구할 수 있다.

$$\Delta S_{surr} = \frac{Q_{surr}}{T} = \frac{-W}{T} = -\frac{R}{P_1}(P_1 - P_2) = -\frac{R}{2} \qquad (7-35)$$

한편 등온이므로 식 (7-19)의 압력 항으로부터 계의 엔트로피 변화를 구하면 식 (7-36)과 같다.

$$\Delta S_{system} = -Rln\frac{P_2}{P_1} = -Rln\frac{100}{200} = 0.6932R \tag{7-35}$$

결국 전체 엔트로피 변화는 둘을 합친 $\Delta S_{total} = 0.1932R$이 되고 예상한 바와 같이 (+) 부호의 값을 가진다. 재미있는 것은 계산에 마찰력을 명백(explicit)하게 고려하지 않았음에도 비가역 변화에 해당하는 $\Delta S > 0$의 결과를 얻었다.

**12** 양쪽 격실 사이에 열교환이 가능하므로 최종적으로 온도가 높은 쪽에서 낮은 쪽으로 열이 이동하여 열적 평형이 이루어질 것이고 피스톤 또한 자유롭게 움직일 수 있으므로 양쪽 격실의 압력이 동일하게 되는 기계적 평형도 달성될 것이다. 외부와 격리되어 있으므로 $dS_{total} = dS_{system}$이고 매 순간 열적 평형과 기계적 평형이 유지되는 가역 변화일 때 $dS_{total} = 0$이므로 $dS_{system} = 0$이다.

우선 열역학 제1 법칙인 $dU = dQ - PdV$에 열역학 제2 법칙인 $dQ = TdS$를 대입하여 각 격실에 대해 정리하면 식 (7-36)과 같다.

$$dS_1 = \frac{dU_1}{T_1} + \frac{P_1}{T_1}dV_1 \quad \text{그리고} \quad dS_2 = \frac{dU_2}{T_2} + \frac{P_2}{T_2}dV_2 \tag{7-36}$$

이 둘을 합하면 식 (7-37)의 $dS_{system}$을 얻을 수 있다.

$$dS_{system} = \frac{dU_1}{T_1} + \frac{P_1}{T_1}dV_1 + \frac{dU_2}{T_2} + \frac{P_2}{T_2}dV_2 \tag{7-37}$$

여기서 실린더는 외부와 격리되었으므로 실린더 내부에서 열교환이 있다면 양쪽 격실 사이에서 일어날 것이며 부피의 경우도 한쪽 격실이 팽창한 만큼 다른 쪽 격실은 압축되었으므로 $dU_2 = -dU_1$과 $dV_2 = -dV_1$의 관계가 성립된다. 이들을 식 (7-37)에 대입하면 식 (7-38)이 얻어진다.

$$dS_{system} = \left(\frac{1}{T_1} - \frac{1}{T_2}\right)dU_1 + \left(\frac{P_1}{T_1} - \frac{P_2}{T_2}\right)dV_1 = 0 \tag{7-38}$$

식 (7-38)에서 $dS_{system} = 0$이기 위해서는 $dU_1$와 $dV_1$가 0이 아니므로 $\frac{1}{T_1} - \frac{1}{T_2} = 0$과 $\frac{P_1}{T_1} - \frac{P_2}{T_2} = 0$이 성립해야 한다. 따라서 $T_1 = T_2$, $P_1 = P_2$이다. 참고로 이런 접근법은 앞으로 상평형에서도 활용될 것이므로 기억해 두자. 이 예제로부터 자연의 변화의 방향은 평형(equilibrium)으로 향한다는 것과 평형에 도달하면 엔트로피 변화는 더 이상 없다는 것을 알 수 있다.

**13** 열역학 제1 법칙인 $dU = dQ - PdV$에 $dQ = TdS$와 $dU = C_V dT$의 관계식을 대입하면 식 (7−39)와 같이 간단하게 엔트로피를 $T$와 $V$의 함수로 표현할 수 있다.

$$dS = \frac{C_V}{T}dT + \frac{P}{T}dV = \frac{C_V}{T}dT + R\frac{dV}{V} \quad (7-39)$$

식 (7−39)가 식 (7−19)와 같은지를 확인할 수 있는데, 이상 기체 방정식인 $PV = RT$의 양변을 미분하고 양변을 $PV$로 나누어 주면 식 (7−40)과 같은 관계식을 얻는다.

$$d(PV) = d(RT) \rightarrow PdV + VdP = RdT \rightarrow \frac{dV}{V} + \frac{dP}{P} = \frac{RT}{PV} = \frac{dT}{T} \quad (7-40)$$

식 (7−40)을 식 (7−39)에 대입하면 식 (7−19)와 식 (7−41)을 유도할 수 있다.

$$dS = \frac{C_V}{T}dT + R\frac{dV}{V} = \frac{C_V}{T}dT + R\left(\frac{dT}{T} - \frac{dP}{P}\right)$$

$$= \frac{C_V + R}{T}dT - R\frac{dP}{P} = \frac{C_P}{T}dT - R\frac{dP}{P}$$

$$dS = \frac{C_V}{T}dT + R\frac{dV}{V} = C_V\left(\frac{dV}{V} + \frac{dP}{P}\right) + R\frac{dV}{V}$$

$$= \frac{C_V + R}{V}dV + C_V\frac{dP}{P} = C_P\frac{dV}{V} + C_V\frac{dP}{P} \quad (7-41)$$

위와 같이 단일 성분의 열역학 성질들은 모두 $P$, $V$, $T$ 중에 2개의 변수로 표시될 수 있다. 다만 $P$와 $T$의 함수로 표시되면 매우 유리한데, $P$와 $T$가 현장에서 가장 제어하기 쉬운 변수들이기 때문이다. 예를 들어 반응기의 온도는 반응기를 둘러싼 steam jacket에 공급되는 스팀의 양에 의해 제어될 수 있으며 압력은 압력 제어밸브(control valve)로 간단하게 제어할 수 있다.

**14** 'metastable', 'stable'에 대해서는 나중에 실제 기체의 van der Waals EOS(equation of state)를 다루면서 자세히 설명한다. 여기서도 상태 함수의 성질을 활용하여 아래와 같이 경로를 분리해 본다.

i) −5°C 물이 0°C의 물로 가열된다. 이를 위해서는 열이 필요하다.

ii) 단열이므로 i)의 과정을 위해 필요한 열은 0°C의 물이 0°C의 얼음으로 일부 상전이 되면서 발생하는 잠열에 의해 공급된다.

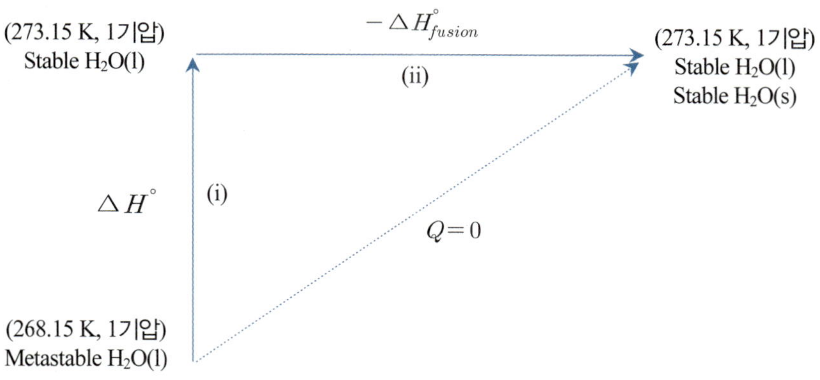


Calculation basis를 물 1 kg으로 한다.

먼저 경로 (i)을 위해 필요한 엔탈피와 엔트로피 변화는 다음과 같다.

$$\Delta H = C_P \times \Delta T = 4.22 \times 5 = 21.1 \text{ kJ}$$

$$\Delta S(\text{i}) = C_P \times \ln(T_2/T_1) = 0.07796 \text{ kJ/K}$$

다음 경로 ii)에서 21.1 kg만큼의 열을 제공해 주기 위해서는 일부의 물이 얼음으로 상전이 되면 충분하다. 따라서 21.1 = $z \times \Delta H_{fusion}$ = $z \times 333.4$이므로 $z = 0.0633$이다. 즉, 1 kg의 물 중에 6.33%만 얼음으로 상전이되면 충분하다. 이 과정에서의 엔트로피 변화는 발열 반응이므로 다음과 같다.

$$\Delta S(\text{ii}) = 0.0633 \times (-\Delta H_{fusion})/273.15 = -0.07725 \text{ kJ/K}$$

두 경로의 엔탈피를 합한 엔탈피 변화의 총합은 0.00071 kJ/kg으로 열역학 제2 법칙에 위배되지 않음을 알 수 있다. 이 문제에는 'metastable'이라는 새로운 열역학적 상태가 도입되었고 열역학 성질들이 상태 함수이기 때문에 경로를 원하는 방향으로 설정할 수 있음을 확인하였다. 한편 잠열과 현열의 order of magnitude도 명확하게 계산을 통해 비교할 수 있었다.

## 8장

**01** 삼중점에서 기상, 액상, 고상의 3가지 상이 존재할 수 있으며, 식 (8-29)에 의하면 자유도는 0이 된다. 물의 경우는 액체상의 물, 수증기, 그리고 'Ice I'이라는 고체상이 0.01°C, 611.2 Pa 조건에서 공존한다. 그리고 앞서 스팀 테이블의 reference가 바로 이 조건이다. 한편 자유도가 0이라는 것은 물질이 정해지면 주어지는 값이라는 의미이다. 즉, 그 물질이 가지는 고유 성질이 된다.

**02** 정답은 각각 1, 2이다. 특히 단일 성분의 기액 평형은 우리가 잘 알고 있는 증기압 곡선으로 표현된다. 증기압은 온도의 함수이고 온도가 주어지면 압력이 구해지므로 독립 변수의 개수(또는 자유도)는 1개(온도)가 된다. 2개의 서로 반응하지 않는 성분들(non-reacting chemical species)에 대해서는 3번 문제에서 좀 더 단순화해서 살펴본다.

**03** 두 경우 모두 2이다. 기액 평형은 다성분-다상 계에서 다루겠지만 a)의 경우를 예로 간단하게 설명한다. 아마도 일반화학에서 Raoult의 법칙을 배웠을 것이다.

$$x_i P_i^{sat}(T) = y_i P$$

여기서 $P_i^{sat}(T)$는 온도의 함수로 주어지는 증기압이고 $P_i^{vap}(T)$로 표시하기도 한다. 이제 온도와 압력이 주어졌다고 하자. Raoult의 법칙을 물(1)에 대해서 써 보면, 질소(2)는 물에 거의 녹지 않으므로 $x_1 = 1$이라 할 수 있다. 따라서 $y_1$은 Raoult의 법칙을 이용해 아래와 같이 구한다.

$$y_1 = P_1^{sat}(T)/P$$

2성분 계에서 $y_2 = 1 - y_1$이므로 기상 중에 질소의 몰분율도 쉽게 정해진다. 즉, 주어진 계가 온도와 압력의 2개의 변수로 완벽히 정의되었다. 본문에서 언급했듯이 열역학에서 고려되는 독립 변수는 온도, 압력, 그리고 각 성분의 각 상에서의 조성이다.

b)도 a)의 예에서 질소가 일부 물에 녹아 들어가는 경우와 크게 다르지 않을 것이다. 기액 평형을 본격적으로 다룰 때, bubble point calculation이나 dew point calculation을 통해 주어진 압력과 온도에서 기상과 액상의 조성을 구하는 방법에 대해 배우게 될 것이다. 거창하게 상규칙이라 언급했지만 간단하게 온도와 압력, 각 상에서의 조성을 어떻게 정의(또는 계산)하느냐가 상평형의 핵심이 된다.

**04** a) 편미분에 표시된 아래 첨자 $V$는 constant volume을 의미하므로 식 (8-17)에서 좌변이 0이 된다. 따라서 정리하면 $(\partial P/\partial T)_V = \beta/\kappa$가 되고 주어진 물성값을 대입하면 $(\partial P/\partial T)_V = 1.5 \times 10^{-3}/50 \times 10^{-6} = 30$ bar/°C가 된다.

b) $\beta$, $\kappa$가 주어진 30~40°C 온도 범위에서 일정하다고 가정하면, a)의 결과에 따라 $\Delta P = 30 \times 10 = 300$ bar이고 $P_2 = P_1 + \Delta P = 1 + 300 = 301$ bar로 매우 큰 압력이 된다. 결과가 이상하게 보일 수 있으나 액체 아세톤을 매우 단단한 용기에 꽉 차게 넣은 상황이다. 단단한 용기이므로 온도가 올라가면 액체 아세톤의 부피도 증가해야 하는데, 그걸 강제로 막은 상황으로 이 때 용기에 작용하는 압력은 위와 같이 엄청나게 크다. 물론 실제로 단단한 용기에 담는다고 해도 아세톤 액체를 완전히 꽉 차게 담지는 않기 때문에 부피 변화만큼 액체의 수위가 약간 올라가는 것으로 관찰할 수 있다.

c) 다시 식 (8−17)을 이용하며 $\beta$, $\kappa$가 크게 변하지 않는다고 가정한다.

$ln(V_2/V_1) = 1.5 \times 10^{-3} \times (0 - 30) - 50 \times 10^{-6} \times (10 - 1) = -0.04545$
$V_2/V_1 = 0.955567$

$V_1$을 1이라 보면 $V_2 = 0.955567\ cm^3/g$이 되고 $\Delta V = -0.04443\ cm^3/g$이므로 약 4.4%의 부피 압축이 발생했다.

**05** 3.65%. 이 문제에서 계산 자체는 어렵지 않으나 주어진 데이터를 어떻게 활용할까를 고민해야 한다. 군데군데 비어 있는 데이터도 있기 때문이다. 여기에 이미 알고 있는 상태 함수의 개념이 도입된다. 문제에서 주어진 변화는 아래의 두 가지 경로로 가능하다.

i) Constant pressure에서 온도가 증가한 후(293 K → 303 K at 100 kPa), constant temperature에서 압력이 증가(100 kPa → 100 MPa at 303 K)
ii) Constant temperature에서 압력이 증가한 후(100 kPa → 100 MPa at 293 K), constant pressure에서 온도가 증가(293 K → 303 K at 100 MPa)

주어진 데이터를 잘 활용하기 위해서는 어떤 경로를 선택해야 할까? $\alpha$값은 100 kPa일 때의 데이터만 주어져 있다. 따라서 1)번의 경로를 따라야 하며, 식 (8−17)을 이용할 때 주어진 온도 구간에서 주어진 2개의 데이터의 평균을 취해주는 것이 가장 적절해 보인다.

한편 이 문제의 물과 이전 응용문제의 아세톤의 $\beta$(또는 $\alpha$), $\kappa$의 값 자체에서 무엇을 알 수 있는가? Order of magnitude가 매우 작다는 것을 알 수 있는데, 액체와 고체는 condensed phase(또는 incompressible fluid)로 온도와 압력이 변해도 부피가 크게 변하지 않기 때문이다. 이는 이후 몇 가지 열역학 관계식을 유도할 때 등장하므로 기억해 두면 좋다.

**06** Volume expansivity와 isothermal compressibility와 $V$ 사이에는 다음 관계가 있음을 알고 있다.

$$\frac{dV}{V} = \alpha T - \kappa dP$$

이를 적분하면 다음과 같다.

$$ln\frac{V_2}{V_1} = ln\frac{D_2^2}{D_1^2} = ln(1+0.0040)^2 = \alpha(T_2 - T_1) - \kappa(P_2 - P_1)$$

주어진 데이터를 대입하면 $ln(1.0040)^2 = 250 \times 10^{-6} \times (40 - 10) - 45 \times 10^{-6} \times (P_2 - 6)$이고 $P_2 = 16.76$ bar이다.

**07**

| | $\Delta H$ (둘 중에 체크) | $\Delta S$ (둘 중에 체크) | $\Delta G$를 이용해 자발성을 가지는 범위 평가 |
|---|---|---|---|
| (a) | (흡열 or 발열) | (양수 or 음수) | 전 범위 $\Delta G < 0$ (자발적) |
| (b) | (흡열 or 발열) | (양수 or 음수) | 전 범위 $\Delta G > 0$ (비자발적) |
| (c) | (흡열 or 발열) | (양수 or 음수) | 높은 온도에서 자발적 |
| (d) | (흡열 or 발열) | (양수 or 음수) | 낮은 온도에서 자발적 |

## 9장

**01** $\Delta H = -1361$ J/mol $= -2776$ (const. P) $+ 1415$ (const. T)

식 (9-26)을 사용하는 데 필요한 모든 데이터가 주어져 있다. 하지만 8장의 응용문제 5와 같이 데이터가 빠져 있는 조건이 있다. 따라서 초기 상태에서 최종 상태로 가는 경로를 잘 선택해 주는 것이 중요하다. 어쨌든 실험 결과와 함께 이번 장에서 유도된 식을 사용하여 일반 유체의 열역학 성질을 계산할 수 있다.

**02** $C_V = 23.8$ J/mol·K

식 (9-30)을 이용하면 되며, 고체이므로 $C_V$가 $C_P$와 크게 차이가 나지는 않지만 여전히 $C_P > C_V$임을 알 수 있다.

**03** i) $U$를 $T$와 $P$의 함수로 나타내는 편미분 관계식은 다음과 같다.

$$dU = \left(\frac{\partial U}{\partial T}\right)_P dT + \left(\frac{\partial U}{\partial P}\right)_T dP \qquad (9-32)$$

식 (8-1)의 $dU = TdS - PdV$를 $dT$로 미분하고 constant pressure 조건을 가하면 식 (9-33)과 같다.

$$\left(\frac{\partial U}{\partial T}\right)_P = T\left(\frac{\partial S}{\partial T}\right)_P - P\left(\frac{\partial V}{\partial T}\right)_P \qquad (9-33)$$

또한 식 (8-2)의 $dH = TdS + VdP$는 constant pressure에서 $C_P/T = \left(\frac{\partial S}{\partial T}\right)_P$ 이므로 이를 식 (9-33)에 대입하여 정리하면 식 (9-34)가 된다.

$$\left(\frac{\partial U}{\partial T}\right)_P = C_p - PV\alpha = C_v + \beta VT\left(\frac{\partial P}{\partial T}\right)_V - PV\beta = C_v + \beta V\left[T\left(\frac{\partial P}{\partial T}\right)_V - P\right] =$$

$$C_v + \beta V\left[\frac{\beta T}{\kappa} - P\right] \qquad (9-34)$$

ii) 온도가 일정할 때 압력에 대한 내부 에너지 변화는 식 (9–35)와 같이 정리된다.

$$\left(\frac{\partial U}{\partial P}\right)_T=\left(\frac{\partial U}{\partial V}\right)_T\left(\frac{\partial V}{\partial P}\right)_T=\left[T\left(\frac{\partial P}{\partial T}\right)_V-P\right]\left(\frac{\partial V}{\partial P}\right)_T=\kappa V\left[P-\frac{\beta T}{\kappa}\right] \quad (9\text{–}35)$$

고체나 액체에 대해서는 $\beta$와 $\kappa$가 매우 작다는 것을 이미 알고 있으므로 식 (9–34)와 (9–35)는 아래와 같이 간단히 정리될 수 있다.

$$\left(\frac{\partial U}{\partial T}\right)_p=C_v,\qquad \left(\frac{\partial U}{\partial P}\right)_T=0$$

식 (9–35)에 이상 기체일 때의 $\beta=1/T$, $\kappa=1/P$를 대입하면 괄호 안이 모두 삭제(cancelled out)된다. 반복하지만 내부 에너지나 엔탈피는 고체나 액체라면 분자들 사이의 미시적인 potential energy가 가장 큰 부분(portion)을 차지하고 있을 것이다. 그리고 압력이 웬만큼 세게 가해져도 분자 간 거리가 크게 변하지 않을 것이므로 압력에 의한 영향은 적게 된다. 한편 기체의 경우도 고압이 아니라면 이상 기체처럼 행동하고 이상 기체 분자들끼리 상호 작용이 없으므로 내부 에너지와 엔탈피가 오직 온도의 함수로 주어진다. 즉, 압력에 의한 영향은 적다. 하지만 엔트로피는 조심해야 한다. 액체나 고체의 경우는 마찬가지로 압력에 의한 영향이 크지 않겠지만 기체와 같이 압력에 의해 부피가 변하는 경우는 자유팽창에서 보았듯이 부피가 팽창하면 엔트로피가 증가하므로 압력에 의해 명백(explicit)한 영향을 받는다.

**04** 편미분에 대한 두려움 없이 도전할 정도로 난이도를 조정한 문제이다. 단순히 $\beta$의 정의와 함수의 곱에 대한 미분만 수행하면 된다.

$$\left(\frac{\partial C_P}{\partial P}\right)_T=-T\left(\frac{\partial^2 V}{\partial T^2}\right)_P=-T\left(\frac{\partial(\beta V)}{\partial T}\right)_P$$

$$=-T\left[\beta\left(\frac{\partial V}{\partial T}\right)_P+V\left(\frac{\partial \beta}{\partial T}\right)_P\right]=-TV\left[\beta^2+\left(\frac{\partial \beta}{\partial T}\right)_P\right] \quad (9\text{–}36)$$

문제에 주어진 데이터를 사용하여 계산하면 $-2.89\times10^{-6}$ J/kg·K·Pa이 된다. 즉, 1기압을 올렸을 때 약 $-0.007\% = (-2.89\times10^{-6}\times10^5/4180)\times100$의 거의 무시할 수 있는 $C_P$ 감소가 생긴다. 마찬가지로 식 (9–36)에 이상 기체의 $\beta=1/T$를 대입하면 괄호 안이 모두 삭제되어 $\left(\frac{\partial C_P}{\partial P}\right)_T=0$이 된다.

## 10장

**01** $\Delta H_v = 177.14$ kJ/kg. 여기서는 실험 데이터가 주어졌으므로 Clausius-Clapeyron 식보다는 조금이라도 가정이 덜 포함된 식 (10-2)를 사용하는 것이 바람직하다. 다만 주어진 데이터를 어떻게 활용해야 할지를 생각하자. $\Delta H_v$가 일정하다는 가정하에 식 (10-2)를 32.22~32.78℃ 온도 구간에 대해 적용해 보고, 다시 32.78~33.33℃ 온도 구간에 대해 적용해서 얻은 2개의 $\Delta H_v$ 값을 평균하는 것이 적절해 보인다.

**02** 이 문제는 식 (10-3)의 Clausius-Clapeyron 식이 증발 곡선뿐만 아니라 승화 곡선에도 적용 가능하다는 것을 이용한다. 식 (10-3)의 유도과정에서 사용된 가정들이 승화 곡선에 대해서도 모두 동일하게 성립되기 때문이다.

주어진 온도, 압력 데이터를 보면 삼중점보다 온도가 낮고 압력도 낮은 조건으로 〈그림 10-1〉의 승화 곡선에 위치하고 있다는 것을 알 수 있다. 따라서 식 (10-3)을 이용하면 $\Delta H_{sub} = 45.85$ kJ/mol임을 계산할 수 있다.

융해열이 문제에서 주어졌고 승화열은 위에서 구했다. 여기서 삼중점 근처에서의 증발열이라는 말에 주목하자. 삼중점에 매우 가깝다면 상태 함수의 개념을 적용하여 고체 → 액체 → 기체 → 고체로의 경로를 가정한다. 제 자리로 돌아온 변화이므로 $\Delta H_{fus} + \Delta H_{vap} - \Delta H_{sub} = 0$이 성립할 것이므로 $\Delta H_{vap} = 35.94$ kJ/mol이 된다.

**03** a) 이 그래프는 삼중점보다 높은 압력에서 고체로 출발해서 기체까지 변화하는 것을 보여준다. 따라서 A는 융해 과정이므로 고체와 액체가 상평형을 이루며 자유도는 1이다. B는 이미 증발 과정을 지나 현열 공급에 의해서 온도가 계속 올라가는 기체 상태이므로 자유도는 2이다.

b) 물의 경우는 〈그림 10-1〉에서 융해 곡선의 기울기가 (-) 부호를 가지므로 온도 C는 삼중점보다 낮은 온도이다. 물론 다른 일반적인 물질들에 대해서는 참인 명제이다.

c) 상전이 구간이 하나만 존재한다. 고체에서 출발하였다면 낮은 압력에서 고체가 바로 기체로 전이되는 승화가 일어나는 조건이다.

**04** 식 (9-8)에 의해 압력에 대한 Gibbs 에너지 변화를 그래프로 그리면 기울기는 V이다. 한편 일반적으로 부피는 고체 < 액체 < 기체 순이므로 이를 고려하여 그래프를 그려 본다. 자발적 변화 조건이 $dG \leq 0$이므로 주어진 압력에서 기체, 액체, 고체의 Gibbs 에너지 중 작은 것이 그 압력에서 가장 안정한 상이다. 문제의 순서대로 그래프를 그리면 다음과 같다.

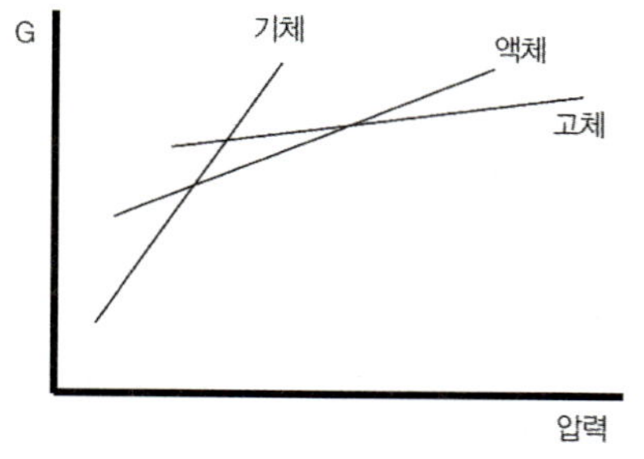


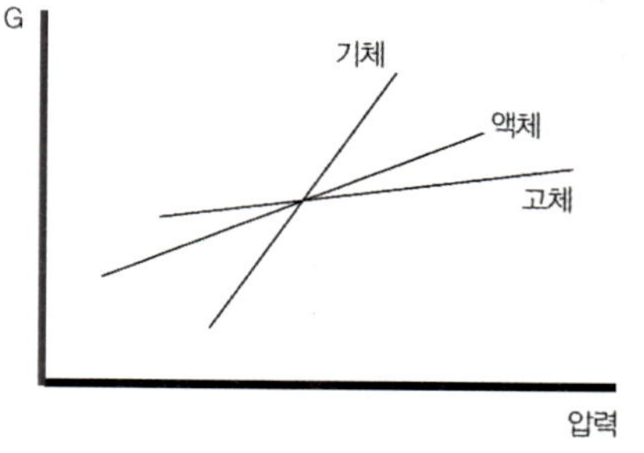


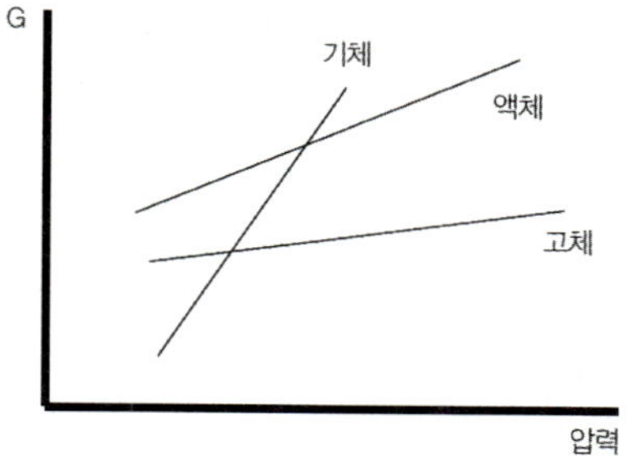


**05** Clausius–Clapeyron 식과 Antoine 식은 서로 같은 현상을 표현하기 위해 만들어진 식이다. 따라서 두 식을 같다고 놓으면 $\Delta H_V = -BR$임을 얻을 수 있다. 참고로 Clausius–Clapeyron 식은 다음과 같다.

$$\Delta H^{lv} = -R\frac{d\ln P^{sat}}{d(1/T)}$$

**06** 압력은 단위 면적당 작용하는 힘이다. 스케이팅 선수가 아무리 가볍다고 하더라도 몸무게만큼의 중력이 아주 얇은 스케이트 날에 집중되면 압력이 매우 높아진다. 융해 곡선의 기울기가 (−) 부호를 가지는 물의 경우 같은 온도에서 압력이 높아지면 고체에서 액체로의 상전이가 일어난다. 따라서 스케이트 날과 빙판 사이에 액체상의 물이 존재하기 때문에 스케이트 날이 미끄러져 나아갈 수 있다.

예전 러시아에서는 추운 겨울 호수에 만들어진 얼음을 잘라서 사용했는데, 잘라진 얼음을 쉽게 이동하기 위해서 성냥갑을 상상한다면 성냥갑의 면적이 작은 쪽으로 세워서 이동했다고 한다. 마찬가지로 면적이 작아지면 압력은 커지므로 접촉면이 녹아서 액체상의 물이 되고 이것이 전체 얼음의 이동을 용이하게 한다.

## 11장

**01** 주어진 조건이 상온이므로 교재나 온라인을 통해 관여된 각 물질의 표준 생성 Gibbs 에너지를 찾고, 사칙연산으로 $\Delta G^{\circ}_{rxn,298} = -228.572$ kJ/mol을 계산할 수 있다. 그리고 식 (11-4)에 따라 이 계에서 얻을 수 있는 최대일, $W_{maximum} = \Delta G^{\circ}_{rxn,298}$과 같다.

한편 전기화학적으로는 $q = 2N_A(-e) = 2F$ coulomb이 성립하므로 $W_{maximum} = -2FE(= \Delta G^{\circ}_{rxn,298})$이고 $E_{maximum} = 1.184$ V임을 알 수 있다. 여기서는 순수한 산소를 사용한 경우이지만 순수 산소 대신에 공기를 사용하면 1.174 V로, 60℃의 온도에서 연료전지가 작동한다면 1.165 V로 얻을 수 있는 최대일도 감소한다. 공기를 사용하는 경우는 나중에 혼합물의 chemical potential에서 다룰 것이다. 한편 반응의 몰수가 감소($\Delta S <$ 0)하므로 $\Delta G = \Delta H - T\Delta S$에서 온도가 올라갈수록 $\Delta G$가 작아지고 최대일(또는 $E$)도 감소한다.

PEMFC에 대해서 좀 더 설명하면 한쪽으로는 수소가 섬유와 같은 확산층(diffusion layer)을 통해서 들어오고 다른 쪽에서는 공기가 마찬가지로 균일하게 퍼져서 들어온다. 들어온 수소 분자를 백금 촉매를 이용하여 양성자(proton)로 쪼개어 준 후 생성된 양성자만을 이동시키는 막(membrane)이 중간에 있어 전자는 외부 회로를 통해 흐르고 이동한 양성자가 반대쪽에서 전자의 도움으로 산소를 만나 물이 된다. PEMFC의 이름(full name) 자체에 작동 원리가 그대로 들어있다. PEMFC 막으로 유명한 것이 미국 듀폰(DuPont)사의 nafion이라는 물질이다. 물론 재료가 가장 중요한 역할을 하는 것이 맞지만 예를 들어 양성자가 이동하여 산소와 반응하면 물이 생성되는데, 그것이 확산층 내에 물방울로 맺히면 공기의 유입을 방해할 수 있다. 이를 해결하는 것은 유체역학의 몫이다.

**02** 이상적이라는 조건하에서 계가 외부에 일($\dot{W}_S$)을 하는 경우는 일이 최대가 될 것이고 반대로 이 문제와 같이 계에 일이 투입되어야 하는 경우는 일이 최소가 될 것이다. 한편 공기의 양이 질량이 아닌 부피로 주어져 있으므로 어떤 식으로든 질량이 사용된 단위로 먼저 변환하고 문제를 풀어야 할 것이다.

공기의 양을 mol/s로 바꾸어 보면, 이상 기체 방정식에 의해 20.43 mol/s이다. $\Delta G = \Delta H - T\Delta S = W_S$이므로 최소일은 다음과 같다.

$$\Delta H = 29.2 \times (288.15 - 311.15) = -671.6 \text{ J/mol}$$
$$\Delta S = 29.2 \times \ln(288.15/311.15) = -2.2424 \text{ J/mol}\cdot\text{K}$$
$$\Delta G = (-671.6 + 311.15 \times 2.2424) \times 20.43 = 534 \text{ W}$$

**03** 이상 기체 방정식과 메탄의 분자량을 이용하면 $n = 352.6$ mol/s → 5.641 kg/s이다. 등엔트로피 공정($S_2' = S_1 = 6.071$)에서 생각해 보자.

주어진 테이블에 $S_2'$이 6.0710이 되는 점을 내삽법(interpolation)으로 구해보면 다음과 같다.

$$154.4°C,\ H_2 = 1248.7 \rightarrow (\Delta H)_S = 302.0\ \text{kJ/kg}$$

80% 효율이라고 하였으므로 $\Delta H = 302/0.8 = 377.5$ kJ/kg이 된다. 따라서 압축기의 용량은 377.5 × 5.641 = 2,129 kW이다.

**04** a) 1 bar, 210℃ 스팀의 specific volume을 스팀 테이블에서 찾으면 앞선 응용문제 3번처럼 내삽법을 이용해서 $V$를 구할 수 있고 2.2192 $m^3$/kg이다. 여기서 구한 specific volume은 몰부피(molar volume)와 달리 분모가 질량의 단위이다. 이제 드럼의 부피가 주어졌으므로 스팀의 질량은 3.5/2.2192 = 1.577 kg이다.

b) 이번에는 액체상의 물과 수증기가 동시에 존재하므로 평형 조건을 의미한다. Wet steam은 습식 사우나를 연상하면 이해가 쉽다. 20 bar에서 saturated steam의 정보를 스팀 테이블에서 구하면 다음과 같다. 물론 스팀 테이블의 값이 촘촘하지 않기 때문에 내삽법이 필요하다.

$$T = 212.37\ °C,\ V_L = 1.18\ \text{cm}^3/\text{g},\ V_V = 99.57\ \text{cm}^3/\text{g}$$

15% 수증기를 포함하는 스팀의 평균 specific volume을 구하면 다음과 같다.

$$V = 0.85 \times V_L + 0.15 \times V_V = 15.93\ \text{cm}^3/\text{g}$$

c) 이번에는 질량이 주어졌으므로 부피를 구하면 525 kg × 1,000 g/kg × 15.93 $cm^3$/g = 8.36 $m^3$이다.

**05** 스팀 테이블이 데이터는 이상 기체를 대상으로 하는 것이 아니므로 등온 압축이라고 해도 내부 에너지의 변화가 0이 아니라는 것에 주의하자. 스팀 테이블에서 데이터를 찾아보면 $\Delta U = -21.7$ kJ/kg이다. 직접 찾아보라.

한편 $Q = T\Delta S$ = 425.15 K × 5 kg × $\Delta S$(직접 찾아보라) = −1,305.2 kJ이고 따라서 열역학 제1 법칙을 적용하면 $W$ = −1,305.2 − 5 × (−21.7) = −1,196.7 kJ이다. 물에 있어서는 스팀 테이블이 얼마나 유용한가를 직접 느낄 수 있을 것이다.

**06** 액체상의 물의 부피 = 수증기의 부피이므로 $x$를 액체상의 물의 질량이라고 하면 다음이 성립한다.

$$x \times V_V = (1 - x) \times V_L$$

따라서 $x = 0.00576$ kg, $1 - x = 0.99424$ kg이고 $H = x \times H_V + (1 - x) \times H_L =$ 774.2 kJ/kg이다.

**07** 스팀 테이블로부터 데이터를 읽어서 $\Delta S$를 계산하면 $-0.3223$ kJ/kg·K이다.

한편 이 스팀의 상태는 수증기(기체)이므로 이상 기체라 가정하여 잘 알고 있는 다음 식을 이용하여 계산할 수도 있다.

$$dS = \frac{C_P}{T} dT - R d\ln P$$

$\Delta S = 5.7628$ kJ/mol·K = $-0.3202$ kJ/kg·K로 스팀 테이블과 0.7%의 오차를 보인다. 100 kPa = 1기압이므로 '낮은 압력에서 실제 기체는 이상 기체로 취급할 수 있다'라는 교재 초반에 언급한 내용이 유효함을 확인할 수 있다.

**08** a) 여기서 활용할 수 있는 것은 전기밥솥이 강철로 만들어져 있어 부피가 변하지 않는다는 것이다. 따라서 초기 조건에서 스팀 테이블을 찾아보면 $V_1 = 0.425$ m$^3$/kg이다. 이 값과 동일한 부피를 가지면서 평형 상태인 조건을 찾아보면 다음과 같다. 유효 숫자가 많다는 것은 내삽법을 사용했다는 것을 보여 준다.

$$T_2 = 146.885°\text{C},\ P_2 = 4.37662\ \text{bar},\ U_2 = 2556.5\ \text{kJ/kg}$$

b) 강철 압력밥솥이므로 constant volume 조건이고 이때 $Q = \Delta U$이므로 $U_2 - U_1 =$ $-87.2037$ kJ/kg이 된다.

c) $T_2$에서 평형 상태의 액체상의 물의 내부 에너지도 스팀 테이블로부터 623.13 kJ/kg으로 찾을 수 있으므로 $623.13 - 2,556.5 = -1,933.07$ kJ/kg만큼 더 열을 제거해 주면 된다.

**09** 이런 종류의 문제는 flash 계산의 범주에 들어가며 열역학2에서 더 자세히 다루겠지만 지금까지 배운 지식으로도 충분히 계산할 수 있다.

Constant pressure, 단열이므로 이므로 $Q = \Delta H = 0$이다. 여기서 $H_1$과 $H_2$는 평형 상태를 기준으로 잠열을 고려하면 된다.

$$T_1 = 50°\text{C},\ P_1 = 10\ \text{bar},\ H_1 = H^{L,sat} + C_P^L \times (T_1 - T_{sat})$$
$$T_2 = 250°\text{C},\ P_2 = 10\ \text{bar},\ H_2 = H^{V,sat} + C_P^V \times (T_2 - T_{sat})$$

한편 최종 상태의 유체의 엔트로피는 식 (11-10)에 의해 38.9809 kJ/mol·K가 된다.

$$(n_1+n_2)H-n_1H_1-n_2H_2=0$$

$$H=\frac{n_1H_1+n_2H_2}{n_1+n_2} \qquad (11-10)$$

이 값은 평형 상태의 액체의 엔탈피와 기체의 엔탈피 사이 어딘가에 있을 것이므로 식 (11-11)의 관계식(Lever rule)에 의해 구하면 액상의 분율, $x_L$ = 0.210이다.

$$H=x_LH^{L,sat}+x_VH^{V,sat}=x_LH^{L,sat}+(1-x_L)H^{V,sat},$$

$$x_L=\frac{H^{V,sat}-H}{H^{V,sat}-H^{L,sat}} \qquad (11-11)$$

## 12장

**01** 식 (12-15)를 이용해 구하면 $\Delta H^\circ_{rxn}$ = 53.1 kJ/mol이다.

**02** 31.1 kJ/mol. van't Hoff 식과 Clausius-Clapeyron 식이 매우 유사하다는 것을 기억하라.

**03** 주어진 데이터를 잘 살펴보아야 한다.

a) 반응열이 온도에 따라 크게 변하지 않는다고 가정한다. 주어진 데이터로부터 298 K에서의 $\Delta H^\circ_{rxn}$(298 K), $\Delta G^\circ_{rxn}$(298 K)을 구한다. 다음 식 (12-11)에 의해 $\Delta G^\circ_{rxn}$(298 K)로부터 $K$(298 K)를 구하고, $\Delta H^\circ_{rxn}$(298 K)가 주어진 온도 구간에서 일정하다면 식 (12-15)의 van't Hoff 식을 이용하여 $K$(450 K) = 9.72를 구할 수 있다.

$$\Delta H^\circ_{rxn}(298\ K) = -110.0-(-200.7) = 90.2\ kJ/mol$$

$$\Delta G^\circ_{rxn}(298\ K) = -137.2-(-162) = 24.8\ kJ/mol$$

$$K(298\ \ K)=\exp\left(\frac{-\Delta G^\circ_{rxn}(298\ \ K)}{RT}\right) = 4.52\times10^{-5}$$

b) 450 K에서의 평형 상수는 a)에서 구한 것을 그대로 사용한다. 위 반응에 대하여 평형 상수식을 쓰면 식 (12-16)과 같다.

$$K=\frac{y_{H2}^2y_{CO}}{y_{CH3OH}}\left(\frac{P}{P^\circ}\right)^2 \qquad (12-16)$$

이제 양론 계산을 해 본다. 각 물질의 평형 상태의 몰분율을 알면, 식 (12-16)에 대입하여 모르는 변수인 반응 압력을 계산할 수 있다.

물질 수지

| | 초기 | 최종 | 몰분율 |
|---|---|---|---|
| MeOH | 1 | 1−X | (1−X)/N |
| CO | 0 | X | X/N |
| $H_2$ | 0 | 2X | 2X/N |
| | | N = 1+2X | |

물질 수지 식의 몰분율을 식 (12−16)에 대입하여 정리하면 식 (12−17)이 된다. 메탄올의 전화율, X = 0.95라고 했으므로 이를 식 (12−17)에 대입하면 반응 압력이 하나의 변수인 식 (12−18)이 되고 답은 1.09 bar이다.

$$\left(\frac{P}{P^{\circ}}\right)^{-2} K = \frac{(2X)^2 X}{(1-X)(1+2X)^2} \tag{12−17}$$

$$\left(\frac{P}{P^{\circ}}\right)^{-2} 9.72 = \frac{4(0.95)^3}{(1-0.95)(1+2\times 0.95)^2} \tag{12−18}$$

c) 증가한다. 전체 반응 압력이 일정한 상태에서 불활성 기체가 투입되면 각 물질의 분압(또는 몰분율)은 감소한다. 식 (12−16)에서 분자든 분모든 둘 다 작아지지만 분자는 작아진 값이 세 번 곱해지는 반면 분모는 한번 곱해지는 꼴이다. 즉, 몰분율 항이 더 작아지므로 다시 평형 상수 값을 회복하려면 정반응이 일어나서 분자가 그만큼 커져야 한다. 불활성 기체의 투입만으로 반응의 전화율을 향상시킬 수 있다는 것이 매우 인상적이다. 한편 autoclave와 같은 constant volume 반응기에서는 불활성 기체의 투입이 전혀 영향을 주지 않는다.

**04** van't Hoff 식에 의해 반응 (A)의 기울기로부터 $\Delta H^{\circ}_{rxn}$ = 42.57 kJ/mol (흡열 반응)이며, (B)의 경우는 $\Delta H^{\circ}_{rxn}$ = −24.942 kJ/mol(발열 반응)이다. 따라서 르샤틀리에 원리에 의해 온도가 올라갈수록 Q와 R 성분이 더 많이 생성된다.

**05** 평형 관계식을 세워보면 식 (12−19)와 같다. $\Delta G^{\circ}$는 그래프에 주어진 추세선 함수를 이용해서 구한다. 그리고 흑연은 고체이므로 식 (12−19)에 들어가지 않는다. 이에 대해서는 교재의 마지막 부분에서 설명할 것이다.

$$\ln K = -\frac{\Delta G^{\circ}}{RT} = \frac{y_{H2}^2}{y_{CH4}}\left(\frac{P}{P^{\circ}}\right)^1 = 2.2138 \tag{12−19}$$

$CH_4$(g) 1 mol에 대해 전화율을 $x$라고 하면 평형 후 $CH_4$는 1−$x$ 몰이 $H_2$는 2$x$ 몰이 생성된다. 따라서 평형 후 총 몰수는 1+$x$ 몰이므로 식 (12−19)를 식 (12−20)과 같이 써준다.

$$\frac{\left(\frac{2x}{1+x}\right)^2}{\frac{1-x}{1+x}}\left(\frac{P}{P^o}\right)^1 = \frac{4x^2}{1-x^2}\left(\frac{P}{P^o}\right)^1 = 9.15 \qquad (12-20)$$

먼저 기준이 되는 대기압하에서의 이론적인 전화율은 ~0.83, 약 83% 정도이다. 압력을 2기압으로 올렸을 때의 이론적인 전화율은 ~0.73, 약 73%로 떨어진다. 반면 압력을 0.5기압으로 내렸을 때 이론적인 전화율은 ~0.91, 약 91%로 향상된다.

르샤틀리에의 원리에 의해 압력이 올라가면 분자 수가 줄어드는 방향으로 평형이 이동한다는 것을 정량적으로 보여주었다.

**06** a) 반응열이 온도에 따라 크게 변하지 않는다고 가정한다. 따라서 van't Hoff 식을 이용하여 $K$(700 K) = 0.0171를 구할 수 있다.

$$\Delta H^\circ_{rxn}(298\ K) = -46.11\ kJ/mol$$

$$\Delta G^\circ_{rxn}(298\ K) = -16.4\ kJ/mol$$

$$K(298\ \ K) = \exp\left(\frac{-\Delta G^o{}_{rxn}(298\ \ K)}{RT}\right) = 749.48$$

b) 700 K에서의 평형 상수는 a)에서 구한 것을 그대로 사용한다. 주어진 반응에 대해 평형 상수식을 쓰면 다음과 같다.

$$K = \frac{y_{NH3}}{y_{N2}^{1/2}y_{H2}^{3/2}}\left(\frac{P}{P^o}\right)^{-1}$$

이제 물질 수지로부터 각 물질의 평형 상태의 몰분율을 알면, 모르는 변수인 반응 압력을 정할 수 있다.

물질 수지

| | 반응 전 | 반응식 | 반응 후 |
|---|---|---|---|
| $N_2(g)$ | 0.5 | 0.4 | 0.1 = 0.1/1.2 |
| $H_2(g)$ | 1.5 | 1.2 | 0.3 = 0.3/1.2 |
| $NH_3(g)$ | 0 | 0.8 | 0.8 = 0.8/1.2 |

물질 수지로부터 구한 값들을 모두 대입하면 $P$ = 1,080기압이 된다.

$$\left(\frac{P}{P^o}\right)^1 K = \frac{\left(\frac{0.8}{1.2}\right)^1}{\left(\frac{0.1}{1.2}\right)^{0.5}\left(\frac{0.3}{1.2}\right)^{1.5}}$$

c) $K(400\ \text{K}) = 6.5116$, $P = 2.84$기압

이 반응은 같은 수율에 대해 온도가 낮을수록 필요한 평형 압력이 낮아진다.

d) 열역학적으로는 온도가 낮을수록 유리하지만 온도가 낮으면 Arrhenius 식에 의해 반응 속도가 낮아진다. 즉, 속도론(kinetics)적으로는 불리하다. 따라서 온도를 높여주어 반응 속도를 확보하고 압력을 높여줌으로써 르샤틀리에 원리에 의해 정반응으로의 평형 이동을 유도한다.

## 14장

**01** a) 이 등온선에서 평형 압력은 〈그림 14-2〉에서와 같은 방식으로 3차식 그래프의 위와 아래의 면적이 같아지는 수평선을 그려보면 대략 50 ~ 60 bar 사이의 어디쯤이 될 것이다. 주어진 압력이 평형 압력보다 낮은 30 bar이므로 액체가 모두 기화된 기상이 평형상이 된다.

b) 한편 30 bar는 3차식 그래프의 극소점인 ~5 bar보다는 높은 압력이므로 이 조건에서는 metastable인 superheated liquid의 액상도 존재할 수 있다.

## 15장

**01** a) $V_1 = V_{mix}(x_1 = 1) = 18\dfrac{cc}{mol}$

$V_2 = V_{mix}(x_1 = 0) = 41\dfrac{cc}{mol}$

$\Delta V_{mix} = V_{mix} - x_1 V_1 - x_2 V_2 = -4x_1 x_2$

b) [ $V_a$, $x_1^a = 0$ ] + [ $V_b$, $x_1^b = 0.80$ ] → [ $V_{tot} = 8000cc$, $x_1^f = 0.50$ ]

$N_a + N_b = N_{tot}$

$x_1^b N_b = x_1^f N_{tot}$

$\underline{V}_a = N_a V_a$, $\underline{V}_b = N_b V_b$, $\underline{V}_{tot} = N_{tot} V_f$

$V_f = V_{mix}(x_1 = 0.5) = 28.5\dfrac{cc}{mol}$

$N_{tot} = \dfrac{8000}{28.5} = 280.7mol$

$$N_b = \frac{0.5}{0.8}280.7 = 175.44mol$$

$$\therefore N_a = 105.26 \;\; mol$$

c) 식 (15-8)을 이용하면,

$$\overline{V}_1 = V_{mix} + (1 - x_1)\frac{\partial \; V_{mix}}{\partial \; x_1}$$

$$\frac{\partial \; V_{mix}}{\partial \; x_1} = 18 - 41 - 4(1 - x_1) + 4x_1 = -23 - 4 + 8x_1$$

$$\overline{V}_1 = 18x_1 + 41x_2 - 4x_1x_2 + 18x_2 - 41x_2 - 4x_2^2 + 4x_1x_2 = 18x_1 + 18x_2 - 4x_2^2$$

$$\overline{V}_1 = 18x_1 + 18(1 - x_1) - 4(1 - x_1)^2$$

$x_1 = 1$을 대입하여 $\overline{V}_1 = V_1 = 18$인지를 확인해 보시오. $\overline{V}_2$는 직접 구해보기 바란다.

**02** 응용문제 1번의 c)를 참고하여 구하면 다음과 같다.

$$H_{mix} = 100 + 10x_1 - 10x_1^2$$

$$\overline{H}_1 = 110 - 10x_1^2 - 20x_1x_2 = 102.5 \text{ J/mol}$$

$$\overline{H}_2 = 100 + 10x_1^2 = 102.5 \text{ J/mol}$$

## 16장

**01** 식 (16-38)을 이용해서 구할 수 있다. $x_2 = 1 - x_1$로 바꾼 후 미분을 수행해야 함을 주의하라.

$$\gamma_1 = \exp\left[C(x_2^3 - x_1x_2^2)/RT\right]$$

주어진 식에 $n$을 곱하여 $nG^E$을 $n_1$에 대해 미분하는 것이다. 한편 식 (15-8)의 식으로도 동일한 수식을 유도할 수 있다. 그런데 여기서는 이 방법이 더 쉽다. 중요한 것은 식 (16-38)이나 식 (15-8)은 동일한 식이므로 편한 대로 쓰면 된다.

$$RTln\gamma_1 = \overline{G}_1 = G^E + x_2\frac{\partial \; G^E}{\partial \; x_1}$$

$$RTln\gamma_1 = Cx_1x_2^2 + x_2\frac{\partial \left(Cx_1x_2^2\right)}{\partial \; x_1} = C\left(x_1x_2^2 + x_2\left(x_2^2 + x_1 2x_2(-1)\right)\right)$$

$$RTln\gamma_1 = C\left(x_1x_2^2 + x_2^3 - 2x_1x_2^2\right) = C(x_2^3 - x_1x_2^2)$$

**02** 식 (16−39)에서 시작한다.

$$G^E/RT = \sum_i x_i \ln\gamma_i$$

주어진 식들을 모두 대입하고 정리한다. 그리고 마지막으로 값들을 넣어준다. 직접 구해 보라.

$$\frac{G^E}{RT} = Ax_1x_2 + Bx_1x_3 - Dx_1 + Ax_1x_2 + Cx_2x_3 - Dx_2 + Bx_1x_3 + Cx_2x_3 - Dx_3$$

$$\frac{G^E}{RT} = 2(Ax_1x_2 + Bx_1x_3 + Cx_2x_3) - D(x_1 + x_2 + x_3)$$

$$\frac{G^E}{RT} = Ax_1x_2 + Bx_1x_3 + Cx_2x_3$$

## 17장

**01** a) $P$ = 0.6 × 1.12845 × 48.45 + 0.4 × 1.31247 × 8.26 = 37.14 kPa

$y_1$ = 0.6 × 1.12845 × 48.45 / 37.14 = 0.883

$y_2$ = 0.117

b) $P$ = 1 / (0.6 / 1.0 / 48.45 + 0.4 / 1.0 / 8.26) = 16.44 kPa

$x_1$ = 0.6 × 16.44 / 48.45 = 0.2036

$x_2$ = 0.7964

Iteration을 수행한다.

$P$ = 1 / (0.6 / 1.61454 / 48.45 + 0.4 / 1.03181 / 8.26) = 18.31 kPa

$x_1$ = 0.6 × 18.31 / 48.45 / 1.61454 = 0.14044

$x_2$ = 0.85956

$P$ = 1 / (0.6 / 1.74726 / 48.45 + 0.4 / 1.01501 / 8.26) = 18.25 kPa

$x_1$ = 0.6 × 18.25 / 48.45 / 1.74726 = 0.12935

$x_2$ = 0.87065

$P$ = 1 / (0.6 / 1.77277 / 48.45 + 0.4 / 1.01272 / 8.26) = 18.25 kPa

$x_1$ = 0.6 × 18.25 / 48.45 / 1.77277 = 0.127

$x_2$ = 0.873

**02** 본문에서 공비점을 기점으로 상대 휘발도가 역전된다는 것을 다루었다. 따라서 공비점이 있다면 $x_1 \to 0$에서 구한 상대 휘발도와 $x_1 \to 1$에서 구한 상대 휘발도가 1을 중심으로 한쪽과 다른 쪽의 값이 역전되어야 한다. 계산은 직접 해 보기 바라고, 구해진 상대 휘발도는 아래와 같다. 둘 다 1보다 크므로 이 경우는 공비점이 존재하지 않는다.

$$\alpha_{12}(x_1 \to 0) = 182.73,\ \alpha_{12}(x_1 \to 1) = 1.23$$

**03** 먼저 공비점이 존재하는지를 검증한다. $\alpha_{12}(x_1 \to 0) = 2.052$, $\alpha_{12}(x_1 \to 1) = 0.224$이므로 최소 공비점이 존재한다.

이제 공비점에서 $\alpha_{12} = 1$이고 이를 이용하여 식 (17-17)을 정리하면 다음과 같다.

$$\frac{\gamma_1^{az}}{\gamma_2^{az}} = \frac{P_2^{sat}}{P_1^{sat}} = \frac{65.65}{44.51} = 1.4747$$

그리고 주어진 activity 계수 모델을 이용하면 식 (17-23)을 얻을 수 있고 이로부터 $x_1^{az} = 0.325$를 구할 수 있다. 한편 공비점에서 $x_1^{az} = y_1^{az}$이므로 수정된 Raoult 법칙으로 $P^{az}$를 구하면 73.76 kPa이 된다.

$$\begin{aligned}\ln\frac{\gamma_1}{\gamma_2} &= Ax_2^2 - Ax_1^2 = A(x_2 - x_1)(x_2 + x_1) \\ &= A(x_2 - x_1) = A(1 - 2x_1)\end{aligned} \qquad (17\text{-}23)$$

**04** 공비점에서 $\alpha_{12} = 1$이므로 수정된 Raoult 법칙을 정리하여 activity 계수 모델에 넣으면 식 (17-24)를 얻는다.

$$\begin{aligned}&\ln\gamma_1 = \ln\frac{P^{az}}{P_1^{sat}} = Ax_2^2,\ \ln\gamma_2 = \ln\frac{P^{az}}{P_2^{sat}} = Ax_1^2, \\ &x_1 = \left[\frac{1}{A}\ln\frac{P^{az}}{P_2^{sat}}\right]^{1/2},\ x_2 = \left[\frac{1}{A}\ln\frac{P^{az}}{P_1^{sat}}\right]^{1/2}\end{aligned} \qquad (17\text{-}24)$$

이제 공비 온도를 가정하고 $x_1$과 $x_2$를 구한 다음 $x_1 + x_2 = 1$을 만족시키도록 시행착오를 수행한다.

최소 공비점이므로 첫 추정의 온도는 $P = 101.33$ kPa에서의 성분1과 성분2의 끓는점보다 낮아야 한다. 그래서 우선 해당 압력에서 성분1과 성분2의 끓는점을 주어진 Antoine 식으로부터 계산하면 $T_1^{sat} = 355.3$ K, $T_2^{sat} = 373.1$ K이다. 첫 추정을 $T = 350$ K로 잡아보자. Antoine 식으로부터 $P_1^{sat} = 81.54$ kPa, $P_2^{sat} = 41.70$ kPa이다. 이 값을 식 (17-23)에 대입하면 $x_1 = 0.666$, $x_2 = 0.330$으로 $x_1 + x_2 = 0.996$이 1에 가까우므로 제대로 추정한 것으로 보인다.

**05** 식 (17-3)을 3성분계에 대해 확장하면 다음을 얻는다.

$$P_{\text{bubble}} = 0.45*200 + 0.35*100 + 0.20*50 = 135 \text{ kPa}$$

한편 식 (17-6)을 3성분계에 대해 확장하면 다음을 얻는다.

$$P_{\text{dew}} = 1/(0.45/200 + 0.35/100 + 0.20/50) = 102.56 \text{ kPa}$$

이는 만약 flash drum이 135 kPa보다 높게 운전된다면 인입되는 혼합물이 모두 기상 배출 없이 액상으로만 배출된다는 의미이고, 102.56 kPa보다 낮다면 인입되는 혼합물이 모두 액상 배출 없이 기상으로만 배출된다는 의미이다.

**06** 식 (17-20)을 이용하면 아래의 두 식이 도출되며 이를 연립하여 풀면 된다.

$$0.65 = 0.6 \times (1 - V) + y_1 \times V = 0.6 \times (1 - V) + 0.6 \times 48.45 \times V/P$$
$$0.35 = 0.4 \times (1 - V) + y_1 \times V = 0.4 \times (1 - V) + 0.4 \times 8.26 \times V/P$$

$P = 32.374$ kPa, $V = 0.168$, $L = 0.832$이다.

**07** 인입되는 condensate의 양을 1로 한다면

$$1 \times 1345.1 = x \times 2796.2 + (1-x) \times 897.7$$
$$x = 0.236\ (23.6\%)$$

**08** 상평형도에서 dew $P$와 bubble $P$를 찾아보면 약 0.45 bar에서 1.15 bar 사이여야 한다.

## 20장

**01** 물이 Raoult 법칙을 따른다고 하면 bubble $P$ calculation에 의해($P = x_1H_1 + x_2P_2^{sat}$) $P = 9.912$ bar이다. 다시 Raoult 법칙을 사용하면 $y_2 = 0.0012$이다.

주어진 정보에서 알 수 있듯이 Henry 상수는 가상의 액체 $CO_2$의 fugacity로 단위는 압력이다. 순수 액상 성분의 fugacity가 그 물질의 증기압과 같았다는 것을 기억한다면 단위가 명확하게 인식될 것이다. 한편, Henry 상수는 가상의 액체 fugacity이고 액체의 fugacity는 증기압과 연관되므로 당연히 온도에 대한, 그리고 물질의 종류에 따라 달라지는 함수이다. 뜨거운 사이다를 김이 빠진 사이다라고 하는 데서 이미 경험으로 알고 있다. 참고로 질소의 Henry 상수는 약 100,000 bar로 위와 같은 동일한 조건에서 계산하면 $P \sim 1000$ bar가 되어 물에 거의 녹지 않는다는 것을 알 수 있다.

**02** a) $\Delta G_{mix}$ 〉 0이어야 하므로 (+) 부호를 갖는다.

b) 기체의 경우는 언제나 완전히 혼합(completely miscible)되므로 $\Delta G_{mix}$ 〈 0이 성립하여 (−) 부호를 갖는다.

c) 그래프를 직접 그려보면 극소점이 대칭적으로 두 군데 있는 것을 발견할 수 있다. 해당 조성은 직접 구해보기 바라고 〈그림 19−1〉처럼 $x_1^\alpha$와 $x_1^\beta$를 가진 두 상으로 분리된다.

**03** 식 (20−13)의 첫 번째 식을 적용하여 써 보면 다음과 같다.

$$x_1^\alpha \exp\left(A\left(x_2^\alpha\right)^2\right) = x_1^\beta \exp\left(A\left(x_1^\beta\right)^2\right)$$

이를 정리하여 $A$를 구하면 $A$ = 3.020이다. 같은 방식으로 식 (20−13)의 두 번째 식을 전개하여 $A$를 구하면 $A$ = 4.470이다. 두 $A$ 값들이 다르기 때문에 one-parameter Margules equation으로는 이 액액 평형을 설명할 수 없다.

$$A = \frac{\ln\left(x_1^\beta / x_1^\alpha\right)}{\left(x_2^\alpha\right)^2 - \left(x_1^\beta\right)^2} = \frac{\ln(0.970/0.602)}{(1-0.602)^2 - (1-0.970)^2} = 3.02$$

**04** 수정된 Raoult 법칙을 이용하면 다음 식을 얻을 수 있다.

$$P = x_1\gamma_1 f_1^L + x_2\gamma_2 f_2^L$$

여기서 $\gamma_2 \sim 1$이고 $f_1{}^L$과 $f_2{}^L$이 온도와 압력에 따라 크게 변하지 않는다고 가정한다. 가정에 대해서는 직접 합리화해 보기 바란다.

$$\gamma_1(x_1 = 0.05) = \exp\left[0.638\left(\frac{1-0.05}{1-0.05\times 0.214}\right)^2\right] = 1.801$$

이므로 $P$ = 0.05 × 1.801 × 90.97 + 0.95 × 1.81 = 9.91 bar이다.

## 저자 소개

**원용선**
서강대학교 화학공학과 졸업
포항공과대학교 화학공학과 석사
University of Florida 화학공학과 박사
현) 부경대학교 화학공학과 교수

# 쉽게 이해하는 열역학

저 자 원용선
발 행 인 김지영
발 행 처 자유아카데미
주 소 경기도 파주시 회동길 37-42 파주출판도시
전 화 031-955-1321
팩 스 031-955-1322
홈페이지 www.freeaca.com
전자우편 main@freeaca.com (대표)
editor@freeaca.com (편집)
crm@freeaca.com (영업)
등 록 제406-2003-017호, 1980. 7. 12
제1판1쇄 2025년 1월 20일 발행

저자와의 협의하에 인지생략


ISBN 979-11-5808-666-4 93430